"十三五"职业教育国家规划教材

电子产品生产工艺与管理项目教程（第3版）

主　编　叶　莎　　冯常奇

副主编　耿晶晶

主　审　雷建龙　　吕金华

电子工业出版社

Publishing House of Electronics Industry

北京·BEIJING

内 容 简 介

本书在"校企合作"基础上,以职业岗位为主线,以国家标准、电子行业标准为指导,以实际产品为载体,阐述了电子产品的生产工艺和生产管理两方面的知识和技能。

本书按照工学结合模式编写,在编排上采用模块化设计,通过六个项目、若干项任务和由简单到复杂的实际电子产品装配的实践活动,让学生"学中做,做中学"。

本书配套有 MOOC 课堂、学习资源库,里面有实际操作动画演示和视频、实际生产过程录相、微课视频和习题库,可用于教师开展线上、线下混合式教学。

图书在版编目(CIP)数据

电子产品生产工艺与管理项目教程 / 叶莎,冯常奇主编. —3 版. —北京:电子工业出版社,2021.11

ISBN 978-7-121-38055-6

Ⅰ. ①电… Ⅱ. ①叶… ②冯… Ⅲ. ①电子产品–生产工艺–高等职业教育–教材 ②电子产品–生产管理–高等职业教育–教材 Ⅳ. ①TN05

中国版本图书馆 CIP 数据核字(2019)第 271604 号

责任编辑:郭乃明　　　　特约编辑:田学清
印　　刷:山东华立印务有限公司
装　　订:山东华立印务有限公司
出版发行:电子工业出版社
　　　　　北京市海淀区万寿路 173 信箱　　邮编:100036
开　　本:787×1092　1/16　　印张:23.75　　字数:608 千字
版　　次:2011 年 10 月第 1 版
　　　　　2021 年 11 月第 3 版
印　　次:2024 年 12 月第 9 次印刷
定　　价:53.00 元

前　言

随着全球电子工业迅猛发展和电子产品市场竞争日趋激烈，现代企业对电子行业的工程技术人员提出了越来越高的综合素质要求。从业的电子技术人员不仅要懂理论、会操作、能管理，还要具有创新能力。《电子产品生产工艺与管理项目教程》是根据高等职业教育的人才培养目标，为电子产品生产制造企业培养具有电子产品生产装配、调试和生产管理等方面能力的高素质、高技能、具有创新能力的应用型人才而编写的一本实践性很强的技能教材。教材着重阐述了电子产品生产工艺和生产管理两方面的知识，主要内容有常用电子元器件的识别、检测与选用，安全文明生产与技术文件的识读与编制，印制电路板的装配与焊接，电子产品的组装，电子产品生产现场管理与质量管理。本书按照由简单到复杂的顺序，将学生的学习过程、工作过程、学习能力和个性发展相融合，充分利用现代信息技术，遵循学生认知规律和"理论够用"的原则，内容深入浅出，不仅适用于广大高职、成人大专、职工培训教学，还适合学生自学。

本书以培养学生职业能力为目标，以行业企业为依托，以学生为中心，教、学、做合一，按照"课程设置基于工作岗位、课程内容基于工作任务、课程教学基于教学做一体化思想"的设计思路，结合国家职业技能标准《广电和通信设备电子装接工》（职业编码：6-25-04-07，由中华人民共和国人力资源和社会保障部、中华人民共和国工业和信息化部制定，于2019年1月31日发布）的知识和技能要求，按照工学结合的教学模式，在第2版的基础上进行了修订。

本书基于六个项目载体，用一条明线（职业能力线）、两条暗线（知识线和自主学习能力线）展开学习和工作过程。本书编写围绕装配电子电路项目展开，采用模块化设计，按照项目引领任务驱动模式，根据高职学生的认知规律和理论基础知识薄弱、动手能力较强的学习特点，遵循企业生产流程和工艺由简单到复杂的原则，将学习内容设计为五个模块、六个项目，让学生实现"在做中学"。项目的载体来源于学生生活和学习中常见的小型电子产品或电子电路。每个项目都包含若干个任务，每个任务都以工作任务为核心，用典型产品引领工作任务，学习活动的主体是学生，学习任务按照"资讯、计划、决策、实施、检查、评估"六个步骤实施，让学生在完成任务的工作过程中学习专业知识，掌握职业技能，培养职业素养。针对高职学生学习基础和能力参差不齐的特点，本书还为不同的项目设计了与项目学习内容相对应的拓展项目。拓展项目的载体（智能小车的组装）来源于某省高职院校大学生"电子产品设计与制作"技能大赛，装配智能小车是一个完整的工作过程，需要的知识和技能涵盖每个项目的学习内容，学习基础好的学生可以通过装配智能小车，自主学习专业知识和职业技能。

本书在内容上根据国家标准、电子行业标准、企业标准和手工焊接大赛标准对上一版中元器件的识别与检测、常用电子材料、印制电路板设计与制作、元器件的插装和贴装、焊接工艺技术等内容进行了修订；补充了印制电路板制作质量的检验、常见贴片焊接缺陷及其原因分析等内容；根据企业的实际生产情况，对电子产品的整机连接方式、总装和调试的工艺流程及其步骤、电子产品的检验与包装等内容进行了补充和修正；补充了企业实际生产案例和电磁兼容性能、质量认证等方面的知识；根据国家职业技能标准《广电和通信设备电子装接工》的要求，补充了表面组装设备和电子产品自动装配检测工艺流程等内容；补充了文字内容设计文件和表格形式设计文件的编制内容，并参照国内某大型电子产品生产企业的工艺文件格式对项目三和项目五的作业指导书和调试工艺卡进行了改写；对电脑音箱原理图进行了优化，加强了识读技术文件和编写工艺文件的训练，弥补了职业教育在这一方面训练的不足；针对学生在电路调试中经常遇到的查找和排除电路故障的难题，补充了七段数码管的识别与检测方法、故障查找与排除的方法和技巧等学习内容。

在好大学在线（CNMOOC）平台和职教云平台上的《电子产品生产工艺与管理》SPOC课堂上有与本书配套的操作动画演示、实际操作视频、电子产品生产工艺视频、微课视频和习题库，可用于开展与本书配套的线上、线下混合式教学。项目一每个学习任务后面都配有学习过程记录表，记录学生线上、线下学习，考勤、团队合作、职业素养养成情况，可作为过程考核和多元化学习评价的依据。附录中学习过程样例为教师开展《电子产品生产工艺与管理》SPOC 教学提供参考。

本书的编写具有以下创新特点：

（1）本书是由企业专家参与修订的工学结合教材。

（2）本书采用"基于工作过程的项目引领、任务驱动+信息化"的教学模式。附录中的教学活动流程设计是对"互联网+"职业教育形式下开展教学活动的探索。

（3）本书配套有视频、微课、动画演示、习题库等信息化教学资源，以及在好大学在线（CNMOOC）平台和职教云平台开设的课程 SPOC 课堂，符合"互联网+职业教育"发展的需求，体现国家高职示范性建设的教改成果，适应现代工业培养高技能型、应用型人才的要求，满足了广大高职院校、成人大专、职工培训机构对电子产品生产工艺管理新教材的迫切需要。

（4）拓展项目载体来源于高职院校大学生职业技能大赛；项目的设计体现企业的工作过程；学习引导问题的设计以学生为主体；学习目标体现综合职业能力的培养。波峰焊、回流焊和自动检测技术等内容反映了当今电子产品生产主流先进技术；人单合一、精益生产、目标管理模式等内容反映了当今企业先进的管理模式。

（5）本书采用过程考核方式评价学生的综合能力和素质，并且采用学生、小组和老师共同评价，利用"互联网+评价"的手段，使学习评价多元化。

（6）本书运用了 TBL（以团队为基础的学习）、PBL（基于问题的学习）和 CBL（基于案例的学习）、翻转课堂等多种教学理念。其中 TBL 有助于促进培养学生创造性、灵活性、实践性及团队协作精神；PBL 以学生为中心，引导并启发学生围绕问题展开讨论，以小组合作形式共同解决学习过程中发现的问题，促进学生的自主学习和终身学习能力的发展。

（7）本书可作为广电和通信设备电子装接工、调试工职业技能等级考试培训用书，项目三中制作网线水晶头和音频线材的实训为项目五组装电脑音箱和学生毕业后从事网络和通信工程行业的工作打下了基础。

本书由武汉船舶职业技术学院雷建龙、吕金华教授担任主审，参与本书编写、修订及其他相关工作的老师有武汉船舶职业技术学院教师叶莎、冯常奇、胡燕妮、曾晓敏、李汉玲、张宏瑞、杨金福和武汉软件职业技术学院教师耿晶晶、武汉职业技术学院教师许红梅。叶莎、胡燕妮、曾晓敏老师参与了课程微课视频的制作；深圳创维—RGB电子有限公司的技术专家喻战武参与了本书第3版的审核，并负责全书生产工艺文件的修订；深圳创维—RGB电子有限公司的技术专家谢龙参与了项目一内容的修订。叶莎老师完成了全书的统稿工作、编排设计和教学过程、学习任务书和学习过程记录表格式的设计。由于编者水平和经验有限，书中难免有错误和不妥之处，敬请读者批评指正。

编者

目　　录

模块一 常用电子元器件的识别、检测与选用

项目一 常用电子元器件的识别与检测

电子工艺是将相应的原材料、半成品加工或装配成为产品或新的半成品的方法和过程。电路由电子元器件组合而成，在装配电子产品之前，首先要识别、筛选电子元器件。学习和掌握常用电子元器件的识别、质量检测方法，是电子制作爱好者和从事电子产品组装的生产技术人员必须具备的专业技能。

学习目标：了解常用电子元器件的分类、型号、主要技术参数及标注方法，能识别、检测常用电子元器件。

学习重点：掌握常用电子元器件的分类、命名、选择和使用，以及常用元器件的质量鉴别方法。

学习难点：常用电子元器件的质量鉴别。

项目一的工作任务是拆卸一台旧电子产品（或购买电子元器件散件），识别拆卸下来元器件的类型，误读其标注，并用指针式万用表对元器件的质量进测量和评定。

【教学导航】

学习目标	知识目标	了解电子产品生产工艺的含义及其研究范围，掌握电子产品制造过程的基本要素；了解常用电子元器件的分类、型号、主要技术参数、标注方法和命名方法
	技能目标	能用目视法判断、识别常见元器件的种类，并能正确说出其名称；能正确识读元器件标注参数，能用万用表对元器件进行正确测量，并评价其质量
	方法和过程目标	在选用元器件时要兼顾质量和成本，培养质量意识、成本意识；培养对新知识、新技能的学习能力、创新创业能力和自我管理能力；培养与人沟通、团队合作及协调能力
	情感、态度和价值观目标	激发学习兴趣
教与学	推荐讲授方法	项目教学法、任务驱动教学法、引导文教学法、行动导向教学法、合作学习教学法、演示教学法
	推荐学习方法	目标学习法、问题学习法、合作学习法、自主学习法、循序渐近学习法
	推荐教学模式	基于 SPOC+翻转课堂的混合式教学模式、自主学习、做中学
	学习资源	教材、微课、教学视频、PPT
	学习环境、材料和教学手段	线上学习环境：SPOC 课堂。 线下学习场地：多媒体教室、焊接实训室。 仪器、设备或工具：手机、电脑、万用表。 材料：旧电子产品（或购买电子元器件散件）、教学视频、PPT、任务分析表、学习过程记录表
	推荐学时	14 学时

学习效果评价	上交材料	学习过程记录表、项目总结报告
	项目考核方法	过程考核。课前线上学习占20%；课中学习50%；课后学习占10%；职业素质考核占20%，包括考勤、团队合作、工作环境整理（卫生及结束时的现场恢复原）

【项目实施器材】

（1）电子产品：旧电话机（或收音机）若干台，每个学习小组配备一台。

（2）各种类型、不同规格的新电子元器件若干。

（3）每两位同学配备指针式万用表一只。

【项目实施】

项目一的学习过程分解为以下学习任务。

1.1 任务1 电子产品生产工艺入门

1.1.1 学习目标

理解电子产品生产工艺的含义和电子产品制造过程的基本要素。

1.1.2 任务描述与分析

通过观看"电子整机产品概述"教学视频，了解电子产品生产的工艺流程，理解电子产品制造过程的基本要素。通过本单元的学习，了解本课程的学习内容、电子产品生产工艺技术的培养目标及电子产品生产技术人员的工作范围，理解电子工艺的含义。

本单元的学习重点是理解电子工艺的含义和理解电子产品制造过程的基本要素；难点是对电子产品生产技术人员的工作范围的认识。此难题可留待课程结束时讨论解决。

1.1.3 资讯

1）SPOC课堂教学视频

相关视频为电子整机产品概述。

2）相关知识

（1）电子产品生产工艺及其研究范围。

我们日常生活中经常接触到电视、电话、手机、计算机等，这些产品是如何生产的呢？这个问题的答案就涉及到电子产品的制造工艺（即电子产品生产工艺，简称电子工艺）。

电子工艺是生产者利用生产设备和生产工具，对各种原材料、半成品进行加工或处理，使之成为电子产品的方法与过程。它是人类在生产劳动中不断积累并经过总结而形成的操作经验和技术能力。例如，电子产品生产制造企业的工人在生产线上将电路板、元器件、显示部分和机械部分等装配成万用表；将半成品显示器、主机、键盘和鼠标组装成计算机的过程中，都要利用生产工具和设备，都要采用一定的工序、方法或技术（即工艺技术），这就是电子工艺。

电子工艺学的研究范围就电子整机产品的生产过程而言，主要涉及两个方面，一方面指制造工艺的技术手段和操作技能；另一方面是指产品在生产过程中的质量控制和管理。

（2）电子产品制造过程的基本要素。

研究电子整机产品的制造过程时，材料、设备、方法、操作者这几个要素是电子产品生产工艺技术的基本重点，通常用"4M+M"来简化电子产品制造过程的基本要素。

材料（Material）：包括电子元器件、导线、集成电路、开关、接插件等。整机产品和技术的水平主要取决于元器件制造工业和材料科学的发展水平。

设备（Machine）：包括各种工具、仪器仪表等。电子产品制造工艺的提高，产品质量和生产效率的提高，主要依赖于生产设备技术水平和生产手段的提高。

方法（Method）：用生产工具或设备对电子材料加工或处理时采取的途径、步骤和手段。在电子产品生产制造的活动中，"方法"是至关重要的。

人力（Man-power）：电子产品生产的决定因素是人，经过培训的具备高素质的人（高级管理人员、高级工程技术人员、高级技术工人）是电子工业发展、进步的关键。

管理（Management）：对企业生产系统的设置和运行的各项管理工作的总称，又称生产控制，可分为生产组织、生产计划和生产控制。与以上制造过程的四个要素比较，管理可以算是"软件"，但确实又是连接这四个要素的纽带。

（3）电子产品生产工艺技术的培养目标：为电子制造业培养具有职业素质与职业技能的应用型人才，培养有技术、会操作，掌握电子产品生产工艺技能和工艺技术管理知识，能在生产现场指导生产，解决实际问题的工艺工程师和高级技师。

（4）电子产品生产技术人员的工作范围包括以下几个方面：

- 根据产品设计文件要求编制生产工艺流程、工时定额和工位作业指导书，指导现场生产人员完成工艺操作和质量控制工作。
- 调试和指导ICT（在线检测）等测试设备的测试程序和波峰机、SMT等生产设备的操作，设计和制作测试检验用工装（生产过程工艺装备）。
- 负责新产品研发过程的工艺评审，主要对新产品元器件的选用、印制电路板的设计和产品生产的工艺性进行评定并提出改进意见，对新产品的试制和生产负责技术上的准备和协调。
- 管理生产现场工艺规范和工艺纪律，培训和指导员工的生产操作，现场组织解决有关技术和工艺的问题，提出改进意见。
- 控制和改进生产过程中的产品质量，协同研发、检验、采购等相关部门进行生产过程质量分析，提高产品质量。
- 研讨、分析和引进新工艺、新设备，参与重大工艺问题和质量问题的处理，不断提高企业的工艺技术水平、生产效率和产品质量。

1.2 任务2　电阻器、电位器的识别与检测

电阻器在电路中起分压、分流和限流等作用，还可用于滤波、去耦、取样等电路。电位器常用作可变电阻或用于调节电位。

1.2.1　学习目标

了解电阻器、电位器的基本结构和基本特性，能识别和检测电阻器、电位器。

1.2.2　任务描述与分析

识别旧电子产品电路板上（或购买电子元器件散件）的电阻器、电位器，并检测其质量。

通过本任务，了解电阻器、电位器的基本结构和特性分类、特点、型号命名方法和主要技术参数；理解电阻器、电位器的直标、数标、色标的含义并能正确识读标称值；能目测识别电阻器、电位器的类型；能根据用途正确地选择电阻器、电位器；能用万用表对电阻器、电位器进行正确测量，并对其质量做出评价。

本任务的学习重点是目测识别电阻器、电位器的类型，识读其标称值；用万用表对电阻器、电位器进行正确测量，并对其质量做出评价。难点是评价电位器的质量。观看 SPOC 课堂教学视频，通过拆卸一台旧电子产品（或购买电子元器件散件）的实践活动，学会电阻器、电位器的识别和检测方法。

1.2.3 资讯

1）SPOC 课堂教学视频

（1）电阻器的识别。

（2）电阻器的检测。

（3）电位器的识别。

（4）电位器的检测。

2）相关知识

（1）电阻器的识别、检测与选用。

物体对电流的阻碍作用称为电阻，利用这种阻碍作用做成的元件称为电阻器，简称为电阻。电阻器的单位是欧姆，用 Ω 表示，除欧姆外，还有千欧（$k\Omega$）和兆欧（$M\Omega$），其换算关系为 $1k\Omega = 10^3\Omega$，$1M\Omega = 1000k\Omega = 10^6\Omega$。

① 电阻器的分类：按制作材料，可分为金属膜电阻器、碳膜电阻器、合成碳膜电阻器等；按阻值能否变化，可分为固定电阻器、可变电阻器等；按用途，可分为高频电阻器、高温电阻器、光敏电阻器、热敏电阻器等。表 1-1 所示为常用电阻器的性能、特点。

表 1-1　常用电阻器的性能、特点

电阻器名称	电阻器的性能、特点
碳膜电阻器型号 RT	成本较低、性能稳定、阻值范围宽、温度系数小、价格便宜、应用广泛。阻值范围：$1\Omega \sim 10M\Omega$，精度等级为±5%、±10%、±20%。额定功率为 1/8W、1/4W 和 1/2W 的碳膜电阻器经常被使用。在工作时会产生噪声，不会影响简单的业余电子制作，在要求较高的电路中，可以选用金属膜电阻器
金属膜电阻器型号 RJ	体积小、精度高、稳定性好、噪声低、温度系数小、工作温度范围大（$-55 \sim +125℃$），各项指标均优于碳膜电阻器，但价格比碳膜电阻器高，脉冲负载稳定性差，阻值范围为 $10\Omega \sim 10M\Omega$，精度等级为 ±5%、±10% 等，额定功率为 1/8W、1/4W、1/2W、1W、2W 等，在仪器仪表及通信设备中被大量采用
金属氧化膜电阻器型号 RY	除具有金属膜电阻器的特点外，比金属膜电阻器的抗氧化性和热稳定性高，在空气中不会被氧化，额定功率大，有极好的脉冲、高频过负荷性，机械性能好、坚硬、耐磨，阻值范围小，主要用来补充金属膜电阻器的低阻部分，阻值范围为 $1\Omega \sim 200k\Omega$，目前广泛用于电力自动化控制设备
线绕电阻器型号 RX	噪声小、稳定性高、温度系数小、耐高温、精度高，精度可达 0.5% ~ 0.05%，功率大，额定功率为 0.125 ~ 500 W，阻值范围为 $1\Omega \sim 5M\Omega$；缺点是成本高、体积较大、自身电感大、高频性能差、时间常数大，只适用于频率在 50kHz 以下的电路，主要用于精密和大功率场合，不能用于高频电路
合成实芯电阻器型号 RS、RN	分无机实芯电阻器（RS 型）和有机实芯电阻器（RN 型）。无机实芯电阻器温度系数较大、可靠性高、阻值范围小；有机实芯电阻器过负荷能力强、噪声大、稳定性较差、分布电容和分布电感大
合成碳膜电阻器型号 RH	阻值变化范围宽、价格低廉、噪声大、频率特性差、电压稳定性低、抗湿性差，主要用来制造高压、高阻电阻，阻值范围为 $10 \sim 10^6 M\Omega$
线绕电位器型号 WX	稳定性高、噪声低、温度系数小、耐高温、精度高、功率较大（达 25kW），高频性能差、阻值范围小、耐磨性差、分辨力低，适用于高温大功率电路及精密调节的场合，阻值范围为 $4.7\Omega \sim 100k\Omega$
合成碳膜电位器型号 WTX	稳定性高、噪声低、分辨力高、阻值连续可调且范围宽、寿命长、体积小、抗湿性差、滑动噪声大、功率小，为通用电位器，广泛用于一般电路中，阻值范围为 $100\Omega \sim 4.7M\Omega$

② 电阻器的主要技术参数。

a. 标称阻值：电阻器的标称阻值是指电阻器上所标注的阻值。标称阻值的优先值从国家标准《电阻器和电容器优先数系列》中的 E 系列及其整十倍数中选取。如表 1-2 所示为标称阻值优先数系列。

表 1-2　标称阻值优先数系列

标称值系列	允许偏差	标称阻值
E96	±1%	1.00, 1.02, 1.05, 1.07, 1.10, 1.13, 1.15, 1.18, 1.21, 1.24, 1.27, 1.30, 1.33, 1.37, 1.40, 1.43, 1.47, 1.50, 1.54, 1.58, 1.62, 1.65, 1.69, 1.74, 1.78, 1.82, 1.87, 1.91, 1.96, 2.00, 2.05, 2.10, 2.15, 2.21, 2.26, 2.32, 2.37, 2.43, 2.49, 2.55, 2.61, 2.67, 2.74, 2.80, 2.87, 2.94, 3.01, 3.09, 3.16, 3.24, 3.32, 3.40, 3.48, 3.57, 3.65, 3.74, 3.83, 3.92, 4.02, 4.12, 4.22, 4.32, 4.42, 4.53, 4.64, 4.75, 4.87, 4.99, 5.11, 5.23, 5.36, 5.49, 5.62, 5.76, 5.90, 6.04, 6.19, 6.34, 6.49, 6.65, 6.81, 6.98, 7.15, 7.32, 7.50, 7.68, 7.87, 8.06, 8.25, 8.45, 8.66, 8.87, 9.09, 9.31, 9.53, 9.76
E24	±5%	1.0, 1.1, 1.2, 1.3, 1.5, 1.6, 1.8, 2.0, 2.2, 2.4, 2.7, 3.0, 3.3, 3.6, 3.9, 4.3, 4.7, 5.1, 5.6, 6.2, 6.8, 7.5, 8.2, 9.1
E12	±10%	1.0, 1.2, 1.5, 1.8, 2.2, 2.7, 3.3, 3.9, 4.7, 5.6, 6.8, 8.2
E6	±20%	1.0, 1.5, 2.2, 3.3, 4.7, 6.8
E3	大于±20%	1.0, 2.2, 4.7

注释：表中标称阻值的单位为欧姆（Ω），对于硬件电子工程师，必须熟悉 E24 系列的 24 个数值，要求能背得出来。

🔔**提示：**

　　将表 1-2 中的数值乘以 10，100，1000，…，10^n（n 为整数）即可得到该系列的阻值，如 E24 系列中的 1.5 就有 1.5Ω、15Ω、150Ω、1.5kΩ、15kΩ、150kΩ 等。在选择电阻器的标称阻值时，系列中可能没有，此时要选择系列中相近的标称阻值。

　　标称阻值的标注方法有直标法、文字符号法、色标法、数字标注法。

　　b. 允许偏差：实际阻值与标称阻值之差与标称阻值的比。通用电阻器的允许偏差分为 ±5%、±10%、±20% 三种，其标称阻值后相应地标有 Ⅰ、Ⅱ、Ⅲ。

　　国家标准 GB/T2691-94《电阻器和电容器的标志代码》规定，电阻器的允许偏差如表 1-3 所示。

表 1-3　电阻器允许偏差

允许误差（%）	±0.005	±0.01	±0.02	±0.05	±0.1	±0.25	±0.5
字母代码	E	L	P	W	B	C	D
允许误差（%）	±1	±2	±5	±10	±20	±30	
字母代码	F	G	J	K	M	N	

注释：标注时这些字母应放在电阻值的后面。为了标注方便，对于常用允许偏差为 ±1% 和 ±5% 的电阻器分别用字母代码"F"和"J"标注，其他允许偏差用直观的百分数法标注。

　　c. 额定功率：电阻器在直流或交流电路中，长期安全使用所允许消耗的最大功率值。常用额定功率有 1/8W、1/4W、1/2W、1W、2W、5W、10W、25W 等。

🔔**提示：**

　　电阻器的额定功率有两种表示方法：一是 2W 以上的电阻器，直接用阿拉伯数字标注在电阻器体表上；二是 2W 以下的碳膜或金属膜电阻器，可以根据几何尺寸判断额定功率的大小。

大功率电阻器在安装时应与电路板有一定距离，以利于散热。

对于同一类电阻器，额定功率的大小取决它的几何尺寸和表面面积，额定功率越大，电阻器的体积越大。一般电视机等家用电器中多采用额定功率为1/8W、1/4W、1/2W的电阻器；少数大电流场合用1W、2W、5W甚至更大功率的电阻器。在电路图中，如不标明电阻器的功率，通常为1W以下（见图1-1）。

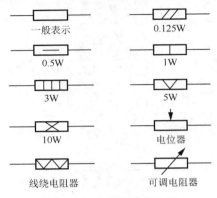

图 1-1　电阻器符号表示

d. 最高工作电压：电阻器长期工作不发生过热或电击穿损坏的工作电压限度，电阻器的工作电压不应超过额定工作电压，以免损坏电阻器。表1-4所示为常用电阻器的额定功率与极限电压的关系。

表1-4　常用电阻器的额定功率与极限电压的关系

额定功率/W	极限电压/V
0.25	250
0.5	500
1~2	750

e. 温度系数：温度每升高或降低1℃引起阻值的相对变化。温度系数越小，电阻器的稳定性越好。

f. 噪声：电阻器中产生的一种不规则电压起伏，包括热噪声和电流噪声两种。

热噪声是由电子在导体中的无规则热运动引起的，与电阻的材料、形状无关，只与温度和电阻的阻值有关。任何电阻都有热噪声，降低工作温度，可减小热噪声。

电流噪声是在电流通过导体时，导电颗粒之间及导电颗粒与非导电颗粒之间不断发生碰撞而产生机械振荡，并使颗粒之间的接触电阻器阻值不断变化的结果。当直流电压加在电阻器两端时，电流将被起伏的电阻器阻值调制，这样，电阻器两端除了有直流压降，还会有不规则的交变电压分量，这就是电流噪声。电流噪声和电阻器的材料、结构有关，并和外加直流电压成正比。合金型电阻器无电流噪声，薄膜型电阻器电流噪声较小，合成型电阻器电流噪声最大。

③ 电路中电阻器参数标记规则。

● 1Ω 以下的电阻器，在阻值数值后面要加"Ω"的符号，如 0.5Ω。

● 1Ω 到 1kΩ 的电阻器，可以只写数字，不写单位，如 6.8、200、620。

- 1kΩ 到 1MΩ 的电阻器，以千为单位，省略"Ω"，符号是"k"（表示千欧），如 6.8k、68k。
- 1MΩ 以上的电阻器，以兆欧为单位，省略"Ω"，符号是"M"（表示兆欧），如 10M、1M。

④电阻器的型号命名和标注：国家标准《电子设备用固定电阻器、固定电容器型号命名方法》中相关规定如表 1 - 5 所示。

表 1 - 5　电阻器、电位器型号命名方法

第一部分：主称		第三部分：特征			第四部分：序号
符号	意义	符号	意义		
			电阻器	电位器	
R	电阻器	1	普通	—	
W	电位器	2	普通	—	（1）对材料、特征相同，仅尺寸和性能指标略有差别但基本上不影响互换性的产品可以给同一序号。
第二部分：材料		3	超高频	—	
符号	意义	4	高阻	—	
T	碳膜	5	高温	—	
H	合成（碳）膜	6	—	—	
S	有机实芯	7	精密	—	（2）对材料、特征相同，仅尺寸和性能指标有所差别但已明显影响互换性时（但该差别并非是本质的，而属于在技术标准上进行统一的问题），仍给同一序号，但在序号后面加一个字母作为区别代号，此时该字母作为该型号的组成部分，但在统一该产品技术标准时，应取消区别代号
N	无机实芯	8	高压	—	
J	金属膜（箔）	9	特殊	—	
Y	氧化膜	G	功率型	高压类	
I	玻璃釉膜	H	—	组合类	
X	线绕	B	—	片式类	
D	导电材料	W	—	螺杆驱动预调类	
F	复合膜	Y	—	旋转预调类	
		J	—	单圈旋转精密类	
		D	—	多圈旋转精密类	
		M	—	直滑式精密类	
		X	—	旋转低功率类	
		Z	—	直滑式低功率类	
		P	—	旋转功率类	
		T	—	特殊类	

型号示例 1："RJ71"型精密金属膜电阻器

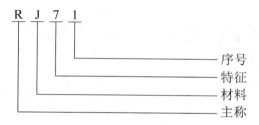

型号示例 2：“WIW101” 型玻璃釉膜螺杆驱动预调电位器

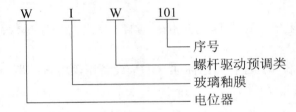

W I W 101
序号
螺杆驱动预调类
玻璃釉膜
电位器

电阻器的主要标注方法如下。

直标法：直接用数字表示电阻器的阻值和误差，如电阻器上标注有 47kΩ±5%，表示阻值为 47 kΩ，允许误差为±5%。

文字符号法：用数字和文字符号或两者有规律的组合来表示电阻器的阻值。文字符号（如 Ω、k、M）前面的数字表示阻值的整数部分，文字符号后面的数字表示阻值的小数部分，如 5k1 表示阻值为 5.1 kΩ。

例 1.1：用文字符号法表示 0.12Ω，1.2Ω，1.2kΩ，1.2MΩ，1.2×10^{9}Ω 等阻值。

解：0.12Ω 用文字符号法表示为 Ω12；1.2Ω 用文字符号法表示为 1Ω2；1.2kΩ 用文字符号法表示为 1k2；1.2MΩ 用文字符号法表示为 1M2；1.2×10^{9}Ω 用文字符号法表示为 1G2（G 表示吉欧）。

色标法：电阻器标称值最常用的表示方法，普通电阻器采用四环表示，精密电阻器采用五环表示。表 1-6 所示为电阻器色环颜色与数值对照表。

表 1-6 电阻器色环颜色与数值对照表

颜色	黑	棕	红	橙	黄	绿	蓝	紫	灰	白	金	银
有效数字	0	1	2	3	4	5	6	7	8	9	—	—
倍率	10^0	10^1	10^2	10^3	10^4	10^5	10^6	10^7	10^8	10^9	10^{-1}	10^{-2}
允许误差/%	—	±1	±2	—	—	±0.5	±0.25	±0.1	—	—	±5(J)	±10(K)

四环电阻器：前两环表示电阻器的有效数字，第三环表示倍率（有效数字后面零的个数或 10 的幂数），第四环表示允许误差。

例如：棕红红金表示的阻值为 $12×10^2=1.2$kΩ，允许误差为±5%。

五环电阻：前三环表示电阻器的有效数字，第四环表示倍率，第五环表示允许误差。

例如：红红黑棕金表示的阻值为 $220×10^1=2.2$kΩ，允许误差为±5%。

电阻器的色环如图 1-2 所示。

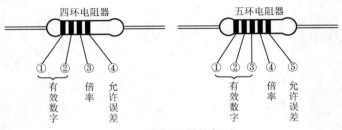

四环电阻器　　　　　　　五环电阻器

① ② ③ ④　　　　① ② ③ ④ ⑤

有效数字　倍率　允许误差　　　有效数字　倍率　允许误差

图 1-2　电阻器的色环

🔔**提示：**

> **误差色环的判断**
>
> 　　通常离其他色环较远或离电阻器引线端较远的色环为误差色环；也可以通过色环的颜色来判断：若末端色环为黑、橙、黄、灰、白，则该色环不是误差标注，而是第一位有效数字；若末端色环为金或银，则其为误差色环，应从另一端读起。

　　数字标注法：用三位阿拉伯数字表示电阻器标称阻值的形式。该方法的前两位数字表示电阻器的有效数字，第三位数字表示有效数字后面零的个数，或 10 的幂数。但当第三位为 9 时，表示倍率为 10^{-1}。例如，472 表示在 47 的后面加 2 个"0"，即 4700Ω＝4.7kΩ；759 表示 7.5Ω。

　　注：若电阻器上未标注允许误差，则默认允许误差为±20%。

　　示例 3：电阻"RJ710.1255.1k Ⅰ"标注符号的含义：

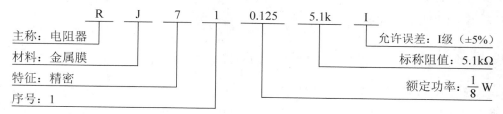

　　示例 4：电位器标注符号的含义：

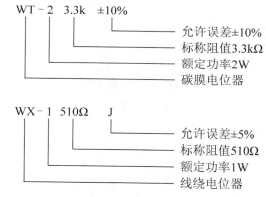

　　⑤ 电阻器的检测方法。

　　普通电阻器的检测方法（见图 1－3）：电阻器的检测方法主要是利用万用表的欧姆挡来测量阻值的，将测量值和标称值进行比较，从而判断电阻器是否能够正常工作，是否出现短路、断路及老化现象（实际阻值与标称阻值相差较大的情况）。

　　检测步骤如下。

- 外观检查。看电阻器有无烧焦、电阻器引脚有无脱落及松动的现象，从外表排除电阻器的断路情况。

图 1－3　普通电阻器的检测

- 断电。若电阻器在路（电阻器仍然焊在电路中），则一定要将电路中的电源断开，严禁带电检测，否则不但测量不准，而且易损坏万用表。

- 选择合适的量程。根据电阻器的标称值来选择万用表电阻挡的量程，使万用表指针落在万用表刻度盘中间（或略偏右）的位置为佳。

● 在路检测。若测量值远远大于标称值，则可判断该电阻器出现断路或严重老化现象，即电阻器已损坏。

● 断路检测。在路检测时，若测量值小于标称值，则应将电阻器从电路中断开检测。此时，若测量值基本等于标称值，则该电阻器正常；若测量值接近于零，则该电阻器短路；若测量值远小于标称值，则该电阻器已损坏；若测量值远大于标称值，则该电阻器已断路。

☺提示：

> **测量时注意事项**
>
> 被测电阻器的一只引脚必须从印制电路板上拆卸下来，至少要断开一头的引线，以免由于其他元件的并联产生读数误差。
>
> 不要用手同时接触电阻器的两头引线或表笔的导电部分，因为人体（手）电阻对测量几十千欧以上的电阻器影响很大。
>
> 万用表的精度应与被测电阻器的误差等级（如±5%、±10%或±20%等）相适应。读数与标称值相差过大或读数不稳定的电阻器不宜使用。

热敏电阻器的检测：用万用表欧姆挡测量热敏电阻器阻值的同时，用电烙铁烘烤热敏电阻器，此时热敏电阻器的阻值慢慢增大，表明是正温度系数热敏电阻器，而且是正常的。如果被测的热敏电阻器阻值没有发生任何变化，则说明热敏电阻器是坏的。当被测的热敏电阻器的阻值超过原阻值的很多倍或无穷大时，表明电阻器内部接触不良或断路。当被测的热敏电阻器的阻值为零时，表明内部已经击穿短路。

光敏电阻器的检测：可用万用表的 R×1k 挡，将万用表的表笔分别与光敏电阻器的引脚接触，当有光照射时，看其亮阻值是否有变化，当用遮光物挡住光敏电阻器时，看其暗阻值有无变化，如果有变化，则说明光敏电阻器是正常的。或者使照射光线强弱变化，此时，若万用表的指针随光线的变化而摆动，则说明光敏电阻器也是好的。

⑥ 电阻器的选择和使用：选用电阻器的额定功率值，应是电阻器在电路工作中实际功率值的 1.5~2 倍；选用电阻器时要考虑工作环境的可靠性、经济性，应根据电路特点来选择正、负温度系数和允许误差（允许误差常用±5%），非线性及噪声应符合电路要求。

所选电阻的阻值应接近应用电路中计算值的标称值，应优先选用标准系列的电阻器。一般电路中使用的电阻器的允许误差为±5%~±10%。精密仪器及特殊电路中使用的电阻器，应选用精密电阻器。

四环电阻器通常是碳膜电阻器。五环电阻器通常是金属膜电阻器。家用电器使用碳膜电阻器比较多，因为碳膜成本低廉。金属膜电阻器精度要高一些，被使用在要求稳定性、耐热性、可靠性较高的设备上。线绕电阻器能承受比较大的功率，精度较高，常用于要求功率大、耐热性好、工作频率不高的电路或测量仪器中。常见的是功率为 1/8W 的"色环碳膜电阻器"，是电子产品和电子制作中使用最多的。当然在一些微型产品中，会用到 1/16W 的电阻器。实际中应用较多的有 1/4W、1/2W、1W、2W 的电阻器。线绕电阻器应用较多的有 2W、3W、5W、10W 等规格。

在合理选用电阻器的基础上，还要注意电阻器的质量。电阻器的质量可以通过观察引线、外壳来直观判断，也可以用万用表测量阻值，看是否在允许误差范围内；同时在安装电阻器前，把引线刮光镀锡，确保焊接牢固可靠；当需要将电阻器引线打弯时，应在距离引线根部2mm处打弯，而且要注意标注向上或向外；电阻器一旦损坏要及时更换，最好选用同规格、同类型、同阻值的电阻器，并排除故障。

（2）电位器的识别、检测与选用。

电位器是指阻值在规定范围内可连续调节的电阻器，又称可调电阻器。电位器是一种机电元件，靠电刷在电阻体上的滑动，取得与电刷位移距离成一定关系的输出电压。

电位器由外壳、滑动轴、电阻体和3个引出端组成，如图1-4所示。

电位器常作为可调电阻器或用于调节电位。当电位器作为可调电阻器使用时，连接方式如图1-5（a）所示，将2和3两端连接，1和3之间的阻值会随2的位置变化而变化；当电位器用于调节电位时，连接如图1-5（b）所示，输入电压U_1加在1和3两端，改变2的位置，2处的电位就会随之改变，起到调节电位的作用。

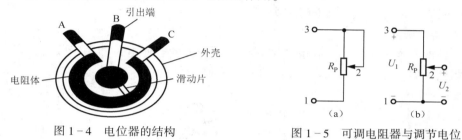

图1-4　电位器的结构　　　　图1-5　可调电阻器与调节电位

🔔**提示：**

　　使用电位器除了要按图1-5正确接线，还要注意外壳（金属柄）要接地；如果电位器已经安装在金属外壳上，那么外壳接地即可。

① 电位器的分类：

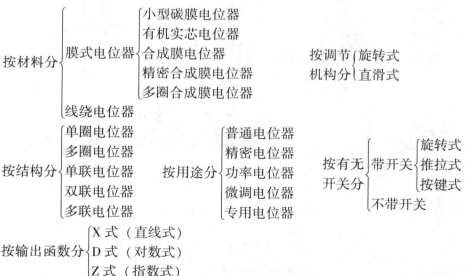

② 检测方法：用万用表检测电位器和检测电阻器的方法类似。图1-6中，1、2、3为电位器的3个引出端，其中2为滑动片接触端。当检测电位器时，应先测试其阻值是否正常，

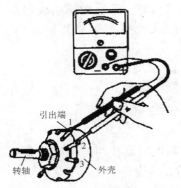

图 1-6 电位器检测方法

即用红、黑表笔与电位器的 1、3 引出端相接触，观察万用表指示的阻值是否与电位器外壳上的标称值一致。然后检查电位器的引出端与电阻体的接触情况，即一支表笔接 2 端，另一支表笔接 1 端，慢慢将转轴从一个极端位置旋转至另一个极端位置，被测电位器的阻值则应从零（或标称值）连续变化到标称值（或零）。

在旋转转轴的过程中，若万用表指针平稳移动，则说明被测电位器正常；若万用表指针抖动（左右跳动），则说明被测电位器接触不良。

带开关电位器的检测：除检测标称值外还应检测开关。旋转电位器轴柄，接通或断开开关时应能听到清脆的"喀嗒"声。置万用表于 R×1Ω 挡，两表笔分别接触开关的外接焊片，接通时阻值应为 0Ω，断开时阻值应为无穷大，否则开关损坏。

③ 电位器的选用。

不带开关的普通电位器用于一般电位调节，带开关的普通电位器用于收音机等一般家用电器。电阻器及电位器的外形和符号如图 1-7 所示。

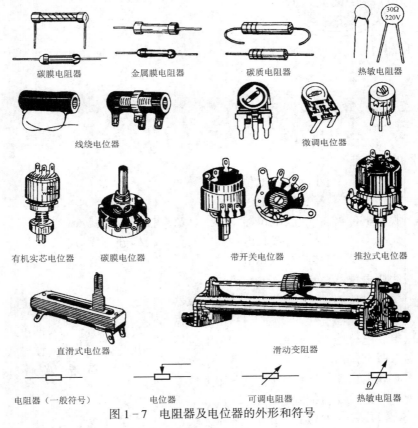

图 1-7 电阻器及电位器的外形和符号

微调电位器用于电子设备、家电、仪器仪表的内部电位调节。

直滑式电位器是长条状的，在随身听、音响中比较常见。

多圈电位器内部由电阻绕线、玻璃釉等材料制成，一般多为 10 圈，主要用于仪器仪表、电子设备的精密调节。

双联电位器是一种由两套电阻基片做成的同步调节电位器，可用于双声道音响。实际调试中，用两个普通电位器调节音量是一件非常麻烦的事，而用双联电位器调节音量则是非常方便的。

多联电位器也是一种同步调节电位器，可以做成任意路数电位器，在音响、电子设备中多有应用，实现同步调节。

滑动变阻器是实验室常用的电位器，体积大、功率大、滑动视觉直观，可作为限流器。

线绕电位器广泛用于电子设备、电焊机、电动机等设备。

1.2.4 计划与决策

6~8名学生组成一个学习小组，制订识别与检测旧电子产品电路板上（或购买电子元器件散件）的电阻器、电位器的学习活动计划，并交给老师检查审核。

1.2.5 任务实施

（1）拆卸整机外壳，从旧电子产品电路板上（或购买电子元器件散件）中找出电阻器、电位器。

（2）识别机内（或购买元器件）电阻器、电位器的类型。

（3）识读元器件外壳上的标注。

（4）用万用表检电阻器、电位器，填入学习过程记录表。

任务2 学习过程记录表

项目名称	常用电子元器件的识别与检测							
任务名称	电阻器、电位器的识别与检测							
姓名		学号			完成时间			
	学习阶段	学习和工作内容		学生自查			教师检查	
				完成	部分完成	未完成		
	课前线上学习	观看教学视频						
		制定学习计划						
任务1学习过程	课中学习	序号	型号	类型	阻值	功率	偏差	标志方法	质量评价
	课后学习	参与线上讨论						
		课后作业						
		编写学习思维导图						
学生检查	考勤		团队合作		工作环境卫生、整洁及结束时现场恢复原状			

1.2.6　检查与评估

推荐考核评价方法：根据学习过程记录表记录数据，采用过程考核，学生自评、互评与教师考评相结合。考核内容如下。

（1）线上自主学习考核。考核内容包括观看 SPOC 课堂视频、参与线上讨论、线上练习三个方面。

（2）线下学习考核。考核内容包括平时考勤、线下作业、工作任务完成质量、职业素养（学习工作态度、团队配合、课后工作台面清洁整理）等方面。

1.3 任务 3　电容器的识别与检测

电容器是由两个金属电极及其中间夹的一层绝缘材料（介质）构成的，是一种存储电能的元件，在电路中具有交流耦合、旁路、滤波、信号调谐等作用。

1.3.1　学习目标

了解电容器的基本结构和特性，能正确识别电容器，并检测其质量。

1.3.2　任务描述与分析

识别旧电子产品电路板（或购买电子元器件散件）的电容器，并检测其质量。

通过本任务，了解电容器的分类、特点和型号命名方法，掌握主要技术参数；掌握极性电容器在检测和使用时的注意事项；理解电容器的直标法、数字标注法、色标法的含义，并能正确识读标称值；能目测识别电容器的类型；能根据用途正确地选择电容器；能用万用表对电容器进行正确测量，并对其质量做出评价。

本任务的学习重点是目测识别电容器的类型，识读其标称值，评价其质量；用万用表对电容器进行正确测量，并对其质量做出评价。难点是评价电容器的质量。学习时要观看 SPOC 课堂教学视频，通过拆卸一台旧电子产品（或购买电子元器件散件）的实践活动，学会电容器的识别和检测方法。

1.3.3　资讯

1）SPOC 课堂教学视频

（1）电容器的识别。

（2）电容器的检测。

2）相关知识

① 电容器的分类：按介质材料来分，可分为涤纶电容器、云母电容器、瓷介电容器、电解电容器等；按电容器的容量能否变化来分，可分为固定电容器、半可变电容器（又称微调电容器，电容器的容量变化范围较小）、可变电容器（电容器的容量变化范围较大）等；按电容器的用途来分，可分为耦合电容器、旁路电容器、隔直电容器、滤波电容器等；按有无极性分，可分为有极性电容器（电解电容器）和无极性电容器。常见电容器的外形及电路符号如图 1 - 8 所示。

② 电容器的主要技术参数。

标称容量与允许误差：与电阻器一样，电容器的标称容量是指在电容器上所标注的容量。电容器的标称容量与允许误差也符合国家标准 GB 2471 - 81 中的规定，与电阻器类似，可参照表 1 - 7 取值。通常，电容器的容量为几皮法（pF）到几千微法（μF）。电容器常用的单位有微法（μF）、纳法（nF）和皮法（pF）。其中，$1\mu F=10^{-6}F$；$1nF=10^{-9}F$；$1pF=10^{-12}F$。

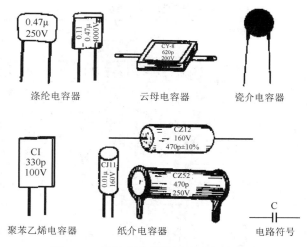

图 1-8　常见电容器的外形及电路符号

表 1-7　几种常用电容器的性能、特点

电容器名称	性能和特点
瓷介电容器	用陶瓷作为介质，在陶瓷基体两面喷涂银层后烧成银质薄膜，将其作为极板，从而制成陶瓷电容器。其特点是体积小、耐热性好、损耗小、绝缘电阻高、容量小，适用于高频电路
铝电解电容器	由铝圆筒作为负极，里面装有液体电解质，插入一片弯曲的铝带作为正极，从而制成铝电解电容器，经直流电压处理，正极的片上形成一层氧化膜作为介质。其特点是容量大，但是漏电、稳定性差，有正负极性，适用于电源滤波或低频电路中，使用时，正、负极不要接反
云母电容器	将金属箔或在云母片上喷涂银层作为电极板，极板和云母一层一层叠合后，再压铸在胶木粉中或封固在环氧树脂中制成。其特点是介质损耗小、绝缘电阻大、温度系数小，适用于高频电路
纸介电容器	用两片金属箔作为电极，夹在极薄的电容纸中，卷成圆柱形或者扁柱形芯子后，密封在金属壳或者绝缘材料壳中制成。其特点是体积较小，容量可以做得较大，但是固有电感和损耗比较大，适用于低频电路
钽铌电解电容器	以金属钽或者铌为正极，以稀硫酸等配液为负极，以钽或铌表面生成的氧化膜为介质。其特点是体积小、容量大、性能稳定、寿命长、绝缘电阻大、温度性能好，用在要求较高的设备中
薄膜电容器	结构同纸介电容器，介质是涤纶或聚苯乙烯。涤纶薄膜电容的介质常数较高、体积小、容量大、稳定性较好，适宜作为旁路电容。聚苯乙烯薄膜电容器的介质损耗小、绝缘阻值高、温度系数大，可用于高频电路
金属化纸介电容器	把纸介电容器浸在经过特别处理的油里而制成，这样做可以增强耐压，容量大、耐压高，但体积较大

额定工作电压与击穿电压：当电容器两极板之间所加的电压达到某一数值时，电容器就会被击穿，该电压称为电容器的击穿电压。

额定工作电压又称为耐压，是指电容长期安全工作所允许施加的最大直流电压，通常为击穿电压的一半，一般直接标注在电容器的外壳上，使用时决不允许电路的工作电压超过电容器的耐压，否则电容器就会被击穿。

绝缘电阻：电容的绝缘电阻是指电容两极之间的电阻，也称为电容的漏电阻。

③ 电容器的命名方法：电容器的命名方法与电阻器的命名方法类似，材料、分类符号及

其意义如表1－8所示。

表1－8　电容器的材料、分类符号及其意义

材料		分类				
符号	意义	符号	意义			
			瓷介电容器	云母电容器	有机介质电容器	电解电容器
A	钽电解	1	圆形	非密封	非密封（金属箔）	箔式
B[1]	非极性有机薄膜介质	2	管形（圆柱）	非密封	非密封（金属化）	箔式
C	I 类陶瓷介质	3	叠片	密封	密封（金属箔）	烧结粉非固体
D	铝电解	4	多层（独石）	独石	密封（金属化）	烧结粉固体
E	其他材料电解	5	穿心	—	穿心	
G	合金电解	6	支柱式	—	交流	交流
H	复合介质	7	交流	标准	片式	无极性
I	玻璃釉介质	8	高压	高压	高压	—
J	金属化纸介质	9	—	—	特殊	特殊
L[2]	极性有机薄膜介质	G	高功率			
N	铌电解					
O	玻璃膜介质					
Q	漆膜介质					
S	3 类陶瓷介质					
T	2 类陶瓷介质					
V	云母纸介质					
Y	云母介质					
Z	纸介质					

注释：

（1）用 B 表示聚苯乙烯薄膜介质，采用其他薄膜介质时，在 B 的后面再加一个字母来区分具体使用的材料。区分具体材料的字母由有关规范规定。如介质材料是聚丙烯薄膜介质时，用"BB"来表示。

（2）用 L 表示聚酯膜介质，采用其他薄膜介质时，在 L 的后面再加一个字母来区分具体使用的材料。区分具体材料的字母由有关规范规定。如介质材料是聚碳酸酯薄膜介质时，用"LS"表示。

型号示例 1：CBB10 型聚丙烯电容器

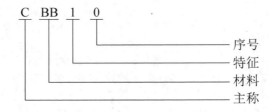

型号示例 2：CA31 型非固体电解质烧结钽电容器

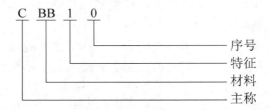

型号示例3：CA11A型钽箔电解电容器

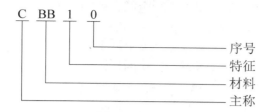

④ 电容器的标注：电容器的标注方法主要有直标法、文字符号法、数字标注法和色标法四种。

直标法：将电容器的容量、耐压及误差直接标注在电容器的外壳上，若电容器上未标注允许误差，则默认为允许误差为±20%。当电容器的体积很小时，有时仅标注标称容量一项。其中允许误差一般用字母来表示。常见的表示允许误差的字母有 F （±1%）、G （±2%）、J （±5%）和K （±10%）等。例如：

47nJ100　　　表示标称容量为47nF 或 0.047μF，允许误差为±5%，耐压为100V。

100　　　　　表示标称容量为100pF，允许误差为±20%。

0.039　　　　表示标称容量为0.039μF。

🔔提示：

（1）电解电容器或体积较大的无极性电容器一般应标注标称容量、额定电压及允许误差；体积较小的无极性电容器只标注标称容量。容量单位有微法（μF）、纳法（nF）和皮法（pF）。

例如：1p2 表示 1.2pF；1n 表示 1nF 或 1000pF；10n 表示 10nF 或 0.01μF；2μ2 表示 2.2μF。

（2）简略方式（不标注容量单位）。

当 9999≥有效数字≥1 时，容量单位为 pF；有效数字<1 时，容量单位为 μF。

例如：1.2、10、100、1000、3300、6800 等容量单位均为 pF；0.1、0.22、0.47、0.01、0.022、0.047 等容量单位均为 μF。

（3）允许误差：普通电容为±5%（I，J）、±10%（II，k）、±20%（III，M）；精密电容为±2%（G）、±1%（F）、±0.5%（D）、±0.25%（C）、±0.1%（B）、±0.05%（W）。

（4）额定电压：6.3V、10V、16V、25V、32V、50V、63V、100V、160V、250V、400V、450V、500V、630V、1000V、1200V、1500V、1600V、1800V、2000V 等。

文字符号法：用阿拉伯数字和文字符号或两者有规律的组合，在电容器上标出主要参数的方法称为文字符号法。该方法具体表现为用文字符号表示电容的单位（n 表示 nF、p 表示pF、μ 或 R 表示 μF 等），电容器容量（用阿拉伯数字表示）的整数部分写在电容器单位的前面，电容器容量的小数部分写在电容器单位的后面；凡用整数（一般为 4 位）且无单位标注的电容器，其单位默认为 pF；凡用小数又无单位标注的电容，其单位默认为 μF。

例如：4p7 表示 4.7pF；8n2 表示 8.2nF 或 8200pF；3m3 表示 3.3mF 或 3300μF。3.3μF 用文字符号法表示为 3μ3；0.33pF 用文字符号法表示为 p33；0.56μF 用文字符号法表示为 R56 或 μ56；2200pF 用文字符号法表示为 2n2 或 2200。

数字标注法：用三位数字来表示容量的大小，单位为 pF。前两位数字表示容量的有效数字，第三位数字表示有效数字后面要加多少个零，即乘以 10^i，i 的取值为 1~9，其中 9 表示 10^{-1}。例如，333 表示 33000pF 或 $0.33\mu F$；229 表示 2.2pF。

色标法：在电容器上标注色环或色点来表示电容器容量及允许误差，单位为 pF。这种方法在小型电容器上用得比较多。电容器色标法的具体含义与电阻器的色标法类似。

示例 4：电容器 "CJX-250-0.33-±10%" 标注符号的含义：

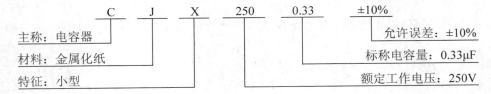

♨**提示：**

> 注意：电容器读色码的顺序规定为从元器件的顶部向引脚方向读，即顶部为第一环，靠近引脚的是最后一环。色环颜色的规定与电阻器色标法相同。

⑤ 电容器的检测：电容器的常见故障有断路、短路、失效等。为保证电容器装入电路后能正常工作，在装入电路前必须对电容器进行检测。**特别注意：每一次测量前都必须对电容器进行放电！**

固定电容器的检测如下。

a. 漏电电阻的测量：用指针式万用表的欧姆挡（R×10k 或 R×1k 挡，视电容器的容量而定。测大容量的电容器时，把量程放小，测小容量电容器时，把量程放大）测量，两表笔分别接触电容器的两引脚，此时指针很快向顺时针方向摆动（R 为零的方向摆动），逐渐退回到原来无穷大的位置，断开表笔，将红、黑表笔对调，重复测量电容器，如果指针仍按上述的方法进行摆动，则说明电容器的漏电电阻很大，表明电容器性能良好，能够正常使用。

当在测量中发现万用表的指针不能回到无穷大位置时，指针所指的阻值就是该电容器的漏电电阻。指针距离阻值无穷大位置越远，说明电容器漏电越严重。有的电容器在测其漏电电阻时，指针退回到无穷大位置后又慢慢地向顺时针方向摆动，摆动越多，表明电容器漏电越严重。

b. 电容器的断路测量：电容器的容量范围很大，用万用表判断电容器的断路情况时，首先要看电容量的大小。对于 $0.01\mu F$ 以下的小容量电容器，用万用表不能准确判断其是否断路，只能用其他仪表进行鉴别（如 Q 表）。

对于 $0.01\mu F$ 以上容量的电容器，用万用表测量时，必须根据电容器容量的大小，选择合适的量程进行测量。用万用表检测固定电容器如图 1-9 所示。

当测量 $300\mu F$ 以上容量的电容器时，可选用 R×10 挡或 R×1 挡；当测量 $10~300\mu F$ 的电容器时，可选用 R×100 挡；当测量 $0.47~10\mu F$ 的电容器时，可选用 R×1k 挡；当测量 $0.01~0.47\mu F$ 的电容器时，可选用 R×10k 挡。

按照上述方法选择好万用表的量程后，便可将万用表的两表笔分别接电容器的两引脚，在测量时，如果指针不动，则可将两表笔对调后再测，如果指针仍不动，则说明电容器断路。

c. 电容器的短路测量：用万用表的欧姆挡，将两表笔分别接电容器的两引脚，如果指针所示阻值很小或为零，而且指针不再退回无穷大处，则说明电容器已经击穿短路。需要注意的是，在测量容量较大的电容器时，要根据容量的大小，依照上述介绍的量程选择方法来选择适当的量程，否则会把电容器的充电误认为是击穿。

电解电容器的检测如下。

a. 电解电容器极性的判别。

外观判别：通过引脚的长短和电容器上的白色色带来判别。带负号的白色色带对应的引脚为负极；长引脚为正极，短引脚为负极。电容器引脚极性的判定如图 1 – 10 所示。

图 1 – 9　用万用表检测固定电容器　　　　图 1 – 10　电容器引脚极性的判定

提示：

> 注意：电解电容器是有极性的电容器，使用时必须注意极性，正极接高电位，负极接低电位，极性接反时会引起电容器爆炸。

万用表识别：通过外观无法判别时用指针式万用表的 R×10k 挡测量电容器两端的正、反向电阻值，由图 1 – 11 可知，两次测量中，漏电阻小的一次，黑表笔所接为负极。

判断电解电容器极性的操作步骤如下：

① 选择指针式万用表挡位并调零；

② 测电解电容器的漏电阻值；

③ 将两表笔对调一下，再测一次漏电阻值。

结论：两次测试中，漏电阻值小的一次(见图 1 – 11 观察二)，黑表笔接的是电解电容器的负极，红表笔接的是电解电容器的正极。

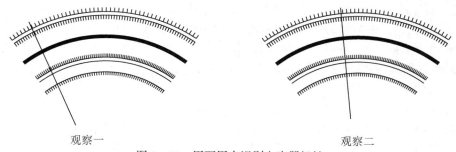

观察一　　　　　　　　　　　　　　　观察二

图 1 – 11　用万用表识别电容器极性

b. 电解电容器性能的检测：电解电容器的容量较一般固定电容大得多，所以，在测量时应针对不同容量选用合适的量程。1～2.2μF 的电解电容器用 R×10k 挡，4.7～22μF 的电解电容器用 R×1k 挡，47～220μF 的电解电容器用 R×100 挡，470～4700μF 的电解电容器用 R×10

挡，大于 4700μF 的电解电容器用 R×1 挡。换挡后应调零，观察指针向右摆动幅度，估测容量大小；待指针稳定后读取数值，漏电较小的电容器，所指示的漏电阻值会大于 500kΩ，若漏电阻值小于 100kΩ，则说明该电容器已严重漏电，不宜继续使用。若测量电容器的正、反向电阻值均为 0，则说明该电容器已击穿损坏。

c. 电解电容器漏电阻的测量：将万用表红表笔接负极，黑表笔接正极。接触的瞬间，万用表指针会向右偏转较大幅度（对于同一电阻挡，容量越大，指针摆幅越大），接着逐渐向左回转，直到停在某一位置。

然后，将红、黑表笔对调，万用表指针将重复上述摆动现象。但此时所测阻值为电解电容器的反向漏电阻，此值略小于正向漏电阻，即反向漏电流比正向漏电流要大。实际使用经验表明，电解电容的漏电阻一般应在几百千欧以上，否则，将不能正常工作。

可变电容器的检测如下。

用万用表的 R×10k 挡，测量动片与定片之间的绝缘电阻，即用两表笔分别接触电容器的动片、定片，然后慢慢旋转动片，如果碰到某一位置阻值为零，则表明有碰片短路现象，应予以排除再用。如果动片转到某一位置，指针不为无穷大，而为一定的阻值，则表明动片与定片之间有漏电现象，应清除电容器内部的灰尘后再用。如果将动片全部旋进、旋出后，阻值均为无穷大，则表明可变电容器性能良好。

可变电容器碰片检测：用万用表的 R×1k 挡，将两表笔固定接在可变电容器的定片、动片端子上，慢慢转动可变电容器的转轴，如果表头指针发生摆动，则说明有碰片，否则说明是正常的。在使用时，动片应接地，防止调整时人体静电通过转轴引起噪声。

⑥ 电容器的选择和使用。

a. 型号的选择：在电源滤波、退耦电路中应选用电解电容器；在高频、高压电路中应选用瓷介电容器、云母电容器；在谐振电路中，应选用云母、陶瓷、有机薄膜等电容器；当隔直流时，应选用纸介、涤纶、云母、电解等电容器；在调谐回路中，应选用空气介质或小型密封可变电容器。

b. 容量的选择：电容器容量的数值必须按规定的标称值来选择。一般电路对容量要求不太严格，应选用容量比设计值略大些的电容器；在振荡、延时、选频、滤波等特殊电路中，应选用与设计值尽量一致的电容器；当现有电容器的容量与要求的容量不一致时，可用串联或并联的方法选配。

c. 精度的选择：电容器的误差等级有多种，对业余的小制作一般不考虑电容器的容量误差。振荡、延时、选频等网络对电容器精度要求较高，选择误差值应小于 5%。大多数情况对电容器的精度要求并不高。对用于低频耦合电路的电容器其误差可以大些，一般选择误差值为 10%～20% 就能满足要求。在低频耦合、去耦、电源滤波等电路中，其电容器选 ±5%、±10%、±20% 的误差等级都可以。

d. 耐压的选择：所选电容器的额定电压一般是在线电容工作电压的 1.5～2 倍。不论选用何种电容器，都不得使其额定电压低于电路的实际工作电压，否则电容器将会被击穿；也不要使其额定电压太高，否则不仅提高了成本，而且电容器的体积必然增大。但选用电解电容器（特别是液体电介质电容器）时应特别注意以下两点，一是由于电解电容器自身结构的特点，应使线路的实际电压相当于所选额定电压的 50%～70%，以便充分发挥电容器的作用。如果实际工作电压相当于所选额定电压的一半，反而容易使电解电容器的损耗增大；二是在选用电解电容器时，还应注意电容器的存放时间（存放时间一般不超过一年）。长期存放的电容器可能会因电解液干涸而老化。

电容器在选用时不仅要注意以上几点，还要考虑其体积、价格、电容器所处的工作环境（温度、湿度）等情况。

提示：

电容器的代用如下。

在买不到所需要的型号或所需要容量的电容器，或在维修时现有的电容器与所需要的电容器不相符时，便要考虑代用。代用的原则：电容器的容量基本相同；电容器的耐压不低于原电容器的耐压值；对于旁路电容器、耦合电容器，可选用比原电容器容量大的电容器代用。在高频电路中的电容器，代用时一定要考虑频率特性，应满足电路的频率要求。

e. 使用电容器的注意事项：有极性电容器在使用时必须注意极性，正极接高电位端，负极接低电位端；从电路中拆下的电容器（尤其是大容量和高压电容器），应对电容器先充分放电后，再用万用表进行测量，否则会造成仪表损坏。

1.3.4　计划与决策

6~8名学生组成一个学习小组，制订识别与检测旧电子产品电路板上（或购买电子元器件散件）的电容器的学习活动计划，并交给老师检查审核。

1.3.5　任务实施

（1）从旧电子产品电路板上（或购买电子元器件散件中）找出电容器。

（2）识别的电容器的类型。

（3）识读元器件外壳上的标注。

（4）用万用表检测电容器，填入学习过程记录表。

任务 3 学习过程记录表

项目名称	常用电子元器件的识别与检测							
任务名称	电容器的识别与检测							
姓名		学号			完成时间			
任务 2 学习过程	学习阶段	学习和工作内容		学生自查			教师检查	
				完成	部分完成	未完成		
	课前线上学习	观看教学视频						
		制定学习计划						
	课中学习	序号	型号	类型	阻值	功率	偏差	标志方法	质量评价

任务 2 学习过程	课后学习	参与线上讨论		
		课后作业		
		编写学习思维导图		
学生检查	考勤		团队合作	工作环境卫生、整洁及结束时 现场恢复原状

1.3.6　检查与评估

检查与评估方法与任务 1 相同。

1.4 任务 4　电感线圈与变压器的识别与检测

电感器（电感线圈）简称为电感，是利用电磁感应原理制成的元件，是一种储能元件。它通常分为两类：一类是应用自感作用的电感线圈；另一类是应用互感作用的变压器。

1.4.1　学习目标

能正确识别电感线圈和变压器，并检测其质量。

1.4.2　任务描述与分析

识别旧电子产品电路板上（或购买电子元器件散件）的电感线圈和变压器，并检测其质量。

通过本任务，了解电感线圈、变压器的分类，掌握主要技术参数；理解电感线圈的直标法、色标法的含义并能正确识读标称值；能目测识别电感线圈、变压器的类型；掌握变压器的使用注意事项；能根据用途正确地选择；能用万用表对电感线圈、变压器进行正确测量，并对其质量做出评价。

本任务的学习重点是目测识别电感线圈、变压器的类型；并对其质量做出评价；难点是评价变压器的质量。学习时要观看 SPOC 课堂教学视频，通过拆卸一台旧电子产品（或购买电子元器件散件）的实践活动，学会电感线圈、变压器识别和检测方法。

1.4.3　资讯

1）SPOC 课堂教学视频

（1）电感线圈的识别。

（2）电感线圈的检测。

（3）变压器的识别。

（4）变压器的检测。

2）相关知识

（1）电感器。

电感器的应用范围很广，在调谐、振荡、匹配、耦合、滤波、陷波、偏转聚焦等电路中是必不可少的。由于电路用途、工作频率、功率、工作环境不同，对电感器的基本参数和结构就有不同的要求，因此电感器的类型和结构具有多样化。常见的电感器及其电路符号如图 1-12 和图 1-13 所示。

图 1 - 12　常见的电感器

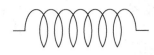

电感器的常用电路符号

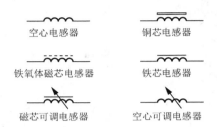

图 1 - 13　电感器电路符号

① 电感器的分类。按电感量是否变化，可分为固定电感器、微调电感器、可变电感器等；按导磁性质，可分为空心电感器、磁芯电感器、铜芯电感器等；按用途，可分为天线电感器、扼流电感器、振荡电感器等。

② 电感器的主要技术参数如下。

a. 电感量：电感器自感作用的大小称为电感量（简称为电感），用 L 表示，单位是亨利，简称为亨，用 H 表示。比亨小的单位有毫亨（mH）和微亨（μH），它们之间的换算关系是 $1H = 10^3 mH = 10^6 μH$，$1mH = 10^3 μH$。

b. 额定电流：额定电流是指允许长时间通过电感器的最大工作电流，其常用字母 A、B、C、D、E 标注。表 1 - 9 所示为小型固定电感器的最大工作电流。

表 1 - 9　小型固定电感器的最大工作电流

字母	A	B	C	D	E
最大工作电流/mA	50	150	300	700	1600

c. 品质因数：品质因数也称为 Q 值，是指电感器在一个周期中的储存能量与消耗能量的比值，它是表示电感器品质的重要参数。Q 值越高，电感器的损耗越小，效率就越高。但 Q 值的提高往往会受一些因素的限制，如电感器导线的直流电阻、骨架、浸渍物的介质损耗、铁芯和屏蔽罩的损耗，以及导线高频趋肤效应损耗等。

d. 分布电容：电感器匝与匝之间、电感器与地之间、电感器与屏蔽盒之间，以及电感器的层与层之间都存在电容，这些电容统称为电感器的分布电容。分布电容的存在会使电感器的等效总损耗阻值增大，品质因数降低。为减少分布电容，高频电感器常采用多股漆包线或丝包线，绕制线圈时常采用蜂房绕法或分段绕法等。

e. 稳定性：电感器的稳定性主要指参数受温度、湿度和机械振动等影响的程度。

③ 电感器参数的标注方法。

a. 直标法：将标称电感量用数字直接标注在电感器的外壳上，用字母表示电感器的额定电流，用 Ⅰ、Ⅱ、Ⅲ 表示允许误差。

例如：固定电感器外壳上标有 150μH、A、Ⅱ 的标志，表明电感器的电感量为 150μH，允许误差为 Ⅱ 级（±10%），最大工作电流为 50mA（A 挡）。

b. 色标法：在电感器的外壳上，使用颜色环或色点表示其参数的方法就称为色标法。其识别方法与电阻器色标法识别方法相同。高频电路的滤波和阻流及谐振回路用的小型固定电感器基本计量单位为微亨（μH）。几种色码电感器的外形如图 1 - 14 所示。电感器的表示方法如图 1 - 15 所示。

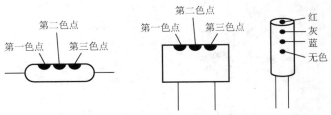

图 1 - 14　几种色码电感器的外形

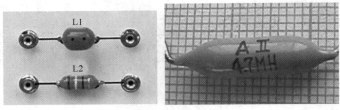

图 1 - 15　电感器的表示方法

④ 电感器的检测：将万用表置于 R×1 挡，用两表笔分别碰接电感器的引脚。当被测的电感器阻值为 0Ω 时，说明电感器内部短路，不能使用；如果测得电感器有一定阻值，则说明该电感器正常；如果测得阻值为 ∞，则说明电感器内部断路；如果测得直流阻值远小于估计值，则说明被测电感器内部匝之间击穿短路，不能使用。若想测出电感器的准确电感量，则必须使用电桥、高频 Q 表（品质因数测量仪）或数字式电感电容表。

（2）变压器。

① 变压器的分类：按工作频率，可分为高频变压器、中频变压器、低频（音频）变压器、脉冲变压器等；按导磁性质，可分为空心变压器、磁芯变压器、铁芯变压器等；按用途（传输方式），可分为电源变压器、输入变压器、输出变压器、耦合变压器等。

② 变压器的主要技术参数。

- 变压比：初级线圈和次级线圈间的匝数比为 n，升压变压器的变压比小于 1，降压变压器的变压比大于 1。
- 额定功率：变压器在规定的工作频率和电压下，能长期工作而不超过限定温度时的输出功率。输出功率的单位用瓦（W）或伏安（VA）表示。
- 效率：变压器的输出功率与输入功率的比值。一般电源变压器、音频变压器要注意效率，而中频变压器、高频变压器一般不考虑效率。
- 温升：当变压器通电工作后，其温度上升到稳定值时高出周围环境温度的数值。除此以外，还有绝缘电阻、空载电流、漏电感、频带宽度和非线性失真等参数。

③ 常用变压器的介绍。

a. 中频变压器：中频变压器又称为中周变压器，简称为中周。在音频、视频设备和测量仪器中被广泛应用，一般由磁芯、线圈、支架、底座、磁帽、屏蔽外壳组成。上下调节磁帽，可改变电感量，从而可使电路谐振在某个特定频率上。中频变压器是超外差式无线电接收设备中的主要元器件之一，广泛用于调幅、调频收音机、电视接收机、通信接收机等电子设备中。中频变压器的结构和外形如图 1 - 16、图 1 - 17 所示。

图 1 - 16 中频变压器的结构   图 1 - 17 中频变压器的外形

b. 电源变压器：电源变压器的作用是将工频市电（交流电压 220V 或 110V）转换为各种额定功率和额定电压。因为在家用电器和电子设备中，需要各种各样的电源供电，只有电源变压器，才能根据需要将 220V 的交流电源变为不同类型的电源。

电源变压器的主体结构由铁芯和绕组组成。铁芯是变压器中主要的磁路部分，通常由表面涂有绝缘漆的热轧或冷轧硅钢片叠装而成；绕组是变压器的电路部分，一般由双丝包（纸包）绝缘扁线或漆包圆线绕成。变压器按铁芯不同可分为叠片式（E 形）与卷绕式（C 形）两种，如图 1 - 18、图 1 - 19 所示。

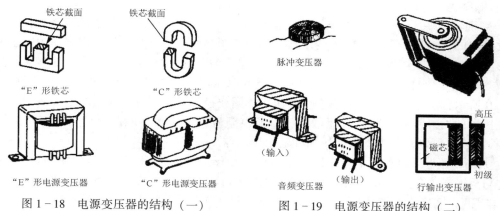

图 1 - 18 电源变压器的结构（一）   图 1 - 19 电源变压器的结构（二）

④ 变压器的检测：当检测变压器时，首先可以通过观察变压器的外观来检查是否有明显的异常，如线圈引线是否断裂、脱焊，绝缘材料是否有烧焦痕迹，铁芯紧固螺丝是否松动，硅钢片是否锈蚀，绕组线圈是否外露等。

a. 检测初、次级绕组的通/断：将万用表置于 R×100 挡或 R×1k 挡，将两表笔分别碰接初级绕组的两引出线，阻值一般为几百至几千欧，若出现∞，则为断路；若出现 0Ω，则为短路。用同样方法测次级绕组的阻值，将万用表置于 R×10 挡或 R×100 挡，一般为几十至几百欧（降压变压器）。当有多个次级绕组时，输出标称电压值越小，阻值越小。

b. 检测各绕组间、绕组与铁芯间的绝缘电阻：将万用表置于 R×10k 挡，将一支表笔接初级绕组的一个引脚，另一支表笔接次级绕组的引脚，万用表所示阻值应为∞，若小于此值，则表明绝缘性能不良；当阻值小于几百欧时，则表明绕组间有短路故障。

c. 测试变压器的次级空载电压：将变压器初级接入 220V 电源，将万用表置于交流电压挡，根据变压器次级的标称值，选好万用表的量程，依次测出次级绕组的空载电压，允许误差一般不应超出 5%～10% 为正常（在初级电压为 220V 的情况下）。若出现次级电压都升高，则表明初级线圈有局部短路故障；若次级的某个线圈电压偏低，则表明该线圈有短路之处。当电源变压器出现"嗡嗡"声时，可用手压紧变压器的线圈，若"嗡嗡"声立即消失，则可能是变压器的铁芯或线圈有松动现象，也有可能是变压器固定位置有松动。

d. 开路故障检测：可以用万用表欧姆挡测电阻进行判断。

e. 短路故障检测：电源变压器内部短路可通过空载通电法进行检查，方法是切断电源变压器的负载，接通电源，如果通电 15～30 分钟后温升正常，说明电源变压器正常；如果空载温升较高（超过正常温升），说明电源变压器内部存在局部短路现象。

说明：一般中、高频变压器的线圈匝数不多，其直流电阻很小，在零点几欧姆至几欧姆之间，随变压器规格而异；音频和中频变压器由于线圈匝数较多，直流电阻较大。变压器的直流电阻正常并不表示变压器完好无损，如电源变压器有局部短路时对直流电阻影响并不大，但此时电源变压器不能正常工作。用万用表也不易测量中、高频变压器的局部短路，一般需要用专用仪器，其表现为 Q 值（品质因数）下降、整机特性变差。

f. 电源变压器的输入、输出绕组的判断：用万用表分别测量电源变压器红线那一侧和黄线或其他颜色那一侧的直流电阻，如果红线那一侧的电阻测量值高于另一侧电阻测量值，可以判断红线是变压器的输入绕组（即原线圈绕组），黄线或其他颜色线为变压器的输出绕组（即副线圈绕组）。

g. 判别输入变压器、输出变压器：在音频放大电路中，输入变压器用于音频前置级与音频功放级间的音频信号耦合；输出变压器主要在音频功率放大器与扬声器之间作为阻抗匹配。从外形上看，输入变压器、输出变压器基本一样。为了区别方便，变压器上通常标有"输入"或"输出"字样，若无标记，则可根据输入变压器、输出变压器的直流电阻不同，用如图 1－20 所示方法进行判断，输出变压器次级线圈线径最大，因此直流电阻最小，只有数欧；输入变压器的次级线圈线径小、匝数多，直流电阻较大，有数百欧。因此，用万用表的 R×1Ω 挡检测，就可以判断出输入变压器和输出变压器。

h. 判断变压器线圈的同名端：同名端也叫同相端或同极性端，指两绕组感应电压同极性端，它与绕组绕向有关。用万用表判断变压器绕组同名端如图 1－21 所示。将万用表置于电流 50μA 挡，两表笔与变压器次级的两个端子接牢。取一节大号干电池，与变压器初级的两个引脚碰一下，若在碰触瞬间万用表指针向右偏转，则变压器初级、次级线圈上涂有黑点的为同名端。

⑤ 变压器的选用应遵循以下原则。

- 选用变压器一定要了解变压器的输出功率、输入电压和输出电压，以及所接负载需要的功率。
- 要根据电路的要求进行选择，使变压器的输出电压与标称电压相符。变压器的绝缘阻值应大于 500Ω，对于要求较高的电路阻值应大于 1000Ω。
- 要根据变压器在电路中的作用合理使用，必须知道其引脚与电路中各点的对应关系。

变压器的使用注意事项：

使用变压器时一定不能接错引脚，接错有可能造成变压器的自身损坏，因此使用前必须判断出各个引脚。可用欧姆表测量各绕组的内阻，并对各绕组进行简单区分，同时应该判断出变压器的同名端位置。

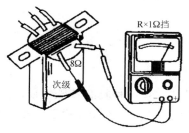

图 1-20　测试直流电阻以判断输入
变压器、输出变压器

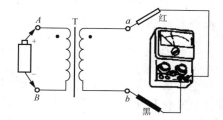

图 1-21　用万用表判断变压器绕组同名端

1.4.4　计划与决策

6~8 名学生组成一个学习小组，制订识别与检测旧电子产品电路板上（或购买电子元器件散件）的电感线圈、变压器的学习活动计划，并交给老师检查审核。

1.4.5　任务实施

（1）从旧电子产品电路板上（或购买电子元器件散件中）找出电感器和变压器。
（2）识别电感器与变压器的类型。
（3）识读元器件外壳上的标注。
（4）用万用表检测电感器与变压器，填入学习过程记录表。

任务 4 学习过程记录表

项目名称	常用电子元器件的识别与检测							
任务名称	电感与变压器的识别与检测							
姓名		学号				完成时间		

	学习阶段	学习和工作内容	学生自查			教师检查
			完成	部分完成	未完成	
	课前线上学习	观看教学视频				
		制定学习计划				
任务 3 学习过程	课中学习	1. 电感器的识别与检测				
		2. 变压器的识别与检测				
	课后学习	参与线上讨论				
		课后作业				
		编写学习思维导图				

1. 电感器的识别与检测

序号	型号	类型	电感量	直流电阻	万用表 R 挡位	标志方法	质量评价

2. 变压器的识别与检测

序号	型号	类型	初级绕组阻值	次级绕组阻值	变压器额定功率	次级标称输出电压	次级实际输出电压	质量评价

学生检查	考勤		团队合作		工作环境卫生、整洁及结束时现场恢复原状	

1.4.6. 检查与评估

检查与评估方法与任务 1 相同。

1.5 任务 5 半导体器件的识别与检测

导电性能介于导体和绝缘体之间的物质称为半导体，是一种具有特殊性质的物质。半导体器件具有体积小、功能多、质量小、耗电少、成本低等优点，在电子电路中得到广泛运用。

1.5.1 学习目标

了解二极管、三极管的基本结构、基本特性，能正确识别二极管、三极管的类型和引脚，并检测其质量。

1.5.2 任务描述与分析

识别旧电子产品电路板上（或购买电子元器件散件）的二极管、三极管的类型和引脚，并检测其质量。

通过本任务，掌握半导体分立器件型号命名方法；掌握场效应管的检测方法和保管、使用时的注意事项；了解二极管、三极管的分类及其特点，掌握其主要技术参数；能判断二极管、发光二极管、光电二极管、整流桥、三极管、单结晶管、晶闸管的引脚极性，并能正确识读标称值；能根据用途正确地选择半导体器件；能用万用表对二极管、三极管进行正确测量，并对其质量做出评价。

本任务的学习重点是目测识别二极管、三极管的类型，并对其质量做出评价；难点是评价三极管的质量。学习时要观看 SPOC 课堂教学视频，通过拆卸一台旧电子产品（或购买电子元器件散件）的实践活动，学会二极管、三极管的识别和检测方法。

1.5.3 资讯

1）SPOC 课堂教学视频

（1）二极管的识别。

（2）二极管的检测。

（3）三极管的识别。

（4）三极管的检测。

2）相关知识——半导体器件识别检测与选用

（1）半导体器件的命名方式。

按国家标准 GB/T249—2017 的规定，国产半导体分立器件的型号由五部分组成：

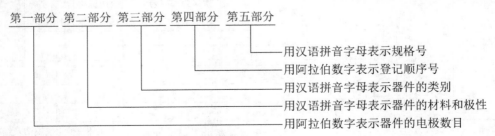

国产半导体分立器件型号的命名及其含义如表 1 - 10 所示。

表 1－10　国产半导体分立器件型号的命名及其含义

第一部分		第二部分		第三部分		第四部分	第五部分
用数字表示器件的电极数目		用汉语拼音字母表示器件的材料和极性		用汉语拼音字母表示器件的类别		用数字表示器件的序号	用字母表示规格号
符号	意义	符号	意义	符号	意义		
2	二极管	A B C D E	N 型，锗材料 P 型，锗材料 N 型，硅材料 P 型，硅材料 化合物或合金材料	P	小信号管（普通管）		
				H	混频管		
				V	检波管		
				W	电压调整管和电压基准管（稳压管）		
				C	变容管		
				Z	整流管		
				L	整流堆		
				S	隧道管		
				K	开关管		
3	三极管	A B C D E	PNP 型、锗材料 NPN 型、锗材料 NPN 型、硅材料 PNP 型、硅材料	N	噪声管		
				F	限幅管		
				X	低频小功率晶体管（频率小于 3MHz，功率小于 1W）		
				G	高频小功率晶体管（频率大于 3MHz，功率小于 1W）		
				D	低频大功率晶体管（频率小于 3MHz，功率大于 1W）		
				A	高频大功率晶体管（频率大于 3MHz，功率大于 1W）		
				T	闸流管		
				Y	体效应管		
				B	雪崩管		
				J	阶跃恢复管		
				CS	场效应晶体管		
				BT	特殊晶体管		
				FH	复合管		
				JL	晶体管阵列		
				PIN	PIN 二极管		
				ZL	二极管阵列		
				QL	硅桥式整流器		
				SX	双向三极管		
				XT	肖特基二极管		
				CF	触发二极管		

续表

第一部分		第二部分		第三部分		第四部分	第五部分
用数字表示器件的电极数目		用汉语拼音字母表示器件的材料和极性		用汉语拼音字母表示器件的类别		用数字表示器件的序号	用字母表示规格号
符号	意义	符号	意义	符号	意义		
				DH	电流调整二极管		
				SY	瞬态抑制二极管		
				GS	光电子显示器		
				GF	发光二极管		
				GR	红外发射二极管		
				GJ	激光二极管		
				GD	光电二极管		
				GT	光电晶体管		
				GH	光电耦合器		
				GK	光电耦合器		
				GL	成像线阵器件		
				GM	成像面阵器件		

例如：2AP9 表示 N 型锗材料普通二极管，产品序号为 9；2CK71 表示 N 型硅材料开关二极管，产品序号为 71。

示例 1：硅 NPN 型高频小功率晶体管

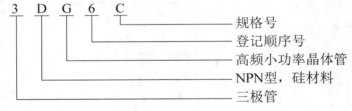

示例 2：场效应晶体管

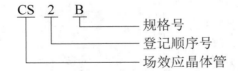

🔔**提示：**

- 可控整流管、体效应器件、雪崩管、场效应器件、半导体特殊器件、复合管、PIN 型管、激光器件、阶跃恢复管等器件的型号命名只有第三、四、五部分。
- 国外进口的半导体器件的命名方法与国产器件的命名方法不同。因而在选用进口器件时，应查阅相关的技术资料。

（2）二极管。

二极管是一种具有单向导电性的半导体器件。它是由一个 PN 结加上相应的电极引线和密封壳构成的，广泛应用于电子产品中，有整流、检波、稳压等作用。

① 二极管的分类：二极管按材料可分为硅二极管、锗二极管等；按用途可分为检波二极管、整流二极管、稳压二极管、发光二极管、光电二极管等；按结构可分为点接触型、面接触型和平面型三种。常见二极管的结构、外形和电路符号如图 1-22 所示。

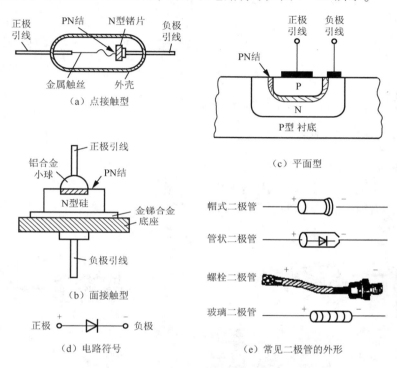

图 1-22　常见二极管的结构、外形和电路符号

② 二极管的主要技术参数。

- 最大整流电流 I_F：在一定温度下，长期允许通过的最大正向平均电流，电流大于 I_F 会使二极管因过热而损坏。另外，对于大功率二极管，必须加装散热装置。
- 最高反向工作电压 U_{RM}：在正常工作时，二极管所能承受的反向电压的最大值。一般情况下，最高反向工作电压约为击穿电压的一半，以确保管子安全运行。
- 最高工作频率 f_M：能保持良好工作性能条件下的最高工作频率。
- 反向饱和电流 I_S：未击穿时的反向电流值。反向饱和电流主要受温度影响，该值越小，二极管的单向导电性越好。

值得指出，不同用途的二极管（如稳压、检波、整流、开关、光电、发光二极管等），各有不同的主要技术参数。

③ 二极管的命名。

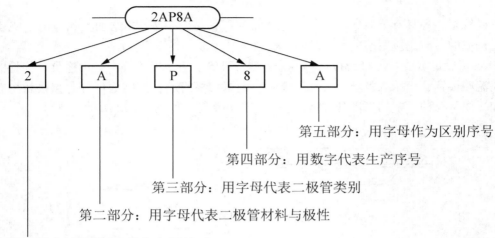

第五部分：用字母作为区别序号

第四部分：用数字代表生产序号

第三部分：用字母代表二极管类别

第二部分：用字母代表二极管材料与极性

第一部分：用数字2代表二极管

④ 二极管的识别和检测。

a. 普通二极管性能的检测：从外观上判断二极管的极性。二极管的正、负极性一般都标注在其外壳上。有时会将二极管的图形直接画在其外壳上。二极管的辨识如图 1-23 所示。

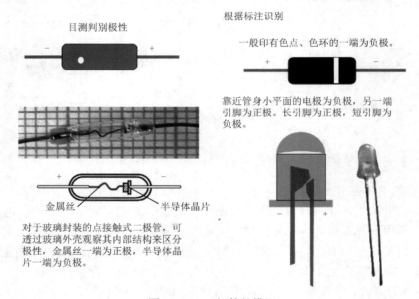

图 1-23　二极管的辨识

用万用表检测二极管的极性与好坏。用万用表 R×100 挡或 R×1k 挡测量二极管正反向电阻各一次（测量时手不要接触引脚），测得阻值小的一次，黑表笔接的是二极管的正极，红表笔接的是二极管的负极，如图 1-24 所示。

一般硅二极管正向阻值为几千欧，锗二极管正向阻值为几百欧；反向阻值均为几百千欧。若测量结果正、反向阻值相差不大，则为劣质管；若正、反向阻值都是无穷大或零，则二极管内部断路或短路。

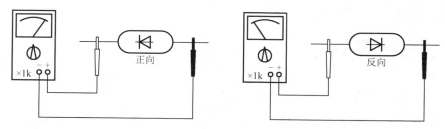

图 1-24　二极管极性的测试

b. 特殊二极管的检测。

稳压二极管的检测：稳压二极管是一种工作在反向击穿区、具有稳定电压作用的二极管。其极性与性能好坏的测量与普通二极管的测量方法相似，不同之处在于，当使用万用表的 R×1k 挡测量二极管时，测得其反向阻值是很大的，此时，将万用表转换到 R×10k 挡，如果出现万用表指针向右偏转较大角度，即反向阻值减小很多的情况，则该二极管为稳压二极管；如果反向阻值基本不变，则说明该二极管是普通二极管，不是稳压二极管。

发光二极管的检测：发光二极管是一种将电能转换成光能的特殊二极管，常用于电子设备的电平指示、模拟显示等场合。发光二极管由砷化镓、磷化镓等化合物半导体制成。发光二极管的发光颜色主要取决于所用半导体的材料，可以发出红、橙、黄、绿等 4 种可见光。发光二极管的外壳是透明的，外壳的颜色表示了它的发光颜色。发光二极管工作在正向区域，其正向导通（开启）工作电压高于普通二极管。外加正向电压越大，发光二极管越亮，但使用中应注意，外加正向电压不能使发光二极管超过其最大工作电流，以免烧坏发光二极管。

对发光二极管的检测主要采用万用表的 R×10k 挡，其测量方法及对其性能的好坏判断与普通二极管相同。但发光二极管的正向阻值、反向阻值均比普通二极管大得多。在测量发光二极管的正向阻值时，可以看到该二极管有微微发光的现象。发光二极管实物图如图 1-25 所示。

图 1-25　发光二极管实物图

c. 光电二极管。

光电二极管又称为光敏二极管（见图 1-26），是一种将光能转换为电能的特殊二极管，管壳上有一个嵌着玻璃的窗口，用于接收光线。光电二极管电路符号如图 1-27 所示。

极性的判断：将万用表置于 1kΩ 挡，用一张黑纸遮住光电二极管的透明窗口，将万用表红、黑表笔分别接触光电二极管的两个电极，此时如果万用表指针向右偏转较大，则黑表笔所接的电极是正极，红表笔所接的电极是负极。若测量时万用表指针不动，则红表笔所接的电极是正极，黑表笔所接的电极是负极。

图 1－26　光电二极管实物图　　　　　　图 1－27　光电二极管电路符号

质量的检测：首先用黑纸遮住光电二极管的透明窗口，万用表置于1kΩ挡，再测量光电二极管的正、反向阻值，应符合正向阻值小，反向阻值大的特性。其次，移去遮光黑纸，仍用1kΩ挡，红表笔接光电二极管的正极，黑表笔接光电二极管的负极，使光电二极管的透明窗口朝向光源，这时万用表指针应从无穷大位置向右明显偏转，偏转角度越大，说明光电二极管的灵敏度越高。若无反应，则表明已经损坏。

d. 桥堆的识别、检测及选用。

桥堆是指用整流元件（一般为整流二极管）按桥式接法组装成的整流器件。由两个整流二极管组成的桥堆称为半桥，由 4 个整流二极管组成的桥堆称为全桥，具有体积小、使用方便等优点，在需要半波整流或全波整流的电路中均得到广泛使用。

由图 1－28 可以看出桥堆的结构和引出端位置，再结合 PN 结的导通原理，可用万用表测出各脚的功能和极性：将万用电表置于 R×1kΩ 挡，黑表笔接桥堆的任一引脚，红表笔分别测量其余 3 个引脚，如果测得结果都是 ∞，则黑表笔所接的引脚为桥堆的输出正极；如果测得阻值为 4～10kΩ，则黑表笔所接的引脚是桥堆的输出负极。剩余的两个引脚是桥堆的交流输入端。万用表判别桥堆引脚如图 1－29 所示。

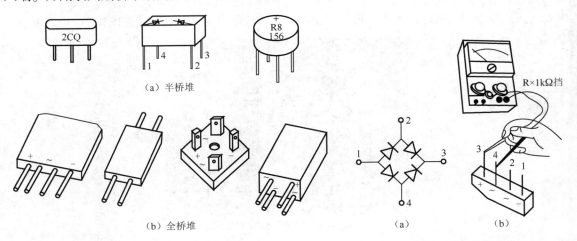

（a）半桥堆

（b）全桥堆　　　　　　　　　　（a）　　　　（b）

图 1－28　半桥堆和全桥堆整流器外形　　　图 1－29　万用表判别桥堆引脚

全桥的检测：检测时，可通过分别测量"＋"极与两个"～"极、"－"极与两个"～"极之间各整流二极管的正、反向阻值（与普通二极管的测量方法相同），来判断该全桥是否已损坏。若测得全桥内 4 个整流二极管的正、反向阻值均为 0 或均为无穷大，则可判断该全桥已被击穿或开路损坏。

半桥的检测：半桥由两个整流二极管组成，通过用万用表分别测量半桥内部的两个二极管的正、反向阻值是否正常，来判断该半桥是否正常。常用二极管的特点如表 1 - 11 所示。

表 1 - 11 常用二极管的特点

名称	特点	名称	特点
整流二极管	能利用 PN 结的单向导电性，把交流电变成脉冲直流电	开关二极管	利用二极管的单向导电性，在电路中对电流进行控制，可以起到接通或关断的作用
检波二极管	把调制在高频电磁波上的低频信号检测出来	发光二极管	一种半导体发光器件，在家用电器中常作为指示装置
变容二极管	结电容会随加到二极管上的反向电压的大小而变化，利用这个特性取代可变电容器	高压硅堆	把多个硅整流器件的芯片串联起来，外面用塑料装成一个整体的高压整流器件
稳压二极管	一种工作在反向击穿区，具有稳定电压作用的二极管	阻尼二极管	多用于黑白或彩色电视机行扫描电路中的阻尼或整流电路中，具有类似高频高压整流二极管的特性

（3）晶体三极管的识别、检测及选用。

晶体三极管又称为双极型三极管，简称为三极管。晶体三极管具有放大作用，是信号放大和处理的核心器件，广泛用于电子产品中。晶体三极管由两个 PN 结（发射结和集电结）组成，有三个区：发射区、基区和集电区，各自引出一个电极称为发射极 e（E）、基极 b（B）和集电极 c（C）。

三极管实物图如图 1 - 30 所示。常见的三极管外形图如图 1 - 31 所示。

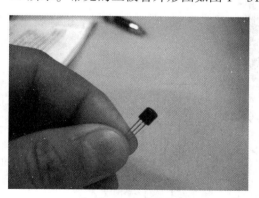

图 1 - 30 三极管实物图

集电极

图 1 - 31 常见的三极管外形图

① 晶体三极管的分类：按材料可分为硅晶体管、锗晶体管；按结构可分为 NPN 型、PNP 型；按功率可分为大功率晶体管（PC≥1W）和小功率晶体管（PC<1W）；按频率可分为高

频管（$f_\alpha \geqslant 3\text{MHz}$）和低频管（$f_\alpha < 3\text{MHz}$）；按用途可分为普通三极管、开关管等。常见三极管的外形及电路符号如图 1–32 所示。

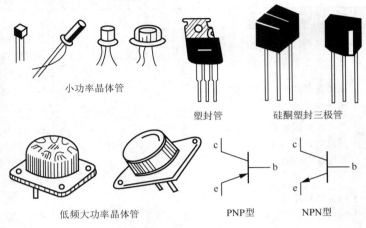

小功率晶体管

塑封管　　硅酮塑封三极管

低频大功率晶体管　　PNP型　　NPN型

图 1–32　常见三极管的外形及电路符号

② 三极管的主要技术参数。

交流电流放大系数：交流电流放大系数包括共发射极电流放大系数（β）和共基极电流放大系数（α）。交流电流放大系数是表明晶体管放大能力的重要参数。

集电极最大允许电流 I_{CM}：放大器的电流放大系数明显下降时的集电极电流。

集—射极间反向击穿电压 BV_{ceo}：在三极管基极开路时，集电极和发射极之间允许加的最高反向电压。

集电极最大允许耗散功率 P_{CM}：三极管参数变化不超过规定允许值时的最大集电极耗散功率。

③ 三极管的命名方式。

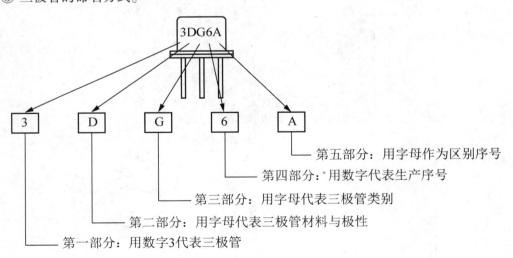

第五部分：用字母作为区别序号

第四部分：用数字代表生产序号

第三部分：用字母代表三极管类别

第二部分：用字母代表三极管材料与极性

第一部分：用数字3代表三极管

④ 三极管的识别和检测。

判别基极及类型：先假定某一引脚为基极，将万用表置于 R×100Ω 挡或 R×1kΩ 挡，用黑表笔接假定的基极，然后用红表笔分别接触另外两引脚。若测得的阻值相差很大，则原假定的基极错误，需要另换一个引脚作为基极重复上述测量；若两次测得的阻值都很大，此时将两表笔对换后继续测试；若对换表笔后测得的阻值都小，则说明该电极是基极，且此三极管为 PNP 型。同理，黑表笔接假设的基极，红表笔分别接其他两个电极，若测得的阻值都很小，则该三极管为 NPN 型。

判别集电极和发射极：如图 1－33 所示，（以 NPN 为例）确定基极和管型后，将黑表笔接在假设的集电极上，红表笔接在假设的发射极上，用手指将已知的基极和假设的集电极捏在一起（但不要碰触），记下万用表指针偏转的位置。然后进行相反的假设（原先的集电极假设为发射极，原先的发射极假设为集电极），重复上述过程，并记下万用表指针偏转的位置。比较两次测试的结果，指针偏转大的（阻值小的）那次假设是正确的。若为 PNP 型三极管，测试时，将红表笔接假设的集电极，黑表笔接假设的发射极，其余不变，仍然是指针偏转大的那次假设正确。

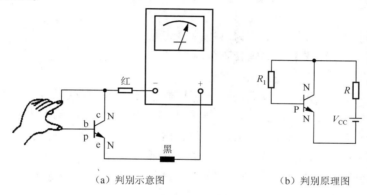

（a）判别示意图　　　　　　（b）判别原理图

图 1－33　判别三极管 c、e 电极的原理图

三极管质量的检测：三极管的基极到发射极和基极到集电极间是一个 PN 结，应符合正向阻值小、反向阻值大的特点，且从集电极到发射极的正、反向阻值均应为无穷大。

（4）单结晶体管。

单结晶体管（简称为 UJT）又称为双基极二极管，是一种只有一个 PN 结和两个电阻接触电极的半导体器件，它的基片为条状的高阻 N 型硅片，两端分别用电阻接触电极引出两个基极 b_1 和 b_2。在硅片中间略偏 b_2 一侧用合金法制作一个 P 区作为发射极 e。单结晶体管的外形、结构、表示符号和等效电路如图 1－34 所示。单结晶体管可用于定时电路、控制电路和读出电路。

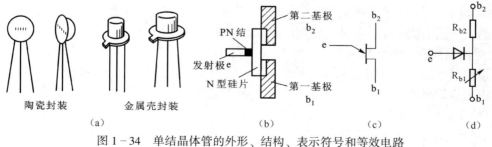

图 1－34　单结晶体管的外形、结构、表示符号和等效电路

单结晶体管各引脚的判别方法。

判断单结晶体管发射极 E 的方法：把万用表置于 R×100 挡或 R×1k 挡，用黑表笔接假设的发射极，用红表笔分别接另外两极，当出现两次低阻值时，黑表笔接的就是单结晶体管的发射极。

单结晶体管 b_1 极和 b_2 极的判断方法：把万用表置于 R×100 挡或 R×1k 挡，用黑表笔接发射极，用红表笔分别接另外两极，在两次测量中，阻值大的一次，红表笔接的就是 b_1 极。

应当说明的是，上述判别 b_1 极、b_2 极的方法，不一定对所有的单结晶体管都适用，有个别单结晶体管的 e 和 b_1 间的正向阻值较小。准确地判断哪端是 b_1 极，哪端是 b_2 极在实际使用中并不特别重要。即使 b_1 极、b_2 极用颠倒了，也不会使单结晶体管损坏，只影响输出脉冲的幅度（单结晶体管多作为脉冲发生器使用），当发现输出的脉冲幅度偏小时，只要将原来假定的 b_1、b_2 对调过来就可以了。

（5）晶闸管。

晶体闸流管简称为晶闸管，也称为可控硅整流元件（SCR），是一种由三个 PN 结构成的大功率半导体器件。在性能上，晶闸管不仅具有单向导电性，而且还具有比硅整流元件更为可贵的可控性，它只有导通和关断两种状态。

晶闸管的优点很多，如功率放大倍数高达几十万倍；反应极快，在微秒级内开通、关断；无触点运行、无火花、无噪声；效率高，成本低等。因此，特别是在大功率 UPS 供电系统中，晶闸管在整流电路、静态旁路开关、无触点输出开关等电路中得到广泛的应用。晶闸管的缺点是静态和动态的过载能力较差，容易受干扰而误导通。

① 晶闸管的分类：晶闸管有单向、双向、可关断、快速、光控等类型，目前应用最多的是单向、双向晶闸管。

单向晶闸管：单向晶闸管有三个 PN 结，共有三个电极，分别称为阳极（A）、阴极（K），以及由中间的 P 极引出的控制极（G）。用一个正向的触发信号触发它的控制极（G），一旦触发导通，即使触发信号停止作用，晶闸管仍然维持导通状态。要想关断，只有把阳极电压降低到某一临界值或者将阳极（A）与阴极（K）反向接入电源。

双向晶闸管：双向晶闸管也有三个电极，分别为第一阳极（T_1）、第二阳极（T_2）与控制极（G）。双向晶闸管的第一阳极（T_1）和第二阳极（T_2）无论加正向电压还是反向电压，都能触发导通。同理，导通一旦触发，即使触发信号停止作用，晶闸管仍然维持导通状态。双向晶闸管是一种交流元件（普通晶闸管为直流元件），它相当于一对反向并联的普通晶闸管。双向晶闸管主电路和控制电路的电压可正可负，故无所谓阳极和阴极，其符号及实物如图 1-35 和图 1-36 所示。晶闸管具有触发电路简单、工作稳定可靠等优点，在灯光调节、温度控制、交流电机调速、各种交流调压和无触点交流开关电路中得到广泛应用。

② 单向晶闸管的极性判别。

极性判断方法：用万用表 R×100 挡或 R×1k 挡测量晶闸管任意两引脚间的正、反向阻值，当万用表指示低阻值（几百欧至几千欧）时，黑表笔接引脚是控制极 G，红表笔接引脚是阴极 K，余下的一个引脚为阳极 A。

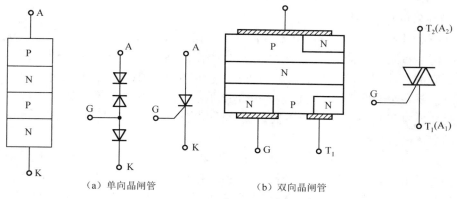

（a）单向晶闸管 （b）双向晶闸管

图 1−35 单向、双向晶闸管结构及表示符号

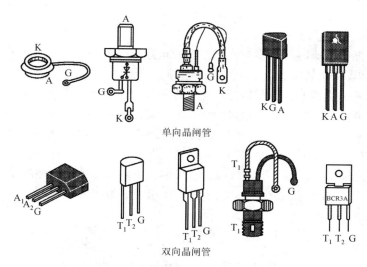

单向晶闸管

双向晶闸管

图 1−36 常见晶闸管的实物图

质量判断方法：用万用表 R×10 挡，黑表笔接阳极，红表笔接阴极，指针应接近 ∞，当合上开关 S 时，指针应指向较小阻值，为 60 ~200Ω，表明晶闸管能触发导通。断开开关 S，指针不回到零，表明晶闸管是正常的。如果在开关 S 未合上时，阻值很小，或者在开关 S 合上时，指针也不动，则表明晶闸管质量太差，或已击穿、断路。单向晶闸管万用表检测示意图如图 1−37 所示。

图 1−37 单向晶闸管万用表检测示意图

（6）场效应（FET）管的识别、检测及选用。

场效应管与晶体管不同，是一种电压控制器件，只有一种载流子（多数载流子）参与导电，因而场效应管又称为单极性晶体管。

场效应管具有输入阻值大（$10^6 \sim 10^{15}\Omega$）、热稳定性好、噪声低、成本低、易于集成等特点，被广泛应用于数字电路、通信设备及大规模集成电路中。

① 场效应管的分类：根据结构的不同，场效应管可分为结型场效应管（J−FET 管）和绝缘栅场效应管（又称为金属氧化物半导体场效应管 MOSFET，简称为 MOS 管）。根据极性

的不同，J-FET 管与 MOS 管又分为 N 沟道和 P 沟道两种。

② 场效应管的保存使用与检测。

保存方法：对于绝缘栅场效应管来说，由于其输入阻值很大（$10^9 \sim 10^{15}\Omega$），栅、源极之间的感应电荷不易泄放，少量感应电荷就会产生很高的感应电压，极易使 MOS 管击穿。因而 MOS 管在保存时，应把它的三个电极短接在一起。取用时，不要拿它的引脚，而要拿它的外壳；使用时，要在它的栅、源极之间接入一个电阻或一个稳压二极管，以降低感应电压的大小；焊接时，也应使 MOS 管的三个电极短接，且电烙铁的外壳必须接地，或将电烙铁烧热后断开电源用余热进行焊接。

检测：J-FET 管可用万用表的欧姆挡进行检测，J-FET 的阻值通常为 $10^6 \sim 10^9\Omega$，所测阻值太大，说明 J-FET 已断路；所测阻值太小，说明 J-FET 已被击穿；MOS 管由于其阻值太大，极易被感应电荷击穿，因而不能用万用表进行检测，而要用专用测试仪进行测试。

场效应管（见图 1-38）的使用方法：

a. 选用场效应管时，不能超过其极限参数。

b. J-FET 管的源极和漏极可以互换。

c. MOS 管有三个引脚时，表明衬底已经与源极连在一起，漏极和源极不可以互换；有四个引脚时，漏极和源极可以互换。

d. MOS 管的输入电阻高，容易因感应电荷泄放不掉而导致栅极击穿永久失效。因此，在存放 MOS 管时，要将三个电极引线短接；焊接时，电烙铁的外壳要良好接地，并按漏极、源极、栅极的顺序进行焊接，而拆卸时则按相反顺序进行；测试时，测量仪器和电路本身都要良好接地，要先接好电路再去除电极之间的短接。测试结束后，要先短接电极再撤除仪器。

e. 电源没有关时，绝对不能把场效应管直接插入电路板中或从电路板中拔出来。

f. 相同沟道的 J-FET 管和耗尽型 MOS 管，在相同电路中可以通用。

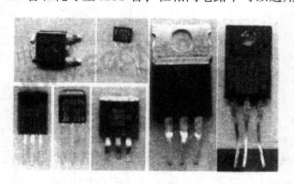

图 1-38　场效应管实物图

1.5.4　计划与决策

6~8 名学生组成一个学习小组，制订识别与检测旧电子产品电路板上（或购买电子元器件散件）的二极管、三极管的学习活动计划，并交给老师检查审核。

1.5.5　任务实施

（1）从旧电子产品电路板上（或购买电子元器件散件中）找出二极管和三极管。

（2）判断二极管和三极管的类型。

（3）用万用表检测集成电路芯片，填入学习过程记录表。

任务 5 学习过程记录表

项目名称	常用电子元器件的识别与检测							
任务名称	半导体器件的识别与检测							
姓名		学号				完成时间		

<table>
<tr><td rowspan="12">任务 4
学习过程</td><td rowspan="2"></td><td>学习阶段</td><td colspan="2">学习和工作内容</td><td colspan="3">学生自查</td><td rowspan="2">教师检查</td></tr>
<tr><td></td><td colspan="2"></td><td>完成</td><td>部分完成</td><td>未完成</td></tr>
</table>

	学习阶段	学习和工作内容		学生自查			教师检查
				完成	部分完成	未完成	
	课前线上学习	观看教学视频					
		制定学习计划					

课中学习

半导体二极管的识别与检测

序号	型号	类型	直流电阻				万用表的挡位	质量评价
			红"+" 黑"−"		黑"+" 红"−"			

半导体三极管的识别与检测

序号	型号	类型	b-e		b-c		c-e		万用表的挡位	质量评价
			正向	反向	正向	反向	正向	反向		

	课后学习	参与线上讨论	
		课后作业	
		编写学习思维导图	

学生检查	考勤	团队合作	工作环境卫生、整洁及结束时现场恢复原状

1.5.6 检查与评估

检查与评估方法与任务 1 相同。

1.6 任务 6 集成电路的识别与检测

集成电路是利用半导体工艺或厚、薄膜工艺将晶体管、二极管、电阻、电容、连线等集中刻在一小块固体硅片或绝缘基片上，并封装在管壳之中，构成一个完整的、具有一定功能的电路，英文缩写为 IC，俗称为芯片，具有体积小、重量轻、功耗低、成本低、可靠性高、性能稳定等优点。

1.6.1 学习目标

能正确识别集成电路的类型和引脚，并检测其质量。

1.6.2 任务描述与分析

识别旧电子产品电路板上（或购买电子元器件散件）的集成电路芯片的类型，并检测其质量。通过本任务，了解集成电路的型号和命名方法，掌握其引脚识别方法和使用时的注意事项；能识别集成电路的引脚；能根据用途正确地选择集成电路的类型；能用万用表对集成电路进行正确测量，并对其质量做出评价。

本任务的学习重点是掌握集成电路引脚识别方法，用万用表测量集成电路，并对其质量做出评价；难点是评价集成电路的质量。学习时要观看 SPOC 课堂教学视频，通过拆卸一台旧电子产品（或购买电子元器件散件）的实践活动，学会集成电路芯片的封装类型、引脚序号和质量的检测方法。

1.6.3　资讯

1）SPOC 课堂教学视频

（1）集成电路引脚顺序的识别。

（2）集成电路的检测。

2）相关知识——集成电路的识别、检测及选用

（1）集成电路的分类和型号命名。

① 集成电路的分类。

● 按功能及用途，可分为数字集成电路和模拟集成电路。

● 按工艺结构及制造方法，可分为膜集成电路、半导体集成电路和混合集成电路等。

● 按内部元件的集成度，可分为小规模集成电路（SSI）、中规模集成电路（MSI）、大规模和超大规模集成电路（LSI）。

② 命名方法。

● 国产集成电路的命名方法应遵循国标《半导体集成电路型号命名法》，一般其名称由五部分组成，各部分的符号及意义如表 1-12 所示。

表 1-12　国产半导体集成电路型号命名法

第一部分	第二部分	第三部分	第四部分	第五部分
中国制造	器件类型	器件系列品种	工作温度范围	封装
C	T：TTL H：HTL E：ECL C：CMOS M：存储器 μ：微型机电路 F：线性放大器 W：稳压器 D：音响电视电路 B：非线性电路 J：接口电路 AD：A/D 转换器 DA：D/A 转换器 SC：通信专用电路 SS：敏感电路 SW：钟表电路 SJ：机电仪电路 SF：复印机电路 ……	TTL 电路： 54/74×××① 54/74H×××② 54/74L×××③ 54/74S××× 54/74LS×××④ 54/74AS××× 54/74ALS××× 54/74F××× CMOS 电路： 4000 系列 54/74HC××× 54/74HCT×××	C：0~70℃⑤ G：-25~70℃ L：-25~85℃ E：-40~85℃ R：-55~85℃ M：-55~125℃⑥	D：多层陶瓷双列直插 F：多层陶瓷扁平 B：塑料扁平 H：黑瓷扁平 J：黑瓷双列直插 P：塑料双列直插 S：塑料单列直插 T：金属圆壳 K：金属菱形 C：陶瓷芯片载体 E：塑料芯片载体 G：网络针栅阵列封装 …… SOIC：小引线封装 PCC：塑料芯片载体 LCC：陶瓷芯片载体

①74 表示国际通用 74 系列（民用）；54 表示国际通用 54 系列（军用）。

②H 表示高速。

③L 表示低速。

④LS 表示低功耗。

⑤C 表示只出现在 74 系列。

⑥M 表示只出现在 54 系列。

示例 1：肖特基 TTL 双 4 输入与非门

示例 2：4000 系列 CMOS 四双向开关

示例 3：通用运算放大器

国外主要集成电路厂家产品代号如表 1 - 13 所示。

表 1 - 13　国外主要集成电路厂家产品代号

生产厂家	代号	生产厂家	代号
美国摩托罗拉公司	MC（通用数字与线性电路）	美国模拟器件公司	AD
	MCM（存储器 IC）、MMS	日本富士通公司	MB、MBM
日本日立公司	HA（模拟电路）	日本东芝公司	TA（双极型线性电路）
	HD（数字电路）		TC（CMOS 电路）
	HM（RAM）		TD（双极型数字电路）
	HN（ROM）		TM（MOS 电路）
日本电气公司	μPC（模拟电路）	日本松下公司	AN
	μPD（数字电路）	日本索尼公司	BX、CX
美国国家半导体公司	LH（混合模拟电路）	西门子公司	TBA、TDA、SO
	LF（Bi-JFET）（模拟电路）	美国无线电公司	CA（模拟电路）
	LM（单片双极型线性电路）		CD（数字电路）
	AD、DA		CDP（微处理机电路）

（2）集成电路的引脚识别与使用注意事项。

① 集成电路引脚识别。

集成电路的引脚数量虽不同，但排列方式有一定规律可循。一般总是从外壳顶部看，按逆时针方向编号，如图1-39中箭头方向所示。第1脚位置都有参考标记，如圆形管座以键为参考标记，按逆时针方向数第1脚、第2脚、第3脚……；若是扁平形或双列直插形，则无论是陶瓷封装还是塑料封装，一般均有色点或某种标记（如小圆孔或锁口、缺角等），在色点或标记的正面左方，靠近色点的脚或靠近标记的左下脚就是第1脚，然后按逆时针方向第1脚、第2脚、第3脚……数下去。图1-40~图1-42所示为各种封装集成电路的常见引脚排列方式。

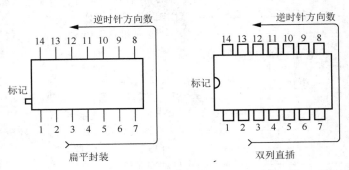

图1-39　扁平和双列直插集成电路引脚识别

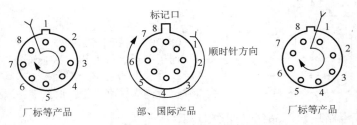

图1-40　圆壳封装集成电路引脚识别（底视）

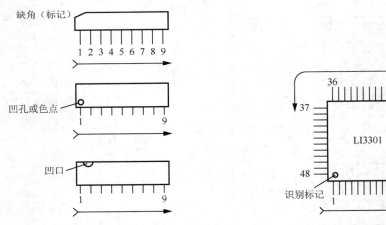

图1-41　单列直插封装集成电路引脚识别　　　图1-42　计算机用扁平封装集成电路引脚识别

② 集成电路使用注意事项。

● 使用集成电路时，其各项电性能指标（电源电压、静态工作电流、功率损耗、环境温度等）应符合规定要求。

- 在设计、安装电路时，应使集成电路远离热源；对输出功率较大的集成电路应采取有效的散热措施。
- 在进行整机装配焊接时，一般最后对集成电路进行焊接；在手工焊接时，一般使用 20~30W 的电烙铁，且焊接时间应尽量短（少于 10s）；避免由于焊接过程中的高温而损坏集成电路。
- 不能带电焊接或插拔集成电路。
- 正确处理好集成电路的空脚，不能擅自将空脚接地、接电源或悬空，应根据各集成电路的实际情况进行处理。
- 在使用 MOS 电路时，应特别注意防止静电感应被击穿。对 MOS 电路所用的测试仪器、工具及连接 MOS 管的电路，都应进行良好的接地；存储时，必须将 MOS 电路装在金属盒内或用金属箔纸包装好，以防外界电场使 MOS 电路产生静电感应将其击穿。

（3）集成电路的检测方法。

① 没有装入整机电路前的检测方法。

- 电阻检测方法：用万用表测量各引脚对地的正、反向阻值，并与参考资料或与另一同类电路板相比较，从而判断该集成电路的好坏。
- 电压检测方法：对集成电路通电，使用万用表的直流电压挡，测量集成电路各引脚对地的电压，将测出的结果与该集成电路参考资料提供的标准电压值进行比较，从而判断是该集成电路有问题，还是集成电路的外围电路元器件有问题。

② 装入整机电路后的检测方法（替代法）：用一块好的同类型的集成电路进行替代测试。这种方法往往是在用前几种方法进行初步检测之后，基本认为集成电路有问题时采用的方法。该方法的特点是直接、见效快，但拆焊麻烦，且易损坏集成电路和电路板。

（4）常用集成电路芯片介绍。

① 三端固定集成稳压器。

电路结构、外形：三端固定集成稳压器只有电压输入端、电压输出端和公共端，如图 1-43 所示。通常有两种封装方式：一种装在普通大功率管的管壳内，管壳为公共端；另一种为塑料封装，体积小，使用时一般要装散热片。稳压器有 W7800 和 W7900 系列，各系列的输出电压有 5V、6V、8V、9V、10V、12V、15V、18V、24V 等，输出电流有 1.5A（W7800、W7900）、0.5A（W78M、W79M）和 0.1A（W78L、W79L）等。

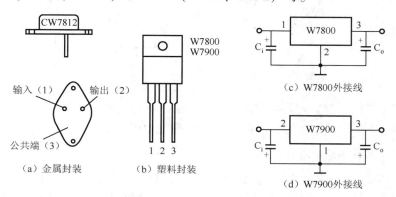

图 1-43　三端固定集成稳压器

三端固定集成稳压器中设有可靠的保护电路，使用时不易损坏，不足之处是输出电压固定不可调，应用起来不太方便。

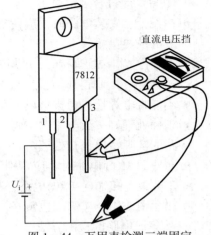

图1-43（c）、图1-43（d）为W7800正电压输出和W7900负电压输出接线图。在使用时应对照封装外形图，因为W7800和W7900系列的引脚功能不同，所以不能接错。

三端固定集成稳压器的检测：万用表检测三端固定集成稳压器的电压如图1-44所示。以7812为例，在它的1、2脚上加直流电压 U_i（一定要注意极性，且 U_i 至少比稳压器的稳压值高2V，但最高不超过35V）。万用表置于直流电压挡，测量3脚与2脚间的电压，若读数与稳压值相同，则稳压器是好的。再用万用表 R×1kΩ 挡，红表笔接散热板（与公共端通），黑表笔接另外两引脚，阻值大的（几十千欧）为输入端，小的（几千欧）为输出端。

图1-44　万用表检测三端固定集成稳压器的电压

② 三端可调集成稳压器。

结构、外形：三端可调集成稳压器是为了克服三端固定集成稳压器的缺点而研制的。在应用时只需要改变外接两个电阻的阻值比，就可使输出电压变化，从而获得所需的稳定电压。除了输出电压可调，这种稳压器还可以并联使用，在保证原有稳压精度的情况下扩展输出电流（可达10A）。例如，使用W317取代分立元件可调稳压电路，可使接线简单、使用方便、调压范围宽，同时电压调整率（稳定度）和输出电压的精度优于W7800系列。与W7800系列一样，W317内部也设有过流保护及过热保护等电路，工作可靠。国内生产的三端可调集成稳压器主要参照了美国国家半导体公司的LM317和LM337技术标准，型号为W317和W337，其中W317输出电压1.2~37V连续可调，W337输出电压-1.2~37V连续可调，两者输出电流均为1.5A。图1-45是两种封装形式，它们只有3个引脚，3脚为输入端，接整流电源；2脚为输出端，接负载；1脚为调整端，接取样电阻分压器。

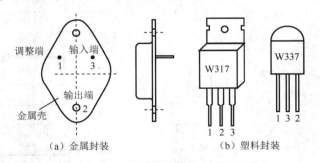

（a）金属封装　　　　　　　　（b）塑料封装

图1-45　三端可调式输出集成稳压器

使用三端可调集成稳压器应注意：

a. 输入电压 U_i 和输出电压 U_o 之差不小于2V，否则将不起稳压作用。

b. 稳压器的输入端要尽量靠近滤波电容 C_1，以免线路受分布参数影响，引起输入端的高频自激。

c. R_1 应紧靠输出端 2 脚，否则输出电流在引线上的压降改变 R_1 上的电压，使其偏离 1.25V，影响输出电压稳定。

d. R_P 的接地点应与负载电流返回接地点相同，否则负载电流在地线上的压降会附加在 R_P 上，造成输出电压不稳。R_P 应与 R_1 同种材料，且温度特性一致。

③ TDA1521 构成的集成功率放大器。

TDA1521（见图 1-46）是荷兰飞利浦公司生产的双声道功率放大器，可单电源工作，也可双电源工作，在 ±16V 电源时可获得 2×12W 功率。内部设置了过热保护及静噪电路，接通或断开瞬间有静噪功能，可以在接通或断开瞬间抑制不需要的输入，保护功放及扬声器。该集成功率放大器性能优良，外围电路简单，广泛应用于大屏幕电视机的音频信号放大电路，以及其他音频设备。

双电源电压范围为 ±7 ~ ±20V。当双电源电压为 ±16V 时，THD（总谐波失真）= 0.5%，当两个负载电阻都为 8Ω 时，TDA1521 集成电路的输出功率为 2×12W，电压增益为 30dB。

TDA1521引脚功能及参考电压
1脚：11V—反向输入1（L声道信号输入）
2脚：11V—正向输入1
3脚：11V—参考1（OCL接法时为0V，OTL接法时为Vcc1/2）
4脚：11V—输出1（L声道信号输出）
5脚：0V—负电源输入（OTL接法时接地）
6脚：11V—输出2（R声道信号输出）
7脚：22V—正电源输入
8脚：11V—正向输入2
9脚：11V—反向输入2（R声道信号输入）

图 1-46 TDA1521 引脚功能

4. 计划与决策

6~8 名学生组成一个学习小组，制订识别与检测旧电子产品电路板上集成电路的学习活动计划，并交给老师检查审核。

5. 任务实施

（1）从旧电子产品电路板上（或购买电子元器件散件中）找出集成电路元件。

（2）识别旧电子产品电路板上（或购买电子元器件散件）的集成电路芯片封装类型。

（3）识读集成电路管脚序号。

（4）用万用表检测集成电路，填入学习过程记录表。

任务 6 学习过程记录表

项目名称	常用电子元器件的识别与检测					
任务名称	集成电路的识别与检测					
姓名		学号		完成时间		
任务 5 学习过程	学习阶段	学习和工作内容	学生自查			教师检查
			完成	部分完成	未完成	
	课前线上学习	观看教学视频				
		制定学习计划				

		序号	型号	名称	类型	万用表的挡位	质量判断结果	备注
任务 5 学习过程	课中学习							
	课后学习	参与线上讨论						
		课后作业						
		编写学习思维导图						
学生检查		考勤		团队合作			工作环境卫生、整洁及结束时 现场恢复原状	

1.6.6 检查与评估

检查与评估方法与任务 1 相同。

1.7 任务 7　电声器件、常用开关、接插件、显示器件的识别与检测

1.7.1 学习目标

了解常用开关、接插件、显示器件、电声器件的基本结构和类型，能识别和检测其质量。

1.7.2. 任务描述与分析

识别旧电子产品电路板上（或购买电子元器件散件）的常用开关、接插件、显示器件、电声器件的类型，并检测其质量。

通过本任务，了解常用开关、接插件、显示器件、电声器件的类型；能识别电声器件、常用开关、接插件、显示器件，并能用万用表对其质量进行检测。

本任务的学习重点是掌握常用开关、接插件、显示器件、电声器件的识别方法，并能用万用表测量这些元器件，并对其质量做出评价；难点是评价常用开关、接插件、显示器件、电声器件的质量。学习时要观看 SPOC 课堂教学视频，通过拆卸一台旧电子产品（或购买电子元器件散件）的实践活动，学会识别常用开关、接插件、显示器件、电声器件的类型，并检测其质量。

1.7.3 资讯

1）SPOC 课堂教学视频

（1）开关的识别与检测。

（2）接插件的识别与检测。

（3）扬声器的识别与检测。

（4）七段数码管的识别与检测。

2）相关知识

（1）电声器件的识别与检测。

电声器件可将电信号转换成声信号或把声信号转换成电信号。常用的电声器件有传声器（话筒）、扬声器（喇叭）、蜂鸣器、耳机等。

① 扬声器。

常见的扬声器有舌簧式、动圈（电动）式、电磁式（音圈不动，磁铁运动）及晶体压电陶瓷式等，最常用的是动圈式扬声器。

图 1-47 所示为动圈式扬声器的结构和电路图形符号。其工作原理：音圈在有音频电流通过时，会因受永久磁铁磁场的作用而运动，并带动音圈或纸盆振动而发出声音。

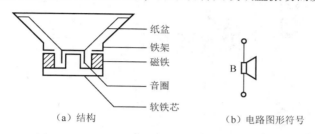

（a）结构　　　　　　（b）电路图形符号

图 1-47　动圈式扬声器的结构和电路图形符号

扬声器的检测如下。

a. 初步判断扬声器的好坏。用万用表检测扬声器如图 1-48 所示。把扬声器口朝下平放在桌面上，把万用表置于 R×1Ω 挡，两支表笔分别碰触扬声器的两个接线端，正常的扬声器能发出"咯咯"声，声响越大，表明扬声器灵敏度越高；如果发声很小，且万用表指针摆动幅度小，则表明性能较差，可能是音圈局部短路；如果扬声器无声，且万用表指针不摆动，则可能是引线断了或音圈烧断；若扬声器无声，但万用表指针摆动，则表明音圈引出线是好的，但音圈被卡住不动。

b. 万用表测试音圈阻抗。用万用表测试音圈阻值，测的是直流电阻阻值，扬声器的交流阻抗是直流电阻阻值的 1.1~1.3 倍，即 $Z = (1.1 ~ 1.3)R$。测试时要注意：将万用表置于 R×1Ω 挡，且要准确调零；测试时间不宜过长（电流较大）。

图 1-48　用万用表检测扬声器

② 耳机。

耳机也是一种电声器件，与扬声器不同的是扬声器能向空间辐射声波，而耳机仅向人耳传输声能。

a. 耳机的种类、外形及符号：常用耳机的外形及电路图形符号如图 1-49 所示，它主要由磁铁、线圈与振动膜等组成，发声原理类似于扬声器。按声道分为单声道耳机和双声道耳机，按阻抗分为低阻抗耳机（8Ω、10Ω、16Ω、20Ω、32Ω）和高阻抗耳机（800Ω、2000Ω）。常用的是低阻抗耳机。

b. 耳机、耳塞的检测：可用万用表按类似图 1-50 的方法检测耳机阻抗或判断耳机好坏，将万用表表笔换成鳄鱼夹，一支鳄鱼夹夹住耳机插头的一端，另一支鳄鱼夹夹住大头针。万用表置于 R×1Ω 挡，将大头针与插头的另一端相碰，正常时应听到耳机发出"咯咯"声；若无声，则多是引线断了。将大头针分段扎入耳机引线中，若扎入引线后耳机发声，则耳机与针尖之间的引线是好的，而靠近插头的这段引线断了。若大头针插入耳机引线后耳机不响，但万用表指针指在 0 处，则说明检测的是同一根引线，需要将大头针扎入另一根引线再测。

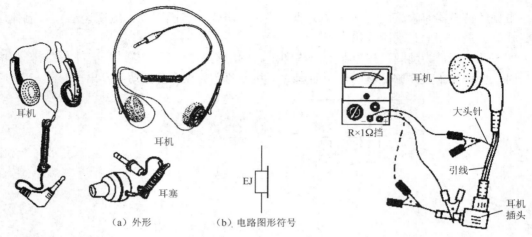

图 1-49　常用耳机的外形及电路图形符号　　　　图 1-50　万用表检测耳机

③ 传声器（话筒）。

a. 种类、外形及符号：话筒可将声音转变成电信号。话筒种类很多，其外形和符号如图 1-51、图 1-52 所示。按结构形式不同，可分为动圈式话筒、电容式话筒、晶体式话筒、铝带式话筒、驻极体式话筒等，用得最多的是动圈式话筒和驻极体式话筒。

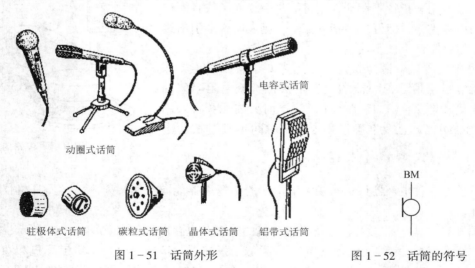

图 1-51　话筒外形　　　　　　　　　　　图 1-52　话筒的符号

b. 动圈式话筒结构原理及其检测：动圈式话筒又称为电动式话筒，结构原理与电动式扬声器类似，但体积要小得多。动圈式话筒有低阻抗（几百欧）和高阻抗（10~20kΩ）两种，要用内附变压器变换阻抗后才能接向扩音机的输入级。动圈式话筒的频率响应一般为 200~5000Hz，输出 0.3~3mV 音频电压。

动圈式话筒检测方法与动圈式扬声器类似。测试低阻抗话筒时将万用表置于 R×1Ω 挡，测高阻抗话筒时将万用表置于 R×100Ω 挡或 R×1kΩ 挡。测量中，低阻抗话筒发出的"咯咯"声比高阻抗的要大些。如果万用表显示为 0 或∞，或话筒不发声，则表明话筒有故障（短路或断线）。

动圈式话筒主要参数除输出阻抗、频率响应范围外，还有灵敏度（mV/Pa），在业余条件下灵敏度难以测量，但可用万用表初步判断。在测试话筒阻抗时，对着话筒吹气，使音圈运动切割永久磁铁的磁力线，在音圈两端感应电压，再经阻抗变换器后迭加至万用表表头，若万用表指针摆动，则说明被测话筒是好的，万用表指针摆动幅度越大，表明话筒的灵敏度越高。

● 驻极体式话筒结构原理及其检测：可利用万用表电阻挡大致检测驻极体式话筒好坏。如图 1-53 所示，将万用表置于 R×1kΩ 挡，黑表笔接驻极体式话筒的 1 端（场效应管漏极 D 加上正电压），红表笔接话筒 3 端（话筒引出线金属网，即地端），此时万用表指针指在某一刻度上。然后用嘴对准话筒吹气，万用表指针若摆动较大，则表明驻极体式话筒是好的，摆幅越大表明该驻极体式话筒灵敏度越高。若指针始终指向∞，则说明该驻极体式话筒失效。

（2）开关、继电器、接插件的识别与检测。

开关、继电器和接插件是常用的电子器件。它们的基本功能就是实现电路的通断。开关示意图如图 1-54 所示。

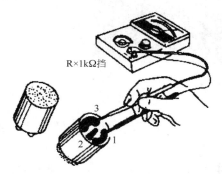

图 1-53 万用表检测驻极体式话筒

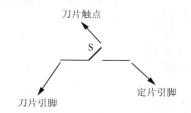

图 1-54 开关示意图

① 开关件的识别与检测。

开关在电路中的作用就是对电器（负载）的供电进行通、断控制。

开关的分类：按用途可分为拨动开关、波段开关（按结构可分为拨动式、旋转式、推键式、琴键式。如琴键式波段开关、旋转式波段开关、多刀数掷开关、拨码式波段开关）、录放开关、电源开关、预选开关、限位开关、控制开关、转换开关、隔离开关、行程开关、智能防火开关、墙壁开关等；按结构分类，可分为微动开关、船形开关、钮子开关、拨动开关、按钮开关、按键开关、薄膜开关、点开关；按接触类型分类，有 a 型触点、b 型触点、c 型触点三种；按控制方式分类，可分为机械开关（借助机械操作使触点通断电路、转换电路的元件，如按键开关、拉线开关等）、电磁开关（利用电磁感应实现电路通断功能，如继电器）、电子开关（利用电子电路或电力电子器件实现电路通断的元件，如晶闸管、晶体管、场效应管、可控硅等）。常见的各种开关外形图如图 1-55 所示。常见的波段开关外形图如图 1-56 所示。常见的拨码开关外形图如图 1-57 所示。

图 1-55　常见的各种开关外形图

图 1-56　常见的波段开关外形图

开关的主要技术参数如下。

a. 额定工作电压：开关的额定工作电压是指开关断开时，开关承受的最大安全电压。若实际工作电压大于额定电压值，则开关会被击穿，进而损坏。

b. 额定工作电流：开关的额定工作电流是指开关接通时，允许通过开关的最大工作电流。若实际工作电流大于额定电流值，则开关会因电流过大被烧坏。开关参数标注图如图 1-58 所示。

c. 绝缘电阻：开关的绝缘电阻是指开关断开时，开关两端的电阻阻值。性能良好的开关，该电阻阻值应为 100MΩ 以上。

d. 接触电阻：开关的接触电阻是指开关闭合时，开关两端的电阻阻值。性能良好的开关，该电阻阻值应小于 0.02Ω。

图 1-57　常见的拨码开关外形图

图 1-58　开关参数标注图

开关的检测。

a. 机械开关的检测：对于机械开关，主要是使用万用表的欧姆挡对开关的绝缘电阻和接触电阻进行测量。若测得绝缘电阻小于几百千欧时，则说明此开关存在漏电现象；若测得接触电阻大于 0.5Ω，则说明该开关存在接触不良的故障。

b. 电磁开关的检测：对于电磁开关（继电器），主要是使用万用表的欧姆挡对开关的线圈、开关的绝缘电阻和接触电阻进行测量。继电器的线圈电阻一般为几十欧姆至几千欧姆，其绝缘电阻和接触电阻值与机械开关基本相同。将测量结果与标准值进行比较，即可判断出继电器的好坏。

c. 电子开关的检测：主要通过检测二极管的单向导电性和晶体管的好坏来初步判断电子开关的好坏。

② 接插件的检测及选用。

接插件又称为连接器或插头插座。按使用频率，有低频接插件（适合在 100MHz 以下的频率使用）、高频接插件（适合在 100MHz 以上的频率使用）；按用途，有电源接插件（或称为电源插头、插座）、耳机接插件（或称为耳机插头、插座）、电路板连接件、集成块接插件等；按结构形状，有圆形、矩形、扁平排线接插件等。

接插件分护套和金属件两部分，并根据护套内的金属件来分"公""母"，如果是针状的就是公，孔状的就是母。接插件图片如图 1-59 所示。

对接插件的检测，通常先进行外表直观检查，然后用万用表进行检测。

● 外表直观检查：这种方法用来检查接插件是否有引脚相碰、引线断裂的现象。若外表检查无上述现象且需要进一步检查时，则采用万用表进行测量。

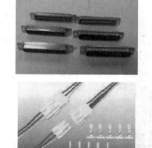

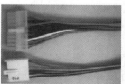
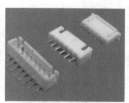

图 1-59 接插件图片

● 万用表的检测：使用万用表的欧姆挡对接插件的有关电阻进行测量。对接插件的连通点测量时，连通电阻阻值应小于 0.5Ω，否则认为接插件接触不良。对接插件的断开点测量时，其断开电阻阻值应为无穷大，若断开电阻阻值接近零，则说明断开点之间有相碰现象。

开关及接插件的选用：首先应根据使用条件和功能来选择合适类型的开关及接插件；开关接插件的额定电压、电流要留有一定的裕量；尽量选用带定位的接插件，以免插错而造成故障；触点的接线和焊接要可靠，焊接处应加套管保护。

下面仅介绍常用接插件的相关资料。

a. 耳机接插件：耳机接插件有单声道与立体声道之分，它们之间的区别是立体声道接插件比单声道接插件多了一个引脚（带开关的则多两个引脚）。耳机接插件按照插头的直径（插座的孔径）可分为 2.5mm、3.5mm、6.5mm（准确的数字应该是 1/4in＝6.35mm）等类型，其中 2.5mm 直径的耳机接插件只有单声道的，3.5mm 与 6.5mm 直径的耳机则有立体声道与单声道两种类型。

在耳机插座中还有带开关与不带开关两种形式。带开关就是在普通插座上又增加了一个触点（引脚），当插头没有插入时，信号触点（引脚）与该触点接通；当插头插入时，信号触点（引脚）与该触点断开，信号触点（引脚）只与插头相连。

立体声道接插件主要用于传送平衡信号（此时功能与卡侬接插件一样）或者用于传送不平衡的立体声道信号，如耳机。常见的耳机接插件如图 1－60 所示。

b. RAC 接插件：RAC 接插件又称为莲花插头/插座，输出的信号电平约为－10dB，主要用于民用音响设备，如常用的电视机等。在音频设备中，通常用不同颜色的 RAC 接插件来传输两个声道的音频信号；左声道通常为白色，右声道通常为红色。有时候也采用这种接插件来传送模拟的视频信号，此时接插件的颜色为黄色。常见的 RAC 插头/插座外形图如图 1－61 所示。

c. BNC 接插件：BNC 接插件是一种用来连接同轴电缆的接插件。BNC 插头是一个螺旋凹槽的金属接头，由金属套头、镀金针头和 3C/5C 金属套管组成。常见的 BNC 插头和 T 形接头的外形图如图 1－62 所示。

d. S 端子：S 端子是 S-Video 的简称，是视频信号的专用输入/输出接口。S 端子是五线接头的；两路视频亮度信号，两路视频色度信号，一路公共屏蔽地线。S 端子的视频传输速率为 5MB/s。S 端子主要安装在高档的电视机及激光视盘播放机上作为视频信号专用输入/输出接口。需要注意的是，由于 S 端子中不包含音频信号，因此在影音设备中若采用 S 端子来传输视频信号，就必须另加两条音频信号线来传送音频信号。S 端子的插头/插座外形图如图 1－63 所示。

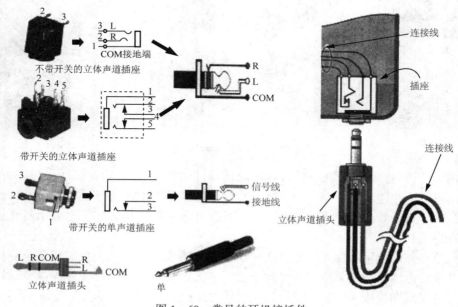

图 1－60　常见的耳机接插件

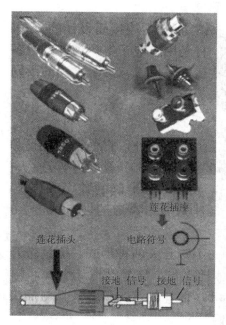

图 1-61 常见的 RAC 插头/插座外形图

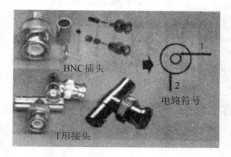

图 1-62 常见的 BNC 插头和 T 形接头的外形图

e. RJ45 接口：RJ45 接口是布线系统中信息插座（即通信引出端）连接器的一种，由插头（接头、水晶头）和插座（模块）组成，插头有 8 个凹槽和 8 个触点，用于网络连接。由于它的外表晶莹透亮，俗称"水晶头"。RJ45 模块的核心是模块化插座。镀金的导线或插座可维持与模块化的插座弹片间稳定而可靠的电气连接。RJ45 模块上的接线模块通过 U 形接线槽来连接双绞线，锁定弹片可以在面板等信息出口装置上固定 RJ45 模块。RJ45 水晶头有 8 根铜针，如图 1-65 所示。判定 RJ45 水晶头铜针顺序号的方法：将 RJ45 插头正面（有铜针的一面）朝向自己，有铜针一头朝上方，连接线缆的一头朝下方，从左至右将 8 个铜针依次编号为 1~8。

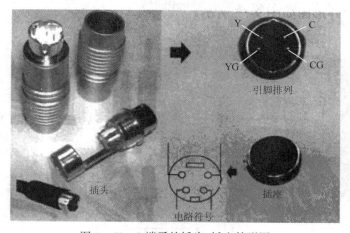

图 1-63 S 端子的插头/插座外形图

RJ-45 插头主要应用在网卡（NIC）、集线器（Hub）或交换机（Switch）上进行网络通信。在通常情况下，RJ-45 插头的一端连接在网卡上的 RJ-45 接口，另一端连接在集线器或交换机上。常见的 RJ-45 插头/插座外形图如图 1-65 所示。

图 1-64　RJ-45 插头（水晶头）
的截面示意图

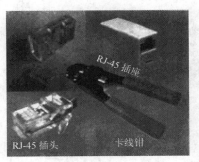

图 1-65　常见的 RJ-45 插头/
插座外形图

③ 继电器的检测及选用。

继电器（Relay）是一种电子控制器件，具有控制系统（又称为输入回路）和被控制系统（又称为输出回路）。继电器可以使用一组控制信号来控制一组或多组电器接通开关，通常应用在自动控制电路中。继电器实际上是用较小的电流去控制较大电流的一种"自动开关"，故在电路中起着自动调节、安全保护及转换电路等作用。

根据驱动方式，继电器主要有电磁继电器、固态继电器等类型。下面主要介绍电磁继电器。

电磁继电器一般由铁芯、线圈、衔铁、触点及簧片等组成。线圈是用漆包线在一个铁芯上绕几百圈至几千圈。只要在线圈两端加上一定的电压，线圈中就会流过一定的电流，铁芯就会产生磁场，该磁场产生强大的电磁力，吸动衔铁带动簧片，使簧片上的触点接通（常开）。当线圈断电时，铁芯失去磁性，电磁的吸力也随之消失，衔铁就会离开铁芯。由于簧片的弹性作用，因衔铁压迫而接通的簧片触点就会断开，如图 1-66 所示。因此，可以用很小的电流去控制其他电路的开关，达到某种控制的目的。

电磁继电器通常由塑料或有机玻璃防尘罩保护着，有的还是全密封的，以防触电氧化。常见的电磁继电器外形图如图 1-67 所示。

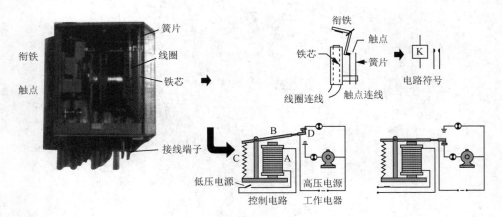

图 1-66　电磁继电器工作示意图

图 1 - 67　常见的电磁继电器外形图

普通电磁继电器的主要参数有线圈额定工作电压、触点额定工作电压、触点额定工作电流、线圈额定工作电流、吸合电流、释放电流、触点接触电阻、绝缘电阻等。其中，线圈额定工作电压、触点额定工作电压、触点额定工作电流这三项参数是最主要的，通常在继电器的外罩上标明，如图 1 - 68 所示。

常见的小型电磁继电器的型号和主要参数通常由三部分组成，如图 1 - 68 所示。其中第一部分表示继电器的型号，如 JQX - 3F、JZC - 32F 等；第二部分表示继电器触点额定工作电压，包括电压的数值和性质（交流或直流），其中 "A" 或 "AC" 表示交流电压，"D" 或 "DC" 表示直流电压（表示直流电压的字母有时也可省去不用），用阿拉伯数字表示电压的数值，如 120V AC 表示交流电压 120V；第三部分表示继电器线圈额定工作电压。常见小型电磁继电器绕组有直流电压 3V、5V、6V、9V、12V、18V、24V、48V、60V、110（120）V 及交流电压 6V、12V、24V、48V、220V 等。

图 1 - 68　电磁继电器参数示意图

电磁继电器的检测如下。

a. 电磁继电器引脚的判定：一般电磁继电器有 5 个引脚。其中两个引脚为线圈引脚，用于控制输入电流，其余引脚一个为公共引脚、一个为常开引脚、一个为常闭引脚。电磁继电器一般都会在外观上标出引脚功能，此时通过观察就可以确定电磁继电器各引脚的功能，如

图1-69所示。

当用上述方法无法判断时，可以采用万用表进行测量，如图1-70所示。

图1-69　继电器表面引脚标注示意图

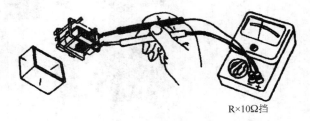

R×10Ω挡

图1-70　电磁继电器直流电阻检测

用万用表测量，两两一组测量两个引脚之间的电阻：阻值为几十欧姆至几百欧姆电阻的两引脚是线圈；线圈不通电时，导通（阻值为零）的两个引脚为公共引脚和常闭引脚；将继电器的线圈通上电流，继电器吸合后能听到一声清脆的"嗒"声，这时再次除测量线圈以外的三个引脚间的电阻，阻值为零的两个引脚为公共引脚和常开引脚，结合前面的测量即可将电磁继电器的引脚判定出来，一对常闭点和一对常开点都要用的那个引脚是公共引脚。

b. 电磁式继电器质量判断：首先测量继电器线圈阻值（几十欧姆到几千欧姆），也是判断线圈引脚的重要依据；其次观察触点有没有发黑等接触不良现象，也可以用万用表来测量，线圈在未加电压时，动触点与常闭触点引脚电阻应为零，加电吸合后，阻值应变为无穷大，且测量动触点与常开触点电阻为零，断电后变为无穷大。电磁继电器是各种继电器中应用最普遍的一种，它的优点是接点接触电阻很小（小于1Ω）；缺点是动作时间长（ms级以上），接点寿命短（一般在10万次以下），体积较大。

电磁继电器应用注意事项与保护如下。

线圈工作电压在设计上最好按额定电压选择，工作电压不要高于线圈最大工作电压，也不要低于额定电压的90%，否则会危及线圈寿命和使用的可靠性。

除了工作电压（动态电压）要符合要求，继电器的工作电流（动作电流）也必须在电磁继电器的容许范围内。加到触点上的负载应符合触点的额定负载和性质，不按额定负载大小（或范围）和性质施加负载往往容易出现问题。例如，只适合直流负载的产品不要应用在交流场合，否则可能影响电路的电气性能。

不同线圈电阻和功耗的电磁继电器不要串联供电使用，否则串联回路中线圈电阻小的电磁继电器不能可靠工作（线圈两端电压降低）。只有同规格、同型号的电磁继电器才可以串联供电，但此时反峰电压会提高，应给予抑制。

④ 熔断器的检测及选用。

熔断器，又称为保险丝，用于电路过载和短路的保护。当通过熔断器的电流大于规定值时，其自身产生的热量将使熔体熔化，进而自动分断电路。熔断器按其用途分为一般用途熔断器和半导体设备保护用熔断器。

熔断器的检测如下。

万用表的欧姆挡测量。熔断器没有接入电路时，用万用表的R×1Ω挡测量熔断器两端的电阻阻值。正常时，熔断器两端的电阻阻值应为零；若电阻阻值很大，或趋于无穷大，则说明熔断器已损坏，不能再使用。

熔断器的在路检测。当熔断器接入电路并通电时，可用万用表的电压挡进行测量。若测得熔断器两端的电压为零，或两端对地的电位相等，则说明熔断器是好的；若熔断器两端的电压不为零，或两端对地的电位不等，则说明熔断器已损坏。

⑤ 显示器件。

电子显示器件是指将电信号转换为光信号的光电转换器件，即用来显示数字、符号、文字或图像的器件。

液晶显示器（LCD）：液晶显示器又称为 LCD（Liquid Crystal Displayer），为平面超薄的显示设备，它由一定数量的彩色或黑白像素组成，放置于光源或者反射面前方。液晶显示器功耗很低，因此备受工程师青睐，适用于使用电池的电子设备。它的主要工作原理是以电流刺激液晶分子产生点、线、面配合背部灯管构成画面。液晶显示器种类有很多，按显示驱动方式可分为静态驱动显示、多路寻址驱动显示和矩阵式扫描驱动显示。常见的液晶显示器按使用功能可分为仪表显示器、电子钟显示器、点阵液晶显示器、彩色显示器及其他特种显示器。常见的液晶显示器如图 1－71 所示。

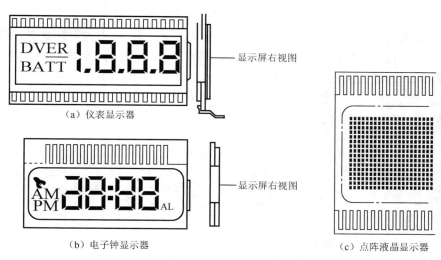

（a）仪表显示器

（b）电子钟显示器

（c）点阵液晶显示器

图 1－71 常见的液晶显示器

数码管：数码管是一种半导体发光器件，其基本单元是发光二极管。七段数码管实际上由七个发光二极管组成"8"字形而构成。八段数码管比七段数码管多一个显示小数点的发光二极管，8 个字段分别由字母 a~g 及 dp 来表示。数码管特定的段加上电压后就会发亮，形成我们眼睛看到的字样。一般情况下，单个发光二极管的管压降为 1.8V 左右，电流不超过 30mA。发光二极管的阳极先连到一起再接到电源正极的称为共阳数码管，发光二极管的阴极先连到一起再接到电源负极的称为共阴数码管。常用 LED 数码管显示的数字和字符是 0、1、2、3、4、5、6、7、8、9、A、B、C、D、E、F。LED 数码管的内部结构如图 1－72 所示。

数码管的识别与检测如下。

数码管按照发光二极管单元连接方式可分为共阳极数码管和共阴极数码管。共阳极数码管是将所有发光二极管的阳极接到一起形成公共阳极（COM）的数码管。共阳极数码管在应用时应将公共极 COM 接到+5V 端，当某一字段发光二极管的阴极为低电平时，相应字段就点亮；当某一字段的阴极为高电平时，相应字段就不亮。共阴极数码管是指所有发光二极管的阴极接到一起形成公共阴极（COM）的数码管。共阴极数码管在应用时应将公共阴极（COM）接到地线 GND 上，当某一字段发光二极管的阳极为高电平时，相应字段就点亮；当某一字段发光二极管的阳极为低电平时，相应字段就不亮。

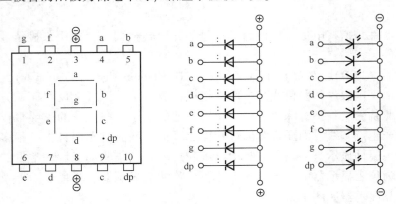

图 1-72　LED 数码管的内部结构

- 极性的判别：指针式万用表黑表笔接 COM 端（见图 1-72 中的引脚 3 或引脚 8），红表笔接其他引脚，若发光二极管亮，七段数码管就为共阳极；若发光二极管不亮，将红表笔接 COM 端，黑表笔接其他引脚，发光二极管亮七段数码管就为共阴极。
- 质量检测：对于共阳极七段数码管，将指针式万用表黑表笔接 COM 端，红表笔接其他引脚，对应的二极管亮，表明七段数码管是好的，否则七段数码管已损坏。

🔔**提示：**

想一想：

对于共阴极七段数码管，如何识别质量好坏?

⑥ LED 点阵显示屏。

LED 全称为 Light Emitting Diode，即发光二极管的英文缩写。LED 点阵显示屏由几万至几十万个半导体发光二极管像素点均匀排列而成，是一种通过控制半导体发光二极管的显示方式，来显示文字、图形、图像、动画、行情、视频、录像信号等各种信息的显示屏幕。LED 点阵显示屏有单色、双色和全彩三类，可显示红、黄、绿、橙等颜色。LED 点阵显示屏有 4×4、4×8、5×7、5×8、8×8、16×16、24×24、40×40 等多种；目前应用最广的是红色、绿色、黄色 LED 点阵显示屏。LED 点阵电子显示屏制作简单、安装方便，被广泛应用于各种公共场合，如汽车报站器、广告屏及公告牌等。

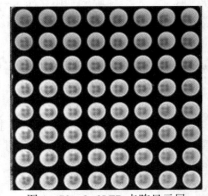

图 1-73　8×8LED 点阵显示屏

以简单的 8×8 LED 点阵显示屏为例，它共由 64 个发光二极管组成，每个发光二极管放置在行线和列线的交叉点上，如图 1-73 所示，其等效电路如图 1-74 所示，当对应的某一行置 1 电平，某一列置 0 电平，相应的二极管就发光。

在图 1-74 中的 1 脚加高电平，再在 A、B、C、D、E、F、G、H 端加低电平，第一行的发光二极管就会被全部点亮。但是实际器件的各排引脚并不一定如图 1 - 74 所示的那样，而是横向按 12345678 顺序排列，纵向按 ABCDEFGH 顺序排列的。如果需要了解实际引脚排序，则需要用万用表进行测量。其用指针万用表测量方法如下。

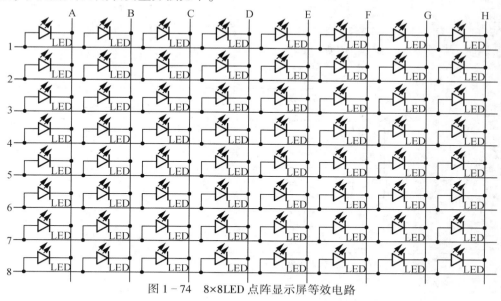

图 1 - 74 8×8LED 点阵显示屏等效电路

步骤 1：定正、负极。

把万用表拨到 R×10Ω 挡，先用黑色表笔（输出高电平）随意接触一个引脚，红色表笔接触另一个引脚，看点阵显示屏有没有发光，如果没有发光，就用黑色表笔换一个引脚接触，红色表笔接触余下的引脚，若点阵显示屏发光，则说明黑色表笔接触的那个引脚为正极，红色表笔接触就发光的 8 个引脚为负极，剩下的 7 个引脚为正极。

步骤 2：引脚编号。

先把器件的引脚正负分布情况记下来，正极（行）用数字表示，负极（列）用字母表示，先定负极引脚编号，黑色表笔选定一个正极引脚，红色表笔选定一个负极引脚，看哪列的二极管发光，第一列亮就在引脚处标"A"，第二列亮就在引脚处标"B"，以此类推。剩下的正极引脚用同样的方法判别，第一行的二极管亮就在引脚处标"1"，第二行的二极管亮就在引脚处标"2"，以此类推。

1.7.4 计划与决策

6~8 名学生组成一个学习小组，制订识别与检测旧电子产品电路板上（或购买电子元器件散件）的电声器件、常用开关、接插件、显示器件的学习活动计划，并交给老师检查审核。

1.7.5 任务实施

（1）从旧电子产品电路板上（或购买电子元器件散件中）找出开关、接插件、显示器件、电声器件。

（2）识别开关、接插件、显示器件、电声器件类型。

（3）用万用表检测元器件，填入学习过程记录表。

任务7学习过程记录表

项目名称	常用电子元器件的识别与检测					
任务名称	电声器件、常用开关、插接件、显示器件的识别与检测					
姓名		学号			完成时间	
任务6学习过程	学习阶段	学习和工作内容	学生自查			教师检查
			完成	部分完成	未完成	
	课前线上学习	观看教学视频				
		制定学习计划				
	课中学习	序号 名称 元件类型 万用表挡位 质量评价				
	课后学习	参与线上讨论				
		课后作业				
		编写学习思维导图				
学生检查	考勤		团队合作		工作环境卫生、整洁及结束时现场恢复原状	

1.7.6 检查与评估

检查与评估方法与任务1相同。

1.8 任务8 识别表面安装元器件

表面安装元器件（英文缩写 SMD），是用表面安装方法粘贴在印制电路板上的元器件。其主要特点是尺寸小、重量轻、形状标准化、无引线或引线很短。

1.8.1 学习目标

能用目测法识别常用表面安装元器件的类型；能正确选择和使用表面安装元器件。

1.8.2 任务描述与分析

说出旧电子产品电路板上（或购买电子元器件散件）表面安装元器件的名称和类型。

通过本任务，了解表面安装元器件的种类和规格，了解表面安装元器件的包装形式类型；正确识别表面安装元器件的类型。

本任务的学习重点和难点是表面安装元器件的识别方法。学习时要观看 SPOC 课堂教学视频，通过拆卸一台旧电子产品（或购买电子元器件散件）的实践活动，学会识别表面安装元器件的方法。

1.8.3 资讯

1）SPOC 课堂教学视频

表面安装元器件的识别。

2）相关知识

（1）表面安装元器件。

表面安装元器件［表面安装元件（SMC）和表面安装器件（SMD）］又称为贴片元器件或片式元器件，包括电阻器、电容器、电感器、半导体器件和集成电路等。它具有体积小、重量轻、无引线或短引线、安装密度高、可靠性高、抗震性能好、易于实现自动化等特点。表面安装元器件在彩色电视机（高频头）、计算机、手机等电子产品中已被大量使用。

表面安装元器件基本上都是片状结构的。这里所说的片状是广义的概念，从结构的形状来说，包括薄片矩形、圆柱形、扁平异形等。表面安装元器件从功能上分为无源元件和有源器件。表面安装元器件最重要的特点就是标准化和小型化。

（2）表面安装元器件的种类、规格及封装形式。

表面安装元器件按其形状可分为矩形、圆柱形和异形（如翼形、钩形等）三类，按其功能可分为无源表面安装元器件、有源表面安装元器件和机电元器件三类。表面安装元器件的种类和规格如表 1-14 所示。

表 1-14　表面安装元器件的种类和规格

类别	封装形式	种　类
无源表面安装元器件	矩形片式	厚膜和薄膜电阻器、热敏电阻、压敏电阻、单层或多层陶瓷电容器、钽电解电容器、片式电感器、磁珠等
	圆柱形	碳膜电阻器、金属膜电阻器、陶瓷电容器、热敏电容器、陶瓷晶体等
	异形	电位器、微调电位器、铝电解电容器、微调电容器、线绕电感器、晶体振荡器、变压器等
	复合片式	电阻网络、电容网络、滤波器等
有源表面安装元器件	圆柱形	二极管
	陶瓷组件（扁平）	无引脚陶瓷芯片载体 LCCC、有引脚陶瓷芯片载体 CBGA
	塑料组件（扁平）	SOT、SOP、SOJ、PLCC、QFP、BGA、CSP 等
机电元器件	异形	继电器、开关、连接器、延迟器、薄型微电机等

表面安装元器件按照使用环境，可分为非气密性封装器件和气密性封装器件。非气密性封装器件对工作温度的要求一般为 0~70℃；气密性封装器件的工作温度为 −55~125℃。气密性器件价格昂贵，一般使用在高可靠性产品中。

① 无源 SMC。

SMC 包括片状电阻器、电容器、电感器、滤波器和陶瓷振荡器等，如图 1-75 所示，SMC 的典型形状是矩形六面体（长方体），也有一部分 SMC 采用圆柱体的形状，这对于利用传统元件的制造设备、减少固定资产投入很有利。还有一些元件矩形化比较困难，属于异形 SMC。

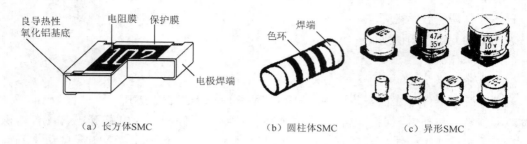

（a）长方体SMC　　　　（b）圆柱体SMC　　　　（c）异形SMC

图1-75　SMC的基本外形

　　表面安装元器件可以用四种包装形式提供给用户：散装、编带包装、管式包装和托盘包装。SMC的阻容元件一般用托盘包装，如图1-76（a）所示，便于采用自动化装配设备。

　　片状电阻和电容多为两端无引线，有焊端，外形为薄片矩形的表面安装元件，如图1-76（b）所示。片状表面安装电阻器是根据其外形尺寸的大小划分成几个系列型号的，现有两种表示方法，欧美产品大多采用英制系列，日本产品大多采用公制系列，我国这两种系列都可以使用。无论哪种系列的片状表面安装电阻器，其型号的前两位数字都表示元件的长度（L），后两位数字都表示元件的宽度（W）。例如，公制系列3216（英制1206）的矩形表面安装元器件，长L=3.2mm（0.12inch），宽W=1.6mm（0.06inch）。系列型号的发展变化也反映了SMC元件的小型化进程：5750（2220）→4532（1812）→3225（1210）→3216（1206）→2520（1008）→2012（0805）→1608（0603）→1005（0402）→0603（0201）。典型SMC系列的外形尺寸如表1-15所示。

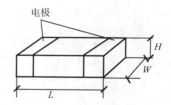

（a）盘状纸编带　　　　　　　　　　　（b）片状元件外形尺寸

图1-76　无源SMC

表1-15　典型SMC系列的外形尺寸（单位：mn/inch）

公制/英制型号	L	W	T
3216/1206	3.2/0.12	1.6/0.06	0.6/0.024
2012/0805	2.0/0.08	1.25/0.05	0.6/0.016
1608/0603	1.6/0.06	0.8/0.03	0.45/0.018
1005/0402	1.0/0.04	0.5/0.02	0.35/0.014
0603/0201	0.6/0.02	0.3/0.01	0.25/0.01

注：公制/英制转换：1inch=1000mil；1inch=25.4mm，1mm≈40mil。

虽然 SMC 的体积很小，但它的数值范围和精度并不差（见表 1 - 16）。以 SMC 电阻器为例，3216 系列的阻值范围为 0.39Ω ~ 10MΩ，额定功率可达到 1/4W，允许误差有 ±1%、±2%、±5% 和 ±10% 四个系列，额定温度上限是 70℃。

表 1 - 16 常用典型 SMC 电阻器的主要技术参数

系列型号	RR3216	RR2012	RR1608	RR1005
阻值范围	0.39Ω ~ 10MΩ	2.2Ω ~ 10MΩ	1Ω ~ 10MΩ	10Ω ~ 10MΩ
允许误差/%	±1, ±2, ±5	±1, ±2, ±5	±2, ±5	±2, ±5
额定功率/W	1/4, 1/8	1/10	1/16	1/16
最大工作电压/V	200	150	50	50
工作温度范围/额定温度/℃	-55 ~ +125/70	-55 ~ +125/70	-55 ~ +125/70	-55 ~ +125/70

表面安装电阻器最为常见的有 0201、0402、0805、0603、1206、1210、1812、2010、2512，还可以以排阻的形式出现，四位、八位的都有。表面安装电阻器按封装外形，可分为片状和圆柱形两种，如图 1 - 77 所示。图 1 - 77（a）是片状表面安装电阻器的外形尺寸示意图，图 1 - 77（b）是圆柱形表面安装电阻器的结构示意图。

注：矩形片状表面安装元件：两端无引线，有焊端，外形为矩形片。

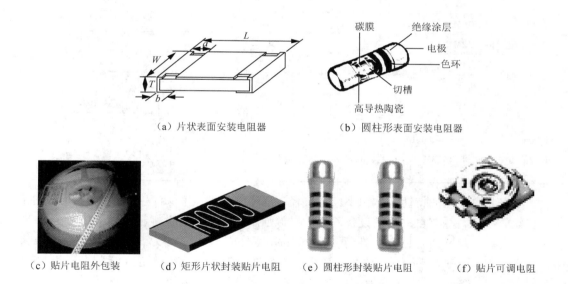

（a）片状表面安装电阻器　　　　（b）圆柱形表面安装电阻器

（c）贴片电阻外包装　（d）矩形片状封装贴片电阻　（e）圆柱形封装贴片电阻　（f）贴片可调电阻

图 1 - 77 表面安装电阻器

圆柱形表面安装元器件（MELF）：两端无引线，有焊端的圆柱形元器件。

根据国家标准《电子设备用表面安装固定电阻器》（GB/T9546.8—2015），矩形片状表面安装电阻器的优选品种如表 1 - 17 所示，圆柱形表面安装电阻器的优选品种如表 1 - 18 所示。

表 1 - 17　矩形片状表面安装电阻器的优选品种

品种		尺寸		
公制	英制	L/mm	W/mm	T/mm
RR0402M	RR01005	0.40±0.02	0.20±0.02	0.13±0.02
RR0603M	RR0201	0.60±0.03	0.30±0.03	0.23±0.03
RR1005M	RR0402	1.00±0.05	0.50±0.05	0.35±0.05
RR1608M	RR0603	1.30±0.10	0.80±0.10	0.45±0.10
RR2012M	RR0805	2.0±0.1	1.25±0.15	$0.50^{+0.15}_{-0.10}$
RR3216M	RR1206	3.2±0.2	1.60±0.15	0.55±0.10
RR3225M	RR1210	3.2±0.2	2.5±0.2	0.55±0.10
RR3245M	RR1218	3.2±0.2	4.6±0.2	0.55±0.10
RR4532M	RR1812	4.6±0.2	3.2±0.2	0.55±0.10
RR5025M	RR2010	5.0±0.2	2.5±0.2	0.55±0.20
RR6332M	RR2512	6.3±0.2	3.2±0.2	0.55±0.20

表 1 - 18　圆柱形表面安装电阻器的优选品种

品种	尺寸	
	L/mm	D/mm
RC1610M	$1.6^{+0.10}_{-0.05}$	$1.0^{+0.15}_{-0.05}$
RC2012M	2.0±0.1	$1.25^{+0.2}_{-0.1}$
RC2211M	$2.2^{0}_{-0.3}$	$1.1^{0}_{-0.10}$
RC3514M[a]	3.5±0.2	1.4±0.2
RC5922M[b]	5.9±0.2	2.2±0.2

a 对应的历史品种：RC3715M（$L=3.7^{0}_{-0.4\text{mm}}$；$D=1.5^{+0.1}_{-0.3\text{mm}}$）
b 对应的历史品种：RC6123M（$L=6.1^{0}_{-0.9\text{mm}}$；$D=2.3^{+0.2}_{-0.4\text{mm}}$）

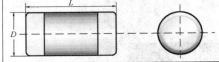

　　表面安装电阻器的特性：体积小，重量轻；适应再流焊与波峰焊；电性能稳定，可靠性高；装配成本低，并与自动装贴设备匹配；机械强度高、高频特性优越。

　　表面安装电阻网络常见封装外形：0.150inch 宽外壳形式（称为 SOP 封装）有 8、14 和 16 个引脚，如图 1 - 78 所示；0.220inch 宽外壳形式（称为 SOMC 封装）有 14 个和 16 个引脚；0.295inch 宽外壳形式（称为 SOL 封装）有 16 个和 20 个引脚。

　　表面安装电容目前使用较多的主要有两种：陶瓷（瓷介）电容器和钽电解电容器，其中陶瓷电容器约占 80%。

　　表面安装陶瓷电容器以陶瓷材料为电容介质，多层陶瓷电容器是在单层盘状电容器的基础上构成的，电极深入电容器内部，并与陶瓷介质相互交错。电极的两端露在外面，并与两端的焊端相连。多层陶瓷电容器的结构示意图如图 1 - 79 所示，表面安装多层陶瓷电容器的可靠性很高，已经广泛用于汽车工业、军事和航天产品。

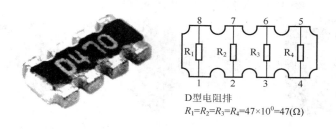

D型电阻排
$R_1=R_2=R_3=R_4=47\times10^0=47(\Omega)$

图 1-78 SOP 封装电阻排

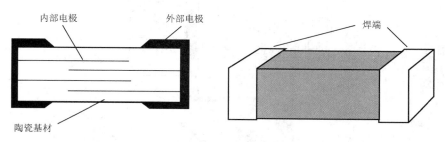

图 1-79 多层陶瓷电容器的结构示意图

表面安装电容器的材质常规分为 NPO、X7R 和 Y5V。其中 NPO 材质的电容电性能最稳定，几乎不随温度、电压和时间的变化而变化，适用于低损耗，稳定性要求高的高频电路。容量精度在 5%左右，但这种材质只适用于容量较小的、常规 100pF 以下的贴片电容，100~1000pF 的价格较高；X7R 材质的电容比 NPO 材质的电容稳定性差，但容量比 NPO 材质的电容高，容量精度在 10%左右；Y5V 材质的电容稳定性较差，容量精度在 20%左右，对温度电压较敏感，但这种材质的电容能做到很高的容量，而且价格较低，适用于温度变化不大的电路。表面安装多层陶瓷电容器所用材质有 COG、X7R 和 Z5U，不同材质的电容器容量范围如表 1-19 所示。

表 1-19 不同材质的电容器容量范围

型号	COG	X7R	Z5U
0805C	10~560pF	120pF~0.012μF	
1206C	680~1500pF	0.016~0.033μF	0.033~0.10μF
1812C	1800~5600pF	0.039~0.12μF	0.12~0.47μF

表面安装电容器有中高压贴片电容器和普通贴片电容器，系列电压有 6.3V、10V、16V、25V、50V、100V、200V、500V、1000V、2000V、3000V、4000V。表面安装电容器的尺寸表示法有两种，一种以英寸为单位来表示，另一种以毫米为单位来表示。表面安装电容器系列的型号有 0201、0402、0603、0805、1206、1210、1812、2010、2225 等，其外形如图 1-80 所示。

表面安装电容器可分为无极性和有极性两种，容量范围为 0.22pF~100μF，常见的无极性电容封装为 0805、0603。极性电容也就是我们平时所称的电解电容，一般我们用铝电解电容，由于其电解质为铝，所以其温度稳定性及精度都不是很高，而贴片元件由于其紧贴电路板，要求温度稳定性要高，所以表面安装电容器以钽电容器为多。

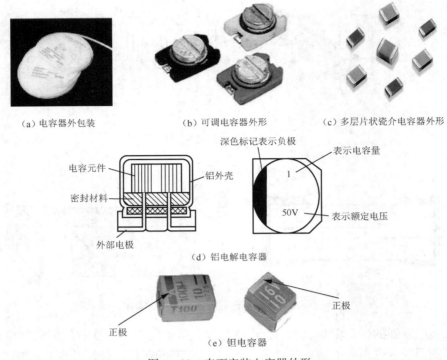

（a）电容器外包装　　　　　（b）可调电容器外形　　　　　（c）多层片状瓷介电容器外形

（d）铝电解电容器

（e）钽电容器

图 1-80　表面安装电容器外形

表面安装钽电容器外形都是矩形，按两头的焊端不同，分为非模压式和塑模式两种，其特点是体积小、容量大（电容为 0.1~100μF，直流电压为 4~25V）、漏电流低、使用寿命长、综合性能优异。表面安装钽电容器是最优秀的电容器，不仅在常规条件下比陶瓷、铝、薄膜等其他材质的电容器体积小、容量高、功能稳定，而且能在许多其他电容器不能胜任的恶劣条件下正常工作。钽电容器已经越来越多地应用于各种电子产品上，属于比较贵重的零件，发展至今，也有了一个标准尺寸系列，用英文字母 Y、A、X、B、C、D 来代表，其对应关系如表 1-20 所示。

表 1-20　钽电容器的型号规格

规格	型号					
	Y	A	X	B	C	D
L/mm	3.2	3.8	3.5	4.7	6.0	7.3
W/mm	1.6	1.9	2.8	2.6	3.2	4.3
H/mm	1.6	1.6	1.9	2.1	2.5	2.8

☐提示：

☞注意：电容器容量相同但规格型号不同的钽电容器不可代用，如"10μF/16VB 型"与"10μF/16VC 型"不可相互代用。

极性表面安装电容根据其耐压不同，可分为 A、B、C、D 四个系列，具体如表 1-21 所示。

表 1-21 极性表面安装电容的系列

系列	封装形式	耐压
A	3216	10V
B	3528	16V
C	6032	25V
D	7343	35V

表面安装电感器除了与传统的插装电感器有相同的阻止电流变化、滤波、调谐、延迟、补偿等功能，还特别在 LC 调谐器、LC 滤波器、LC 延迟线等多功能器件中体现了独特的优越性。常见的封装有 0402、0603、0805、1206。贴片电感器如图 1-81 所示，其标准封装如表 1-22 所示。

表 1-22 表面安装电感器的标准封装

封装	精度	Q 值	频率/Hz	允许电流/A
0402	±0.1nH	3	100	455
0405	±0.2nH	5	25.2	350，315
0603	±0.3nH	10	25	280，210
1005	±3%	20	10	200
1608	±5%	25	7.96	150

（a）卷带包装　　　　（b）线绕式　　　　（c）可调式

图 1-81 表面安装电感器

② 分立 SMD。

分立 SMD 包括各种分立半导体器件，有二极管、晶体管、场效应管，也有由几只晶体管、二极管组成的简单复合电路。

a. 分立 SMD 的外形。二极管类器件一般采用 2 端或 3 端 SMD 封装，小功率晶体管类器件一般采用 3 端或 4 端 SMD 封装，4~6 端 SMD 大多封装了 2 只晶体管或场效应管，电极引脚数为 2~6 个。典型分立 SMD 的外形尺寸如图 1-82 （a）所示。

b. 小外形二极管。小外形二极管即 Small outline diode（SOD），是采用小外形封装结构的二极管，其外形如图 1-82 （b）所示。

◆ 无引线柱形玻璃封装二极管：

无引线柱形玻璃封装二极管将管芯封装在细玻璃管内，两端以金属帽为电极。通常用于稳压、开关和通用二极管，功耗一般为 0.5~1W。

◆ 塑封二极管：

塑封二极管用塑料封装管芯，有两根翼形短引线，一般做成矩形片状，额定电流为

15mA～1A，耐压为 50～400V。

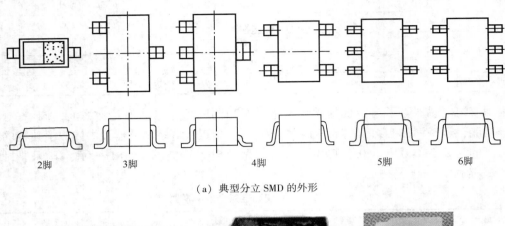

（a）典型分立 SMD 的外形

无引线柱形玻璃封装二极管　　　塑封二极管　　　发光二极管

（b）小外形二极管外形

图 1－82　分立 SMD 外形

◆ 发光二极管：

发光二极管颜色有红、黄、绿、蓝之分；亮度分为普亮、高亮、超亮 3 个等级；常用的封装形式有三类 0805、1206、1210。

c. 小外形晶体管（Small Outline Transistor，SOT）：采用小外形封装结构的晶体管。小外形晶体管采用带有翼形短引线的塑料封装，常用的小外形晶体管封装有 SOT23、SOT89、SOT143、TO252 等，其封装形式如图 1－83 所示，相关产品有小功率管、大功率管、场效应管和高频管等。小功率管额定功率为 100～300mW，额定电流为 10～700mA；大功率管额定功率为 300mW～2W（两条连在一起的引脚是集电极）。

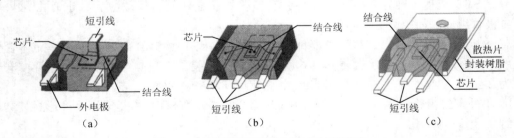

图 1－83　常见表面安装三极管封装形式

◆ SOT23 型，如图 1－83（a）所示，有 3 条翼形短引线，常用于小功率晶体管、场效应管、复合管。

◆ SOT143 型，结构与 SOT23 型相仿，有 4 条翼形短引线。其中较宽的是集电极，它的散热性能与 SOT23 型基本相同，常用于双栅场效应管及高频晶体管。

◆ SOT89 型，如图 1-83（b）所示，适用于中功率的晶体管（300mW~2W）。它的 3 条短引线从发光二极管的同一侧引出，自带散热片，功耗为 500mW，在陶瓷板上可达到 1W，常用于硅功率晶体管。

◆ TO252 型，如图 1-83（c）所示。在发光二极管的一侧有 3 条较粗的短引线，芯片贴在散热片上，功耗为 2~5W，适用于大功率晶体管。

③ SMD 集成电路。

SMD 集成电路的引脚有翼（L）形、J 形和球形三种类型，大多数为翼形，如图 1-84 所示。

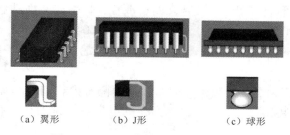

（a）翼形　　　　（b）J形　　　　（c）球形

图 1-84　SMD 集成电路的引脚类型

主要封装形式如下：

● SOIC（Small Outline Integrated Circuit 小外形集成电路）封装：指外引线数不超过 28 条的小外形集成电路，一般有宽体和窄体两种封装形式。其中具有翼形短引线者称为 SOL 器件，具有 J 形短引线者称为 SOJ 器件。

● SOP 封装：小外形封装，两侧具有翼形或 J 形短引线的小形模压塑料封装。芯片宽度小于 0.15in（英寸），电极引脚数目一般在 8~40 之间的封装。常见的小规模数字、模拟集成电路大多采用 SOP 封装。

● SSOP（Shrink Small Outline Package）：缩小型 SOP 封装。

● TSOP（Thin Shrink Small Outline Package）：薄型 SOP 封装，一种近似小外形封装，但厚度比小外形封装更薄，可降低组装重量的封装。

● SOL 封装：芯片宽度在 0.25in（英寸）以上，电极引脚数目在 44 以上。这种封装常用于随机存储器（RAM）芯片。

● SOW 封装：芯片宽度在 0.6in（英寸）以上，电极引脚数目在 44 以上。这种封装常用于可编程存储器（EEPROM）芯片。

SOP、SOL、SOW、SSOP、TSOP 封装如图 1-85 所示。

图 1-85　SOP、SOL、SOW、SSOP、TSOP 封装

● 扁平封装（Flat Package）：两排引线从元器件侧面伸出，并与其本体平行。

● QFP（Quad Flat Package 四列扁平封装）：外形为正方形或矩形，四边具有翼形短引线的塑料薄形封装形式，此词也指采用该种封装形式的元器件。QFP 是表面安装集成电路主要封装形式之一，引脚从四个侧面引出并呈翼形，电极引脚数目可达 200 以上。QFP 外形为正方形或矩形，基材有陶瓷、金属和塑料三种，塑料基材使用较多。QFP 封装的芯片一般都是大规模集成电路，不仅用于微处理器、门阵列等数字逻辑 LSI（大规模集成）电路，而且也用于 VTR 信号处理、音响信号处理等模拟 LSI 电路，引脚中心距有 1.0mm、0.8mm、0.65mm、0.5mm、0.4mm、0.3mm 等多种规格。引脚间距最小极限是 0.3mm，最大极限是 1.27mm。0.65mm 中心距规格的 QFP 封装，最多引脚数为 304。

- PQFP（Plastic Quad Flat Pack 塑封四列扁平封装）：其封装形式近似塑封有引线芯片载体，四边具有翼形短引线，封装外壳四角带有保护引线共面性和避免引线变形的"角耳"，典型引线间距为 0.63mm，引脚数为 84、100、132、164、196、244 等。

- TQFP（Thin Quad Flat Package 薄四列扁平封装）：即薄形 QFP，其厚度已经降到 1.0mm 或 0.5mm。

- LCCC 封装（陶瓷无引线封装）：LCCC 用于以陶瓷为载体的没有引脚的 SMD 集成电路封装；芯片被封装在陶瓷载体上，无引线的电极焊端排列在封装底面上的四边，电极引脚数目为 18~156。

- PLCC（Plastic Leaded Chip Carrie 宽脚距塑料封装）：是集成电路的有引脚塑料载体封装，外形为正方形，芯片四边有引脚，引脚向芯片底部弯曲，呈"J"形，称为 J 形电极，电极引脚数目为 16~84。PLCC 封装主要用于可编程的存储器芯片。

- BGA（Ball Grid Array 球栅阵列）：集成电路的一种封装形式，引脚在底部，呈球形，称为"焊球"。BGA 封装能显著地缩小芯片的封装表面积，相同功能的大规模集成电路，其 BGA 封装的尺寸比 QFP 封装要小得多，有利于提高印制电路板的装配密度。BGA 焊球间距有 1.5mm、1.27mm 和 1.0mm 三种。

QFP、PLCC、BGA 封装如图 1–86 所示。

图 1–86　QFP、PLCC、BGA 封装

- PBGA（Plastic Ball Grid Array 塑封球栅阵列）：采用塑料作为封装壳体的 BGA。
- CBGA（Ceramic Ball Grid Array 陶瓷球栅阵列）：采用共烧铝陶瓷基板的 BGA。
- CGA（Column Grid Array 柱栅阵列）：一种类似针栅阵列的封装技术，其元器件的外连接像导线阵列那样排列在封装基体上，不同的是，柱栅阵列是用小柱形的焊料与导电焊盘相连接的。
- CSP（Chip Scale Package 芯片尺寸封装）：封装尺寸与芯片尺寸相当（两者相差不大于 10%）的一种先进集成电路封装形式。
- CCGA（Ceramic Column Grid Array 柱状陶瓷栅阵列）采用陶瓷封装的 CGA。
- 微电路模块（Micro-Circuit Module）微电路的组合或微电路和分立元件形成的互连组合，是一种功能上不可分割的电子电路组件。

- MCM（Multi-Chip Module，多芯片模块）：将多块未封装的集成电路芯片高密度安装在同一基板上构成一个完整的部件。

常见表面安装元器件封装形式如表 1-23 所示。部分表面安装元器件与通孔插装元器件如图 1-87 所示。

表 1-23　常见表面安装元器件封装形式

名称	图示	缩写含义	应用	名称	图示	缩写含义	应用
Chip		矩形片状元器件（两端无引线，有焊端，外形为矩形片）	电阻，电容，电感	SOJ		J 形引脚的小外形集成电路	集成电路芯片
Melf		圆柱形元器件	圆柱形玻璃二极管、电阻（少见）	PLCC		塑封引线芯片载体。	集成电路芯片
SOT	 SOT-23　SOT-89	小外型晶体管	三极管，场效应管，常见的是 SOT-23 和 SOT-89	LCCC		陶瓷无引线封装	集成电路芯片
OSC		表面安装晶体振荡器	晶振	QFP		四列扁平封装，带有 J 形引线的称为 QFJ	集成电路芯片
Xtal	 2457ECSL	二引脚晶振	晶振	BGA	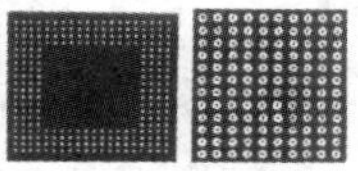	球栅阵列封装塑料：P 陶瓷：C	集成电路芯片
SOD	 132	小外型二极管（相比插装元器件）常见有 SOD-80	二极管	QFN		四方扁平无引脚元器件	集成电路芯片
SOIC		小外形集成电路	集成电路芯片	SON		小型无引脚元器件	集成电路芯片
SOP		小外形封装，前缀：S：Shrink T：Thin	集成电路芯片	—	—	—	—

注：（1）扁平封装：一种元器件的封装形式，两排引线从元件侧面伸出并与其本体平行。（2）芯片载体：一种通常是四方形凹腔的表面安装元件封装件。其装载半导体芯片的腔体面积在封装尺寸中占有很大部分且通常四边均有引出端分为有引线芯片载体和无引线芯片载体

图 1-87 部分表面安装元器件与通孔插装元器件

（3）表面安装元器件的识读。

① 表面安装元器件表示法。

表面安装元器件的型号及参数直接标注在元器件上，由于元器件的体积越来越小型化，所以通常采用的是文字符号法、数码标注法，数码标注法含义与普通元器件表示方法相同，具体规定如下：对于用三位数字标注，前两位数字表示有效数字，第三位数字表示有效数字的倍率；对于四位数字标注，前三位数字表示有效数字，第四位数字表示有效数字的倍率。电阻、电容、电感的基本标注单位分别为欧姆、皮法、微亨。

a. 表面安装电阻器的表示一般用数码标注法。

● 三位数字标注在电阻器上，其中前两位为有效数字，第三位表示倍数 10 的 n 次方。例如：473 表示阻值为 $47×10^3 \Omega = 47k\Omega$，101 表示 100Ω。

● 小于 10Ω 的阻值用字母 R 与两位数字表示。例如：$5R6 = 5.6\Omega$，$R82 = 0.82\Omega$。

● 精密电阻（±1%）通常采用 E96 系列的表示方法。E96 系列贴片电阻的阻值用两位数字加一个字母表示。实际阻值可以通过表 1-24 查询。表中使用 01~96 的 96 个二位数依次代表 E96 系列中 1.0~9.76 的 96 个基本数值，而第三位英文字母则表示该基本数值乘以 10 的幂数（X、A、B、C、D 分别表示乘以 10 的 1、2、3、4、5 次方）。例如：

"65A" 表示 $4.64×102 = 464\Omega$；

"15B" 表示 $1.40×1000 = 1400\Omega$；

"66B" 表示 $4.75×1000 = 4750\Omega = 4.75k\Omega$；

"09C" 表示 $1.21×10000 = 12100\Omega = 12.1k\Omega$。

另外，1608（0603）等系列的电阻器的字体下有 "-" 表示精密电阻。

表 1-24 E96 系列精密电阻查询表

十位 \ 个位	0	1	2	3	4	5	6	7	8	9
0		1.00	1.02	1.05	1.07	1.10	1.13	1.15	1.18	1.21
1	1.24	1.27	1.30	1.33	1.37	1.40	1.43	1.47	1.50	1.54
2	1.58	1.62	1.65	1.69	1.74	1.78	1.82	1.87	1.91	1.96
3	2.00	2.05	2.10	2.15	2.21	2.26	2.32	2.37	2.43	2.49
4	2.55	2.61	2.67	2.74	2.80	2.87	2.94	30.1	3.09	3.16
5	3.24	3.32	3.40	3.48	3.57	3.65	3.74	3.83	3.92	4.02
6	4.12	4.22	4.32	4.42	4.53	4.64	4.75	4.87	4.99	5.11
7	5.23	5.36	5.49	5.62	5.76	5.90	6.04	6.19	6.34	6.49
8	6.65	6.81	6.98	7.15	7.32	7.50	7.68	7.87	8.06	8.25
9	8.45	8.66	8.87	9.09	9.31	9.53	9.76			

E96 阻值倍数代码表：

代码	A	B	C	D	E	F	G	H	X	Y	Z
倍数	10^2	10^3	10^4	10^5	10^6	10^7	10^8	10^9	10^1	10^0	10^{-1}

b. 表面安装电容器的标注。

电容器有两种指标：大小和耐压值。

大小在普通的多层陶瓷电容器本体上一般是没有标注的，这和它的制作工艺有关，表面安装电容器经过高温烧结而成，所以没办法在它的表面印字。而在钽电容器本体上一般均有标注，其标注如下：电容器上的标注，103 表示其容量为 $10 \times 10^3 = 10000\text{pF} = 0.01\mu\text{F}$，475 表示其容量为 $47 \times 10^5 = 4700000\text{pF} = 4.7\mu\text{F}$，1R5 表示其容量为 1.5pF。

耐压值的标注是由一个数字和一个字母组合而成的。数字表示 10 的指数，字母表示数值，单位是 V（伏）。电容器耐压值的标注如表 1-25 所示。

表 1-25　电容器耐压值的标注

字母	A	B	C	D	E	F	G	H	J	K	Z
耐压值	1.0	1.25	1.6	2.0	2.5	3.15	4.0	5.0	6.3	8.0	9.0

例如：1J 代表 $6.3 \times 10 = 63\text{V}$；2G 代表 $4.0 \times 100 = 400\text{V}$；3A 代表 $1.0 \times 1000 = 1000\text{V}$；1K 代表 $8.0 \times 10 = 80\text{V}$；数字最大为 4，如 4Z 代表 $9.0 \times 10^4 = 9.0 \times 10000 = 90\text{kV}$。

② 表面安装元器件的型号命名。

市场上销售的表面安装元器件，部分是从国外进口的，其余是用从国外厂商引进的生产线生产的，其规格型号的命名难免带有原厂商的烙印，下面各用一种表面安装电阻器和表面安装电容器举例说明。

例 1：1/8W，470Ω，±5% 的陶瓷电阻器。

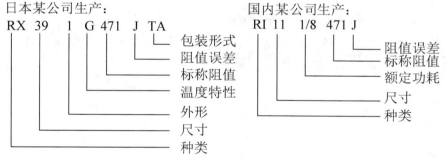

例 2：1000pF，±5%，50V 的瓷介电容器。

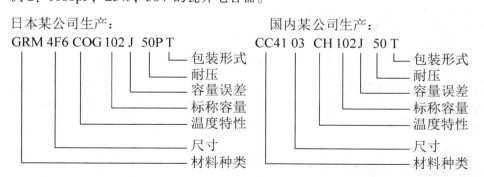

表面安装电容器的命名包含的参数有表面安装电容器的尺寸、做这种表面安装电容器用

的材质、要求达到的精度、要求的电压、要求的容量、端头的要求及包装的要求。

⚘提示：

怎样区分表面安装的电阻器与电容器

由于电阻器上面有白色的字体表示，所以除端角外背景颜色应该是黑色的；而电容器上就没有字体表示，也不会有黑色，因为黑色容易让人误以为电容器被氧化。

③ 表面安装元器件极性识别。

表面安装元器件可分为有极性器件与无极性元件两大类。

● 无极性元件：电阻器、电容器、排阻、排容、电感线圈。

● 有极性器件：二极管、钽电容、IC。

a. 二极管：在实际生产中二极管有很多种类别和形态，常见的有 Glass Tube Diode、Green LED、Cylinder Diode 等几种。

● Glass Tube Diode：红色玻璃管一端为正极（黑色一端为负极）。

● Green LED：一般在零件表面用一个黑点或在零件背面用一个正三角形作为记号，零件表面黑点一端为负极；若在背面标注，则正三角形所指方向为负极。

● Cylinder Diode：有白色横线一端为负极。

b. 钽电容：表面标有白色横线一端为正极。

c. 集成电路（IC）类：IC 类表面安装元器件一般在元器件表面的一个角标注一个向下凹的小圆点，或在一端设置一个小缺口来表示其引脚排列起始位置。

⚘提示：

☞注意：上面说明了常见表面安装元器件的极性表示，但在生产过程中，正确的极性指的是元器件的极性与 PCB 上标注的极性一致，一般在 PCB 上装着 IC 的位置都有很明确的极性表示，IC 元器件的极性表示与 PCB 上相应标注吻合即可。

④ 识读料盘。

TYPE：元器件类型品名；

LOT：生产批次；

QTY：每包装数量；

P/N：元器件编号；

VENDER：售卖者厂商代号；

P/O NO：订单号码；

DESC：描述；

DEL DATE：（选购）生产日期；

DEL NO：（选购）流水号；

L/N：生产批次/批号；

SPEC：说明书。

（4）表面安装元器件存放的环境条件。

● 环境温度：库存温度<40℃。

- 生产现场温度<30℃。
- 环境湿度<RH60%。
- 库存及使用环境中不得有影响焊接性能的硫、氯、酸等有毒气体。
- 防静电措施：要满足表面安装元器件对防静电的要求。
- 元器件的存放周期：从元器件厂家的生产日期算起，库存时间不超过两年；整机厂用户购买后的库存时间一般不超过一年；假如是自然环境比较潮湿的整机厂，购入表面安装元器件以后应在三个月内使用。
- 对有防潮要求的SMD，开封后72小时内必须使用完毕，最长也不要超过一周。如果不能用完，应存放在RH20%的干燥箱内，已受潮的SMD要按规定进行去潮烘干处理。
- 在运输、分料、检验或手工贴装时，工作人员拿取SMD，应该佩戴防静电手腕带，尽量使用吸笔操作，并特别注意避免碰伤SOP、QFP等元器件的引脚，预防引脚翘曲变形。

（5）表面安装元器件的选择。

选择表面安装元器件，应该根据系统和电路的要求，综合考虑市场供应商所能提供的规格、性能和价格等因素，主要从以下两方面选择。

① 表面安装元器件类型选择。

- 选择元器件时要注意贴片机的精度。
- 钽和铝电容器主要用于电容量大的场合。
- PLCC芯片的面积小，引脚不易变形，但维修不够方便。
- LCCC的可靠性高，价格也高，主要用于军用产品，并且必须考虑元器件与电路板之间的热膨胀系数是否一致的问题。
- 机电元器件最好选用有引脚的元器件。

② 表面安装元器件的包装选择。

SMC/SMD厂商向用户提供的包装形式有散装、盘状纸/塑料编带包装、塑料管包装和托盘包装，后三种包装的形式如图1-88所示。

（a）盘状纸/塑料编带包装　　　（b）塑料管包装　　　（c）托盘包装

图1-88 常见表面安装元器件的包装形式

散装：无引线且无极性的SMC可以散装，如一般矩形、圆柱形电容器和电阻器。散装的元器件成本低，但不利于自动化设备拾取和贴装。

盘状纸/塑料编带包装：编带包装适用于除大尺寸QFP、PLCC、LCCC芯片以外的其他元器件，如图1-88（a）所示。表面安装元器件的包装编带有纸编带和塑料编带两种。纸编带主要用于包装片状电阻、片状电容、圆柱状二极管、SOT晶体管。纸编带一般宽8mm，包装元器件以后盘绕在塑料架上。塑料编带包装的元器件种类有很多，各种无引线元器件、复合元器件、异形元器件、SOT晶体管、引线少的SOP/QFP集成电路等。纸编带和塑料编带的一边有一排定位孔，用于贴片机在拾取元器件时引导纸带前进并定位。定位孔的孔距为4mm（元器件小于0402系列的编带孔距为2mm）。在编带上的元器件间距依元器件的长度而定，取 4mm 的倍数。

塑料管包装：如图 1－88（b）所示，塑料管包装主要用于 SOP、SOJ、PLCC 集成电路、PLCC 插座和异形元器件等，从整机产品的生产类型看，塑料管包装适合于品种多、批量小的产品。

托盘包装：如图 1－88（c）所示，托盘包装主要用于 QFP、窄间距 SOP、PLCC、BGA 集成电路等元器件。

1.8.4 计划与决策

6~8 名学生组成一个学习小组，制订识别与检测旧电子产品电路板上表面安装元器件的学习活动计划，并交给老师检查审核。

1.8.5 任务实施

（1）从旧电子产品电路板上（或购买电子元器件散件中）找出表面安装元器件。

（2）识别其类型并识读其标称值，填入学习过程记录表。

任务 8 学习过程记录表

项目名称	常用电子元器件的识别与检测					
任务名称	表面安装元器件的识别与检测					
姓名		学号			完成时间	
任务 6 学习过程	学习阶段	学习和工作内容	学生自查			教师检查
			完成	部分完成	未完成	
	课前线上学习	观看教学视频				
		制定学习计划				
	课中学习	序号	元件名称	型号规格		备注
	课后学习	参与线上讨论				
		课后作业				
		编写学习思维导图				
学生检查	考勤		团队合作		工作环境卫生、整洁及结束时现场恢复原状	

1.8.6 检查与评估

检查与评估方法与任务 1 相同。

项目拓展——识别与检测组装智能小车的元器件

在网上购买智能小车套件，识别套件里元器件的类别、规格型号，并用万用表检测元器件的质量。

项 目 小 结

（1）电子工艺是生产者利用设备和生产工具，对各种原材料、半成品进行加工或处理，使之最后成为符合技术要求电子产品的艺术（工序、方法或技术）。它是人类在生产劳动中不断积累起来并经过总结的操作经验和技术能力。

（2）电子产品制造过程的基本要素是材料、设备、方法、人力、管理。

（3）电阻器最常用的主要技术参数有两个：标称阻值和额定功率。主要用万用表的欧姆挡对其进行检测，通过比较表的读数与电阻器上的标注读数，判断其是否有短路或断路等故障。

（4）电容器最常用的主要技术参数有两个：标称容量和额定工作电压。检测电容器的方法主要是用万用表的欧姆挡，通过指针的摆动是否回到原位可判断大容量电容器的好坏；通过观察指针是否不动或摆到表盘的尽头，可判断小容量电容器的好坏。

（5）电感线圈最常用的主要技术参数有两个：电感量和品质因数。检测电感线圈的方法主要是用万用表的欧姆挡，若有一定的阻值，则表示此电感线圈是好的；若阻值无穷大，则表示此电感线圈断路；若阻值为零，对于有很多圈绕组的电感线圈，则表示此电感线圈短路，对于只有很少圈绕组的电感线圈，则不能判定此电感线圈短路，需要用替换法进一步判别。

（6）变压器最常用的主要技术参数有两个：变压比和额定功率。检测变压器的方法主要是用万用表的欧姆挡，若该绕组有一定阻值，则表示此绕组是好的；若该绕组的阻值无穷大，则表示此绕组已经断路；若该绕组的阻值为零，对于有很多圈绕组的变压器，则表示此变压器短路，对于只有很少圈绕组的变压器，则不能判断该变压器短路，需要用电压法测量才能进行好坏的判别。

（7）二极管最常用的主要技术参数有两个：最大整流电流和最高反向工作电压。检测二极管的方法主要是用万用表的欧姆挡，需要测量两次才能对二极管的质量进行判断，若正向电阻比较小，反向阻值非常大，则该二极管一般为正常，同时能检测出二极管引脚的极性。一般小功率的二极管在管壳上都有标注，涂有黑色（或银色）的圈或点一端的引脚为二极管的负极。

（8）三极管最常用的主要技术参数是交流电流放大系数。主要通过使用万用表的欧姆挡对其两个 PN 结进行检测，每个 PN 结需要测量两次才能判断，即每个 PN 结的正向阻值都比较小，反向阻值都非常大，则该三极管一般为正常，同时能检测出三极管引脚的极性。或者直接使用万用表上测量三极管 β 值的插孔对三极管进行测量，在三极管的引脚正确插入万用表对应的插孔后，若指针读数在 300Ω 以内，则表示该三极管基本正常。

（9）开关和接插件主要通过用万用表的欧姆挡，对开关或接插件的两个极进行检测，若阻值为零，则表示该开关或接插件是好的；若阻值为无穷大，则表示该开关或接插件接触断路；若有一定的阻值，则表示该开关或接插件接触不良，需要进行修复或更换。

（10）集成电路的检测一般都是通过替换法来进行的。对于没有专用仪器的维修人员，都是用一个好的该型号的集成电路对怀疑有问题的集成电路进行替换，若故障排除，则表示原来的集成电路已经损坏。

（11）表面安装元器件又称为贴片元件，其主要特点是尺寸小、重量轻、形状标准化、无引线或引线短，适合在印制电路板上进行表面安装。它可以减少印制电路板面积，减轻重量，安装容易实现自动化。

课后练习

（1）电子产品生产工艺技术培养目标是什么？

（2）电子产品生产工艺技术人员的工作范围是什么？

（3）常见的电阻器有哪几种？各自的特点是什么？

（4）试述热敏电阻器的质量检测方法。

（5）试述光敏电阻器的质量检测方法。

（6）试述电阻的选用方法。

（7）电位器的阻值变化有哪几种形式？每种形式适用于何种场合？在使用前如何检测其好坏？

（8）请写出下列符号所表示的电容量：

$$220、0.022、332、569、4n7、R33$$

（9）试述如何选用电容器。

（10）电感线圈有哪些基本参数？各自的含义是什么？

（11）试述变压器的故障检测方法和使用注意事项。

（12）常用二极管有哪几种？每种的特点是什么？

（13）请写出下列二极管型号的含义：2CW52、2AP10、2CU2、2DW7C。

（14）请写出下列晶体管型号的含义：3AX31、3DG201、3DD15A。

（15）试述稳压二极管的检测方法。

（16）试述光电二极管的检测方法。

（17）试述硅桥引脚顺序的判断方法。

（18）试述硅桥的检测方法。

（19）如何用万用表判别晶体管的三个电极及管型？

（20）场效应管有哪几种？每种的特点是什么？使用时应注意什么？

（21）试述集成电路的检测方法。

（22）画出电动式扬声器的基本结构，并说明其工作原理。

（23）试述数码管极性和质量检测方法。

（24）什么是表面安装元器件？表面安装元器件在什么场合下使用？

（25）表面安装元器件包括（　　　）和表面安装器件。与传统的插装元器件相比，它具有什么特点？

（26）表面安装元器件有哪些包装形式？

（27）表面安装元器件的表示方法主要有哪几种？

（28）指出下列电阻器的标称阻值：

$$5R1、364、125、820、R82$$

（29）试述国产表面安装电阻器 RS-05K102JT 表示的含义。

（30）指出下列电容器的标称容量。

模块二　安全文明生产与技术文件的识读

项目二　安全文明生产与技术文件的识读及编制

安全文明生产是企业管理工作的一个重要组成部分，体现着企业的综合管理水平；6S 管理是现代企业行之有效的现场管理理念和方法，是企业提高市场竞争力的重要途径；可以提高企业的竞争力。大多数电子元器件是静电敏感元件，静电对电子行业造成的损失很大。

从事电子产品设计、生产和使用的技术人员，总要接触技术文件（各类电气图、文字表格、说明书），学会识读和编制技术文件，是从事电子产品生产工作的技术人员必须掌握的基本技能。本部分内容主要介绍安全文明生产、生产企业的 6S 管理、静电防护和电子产品技术文件的相关知识，以及焊接操作的基本技能。

【学习目标】

（1）懂得用电安全知识。

（2）理解"6S"管理的内容。

（3）懂得静电防护知识。

（4）学会识读与编制电子产品技术文件。

（5）学会焊接的基本操作技能。

学习重点：安全用电常识、静电防护常识、"6S"文明生产；文字内容设计文件和常用工艺文件的编制。

学习难点：设计文件和工艺文件的识读与编制。

项目二的工作任务是在万能板上装配晶体管可调式直流稳压电源电路，编写安全用电规章制度、静电防护操作规程和"6S"管理方案，编制装配晶体管可调式直流稳压电源电路的设计文件和工艺文件。

【教学导航】

学习目标	知识目标	了解安全用电、安全文明生产常识；理解企业推行 6S 管理的意义和 6S 管理的内容；了解静电的产生、危害及防护等有关知识；了解设计文件的类型，懂得设计文件编号的识读方法，懂得文字内容设计文件和常用工艺文件的编制方法；懂得手工焊接操作方法
	技能目标	能对触电事故采取急救措施；能自觉地按照 6S 管理要求规范操作；能在电子装配操作中采取静电防护措施；能识读设计文件编号和工艺文件代号，并编制文字内容设计文件和常用的工艺文件
	方法和过程目标	培养安全文明生产、节能环保及严格遵守操作规程的意识；培养耐心细致、认真负责的工作作风；培养对新知识、新技能的学习能力、创新创业能力及自我管理能力；培养与人沟通、团队合作及协调能力；培养语言表达能力和工程类文件的写作能力
	情感、态度和价值观目标	激发学习兴趣

教 与 学	推荐讲授方法	项目教学法、任务驱动教学法、引导文教学法；案例教学法、行动导向教学法、合作学习教学法、演示教学法
	推荐学习方法	目标学习法、问题学习法、归纳学习法、思考学习法、合作学习法、自主学习法、循序渐近学习法
	推荐教学模式	SPOC+翻转课堂混合式教学模式、自主学习、做中学
	学习资源	教材、微课、教学视频、PPT
教 与 学	学习环境、材料和教学手段	线上学习环境：SPOC 课堂。 线下学习场地：多媒体教室、焊接实训室。 仪器、设备或工具：见项目实施器材。 装配材料：见项目实施器材。 学习材料：教学视频、PPT、任务分析表、学习过程记录表
	推荐学时	10 学时
学习 效果 评价	上交材料	学习过程记录表、项目总结报告
	项目考核方法	过程考核。课前线上学习占 20%；课中学习 50%；课后学习占 10%；职业素质考核（考勤、团队合作、工作环境卫生、整洁及结束时现场恢复情况）占 20%。

【项目实施器材】

（1）可调式直流稳压电源电路元器件每人一套。

（2）焊接工具每人一套：防静电手环、电烙铁（带烙铁架、清锡棉）、镊子、起子、尖嘴钳、斜口钳、吸锡器各一把。

（3）装配材料：活性焊锡丝（Sn63%/Pb37%、0.5~0.8mm）、单股（可作为跳线使用）和多股细导线若干。

（4）自编装配工艺文件。

（5）可调式直流稳压电源电路原理图纸和元器件清单每人一套。

（6）指针式万用表两人一只。

【项目实施】

项目二的学习过程分解为 5 个学习任务，每个学习任务是 1 个学习单元，需 2 学时。

2.1 任务 1　了解安全文明生产

许多触电事故的发生，是人们缺乏安全用电意识、不遵守操作规程造成的，安全文明生产是企业安全生产的重要保证，有利于企业安全管理体系的建立和完善。

2.1.1　学习目标

树立安全用电、文明生产、节能环保及严守操作规程的意识，掌握安全防范办法及触电急救措施。

2.1.2　任务描述与分析

（1）分析案例 1 触电事故的原因，制定防范措施，写出事故分析总结报告。

案例 1：某化工厂维修班电工鄢某，在检修中控配电室低压电容柜时，在未断电的情况下，直接用钢丝钳拔插熔断器，引起电气短路，造成鄢某的双手、脸、颈部大面积严重灼伤。电气短路烧毁了电容柜中的元器件，中控配电室长时间不能正常运转，给生产带来很大的损失。

（2）到电子装配实训室实地考察，编制装配晶体管可调式直流稳压电源电路安全用电规章制度。

通过本任务，掌握安全生产和文明生产注意事项；明确触电的原因和类型，理解触电的危害；知道如何预防触电并能对触电采取急救措施，学会撰写分析总结报告、编制操作规程。

本任务的学习重点是掌握安全文明生产注意事项，能对触电事故采取正确急救措施；难点是学习对触电事故的急救措施。学习时要观看 SPOC 课堂教学视频，现场模拟演练发生触电事故后急救，学习安全文明生产知识，编制操作规程可参考任务 4 内容。

本任务推荐采用翻转课堂教学形式，需要 2 学时。

2.1.3　资讯

1）SPOC 课堂教学视频

（1）安全用电常识。

（2）触电现场急救。

2）相关知识

（1）触电的危害。

触电对人体的危害主要有电击和电伤两种。电击是指电流通过人体内部，影响呼吸、心脏和神经系统，造成人体内部组织的损伤乃至坏死，即电击对人体的危害是体内的、致命的。电击对人体的伤害程度与通过人体的电流强弱、通电时间、电流途径及电流性质有关。电伤是指由于电流的热效应、化学效应或机械效应对人体所造成的危害，包括烧伤、电烙伤、皮肤金属化等。电伤对人体的危害一般是体表的、非致命的。

提示：安全电压是指在一定的皮肤电阻下，人体不会受到电击时的最大电压。我国规定的安全电压有 42V、36V、24V、12V、6V 等几种。安全电压并不是指在所有条件下均对人体不构成危害，它与人体电阻和环境因素有关。人体电阻一般分为体内电阻和皮肤电阻。体内电阻基本上不受外界条件的影响，其阻值约为 500Ω。皮肤电阻因人因条件而异，干燥皮肤的电阻阻值大约为 100kΩ，但随着皮肤变得潮湿，电阻阻值逐渐减小，可小到 1kΩ 以下。安全电压 42V、36V 是就人体干燥皮肤而言的。在潮湿条件下，安全电压应为 24V、12V 或 6V。

（2）触电的原因。

电击对人的危害最大。电击主要是由以下几种原因引起的。

① 直接触及电源。

- 电源线损坏：电源线大多数为塑料电源线。而塑料电源线极容易被划伤或被电烙铁烫伤，使得绝缘塑料损坏，导致金属导线裸露。同时，随着使用时间的增加，塑料电源线的老化较为严重，使得绝缘塑料开裂，手碰该处即会引起触电。

- 插头安装不合规格：塑料电源线一般采用多股导线。在连接插头时，如果多股导线未绞合而外露，那么手抓插头容易引起触电。

② 错误使用设备。在仪器的调试或电路实验中，往往需要使用多种仪器组成所需电路。若不了解各种设备的电路接线情况，那么有可能将 220V 电源线引入表面上认为安全的地方，造成触电的危险。

③ 设备金属外壳带电。金属外壳带电的主要原因有以下几种。

- 电源线虚焊：由于电源线在焊接时造成虚焊，焊点在运输、使用过程中开焊脱落，搭接在金属件上同外壳连通。

- 工艺不良：电子设备或产品由于在制造时，工艺不过关，使得产品本身带有隐患，如金属压片固定电源线时，压片存在尖棱或毛刺，容易在压紧或振动时损坏电源线的绝缘层。
- 接线螺钉松动造成电源线脱落。
- 设备长期不检修，导线绝缘层老化开裂，碰到外壳尖角处形成通路。
- 错误接线。三芯接头中工作零线与保护零线短接。当工作零线与电源相线相接时，造成外壳直接接到电源相线上。

④ 电容器放电。电容器是存储电能的容器，由于其绝缘电阻很大，即漏电流很小，电源断开后，电能可能会储存相当长的时间。因此，在维修或使用旧电容器时，一定要注意防止触电。尤其是电压超过千伏或电压虽低，但容量为微法级或以上的电容器要特别小心，使用或维修前一定要进行放电。

作为电子产品装配工人，需要懂得和掌握安全用电知识，以便在工作中采取各种安全保护措施。

（3）触电救护。

发现有人触电，应尽快断开与触电人接触的导体，使触电人脱离电源；再施行人工呼吸或胸外心脏挤压急救；同时迅速拨打120，联系专业医护人员来现场抢救。

① 口对口（或鼻）人工呼吸法操作要点如下。

- 使触电者仰卧，衣服宽松，颈部伸直，头部尽量后仰，然后撬开其口腔，如图2-1所示。
- 施救者位于触电者头部一侧，用靠近头部的一只手捏住触电者的鼻子，并用这只手的外缘压住触电者额部，将下巴上抬，使其头部自然后仰。
- 施救者深吸一口气以后，用嘴紧贴触电者的嘴（中间可用医用纱布隔开）吹气。
- 吹气至触电者要换气时，应迅速离开触电者的嘴，同时放开捏紧的鼻子，让其自动向外呼气。
- 按上述步骤反复进行，对触电者每分钟吹气15次左右。注意，训练时应规范操作，听从教师的现场指导，以防操作不当损坏假人模型。

② 胸外心脏挤压操作要点。触电者心跳停止时，必须立即用此法进行抢救，具体方法如下。

a. 解开触电者胸部衣服，使其仰卧在地板上，头向后仰，姿势与人工呼吸法相同。

b. 急救者跨在触电者的腰部两侧，左手掌压在右手掌上，手掌根部放在触电者心口窝上方，胸骨下1/3处，如图2-2所示。

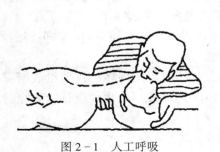

图2-1 人工呼吸

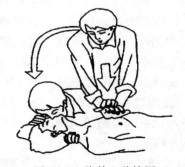

图2-2 胸外心脏挤压

c. 手掌根用力垂直向下，向脊背方向挤压，对成人应压陷 3~4cm，每秒钟挤压 1 次，每分钟挤压 60 次为宜。

d. 挤压后，手掌根迅速全部放松，让触电者胸部自动复原，每次放松时手掌根不必完全离开胸部。

⚠提示：

注意：上述步骤反复操作。如果触电者的呼吸和心跳都停止了，则应同时进行人工呼吸和胸外心脏挤压。如果现场仅一人抢救，两种方法则应交替进行。每次吹气 2~3 次，再挤压 10~15 次。

如果是两人合作抢救的，则一人吹气，一人挤压，吹气时应保持触电者胸部放松，只可在换气时进行挤压。

（4）安全文明生产常识。

安全生产是指在生产过程中确保生产的产品、使用的工具、仪器设备和人身的安全。安全是为了生产，生产必须安全，必须树立安全第一的观点，切实做好生产安全工作。对于无线电装配工来说，经常遇到的是用电安全问题。安全用电包括供电系统安全、用电设备安全及人身安全三个方面，它们是密切相关的。为做到安全用电，在实训室实训或到企业顶岗实习时应注意以下几点。

① 接通电源前的检查。电源线不合格最容易造成触电。因此，在接通电源前，一定要认真检查，做到"四查而后插"，即一查电源线有无损坏；二查插头有无外露金属或内部松动；三查电源线插头的两极间有无短路，同外壳有无通路；四查设备所需电压值与供电电压是否相符。

检查方法是采用万用表进行测量。两芯插头的两个电极之间的电阻均应为无穷大。三芯插头的外壳只能与接地极相接，其余均不通。

② 装配作业安全文明操作规程：

- 操作过程中要注意安全，遵照"先接线后通电；先断电后拔线"的原则进行操作，在操作过程中，如发现声响、冒烟、焦臭等异常现象，应立即断开电源，找出问题，排除故障或报告相关人员处理后才可重新通电。
- 生产线上的在制品、半成品、待检品、原材料和缺料部件等都必须标上相应的标识，按类别摆放整齐，防止因混料使用而造成质量问题，非生产用品更应标识清楚并隔离存放。
- 各种工具、设备要摆放合理、整齐，不要乱摆、乱放，以免发生事故。
- 取放 PCB 时应轻拿轻放，拿 PCB 的边沿，避免接触元器件。存放物品一般使用周转箱，竖立载板以不超过周转箱界面为宜。
- 装配作业时，必须戴上防静电手环（以套环扣住手腕不转动为宜），防静电手环的另一端应接地良好。
- 电烙铁在使用过程中应远离易燃品，烙铁夹应远离烙铁加热的元器件和未支撑的焊嘴。不用时应摆放妥当，以免烫伤人及其他物品，烙铁头在没有确信脱离电源时，不能用手摸；注意电源线不能碰到烙铁头，以免烫伤电源线而造成漏电伤人等事故；严禁使用与元器件及焊盘不匹配的电烙铁，禁止用烙铁头用力摩擦焊盘及引脚；插拔电烙铁等电器的电源插头时，要手拿插头，不要抓电源线。

- 严禁将电烙铁上多余的残锡渣乱甩，应甩到专用盛装锡渣、锡块的容器中，以免造成质量隐患或烫伤人体。
- 电烙铁要经常擦洗，以免沾有脏物或杂质，造成焊点横向拉尖，发生短路现象。
- 芯线与元器件连接时，注意芯线是否散开，避免触碰到引脚造成短路。
- 不能使用手持部分带有变压器的焊枪。
- 拆焊元器件时，不要离焊点太近，并使可能弹出焊锡的方向向外。
- 用螺丝刀拧紧螺钉时，另一只手不要握在螺丝刀刀口方向上。
- 元器件剪脚或用剪线钳剪断短小导线时，要让元器件引线和导线飞出方向朝着工作台、空地或地面上的废品箱，决不可朝向人或设备。
- 焊接完毕后，必须进行自检→互检→专检，发现问题要及时改正，以免造成质量问题。要及时清洁 PCB，以免影响美观、光洁度。
- 如长时间离岗或下班，将电烙铁的电源插头拔下并绕扣好，放回规定存放处，其他工具应放回工具箱，工作椅摆放在工作台下面且要整齐，清洁工作台，清扫工作场地，最后关掉所有电源、关闭门窗。

③ 安全用电操作。首先要制定安全操作规程，做到"四查而后插"。设备外壳应该接保护地，最好与电网的保护地接到一起，而不能只接到电网零线上。检修、调试电子产品的安全问题应注意以下几点。

- 要了解工作对象的电气原理，特别注意它的电源系统。
- 不得随便改动仪器设备的电源接线。
- 不得随意触碰电气设备，触及电路中的任何金属部分之前都应进行安全测试。
- 未经专业训练的人不许带电操作。

广义的文明生产是指企业要根据现代化大生产的客观规律来组织生产；狭义的文明生产是指在生产现场管理中，要按现代工业生产的客观要求，使生产现场保持良好的生产环境和生产秩序。

文明生产的目的就在于为班组成员们营造一个良好而愉快的组织环境和一个合适而整洁的生产环境。文明生产的内容如下。

- 严格执行各项规章制度，认真贯彻工艺操作规程。
- 环境应整洁优美，个人要讲究卫生。
- 工艺操作标准化，班组生产有秩序。
- 工位器具齐全，物品堆放整齐。
- 保证工具、量具、设备的整洁。
- 工作场地整洁，生产环境协调。
- 服务好下一班、下一工序。

2.1.4　计划与决策

6~8 名学生组成一个学习小组，制订到电子装配实训室实地考察、模拟演练触电事故发生现场急救措施的行动计划，并交给老师检查审核。

2.1.5　任务实施

6~8 名学生组成一个学习小组，完成下面任务。

（1）分析案例1触电事故的原因，制定防范措施，写出事故分析整改总结报告。

（2）到电子装配实训室实地考察，编制装配晶体管可调式直流稳压电源电路安全用电规章制度。

（3）每个小组派2名代表，以PPT形式演讲汇报编制的电子装配实训室安全用电规章制度。

（4）观看相关教学视频及讲解，每个小组现场模拟演练触电事故发生现场急救措施。

2.1.6　检查与评估

老师对每个小组汇报演讲和模拟演练情况进行点评，并组织学生对每个小组汇报演讲和模拟演练情况进行评定（分A、B、C三个等级），计入学生的平时成绩。

2.2 任务2　了解生产企业的6S管理

随着社会的进步，市场经济日益发展，市场竞争日趋激烈，产品及服务、生产成本和交货期已成为决定企业经营成败的重要因素，产品质量的稳定性和可靠性已成为企业在市场竞争中取胜的关键。稳定可靠的产品质量必须通过对现场进行科学、细致的管理才能够实现。6S管理是现代企业行之有效的现场管理理念和方法，是企业提高市场竞争力的重要途径。

2.2.1　学习目标

理解掌握6S管理的内容和实施意义。

2.2.2　任务描述与分析

（1）分析案例2企业管理上存在的问题，写出整改方案。

案例2：浙江省某民营企业李老板做内衣的加工，家里的亲朋好友前来帮忙打理，员工人数达数百。工厂的结余除去开支、每年银行的还款后所剩无几。李老板企业的生产状况如下。

- 每天安排4个搬运工搬运车间的半成品，人手仍不够。
- 车间里的成品、不良品、半成品和原材料到处乱放，没有标识，私人物品到处乱放。出货时找不到货，事后货又冒了出来。
- 工具随地乱放，常常遗失，引起员工因猜忌发生争吵。
- 机器从未做过保养，维修时缺少零部件，维修时间长。
- 工人上班打电话，边干活边用耳机听音乐。
- 地面很脏，天花板上的蜘蛛网连成一片，出货的电梯门敞开，曾经发生过事故。
- 员工士气不振，管理人员抱怨管理太难。
- 出货延期，产品质量无法控制，客户抱怨，生产成本增加。

（2）学生互查寝室卫生，查找问题，进行整改。

通过本任务，掌握6S管理的内容，理解企业推行6S管理的意义，学会撰写整改方案。

本任务的学习重点是6S管理的内容，难点是撰写整改方案。上网查阅资料，总结海尔企业6S生产现场管理经验。小组讨论有助于撰写整改方案。

本单元推荐采用翻转课堂教学形式，需要2学时。

2.2.3　资讯

1）SPOC课堂教学视频

6S管理微课。

2）相关知识

（1）5S 活动。

5S 活动起源于日本，并在日本企业中广泛推行，它相当于我国企业开展的文明生产活动。5S 是整理（Seiri）、整顿（Seiton）、清扫（Seiso）、清洁（Seikeetsu）和素养（Shitsuke）这 5 个词的缩写。开展以整理、整顿、清扫、清洁和素养为内容的活动，称为 5S 活动。

（2）6S 管理的内容。

5S 管理被引入我国后，海尔等公司引进"安全（Security）"一词，将其发展成为 6S 管理。6S 管理是现代工厂行之有效的现场管理理念和方法，其作用是提高效率，保证质量，使工作环境整洁有序，以预防为主，保证安全。6S 管理内容如下。

① 整理：将工作场所的所有物品区分为要与不要两类，留下必需品，其他的都归于不要类。整理的目的是腾出空间，防止误用，营造清爽的工作场所。

实施的要点：对生产现场摆放的各种物品进行分类，区分什么是现场需要的，什么是现场不需要的。对于现场不需要的物品，如用剩的材料、多余的半成品、切下的料头、切屑、垃圾、废品、多余的工具、报废的设备、员工的个人生活用品等，要坚决清理出生产现场，这项工作的重点在于坚决把现场不需要的东西清理掉。对于车间里各个工位或设备的前后、通道左右、厂房上下、工具箱内外，以及车间的各个死角，都要彻底搜寻和清理，达到现场无不用之物。

② 整顿：把留下来的必需品依规定位置整齐摆放，并加以标示。整顿的目的是使工作场所一目了然，减少寻找物品的时间，创造井井有条的工作秩序。

实施的要点：物品摆放要有固定的地点和区域，以便寻找，消除因混放而造成的差错；物品摆放地点要科学合理。例如，根据物品使用的频率，经常使用的东西应放得近些（如放在作业区内），偶尔使用或不常使用的东西则应放得远些（如集中放在车间某处）；物品摆放目视化，使定量装载的物品做到过日知数，摆放不同物品的区域采用不同的色彩和标记加以区别。

③ 清扫：将工作场所内看得见与看不见的地方清扫干净，保持工作场所干净、亮丽。清扫的目的是稳定品质，减少工业伤害。

实施的要点：自己使用的物品，如设备、工具等，要自己清扫，而不要依赖他人，不增加专门的清扫工；对设备的清扫，着眼于对设备的维护保养。清扫设备要同设备的点检结合起来，清扫即点检；清扫设备要同时进行设备的润滑工作，清扫也是保养；清扫也是为了改善。当清扫地面发现有飞屑和油水泄漏时，要查明原因，并采取措施加以改进。

④ 清洁：也称为规范，整理、整顿、清扫之后要认真维护，使现场保持完美和最佳状态。清洁是对前三项活动的坚持与深入，并且使之规范化、制度化，从而消除发生安全事故的根源，创造一个良好的工作环境，使员工能愉快地工作。其目的是形成制度和惯例，维持前三项活动的成果。

实施的要点：
● 车间环境不仅要整齐，而且要做到清洁卫生，保证员工身体健康，提高员工劳动热情；
● 不仅物品要清洁，而且员工本身也要做到清洁，如工作服要清洁，仪表要整洁，及时理发、刮须、修指甲、洗澡等；
● 员工不仅要做到形体上的清洁，而且要做到精神上的"清洁"，待人要讲礼貌、要尊重别人；

● 要使环境不受污染，进一步消除混浊的空气、粉尘、噪声和污染源，消灭职业病。

⑤ 素养：素养即教养，努力提高员工的素养，养成严格遵守规章制度的习惯和作风，培养全体员工良好的工作习惯、组织纪律和敬业精神。素养的目的是培养有好习惯、遵守规则的员工，提升员工修养，培养良好素质，提升团队精神，实现员工的自我规范。素养是 6S 活动的核心。

⑥ 安全：人人有安全意识，人人按安全操作规程作业，创造一个零故障、无意外事故发生的工作场所。安全的目的是凸显安全隐患、减少人身伤害和经济损失。

实施的要点：应建立、健全各项安全管理制度；对操作人员的操作技能进行训练；全员参与，排除隐患，重视预防。

（3）海尔企业推行现场 6S 管理案例介绍。

海尔企业作为中国电子产品生产企业的领军企业，将"在日常生产中推行 6S 管理"作为产品质量保证的基础，以下内容是海尔企业推行的现场 6S 管理。

① 整理。通过反思为什么会采购这么多用不着的东西、为什么会产生这么多库存、采购周期是否合理、采购和生产部门之间的沟通是否顺畅，可以看出因采购计划不当而产生的浪费，把必需品与非必需品明确区分开，然后把非必需品移走。要与不要的判别标准如表 2-1 所示。

表 2-1　要与不要的判别标准

真正需要		确实不要
（1）正常的机器设备、电气装置	地板上	（1）废纸、杂物、油污、灰尘、烟蒂
（2）工作台、板凳、材料		（2）不能或不再使用的机器设备、工装夹具
（3）台车、推车、拖车、堆高机		（3）不再使用的办公用品
（4）正常使用的工装夹具		（4）破烂的图框、塑料箱、纸箱、垃圾桶
（5）尚有使用价值的消耗用品		（5）呆料、滞料、过期物品
（6）原材料、半成品、成品和样本	工作台上	（1）过时的文件资料、表单记录、书报杂志
（7）图框、防尘用具		（2）多余的材料、损坏的工具及样品
（8）办公用品、文具		（3）私人的用品、破压台玻璃、破椅垫
（9）使用中的清洁工具、用品	墙壁及天花板	（1）蜘蛛网、过时挂历、已坏时钟、没用的挂钉
（10）各种使用中的海报、看板		（2）过期海报、看板、破烂信箱、指示牌
（11）有用的文件资料、表单、记录、书报杂志		（3）不再使用的各种管线、吊扇、挂具
（12）劳保用品		（4）老旧无效的指导书、工装图
（13）其他必要的私人用品		（5）久挂墙上破旧不用的劳保用品

因为不整洁而发生的浪费

空间的浪费
使用棚架或橱柜的浪费
零件或产品变旧而不能使用的浪费
放置处变得窄小，造成物品移动的浪费
管理不需要的物品的浪费
库存管理或盘点的浪费

② 整顿。将必需品合理放置，加以标示，以便任何人取放。整顿活动推行办法如表 2-2

所示。

合理放置原则：

- 缩短距离。
- 双手可同时使用。
- 减少多余的动作。

表 2-2　整顿活动推行办法

对象	标示	定位
（1）通道	标明用途	尽量避免弯角，采用最短距离搬运方式
		通路的交叉处尽量使其成直角
		左右视线不佳的通路交叉处尽量避免
（2）设备	设备名称及使用的说明应标示	不移动的设备不要画线
	危险处所应标示"危险"	移动的设备要画线
（3）成品、在制品、半成品、零件	放置物、数量、累积数等应标示	搬运台、台车……每一区域应该画线
	固定位置：品名、编号应标示	
	自由位置：位置号应标示	
	应设立位置管理看板标示	

因为不整顿而发生的浪费

（1）寻找时间的浪费	 
（2）工程停顿的浪费	
（3）以为没有而多采购的浪费	
（4）发生计划变更的浪费	

③ 清扫。经常打扫，保持工作环境清洁。清扫的重点在于研究"产生源的控制"。

清扫的原则：

- 先进行一次彻底清扫，使物品恢复原状。
- 坚持打扫和检查，目标是通过有效的扫除和检查实现无故障、无操作失误、无间歇停工。
- 工作场所所有能看到的地方都要清扫干净，无非必需物品，不乱堆乱放，无尘土。

常见清扫事项：

- 维修或更换难以读数的仪表装置。
- 添置必要的个人安全防护装置。
- 要及时更换绝缘层已老化或损坏的导线。
- 对需要防锈或需要润滑的部位，要按照规定及时加油保养。
- 清理堵塞的管道。
- 调查跑、冒、漏、滴的原因，并及时加以处理。

④ 清洁。用来维持整理、整顿、清扫前 3S 成果。领导要经常过问，并到现场检查实际效果。

清洁的原则：

- 标准明确，漆见本色，铁见光。
- 建立领导检查实际效果的制度，每周评估。
- 所有区域员工的检查表应是可见的、可跟踪的。

⑤ 素养。养成能够正确遵守公司规定的习惯，久而久之会形成企业特有的文化。

- 参观通道——让员工自己感受到压力。
- 横向比对——全员参与形成文化。

⑥ 安全。在确认安全的前提下工作，消灭一切安全隐患，让员工放松心情愉快地工作。

- 持证上岗，按规章操作。
- 思想不放松。

2.2.4　计划与决策

6~8名学生组成一个学习小组，制订到学生寝室实地考察的行动计划，并交给老师检查审核。

2.2.5　任务实施

6~8名学生组成一个学习小组，完成下面任务。

（1）分析案例2企业管理上存在的问题，写出整改方案。

（2）学生互查寝室卫生，找出问题，写出整改方案。

（3）每个小组派出代表，以PPT形式演讲汇报企业管理整改方案和学生寝室整改方案。

2.2.6　检查与评估

老师对每个小组汇报演讲情况进行点评，并组织学生对每个小组汇报演讲情况进行评定（分A、B、C三个等级），计入学生的平时成绩。

2.3 任务3　了解静电防护

为了防止静电积累引起的人身电击、火灾和爆炸、电子器件失效和损坏，以及对生产带来的不良影响，电子产品生产企业必须采取静电防护措施。

2.3.1　学习目标

树立静电防护意识，掌握静电防护措施。

2.3.2　任务描述与分析

任务3的内容是编制电子装配实训室静电防护操作规程。

通过本任务，了解静电的形式，懂得静电产生的原因和危害，掌握静电防护措施，学会编写静电防护操作规程。

本任务的学习重点是掌握静电防护措施；难点是编写静电防护操作规程。学习时要进行小组讨论、上网查阅资料、观看SPOC课堂教学视频、到学校电子装配实训室实地调查、编写静电防护操作规程。

本任务推荐采用翻转课堂教学形式，需要2学时。

2.3.3　资讯

1）SPOC课堂教学视频

（1）静电的产生。

（2）电子产品生产企业的静电防护。

2）相关知识

（1）静电的产生。

在日常生活中，静电现象非常普遍。在空气干燥的地区，人们穿衣脱衣、用手拉门、在塑料地板或复合材料地毯上行走、触碰其他物体时，经常会产生静电现象，使人有麻痹感。

什么是静电？它是怎样产生的呢？

静电是指相对静止的电荷，是一种常见的带电现象。物质由分子组成，分子由原子组成，原子由带负电荷的电子和带正电荷的质子（及呈现电中性的中子）组成。当两个不同的物体相互接触时就会使得一个物体失去一些电荷（如随电子转移到另一个物体），并使其带正电，而另一个物体因得到一些多余电子而带负电。电荷的积聚形成了静电。产生静电的方式主要有四种，分别是接触起电、摩擦带电、破断带电和流动带电等。人体因自身的动作或与其他物体的接触、分离、摩擦和感应等因素，可以产生高达几千伏甚至上万伏的静电。

ESD（Electro-Static Discharge）即静电放电。表 2-3 所示为静电产生的电压，表 2-4 所示为常用物品的摩擦起电序列。

表 2-3　静电产生的电压

静电电荷源	测得的电压/V	
	峰值	平均值
走过地毯	35000	1500
在聚烯烃类塑料地面上行走	12000	250
工作台旁操作的工人	6000	100
翻动聚乙烯膜封皮的说明书	7000	600
从工作台拾起普通聚乙烯袋	20000	1200
垫有聚氨酯泡沫的工作椅	18000	1500

表 2-4　常用物品的摩擦起电序列

(−)	←											(+)
	聚乙烯	金	银	铜	硬橡皮	棉花	纸	铝	羊毛	尼龙	人的头发	玻璃	人手

表 2-4 中越靠左侧的物品，越易产生负电荷；越靠右侧的物品，越易产生正电荷。也就是说，在这个序列中相距越远的物品之间相互接触、分离或摩擦，产生的静电电位就越高。

很多人误以为把手放在物体上时，没有产生静电火花的话，就没有危害，其实人们无法感知约 2000V 以下的静电，但是，静电对半导体却有较大的影响。人体的带电电压和感知的程度如表 2-5 所示。

表 2-5　人体的带电电压和感知的程度

人体带电	人们感觉到的冲击程度	备注
1.0kV	根本感觉不到	
2.0kV	只在手指尖处能感觉到，但无痛感	微小的放电的声
2.5kV	突然间一惊，但无痛	

续表

人体带电	人们感觉到的冲击程度	备注
3.0kV	能感觉到针扎似的痛	
4.0kV	像针扎入很深一样痛	可以看到放电时的发光
5.0kV	从手掌到肘处能感觉到静电的冲击，并且很痛	
6.0kV	手指感觉到强烈的痛，受到冲击后，胳膊感觉很沉重	
7.0kV	手指、手掌感觉到强烈的疼痛和麻	

（2）静电的危害。

● 静电的一个基本现象即异种电荷相互吸引（静电引力，ESA），这个现象可以导致吸附灰尘，造成集成电路和半导体元件的污染，大大降低成品率。

● 电子产品与大地之间存在电位差，电子装配操作中可能产生静电，静电放电就会产生电流，导致元器件性能下降或失效。静电形成的电场可击穿一些电路的绝缘层，破坏绝缘，使半导体 PN 结、集成电路和精密的电子元件击穿，发生断路、短路，甚至烧毁电路，降低生产成品率。

● 静电还会引起电子设备故障或误动作，造成电磁干扰。

● 高压静电放电造成电击，危及人身安全。

● 存在易燃易爆品或粉尘、油雾的生产场所中，静电极易引起爆炸和火灾。

表 2-6 所示为电子元件所能承受静电破坏的静电电压。

表 2-6　电子元件所能承受静电破坏的静电电压

元件类型	静电破坏电压/V	元件类型	静电破坏电压/V
VMOS	30~1800	OP-AMP	190~2500
MOSFET	100~200	JEFT	140~1000
GaAsFET	100~300	SCL	680~1000
PROM	100	STTL	300~2500
CMOS	250~2000	DTL	380~7000
HMOS	50~500	肖特基二极管	300~3000
EDMOS	200~1000	双极型晶体管	380~7000
ECL	300~2500	石英压电晶体	<1000

从表中可见，大部分元件的静电破坏电压都为几百伏到几千伏，而在干燥的环境中人活动所产生的静电可达几千伏到几万伏。

半导体中的静电放电损坏点如图 2-3 所示，两金属连线间静电放电造成的金属搭线的细节如图 2-4 所示。

摩擦起电和人体静电是电子工业中的两大危害。静电的危害是由于静电放电和静电场力引起的。静电放电（ESD）的能量对于传统元器件的影响，不易被人们察觉。但对于因线路间距短、线路面积小而导致耐压降低、耐流容量减小的高密度元器件来说，ESD 往往会成为其致命的杀手。据 1986 年北京电子报介绍，美国当年因静电造成电子产品损坏的经济损失高达 5 亿美元。目前，ESD 给世界电子工业造成的损失，已经达到几十亿、甚至上百亿美元的惊人程度。

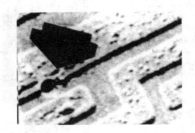

图 2-3　半导体中的静电
放电损坏点

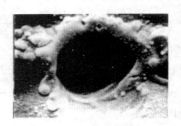

图 2-4　两金属连线间
静电放电造成的金属搭线的细节

⚠提示：

> ❓ **电子元器件在什么情况下会遭受静电的破坏呢？**
>
> 可以这样说，从一个元器件产生以后，一直到它损坏之前，所有的过程都受到静电的威胁。
> ① 元器件制造：这个过程包含制造、切割、接线、检验和交货。
> ② 印制电路板（PCB）：收货、验收、储存、插件、焊接、品管、包装、出货。
> ③ 设备制造：电路板验收、储存、装配、品管（产品质量监控与管理）、出货。
> ④ 设备使用：收货、安装、试验、使用及保养。
> 在整个过程中，每一阶段中的每一个小步骤，元器件都有可能遭受静电的影响，而实际上，最主要而又容易被忽略的一点却是在元器件的传送与运输的过程。在这个过程中，不但包装因移动而容易产生静电，整个包装也可能因暴露在外界电场（如经过高压设备附近、工人移动频繁、车辆迅速移动等）而受到破坏，所以传送与运输过程需要特别注意减少损失，避免无谓纠纷。

（3）静电的防护及其措施。

① 静电防护的原理：对可能产生静电的地方要采取防止静电积累的措施，使之处于安全状态；对已经存在的静电积累应迅速消除，及时释放。

② 预防静电的基本原则如下。

● 抑制或减少厂房内静电的产生，严格控制静电源。

● 及时消除厂房内产生的静电，避免静电积累。

● 定期（如一周）对防静电设施进行维护和检验。

③ 静电产生与湿度的关系：静电的产生和湿度的高低有很大关系，湿度越低，静电产生量越大，静电在冬天比夏天产生得多。但是，湿度如果过高，则会影响电子元件的工作，可能导致电路板内部漏电等情况，工作环境舒适度也会降低，当相对湿度降低到 30% 或更低时，生产企业应核实静电放电控制是否可靠，并考虑保持足够的湿度以利于发挥助焊剂和焊膏的性能。从操作者的舒适度和保持可焊性角度考虑，工作环境的温度应保持在 18℃ ~ 30℃，相对湿度不应超过 70%。表 2-7 所示为静电与相对湿度的关系。

表2-7　静电与相对湿度的关系

带电物	相对电压/V	
	相对湿度（10%～20%）	相对湿度（65%～90%）
地毯上走动的人体	35000	1500
塑料地板上走动的人体	12000	250
显像管（显示器）操作者	6000	100
塑料包装材质	7000	600
作业袋上面的聚合塑料袋	20000	1200
安装了氨基甲酸酯靠垫的椅子	180000	1500

④ 静电的防护措施如下。

消除静电的方法有接地、使用静电消除器、降低摩擦速度、增加湿度、使用抗静电材质。

接地（见图2-5）：就是直接将静电通过一条导线泄放到大地。这是防静电措施中最直接、最有效的措施。

GB12158-90规定，总泄漏电阻阻值不应超过1MΩ

图2-5　接地

● 人体通过防静电手环/手腕带接地。
● 人体通过防静电鞋（或鞋带）和防静电地板接地。
● 工作台面接地。
● 测试仪器、工具夹、电烙铁接地。
● 防静电地板、地垫接地。
● 防静电转运车、箱、架尽可能接地。
● 防静电椅接地。

使用静电消除器：用离子风机产生正、负离子，可以中和静电源的静电。

静电屏蔽（见图2-6）：静电敏感元件在储存或运输过程中会暴露在有静电的区域中，用静电屏蔽的方法可削弱外界静电对电子元件的影响，最通常的方法是用静电屏蔽袋和防静电箱作为保护。另外，防静电工作服对人体具有一定的屏蔽作用。防静电的警示图标如图2-7所示。

⌂提示：

　　① 防静电腕带：广泛用于各种操作工位，防静电腕带种类有很多，建议一般采用配有1MΩ电阻的手腕带，线长应留有一定裕量。

　　② 防静电手环：需要其他防静电措施的补救（如增设离子风机，戴防静电脚带等）才能取得较好的防静电效果。建议不要大量采用佩戴防静电手环的方式。

③ 防静电脚带/防静电鞋：厂房使用防静电地板后，应使用防静电脚带或穿防静电鞋，建议车间以穿防静电鞋为主，可防止灰尘引入。操作人员再结合佩戴防静电腕带效果将会更佳。

④ 防静电台垫：用于各工作台表面的铺设，各台垫串联 1MΩ 电阻后与防静电地板可靠连接。

⑤ 防静电地板：防静电地板分为 PVC 地板、聚氨酯地板、活动地板。

⑥ 防静电蜡和防静电油漆：防静电蜡可用于各种地板表面增加防静电功能及使地板更加明亮干净；防静电油漆可用于各种地板表面，也可涂于各种货架、周转箱等容器上。

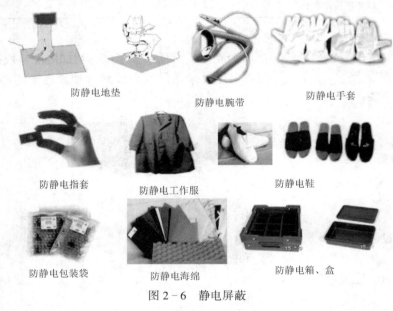

防静电地垫　　　　　防静电腕带　　　　　防静电手套

防静电指套　　　　防静电工作服　　　　防静电鞋

防静电包装袋　　　防静电海绵　　　　防静电箱、盒

图 2-6　静电屏蔽

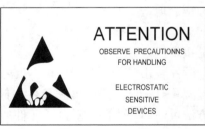

（a）ESD 敏感符号　　　　　（b）ESD 防护符号

图 2-7　防静电的警示图标

2.3.4 计划与决策

6~8 名学生组成一个学习小组，制订到学校电子装配实训室实地考察的行动计划，并交给老师检查审核。

2.3.5 任务实施

6~8 名学生组成一个学习小组，完成下面任务。

（1）到学校电子装配实训室实地调查，上网查阅资料，分析讨论，编制电子装配实训室静电防护操作规程。

（2）观看企业静电防护教学视频，学习静电防护基础知识。

（3）每个小组派出代表，以 PPT 形式演讲汇报编制的电子装配实训室静电防护操作规程。

2.3.6 检查与评估

老师对每个小组汇报演讲情况进行点评，并组织学生对每个小组汇报演讲情况进行评定（分 A、B、C 三个等级），计入学生的平时成绩。

2.4 任务 4 电子产品生产技术文件的识读与编制

技术文件可分为设计文件和工艺文件，电子产品生产技术文件是电子产品设计、试制、生产、维修和使用的依据，企业生产是按照工艺文件组织生产、建立生产秩序的。技术文件是提高产品质量、减少物质消耗、提高经济效益的技术保证。了解技术文件的组成、要求及特性，学会识读和编制技术文件，是对从事电子产品生产的技术人员的基本要求。

2.4.1 学习目标

能读懂设计文件，并能编制生产工艺文件。

2.4.2 任务描述与分析

任务 4 的内容是编制晶体管可调式直流稳压电源的工艺流程图装配工艺卡、工艺说明和仪器仪表明细表，在万能板上装配晶体管可调式直流稳压电源电路。装配要求如下：

通过本任务，了解技术文件的种类，能区分设计文件与工艺文件；了解设计文件的类型和作用，能读懂设计文件；了解工艺文件的类型、格式和编制原则；能识读设计文件编号和工艺文件代号；学会编制文字内容设计文件和常用生产工艺文件。

本任务的学习重点是掌握设计文件的阅读和工艺文件的编制方法；难点是编制装配工艺文件，分析并模仿教材中工艺文件编制案例格式，学会编制装配工艺文件。

本任务推荐采用翻转课堂教学形式，需要 2 学时。

2.4.3 资讯

1）SPOC 课堂教学视频

（1）手工焊接方法。

（2）电子产品生产技术文件。

2）相关知识

技术文件是基于产品研究、设计、试制与生产实践经验的积累而形成的一种技术资料，它主要包括设计文件、工艺文件两大类。

（1）技术文件的特点。

① 标准化：标准是一种以文件形式发布的统一协定，其中包含可以用来为某一范围内的活动及其结果制定规则、导则或特性定义的技术规范或者其他精确准则，其目的是确保材料、产品、过程和服务能够符合需要，它是衡量事物的准则。

标准化是在产品质量、品种规格、零部件通用等方面规定的统一技术标准，是电子产品技术文件的基本要求，电子产品技术文件要求全面、严格执行国家标准或企业标准。

标准化具有以下特点。

- 完整性：指成套性和签署完整性，即产品技术文件齐全且符合有关标准化规定，署名齐全。
- 正确性：指编制方法正确、符合有关标准；贯彻实施标准内容，贯彻实施相关标准。
- 一致性：指填写一致性、引证一致性、文物一致性。

② 管理严格：技术文件一旦通过审核签署，生产部门必须完全按相关的技术文件进行工作，操作者不能随便更改，技术文件的完备性、权威性和一致性得以体现。

⌂提示：

> - 作为生产企业的员工应妥当保管好电子产品的技术文件，不能丢失。
> - 要保持技术文件的清洁，不要在图纸上乱写乱画。
> - 对于企业的技术文件，未经允许不能对外交流，要注意做好文件保密工作。

（2）设计文件。

设计文件是用来记录产品生产所需的设计信息，组织和指导产品生产和使用的技术文件。设计文件是产品研究、设计、试制与生产实践经验积累所形成的技术资料，为组织生产和使用产品提供基本依据。

设计文件专业术语：

- 初始设计文件：未经审查的设计文件。
- 基准设计文件：经完整签署作为唯一凭证的设计文件。
- 工作设计文件：供生产、管理使用的基准设计文件的复制件/副本。
- 纸质设计文件：绘制、打印或复制在纸质媒体上的设计文件，如底图、蓝图等。
- 电子设计文件：存储在计算机可识别的非纸质媒体中的设计文件。
- 文字内容设计文件：以文字内容为主，用于说明产品技术要求、检验要求、使用维修方法、程序代码和设计说明等的设计文件。
- 图样：以投影关系为主绘制的图，用于说明产品加工和装配要求的设计文件。
- 简图：以图形符号为主绘制的图，用于说明产品电气装配连接、各种原理和其他示意性内容的设计文件。
- 系统：由成套设备、整机、软件等组成，能够完成特定任务的组合，如指挥控制系统、通信系统等。
- 成套设备：由若干整件相互连接而构成的能实现完整功能的整套产品。
- 整件：由材料、零件、部件等经装配连接所组成的，具有独立结构和一定功能的产品。有些整件称为整机，如发射机、电视接收机等；有些整件又称元器件，如电阻器、电容器等。整件也可包括其他的整件，如放大器、电压表等。具有一定通用性的部件也可以作为/转化为整件，如元器件组成的单元。

- 部件：由材料、零件等以可拆卸和不可拆卸连接所组成的产品。部件是装配较复杂的产品时必须组成的中间件。也可以包括其他的部件/整件，如装有表头、开关的面板，装有变压器的底板。
- 零件：不采用装配工具而制成的产品。
- 软件系统：由多个软件组成，能够完成特定任务的软件组合。
- 软件产品：交付给用户的（计算机）程序、规程和可能相关的文档和数据的完整集合。
- 产品的分级：产品及其组成部分按其结构特征及用途分成多个级别，级的名称及其相应代号如下。

硬件产品：零件7、8级；部件5、6级；整件2、3、4级；系统、成套设备1级。

软件产品：软件部件5级；软件配置项2级；软件系统1级。

① 设计文件的分类。设计文件按照表达方式可以分为文字内容设计文件、图样、简图、表格形式设计文件；按照设计阶段可分为初始设计文件、基准设计文件和工作设计文件；按照产品研制阶段可以分为试制设计文件（可包括初样设计文件、试样或正样设计文件）、设计定型设计文件、生产定型设计文件。

② 设计文件的组成。设计文件的组成指设计文件的总和。产品设计文件成套性指以产品为对象所编制的设计文件的总和。它是产品设计试制完成后应具备的设计文件。对软件产品而言涵盖从软件开发、测试、生产到维护的全过程。

系统/成套设备产品设计文件的成套性如表2-8所示。

表2-8 系统/成套设备产品设计文件的成套性

序号	文件名称	文件简号	产品		产品的组成部分		
			系统/成套设备	整机	整件	部件	零件
			1级	2、3、4级	2、3、4级	5、6级	7、8级
1	产品标准/产品规范	—	●	●	—	—	—
2	技术条件	JT	—	—	○	○	○
3	技术说明书	JS	○	○	○	○	—
4	使用说明书	SS	●	●	○	○	—
5	维修手册	WC	○	○	○	—	—
6	调试说明	TS	○	○	○	—	—
7	其他说明[a]	S	○	○	○	—	—
8	零件图[b]	—	—	—	—	—	●
9	装配图	—	—	●	●	●	—
10	媒体程序图[c]	—	—	—	□	□	—
11	外形图	WX	—	○	○	○	○
12	安装图	AZ	○	○	—	—	—

序号	文件名称	文件简号	产品		产品的组成部分		
			系统/成套设备	整机	整件	部件	零件
			1级	2、3、4级	2、3、4级	5、6级	7、8级
13	总布置图	BL	○	—	—	—	—
14	框图	FL	○	○	○	—	—
15	电路图	DL	○	○	○	—	—
16	逻辑图	LJ	○	○	○	—	—
17	连线图	JL	—	○	○	—	—
18	线缆连接图	LL	○	○	○	—	—
19	机械传动图	CL	○	○	○	—	—
20	其他图[a]	T	○	○	○	—	—
21	明细表	MX	●	●	●■	—	—
22	整件汇总表	ZH	●	●	—	—	—
23	外购件汇总表	WG	○	○	—	—	—
24	关键件重要件汇总表	GH	○	○	—	—	—
25	备附件及工具汇总表	BH	○	○	—	—	—
26	成套运用文件清单	YQ	○	○	—	—	—
27	其他表格[a]	B	○	○	○	○	—
28	其他文件[a]	W	○	○	○	○	—
29	软件设计文件	企业根据本单位生产技术管理需要及产品性质等具体情况选择表3中的软件设计文件					

表中"●""■"分别表示硬件、软件应编制的文件；"○""□"分别表示硬件、软件根据生产和使用的需要而编制的文件；"—"表示不需要编制的文件。

当硬件包含软件，软件为若干个完整独立功能的程序载入同一个媒体时，仅对该媒体编制媒体程序图和明细表（MX），可对每个完整独立功能的程序编制程序文件（CX）。当软件配置项为几个独立结构部件组成时仅对各部件编制媒体程序图。

当隶属于简图的表格数量较多时，可以单独编写，其文件简号允许在该简图文件简号后加 B。如 DLB、JLB 等。这些文件应填写在明细表的文件节中相应简图后面。

a 表中"其他图（T）""其他说明（S）""其他表格（B）"和"其他文件（W）"四个文件简号的右方，允许加数字作序号，并应从本身开始算起，例如：S、S1、S2 等。

b 表中当零件绘制外形图时，可不绘制零件图。

c 当整件为几个部件组成时仅对各部件编制媒体程序图。

③ 设计文件的编制。根据国家电子行业标准SJ/T207-2018，编写文字内容设计文件和表格形式设计文件的一般要求如下。

- 文字内容和表格形式的设计文件应力求准确、清楚、简明、通俗易懂和有逻辑性，避免产生不易理解的内容和歧义。
- 文字内容的设计文件按其内容可分成若干章、条进行叙述，编写格式及方法应符合SJ/T207.2的规定。

- 设计文件的字体应符合 GB/T14691 的规定。应采用经相关法定部门公布的简化汉字。不允许用繁体字和异体字。打印/印刷形成的设计文件应采用规范的汉字和字符。标点符号应符合 GB/T15834 的规定。
- 各种计量单位的名称和符号应符合 GB3100～GB3102 的规定。
- 同一产品设计文件中的术语、符号、代号要前后统一，与其他有关标准一致。同一术语应始终表达同一概念，同一概念始终采用同一术语。采用的术语尚无标准规定时，应给出定义或说明。
- 引用的标准和文件应是现行有效的。
- 根据需要，文字内容的设计文件可编制目次、附录和封面（或副封面）。当有简图手册时，其目次应按设计文件的编号的递增顺序排列或按简图页码排列。

文字内容设计文件主要包括技术条件、技术说明书、使用说明书、维修手册、调试说明等类型。

a. 技术条件（JT）。

技术条件是对产品组成部分的概述、要求、试验方法和检验规则等所做的技术规定，应满足产品标准的要求。

技术条件一般由概述、要求、测试方法、检验规则、标志、搬运方法、保管方法及其他内容构成。根据产品具体要求也可增减或合并某些内容。

技术条件的编制方法如下：

- 概述：叙述本技术条件的用途、适用范围、编写依据及共同使用的有关标准。
- 要求：说明产品组成部分规格、外形尺寸、安装尺寸、主要参数指标及功能、性能指标及其允许误差等质量要求。一般应包括：外观要求、在正常和恶劣环境条件下的电磁性能、机械性能、可靠性、安全性、寿命等方面的要求。
- 测试方法：规定对产品组成部分各项技术要求进行测试的方法。一般应包括：对测试条件的要求（包括允许误差）；对测试设备、仪器仪表、工具、材料的要求（包括精度或误差）；试验步骤等。
- 检验规则：生产和检验部门判定产品组成部分质量是否达到技术条件而共同遵守的准则，一般应包括：检验类别和条件；检验项目和顺序；抽样方案；不合格分类；复验规定；检验后产品的处理规定。
- 标志、搬运、保管：标志是指产品组成部分本身的标志或存放容器上的标志，其内容一般包括产品型号和名称等。搬运是指搬运方式及注意事项。保管是指产品对存放环境的要求。
- 其他：产品的组成部分如不编制单独的技术条件，可将技术要求在产品图样或简图中进行规定。对同类产品组成部分也可采用编制通用技术条件或参数表等简化方法。

b. 技术说明书（JS）。

技术说明书是对产品用途、性能、组成、工作原理、调整和使用维修方法等进行技术性说明的文件，供使用、维修本产品之用。

技术说明书一般由概述、技术参数、工作原理、结构特征、安装调整、使用操作、故障分析与排除、维修保养、产品的成套性等内容构成，根据产品具体要求也可增减或合并某些内容。

技术说明书的编制方法如下：

- 概述：说明产品的用途、性能、组成、原理等。
- 技术参数：应列出本产品所具有的主要性能和主要参数，以及有关的计算公式和特性曲线等。
- 工作原理：为便于正确使用本产品，用通俗易懂的文字和必要的简图说明产品的工作原理。
- 结构特征：用以说明在结构上的特点及组成，可用外形图、装配图和照片等表明其主要的结构情况。
- 安装调整：说明产品在使用地点进行安装和调整的方法及必须注意的事项。有关人身安全和设备安全方面的内容和要求应突出说明。
- 使用操作：应详细叙述正确使用产品的操作程序（也可用局部图样和简图加以说明）、使用安全注意事项、安全防护、安全标志、运行监测方式、运行记录、停机操作程序、方法和其他注意事项。
- 故障分析与排除：应指出可能出现的故障现象及其原因分析，排除故障的程序、方法和注意事项。
- 维修保养：应指出维修、保养的主要项目、条件、方法，以及维修、保养周期和程度。
- 产品的成套性：应列出直接组成产品的系统/成套设备、成套软件、整件和成套件及运用文件的名称和数量。

c. 使用说明书（SS）。

使用说明书是对产品用途、性能、工作原理、结构特征、安放安装、使用操作、维修保养等的说明，供使用本产品之用。对同类型产品，可按类编制使用说明书。

使用说明书一般由概述、技术参数、工作原理、结构特征、安放安装方法、使用操作方法、维修保养方法、故障排除方法及售后等内容构成。根据产品具体要求也可增减或合并某些内容。对产品出厂时的有关标识及其规定，参照 GB5296. 1 和 GB/T9969 标准。

使用说明书的编制方法如下：

- 概述：概括说明产品用途和使用要求。
- 技术参数：应列出本产品主要的技术数据。
- 工作原理：按使用本产品的要求，用通俗易懂的文字和必要的图样、简图扼要说明产品的工作原理。
- 结构特征：用以说明产品在结构上的特征（包括外形尺寸、安装尺寸等），可用外形图、图形符号等表明其主要的结构情况和功能原理。
- 安放安装方法：应说明安放安装的环境、位置及要求；安放安装的操作说明，对不适当操作的警告；操作的安全措施和保证消费者免遭可预见性危险（如触电、人身伤害）的提示性安全警告。
- 使用操作方法：应详细叙述产品的使用步骤的全过程，说明产品在使用过程中必须注意的事项和使用中出现异常情况时的紧急措施。
- 维修保养方法：应指出维修保养的主要项目、条件、方法及维修保养周期和程度。
- 故障排除方法及售后：应列出常见故障和处理方法、售后服务事项等。

d. 维修手册（WC）。

维修手册是对产品用途、性能、工作原理、维修方法和程序等的说明。供维修本产品之用。

维修手册一般由概述、技术参数、工作原理、维修资源、维修方法、注意事项等内容构成。根据产品具体要求也可增减或合并某些内容。

维修手册的编制方法如下：

- 概述：概括说明产品用途、性能、组成、使用场合、环境条件等。
- 技术参数：应列出本产品主要的技术数据。
- 工作原理：按维修本产品的要求，用详尽的文字和简图、图样说明产品的工作原理、工作过程。
- 维修资源：应说明产品的维修人员、维修设备（含仪器、仪表）、维修工具、维修备件和维修环境条件等。
- 维修方法：应详细叙述产品维修的全过程，故障的现象、故障诊断一般原则及判定方法；拆卸、安装有关故障件的顺序和方法；所用工具（含专用工具）的使用方法；各类故障件的分解、维修、更换方法；故障排除后的调试、校准方法。
- 注意事项：应详细叙述产品在维修过程中有可能涉及人身与产品自身安全的情况及出现异常情况时的应急操作程序与措施。

e. 调试说明（TS）。

调试说明是在产品及其组成部分生产过程中，为保证其质量达到产品标准或技术条件要求，用以进行调试的设计文件，供调试本产品之用。

调试说明一般由概述，调试环境，调试仪器设备，调试指标要求，调试程序、方法、要求，故障分析与排除，注意事项等内容构成。根据产品具体要求也可以增加或合并某些内容。

调试说明的编制方法如下：

- 概述：概要说明本调试说明适用的具体产品或组成部分的名称、工作原理及它们的基本设计文件编号。
- 调试环境：应具体说明调试场所的环境条件（如温度、湿度、有害气体等）和工作条件（如供电电源等）。
- 调试仪器设备：应规定调试时所用仪器设备的精度等级、型号、名称及数量。如有必要，可以规定制造厂家。
- 调试指标要求：应列出需要调试的技术性能和参数指标项目，这些项目应与产品标准或技术条件相对应，其中，参数指标应比其略高。
- 调试程序、方法、要求：说明调试的具体步骤、详细方法和要求，包括调试前的电路检查、产品或组成部分与仪器设备的连接方式，调试结果数据应与产品标准或技术条件中相应参数指标的有效位数一致等。电路检查是调试前的重要工作，主要检查各部分电路是否正常、导线有否接错或漏接等情况，电路检查的要求和结果均可填写在电路检查表上。
- 故障分析与排除：说明调试过程中可能发生的不正常现象、故障及其原因和排除方法。
- 注意事项：如果调试程序会影响调试结果，应明确说明。调试方法应具有可追溯性，必要时可规定调试的允许偏差、或规定标准样品的具体要求。

表格形式设计文件是是构成产品（或某部分）的所有零部件、元器件和材料的汇总表，又称明细表，主要包括整件明细表（MX）、系统/成套设备（或软件产品）明细表（MX）、成套件明细表（MX）、成套备件明细表（MX）、整件汇总表（ZH）、外购件汇总表、关键件重要件汇总表、备附件及工具汇总表（BH）、成套运用文件清单（YQ）等类型。

宽带信号发生器明细表示例如表2-9所示，设备成套运用文件清单示例如表2-10所示。

表2-9　宽带信号发生器明细表

序号	幅画	编号	名称	装入 编号	装入 数量	总数量	备注	更改
1								
2			文件					
3								
4								
5		Q/AB1-2015	产品标准					
6		AB2.766.000JS	技术说明书					
7		AB2.766.000S	调试说明					
8	1	AB2.766.000	装配图					
9	3	AB2.766.000FL	框图					
10	2	AB2.766.000L	电路图					
11		AB2.766.000ZH	整件汇总表					
12								
13								
14			整件					
15								
16		AB2.806.000MX	高频单元			1		
17		AB2.822.000MX	脉冲单元			1		
18		AB2.930.000MX	电源单元			1		
19								
20		AB1.100.000MX	机箱			1		
21								
22								
23			部件					
24								
25	3	AB6.644.005	线缆			1		
26								
27								
28			零件					
29								
30	4	AB8.381.000	拉簧			4		
31	4	AB8.807.000	名牌			1		

媒体编号（行30左侧）

旧底图总号								

		标记	数量	更改单号	签名	日期
底图总号	拟制			AB2.766.000MX		
	审核	××宽带信号发生器 明细表				
日期　签名		阶段标记	第1张	共2张		
	标准化					
	批准					

格式（5）　　　　　　　　　　　　　　　　　　　　　　幅面：A4

表 2-10　设备成套运用文件清单

序号	编号	名称	份数或册数	备注	更改
1					
2		总的文件			
3					
4	Q/AB1-2015	产品标准	1	第五册	
5	AB1.239.000JS	技术说明书	1	卷3	
6	AB1.239.000S	调整使用维护说明	1	卷3	
7	AB1.239.000AZ	安装图	1	第一册	
8	AB1.239.000BL	总布置图	1	卷夹2	
9	AB1.239.000FL	框图	1	第一册	
10	AB1.239.000LL	线缆连接图	1	卷夹2	
11	AB1.239.000T	图册	1	第四册	
12	AB1.239.000BH	备附件及工具汇总表	1	第一册	
13	AB1.239.000YQ	成套运用文件清单	1	第二册	
14					
15					
16		按整件的文件			
17					
18	AB2.024.002WX	接收机外形图	1	第四册	
19	AB2.024.002DL	接收机电路图	1	第三册	
20	AB2.024.002JL	接收机接线图	1	卷夹1	
21	AB2.024.002JT	接收机技术条件	1	第五册	
22	AB2.024.002JS	接收机技术说明书	1	第一册	
23					
24					
25	AB2.900.000DL	控制机械电路图	1	第三册	
26					
27	AB2.904.000DL	储能管对消器电路图	1	第三册	
28					
29					
30					
31					
32					
33					
媒体编号　35					

旧底图总号							标记	数量	更改单号	签名	日期
底图总号	拟制										
	审核			××设备			AB1.230.001YQ				
日期　签名				成套运用文件清单							
	标准化						阶段标记	第1张	共2张		
	批准										

格式（8）　　　　　　　　　　　　　　　　幅面：A4

电子工程图的种类如下。

- 电路图。电路图也叫原理图、电路原理图，它用电气制图的图形符号表示产品的元器件，并画出各元器件之间、各部分之间的连接关系，用以说明产品的工作原理。它是电子产品设计文件中最基本的图纸。
- 方框图。方框图用若干方框表示电子产品的各个功能部分，用连线表示其连接，进而说明其组成结构和工作原理，是原理图的简化示意图。
- 装配图。装配图是用机械制图的方法画出的表示产品结构和装配关系的图，从装配图可以看出产品的实际构造和外观。
- 零件图。一般用零件图表示电子产品某一个需要加工的零件的外形和结构，在电子产品中最常见也是必须要画的零件图是印制电路板图。
- 逻辑图。逻辑图是用电气制图的逻辑符号表示电路工作原理的一种工程图。
- 流程图。用流程图的专用符号可画出软件的工作程序。

电子产品设计文件通常由产品开发设计部门编制和绘制，经工艺部门和其他有关部门会签，开发部门技术负责人审核批准后生效。

④ 设计文件编号。

为了便于开展产品标准化工作，对设计文件必须进行分类编号。目前电子产品设计文件编号常采用的是十进制分类编号，该类编号由企业区分代号、分类特征标记、登记顺序号和设计文件简号四部分组成。为使编号便于读认，应以脚点分别将分类标记的第一位数字（级）、分类标记的后三位数字（类、型、种）和序号隔开。下面是电视接收机的设计文件编号。

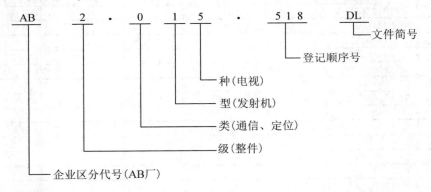

图样、简图和表格形式设计文件简号的含义如表2-11所示，文字内容设计文件简号的含义如表2-12所示。

表2-11 图样、简图和表格形式设计文件简号的含义

序号	文件名称	文件简号	序号	文件名称	文件简号
1	零件图	—	14	整件明细表	MX
2	装配图	—	15	整件汇总表	ZH
3	媒体程序图	—	16	外构件汇总表	WG
4	外形图	WX	17	关键重要件汇总表	GH
5	安装图	AZ	18	备附件及工具汇总表	BH
6	总布置图	BL	19	成套运用文件清单	YQ

续表

序号	文件名称	文件简号	序号	文件名称	文件简号
7	框图	FL	20	明细表	MX
8	电路图	DL	21	系统/成套设备明细表	MX
9	逻辑图	LJ	22	系统/成套软件明细表	MX
10	接线图	JL	23	元件表	DL
11	线缆连接图	LL	24	接线表	JL
12	机械传动图	CL	25	信息处理流程图	XL
13	其他图	T	26	其他表格	B

表 2-12　文字内容设计文件简号的含义

序号	文件名称	文件简号	序号	文件名称	文件简号
1	产品标准、产品规范	—	12	软件需求规格说明	SRS
2	技术条件	JT	13	系统、子系统（结构设计）设计说明	SSDD
3	技术说明书	JS	14	接口设计说明	IDD
4	使用说明书	SS	15	软件（结构）设计说明	SDD
5	维修手册	WC	16	数据库设计说明	DBDD
6	调试说明	TS	17	软件测试说明	STD
7	其他说明	S	18	软件版本说明	SVD
8	程序	CX	19	软件用户手册	SUM
9	软件产品规格说明	SPS	20	计算机操作手册	COM
10	系统/子系统规格说明	SSS	21	固件保障手册	FSM
11	接口需要规格说明	IRS	22	其他文件	W

（3）工艺文件。

工艺文件是指导工人操作和用于生产、管理等的各种技术文件的统称。凡是工艺部门编制的工艺计划、工艺标准、工艺方案、质量控制规程都属于工艺文件的范畴。在企业生产一线，工艺文件是指导规范生产、提高生产效率、建立科学管理、保障产品质量的依据。

工艺文件是带强制性的纪律性文件，不允许用口头的形式来表达，必须采用规范的书面形式，而且任何人不得随意修改，违反工艺文件中的规定属于违纪行为。

工艺文件专业术语：

- 工艺文件成套性：为组织生产、指导生产、进行工艺管理、经济核算和保证产品质量的需要，以产品为单位所应编制的工艺文件的总和。
- 工艺规程：规定产品或零件、部件、整件制造工艺过程和操作方法等的工艺文件。
- 工艺规范：对工艺过程中工艺参数、工艺手段、工艺方法等有关技术要求所做的一系列统一规定。
- 操作规范：根据生产的条件和性质、产品的质量特性和技术要求而制定的操作时必须遵守的规定。
- 工艺设备：简称设置或工装，即完成工艺过程的主要生产设备，如各种机床、加热炉、电镀槽、装联设备等；或产品制造过程中所用的各种工具的总称，包括刀具、夹具、模具、量具、检具、钳工工具和工位器具等。

- 主要材料：构成产品实体的材料。
- 辅助材料：在生产中起辅助作用而不构成产品实体的材料。
- 工位：为了完成一定的工序部分，一次安装工件后，工件（或装配单元）与夹具或设备的可动部分一起相对刀具或设备的固定部分所占据的每一个位置。
- 绕接：手动或用电动工具在一定张力下把裸线围绕在矩形或方形截面的接线端子上，形成若干匝的无焊连接。
- 剥线：从导线或电缆上去掉绝缘层的操作。
- 接线：两个或多个导体在电气上可靠地连接或在机械上坚固地连接。
- 扎线：用线把明导线捆在绝缘子上或扎成线束。
- 装配：按规定的技术要求，将零件或部件进行配合和连接，使之成为半成品或成品的工艺过程。
- 调试：在生产、安装和使用过程中，对设备、仪器所做的调整试验工作和使用仪器、工具等对产品所做的调整试验工作。
- 工序：一个或一组工人在一个工作地对同一个或同时对几个制件所连续完成的一部分工艺过程。
- 工步：在加工表面（或装配时的连接表面）和加工（装配）工具不变的情况下，所连续完成的一部分工序。
- 工位：为了完成一定的工序部分，一次安装工件后，工件（或装配单元）与夹具或设备的可动部分一起相对刀具或设备的固定部分所占据的每一个位置。
- 工作地：工人运用劳动工具，对劳动对象进行制作的场所。
- 工时：表示劳动时间的计量单位。一个劳动者工作一小时为一个工时。
- 定额：在一定的生产技术条件下，一定的时间内，生产经营活动中，有关人力、物力、财力利用及消耗所应遵守或达到的数量和质量标准。
- 工时定额：以工时为计量单位的时间定额。
- 材料消耗工艺定额：在一定生产条件下，生产单位产品或零件所消耗的材料总重量。

① 工艺文件的作用。

a. 工艺文件为生产准备提供必要的资料。

b. 工艺文件为生产部门提供工艺方法和流程，便于其有序地组织产品生产。

c. 工艺文件提出各工序和岗位的技术要求与操作方法。

d. 工艺文件便于生产部门的工艺纪律管理和员工的管理。

e. 工艺文件是建立和调整生产环境，保证安全生产的指导文件。

f. 工艺文件可以控制产品的制造成本和生产效率。

g. 工艺文件为企业操作人员的培训提供依据，以满足生产的需要。

② 工艺文件的分类。

工艺文件按内容分类，通常分为工艺管理文件和工艺规程文件。

工艺管理文件指企业科学地组织生产和控制工艺工作的技术文件。它规定了产品的生产条件、工艺路线、工艺流程、工具设备、调试及检验仪器、工艺装置、材料消耗定额和工时消耗定额。常用的工艺管理文件有工艺文件封面、工艺文件目录、工艺路线表、配套明细表、材料消耗定额表、工艺文件更改通知单等。

工艺规程文件指在企业生产中，规定产品或零件、部件、整件制造工艺过程和操作方法等的工艺文件。它主要包括零件加工工艺、元件装配工艺、导线加工工艺、调试及检验工艺和各工艺的工时定额。

③ 工艺文件的格式及其代号。工艺文件格式是依照工艺技术和管理要求规定的工艺文件栏目的编排形式，分竖式（GS1-GS32）和横式（GH1-GH32）两种模式，分别表示为 GS 和 GH，如图 2-8 所示。格式名称代号如表 2-13 所示。对于一个企业，只允许采用一种模式的工艺文件格式。

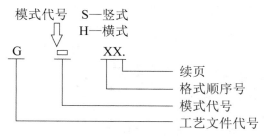

图 2-8　工艺文件格式

表 2-13　工艺文件格式名称代号

序号	文件格式名称	竖式格式		横式格式	
		代号	幅面	代号	幅面
1	工艺文件（封面）	GS1	A4	GH1	A4
2	工艺文件明细表	GS2	A4	GH2	A4
3	工艺流程图（1）	GS3	A4	GH3	A4
4	工艺流程图（1）	GS4	A4	GH4	A4
5	加工工艺过程卡片	GS5	A4	GH5	A4
6	加工工艺过程卡片（续）	GS5a	A4	GH5a	A4
7	塑料工艺过程卡片	GS6	A4	GH6	A4
8	陶瓷 金属压铸　工艺过程卡片 硬模铸造	GS7	A4	GH7	A4
9	热处理工艺卡片	GS8	A4	GH8	A4
10	电铸及化学涂覆工艺卡片	GS9	A4	GH9	A4
11	涂料涂覆工艺卡片	GS10	A4	GH10	A4
12	工艺卡片	GS11	A4	GH11	A4
13	元器件引出端成形工艺表	GS12	A4	GH12	A4
14	绕线工艺卡片	GS13	A4	GH13	A4
15	导线及线扎加工卡片	GS14	A4	GH14	A4
16	贴插编带程序表	GS15	A4	GH15	A4
17	装配工艺过程卡片	GS16	A4	GH16	A4

续表

序号	文件格式名称	竖式格式		横式格式	
		代号	幅面	代号	幅面
18	装配工艺过程卡片（续）	GS16a	A4	GH16a	A4
19	工艺说明	GS17	A4	GH17	A4
20	检验卡片	GS18	A4	GH18	A4
21	外协件明细表	GS19	A4	GH19	A4
22	配套明细表	GS20	A4	GH20	A4
23	自制工艺装备明细表	GS21	A4	GH21	A4
24	外购工艺装备汇总表	GS22	A4	GH22	A4
25	材料消耗工艺定额明细表	GS23	A4	GH23	A4
26	材料消耗工艺定额汇总表	GS24	A4	GH24	A4
27	能源消耗工艺定额明细表	GS25	A4	GH25	A4
28	工时、设备台时工艺定额明细表	GS26	A4	GH26	A4
29	工时、设备台时工艺定额汇总表	GS27	A4	GH27	A4
30	明细表	GS28	A4	GH28	A4
31	工序控制点明细表	GS29	A3	GH29	A4
32	工序质量分析表	GS30	A3	GH30	A4
33	工序控制点操作指导卡片	GS31	A3	GH31	A4
34	工序控制点检验指导卡片	GS32	A3	GH32	A4
35		GS5	A4	GH5	A4

注：企业根据需要可以采用其他幅面格式，但必须符合国标《机械制图图纸幅面及格式》的有关规定。

🔔**提示：**

使用工艺文件时的注意事项

① 操作人员必须认真阅读工艺文件，在熟悉操作要点和要求后才能进行操作，要遵守工艺纪律，确保技术文件的正确实施。

② 在电子产品的加工过程中，若发现工艺文件存在问题，操作者则应及时向生产线上的技术人员反映，但无权自主改动。变更生产工艺时必须依据技术部门的更改通知单进行。

③ 凡属操作工人应知应会的基本工艺规程内容，可不再编入工艺文件。

④ 常用工艺文件的格式及其填写。

根据电子行业标准《工艺文件的成套性》《工艺文件的成套性工艺文件格式》，常用工艺文件格式如下。

a. 工艺文件封面。工艺文件封面是工艺文件装订成册的封面，其格式如图 2-9 所示。

● 工艺文件封面的填写方法："共××册"中填写全套工艺文件的册数；"第××册"中填写本册在全套工艺文件中的序号；"共××页"中填写本册的页数；产品型号、产品名称、产品图号均正确填写产品的型号、名称、图号即可；"本册内容"填写本册的主要工艺内容的名称；最后执行批准手续，并填写批准日期。

图 2 - 9 工艺文件封面

b. 工艺文件目录。工艺文件目录是按页次编制的产品工艺文件的清单，用于将工艺文件装订成册。工艺文件目录与工艺文件明细表相似，其填写可以参照工艺文件明细表的填写方法。工艺文件明细表是产品工艺文件汇总的清单，它反映产品工艺文件的成套性。工艺文件名细表的格式如表 2 - 14 所示。

表 2 - 14 工艺文件明细表

GS2

文件明细表			产品名称					
			产品图号					
序号	零部整件图号	零部整件名称	文件代号		文件名称		页数	备注
旧底图总号								
底图总号			拟制					
			审核					
签名	日期							
			标准化				第 页
	更改标记	数量	更改单号	签名	日期	批准		共 页

描图： 描校：

工艺文件明细表的填写方法：填写的"产品名称或型号""产品图号"应与封面的内容保持一致；"文件代号"栏填写文件格式的代号，"更改标记"栏填写更改事项；"拟制""审核"栏由有关人员签署；"页数"栏用于编写装订成册的工艺文件时，填写该册文件的页数，用于编写工艺文件总目录时，此栏不填；"备注"栏填写补充说明事项；其余栏按有关标题填写。

工艺规程是规定产品或零件、部件、整件制造工艺过程和操作方法等的工艺文件。工艺规程目录是用来填写各工序路线的表格，供生产、计划、调度使用。

工艺规程目录如表2-15所示。

表2-15 工艺规程目录

栏 号	填 写 内 容
材料	按设计图样填写材料名称、牌号、规格（含标准号），牌号、规格中分线写为斜线
工序	填写工序顺序号及工序名称
制造单位	填写此工序所经过车间代号
设备	填写此工序所用设备名称及型号
工装	填写此工序所需工艺装备名称及编号
工具	填写工具及量具型号规格
工时	填写工时定额
页数	填写此工序所编工序卡的页数
备注	填写有关事项，此栏可以不填

c. 工艺流程图。工艺流程图用规定的符号和图形表示生产对象由投入到产出，按一定顺序排列的加工、搬运、检验、停放、储存等生产过程。工艺流程图的格式如表2-16所示。

表2-16 工艺流程图

GS3

工艺流程图		产品名称		名称	
		产品图号		图号	
旧底图总号					
底图总号				设计	
				审核	
日期	签名				
				标准化	
				批准	第 页 共 页
更改标记	数量	更改单号	签名	日期	

描图： 描校：

d. 工艺过程卡。工艺过程卡片是以工序为单位简要说明产品或零件、部件的加工（或装配）过程的一种工艺文件。加工工艺过程卡的格式如表 2 – 17 所示。

表 2 – 17 加工工艺过程卡

GS5a

加工工艺过程卡片				产品名称		名称	
				产品图号		图号	
工作地	工序号	工种	工序（步）内容及要求	工装	设备	工时定额	备注
旧底图总号							
底图总号				拟制			
				审核			
						第 页 共 页	
日期	签名						
				标准化			
更改标记	数量	更改单号	签名	日期	批准		

描图： 描校：

e. 装配工艺过程卡。装配工艺过程卡又称工艺作业指导卡，用于编制产品的部件、组（整）件装配工艺，简要说明产品、零部件的加工或装配过程。它反映了电子整机装配过程中，装配准备、装联、调试、检验、包装入库等各道工序的工艺流程，是完成产品的部件、整件的机械装配和电气装配的指导性工艺文件。装配工艺过程卡如表 2 – 18 所示。

表 2－18　装配工艺过程卡

装配工艺过程卡片				产品名称			
				产品型号			
装入件及辅助材料			工作地	工序号	工种	工序（步）内容及要求	设备及工装	工时定额

序号	代号、名称、规格	数量	工作地	工序号	工种	工序（步）内容及要求	设备及工装	工时定额

旧底图总号								

底图总号					设计			
					审核			
日期	签名							
					标准化		第　页，共　页	
更改标记	数量	更改单号		日期	批准			

　　装配工艺过程卡的填写方法："装入件及辅助材料"中的"代号、名称、规格""数量"栏应按工序填写相应设计文件的内容，辅助材料填在各道工序之后；"工序（步）内容及要求"栏填写装配工艺加工的内容和要求；空白栏处供画加工装配工序图用。

　　④ 工艺卡。工艺卡是按产品或零件、部件的某一工艺阶段编制的一种工艺文件。它以工序为单元，详细说明产品（或零件、部件）在某一工艺阶段中的工序号、工序名称、工序内容、工序参数、操作要求及采用的设备和工艺装备等。

　　a. 元器件引出端成形工艺表。元器件引出端成形工艺表格式如表 2－19 所示。

表 2－19　元器件引出端成形工艺表

GS12

元器件引出端 成形工艺表			产品名称		名称	
			产品图号		图号	
序号	项目代号	名称、型号及规格	成形标记代号	长度/mm	数量	设备及工装	工时定额	备注

序号	项目代号	名称、型号及规格	成形标记代号	长度/mm	数量	设备及工装	工时定额	备注

旧底图总号								

续表

底图总号					拟制		
					审核		
							第 页
日期	签名						共 页
					标准化		
更改标记	数量	更改单号	签名	日期	批准		

描图： 描校：

b. 绕线工艺卡。绕线工艺卡格式如表 2 - 20 所示。

表 2 - 20 绕线工艺卡

GS13

绕线工艺卡片					产品名称			名称	
					产品图号			图号	
主要及辅助材料					包含的零（部）件				
名称	牌号	标准号	规格	工艺定额	名称		图号	数量	来自何处
工作地	工序号	工序内容及要求			工艺说明编号	设备及工装	工种	同时加工件数	转/分	匝数	工时定额

工作地	工序号	工序内容及要求	工艺说明编号	设备及工装	工种	同时加工件数	转/分	匝数	工时定额

旧底图总号

底图总号					拟制		
					审核		
							第 页
日期	签名						共 页
					标准化		
更改标记	数量	更改单号	签名	日期	批准		

描图： 描校：

c. 导线及线扎加工卡。导线及线扎加工卡用于导线和线扎的加工准备及排线等。导线及线扎加工卡的格式如表 2 - 21 所示。

表 2 - 21　导线及线扎加工卡

GS14

导线及线扎加工卡片					产品名称				名称			
					产品图号				图号			
序号	线号	名称/牌号/规格	颜色	数量	导线长度/mm			连接点Ⅰ	连接点Ⅱ	设备及工装	工时定额	备注
					L 全长	A 剥头	B 剥头					
旧底图总号												

底图总号						拟制				
						审核				第　页
日期	签名									共　页
						标准化				
更改标记	数量	更改单号	签名	日期		批准				

描图：　　　　　描校：

导线及线扎加工卡的填写方法："线号"栏填写导线、线缆的编号或线扎图中导线的编号；"名称牌号规格""颜色""数量"栏填写导线或线缆的名称及规格、颜色、数量；"导线长度"栏中的"L 全长""A 剥头""B 剥头"，分别填写导线的开线尺寸、导线 A 和 B 端头的剥头长度、扎线 A 和 B 端的甩端长度及剥头长度；"连接点"栏填写该导线 A 端从何处来，B 端到哪里去；"工时定额"栏填写工时定额；"设备及工装"栏填写导线及线扎加工所采用的设备。

d. 贴插编带程序表。贴插编带程序表格式如表 2 - 22 所示。

表 2 - 22　贴插编带程序表

GS15

贴插编带程序表			产品名称		名称	
			产品图号		图号	
序号	项目代号	名称、型号及规格	极性标记	外形尺寸 D	引线尺寸 d	深度	备注

续表

底图总号				拟制			第 页 共 页
				审核			
日期	签名						
				标准化			
更改标记	数量	更改单号	签名	日期	批准		

描图：　　　　　　描校：

④ 工艺说明。工艺说明是用文字或图表等形式对所采用的工艺作的说明。工艺说明格式如表 2 – 23 所示。

表 2 – 23　工艺说明

GS17

		工艺说明	名称		编号	
			图号			
旧底图总号						
底图总号				拟制		第 页 共 页
				审核		
日期	签名					
				标准化		
更改标记	数量	更改单号	签名	日期	批准	

描图：　　　　　　描校：

工艺说明的填写方法：工艺说明的主要填写内容有目的和用途，使用材料及配方，设备、仪器和工具，工艺过程内容和要求，检验及其他。

⑤ 检验工艺卡。检验工艺卡格式如表 2 – 24 所示。

表 2 – 24　检验工艺卡

GS18

	检验卡片		产品名称		名称		
			产品图号		图号		
工作地		工序号		来自何处		交往何处	
序号	检测内容及技术要求	检测方法	检验器具		全检	抽验	备注
			名称	规格及精度			
旧底图总号							

续表

底图总号				拟制		第 页 共 页
				审核		
日期	签名					
				标准化		
更改标记	数量	更改单号	签名	日期	批准	

描图：　　　　　描校：

⑥ 配套明细表。配套明细表是编制装配需要的零件、部件、整件及材料与辅助材料的清单，供各有关部门在配套及领料、发料时使用，也可作为装配工艺过程卡的附页。配套明细表的格式如表2-25所示。

表 2-25　配套明细表

GS20

配套明细表				产品名称		
				产品图号		
序号	代号	名称	数量	来自何处	交往何处	备注
旧底图总号						

底图总号				拟制		第 页 共 页
				审核		
日期	签名					
				标准化		
更改标记	数量	更改单号	签名	日期	批准	

描图：　　　　　描校：

· 118 ·

配套明细表的填写方法："图号""名称""数量"栏填写相应的整件设计文件明细表的内容；"来自何处"栏填写材料来源处；辅助材料填写在顺序的末尾。

工艺文件更改通知单（见表 2 - 26）。工艺文件更改通知单供工艺文件内容的永久性修改时使用。

工艺文件更改通知单的填写如表 2 - 27 所示。工艺规程更改通知单的填写如表 2 - 28 所示。

表 2 - 26　工艺文件更改通知单

更改单号	工艺文件更改通知单		产品名称或型号		零部件名称		图号		第　页
									共　页
生效日期	更改原因	通知单的分发				处理意见			
更改标记		更改值		更改标记			更改值		
拟制		日期		审核		日期		标准化	日期

表 2 - 27　工艺文件更改通知单的填写

栏　目	填 写 方 法
页次	被更改文件的页次
序号	顺序号
代号、名称	被更改文件的代号、名称
更改前、后	填写更改前、后的内容
备注	填写需要说明的事项
发往单位	与工艺文件的发往单位相同

表 2 - 28　工艺规程更改通知单的填写

栏　目	填 写 方 法
序号	顺序号
代号	零件、部件、组（整）件代号
工序号	工序号
页次	被更改工艺规程的页次
更改前、后	填写更改前、后的内容
备注	填写需要说明的事项
发往单位	与工艺规程的发往单位相同

填写工艺文件更改通知单时，应填写更改原因、生效日期及处理意见；"更改标记"栏应按图样管理制度中规定的字母填写。

i. 检验工艺卡。检验工艺卡的填写如表2-29所示。

⑤ 编制工艺文件。

a. 工艺文件的编制原则。

● 要根据产品批量的大小、技术指标的高低和负载程度区别对待。对于一次性生产的产品，可根据具体情况编写临时工艺文件或参照借用同类产品的工艺文件。

● 要考虑生产的组织形式、工艺装配及工人的技术水平等情况，必须保证编制的工艺文件切实可行。

● 工艺文件应以图为主，力求做到容易认读、便于操作，必要时加注做简要说明。

● 凡是属于装调工应知应会的基本工艺规程内容，可不再编入工艺文件。

表 2-29　检验工艺卡的填写

栏　目	填写方法
序号	检验序号
内容	检验内容
方法	检验方法
装备	工装名称
附图	工序简图

b. 工艺文件编制要求。

● 工艺文件要有统一的格式、幅面，其大小应符合有关规定，并装订成册、装配齐全。

● 工艺文件的填写内容要简要明确、通俗易懂、字迹清楚、幅面整洁，有条件的应优先采用计算机编制。

● 工艺文件所用的名称、编号、图号、符号和元器件代号等，应与设计文件一致。

● 工序安装图可不完全按照实样绘制，但基本轮廓应相似，安装层次应表示清楚。

● 装配接线图中的接线部位要清楚，连接线的接点要明确。内部接线可采用假想移出展开的方法。

● 编写工艺文件要执行审核、会签、批准手续。

c. 工艺文件的编制方法。

● 准备工序工艺文件的编制内容：元器件的筛选、元器件引脚的成形搪锡、线圈和变压器的绕制、导线的加工、线把的捆扎、地线成形、电缆制作、剪切套管、打印标记等。应按工序分别编制相应的工艺文件。

● 流水线工艺文件的编制：确定流水线上需要的工序数目；确定每个工序的工时，工序应合理、省时、省力、方便；安装与焊接应分开。

● 调试检验工序工艺文件的编制：标明测试仪器、仪表的种类、等级标准及连接方法；标明各项技术指标的规定值及其测试条件和方法，明确规定该工序的检验项目和检验方法。

● 插件生产线工艺文件的编制：在安排各岗位插装元器件时，主要应遵守下列原则。

安排插装的顺序时，先安排体积较小的跳线、电阻、瓷片电容等，后安排体积较大的继电器、大的电解电容、安规电容、电感线圈等。

印制电路板上的位置应先安排插装离人体较远的，后安排插装离人体较近的，以免妨碍较远一方插装。

带极性的元器件，如二极管、三极管、集成电路、电解电容等，要特别注意标志出方向，以免装错。插装好的印制电路板是要用波峰机或浸焊炉焊接的，焊接时要浸助焊剂，焊接温度达240℃以上，因此，印制电路板上如果有怕高温、助焊剂容易浸入的元器件，则要格外小心，或者安排手工补焊。

有容易被静电击穿的集成电路时，要采取相应防静电措施防止元器件损坏。

● 插件生产线工艺文件的编制方法。

在安排插接线插件装配时，先要熟悉产品（需要生产的印制电路板），了解产品的构成、复杂程度、印制电路板的尺寸形状、用了哪些元器件等；然后根据插件生产线人数的多少、员工操作技能的熟练程度和生产量的多少确定每个员工的插装数量，一般情况下，每个岗位插装元器件的数量以4~7个为宜，因为太多容易出现错误。

插接线的生产工艺是比较简单的。首先根据产量要求和设备状况确定生产线的人员数量；其次确定每个岗位的工作内容，编制出生产线的工艺流程；再次编制每个岗位的作业指导书和技术要求；最后计算出生产节拍、产量和工时定额。

生产线的人数、工序排列顺序、生产节拍和工作内容确定以后，就可以编制每个岗位的操作作业指导书了。

● 岗位操作作业指导书的编制：岗位操作作业指导书是指导生产员工进行生产的工艺文件，编制岗位操作作业指导书要注意以下几个方面。

岗位操作作业指导书必须写明产品名称、规格、型号，该岗位的工序号及文件编号，以便查阅。

必须说明该岗位的工作内容，是插件、检验还是补焊。

写明本岗位工作所需要的原材料、元器件和设备工具的规格型号及数量，并且说明装配在什么位置。

用图纸或实物样品加以指导，插件岗位可以画出印制电路板实物丝印图供本岗位员工对照阅读，装配岗位可以配置照片或画出接线图、装配图供本岗位员工对照示范。

写明技术要求及注意事项，告诉员工具体怎样操作。

工艺文件必须有编制人、审核人和批准人签字。

装配岗位、检验岗位、调试岗位的作业指导书都是按以上方法进行编制的。一般来讲，一件产品的作业指导书不止一份，有多少工序就有多少份作业指导书，因此，每一件产品的作业指导书都会被编号、审核、批准和汇总，并装订成册统一保管，以便生产时重复使用。

编制工艺文件案例

案例1：编制工厂生产1000台S753小型台式收音机的插件工艺文件。

解：插件生产线工艺文件编制格式如下。

● 装配工艺卡片：填写插入元器件的名称、型号及规格。

● 工艺说明：用来详细叙述插件操作的工艺要求。

● 工艺简图：表达元器件所插入的区域及位置。

编制步骤及方法如下。

① 计算生产节拍时间：工人每天工作时间为 8 小时；上班准备时间为 15 分钟；上、下午休息时间各为 15 分钟。

$$每天实际作业时间 = 每天工作时间 - (准备时间 + 休息时间)$$
$$= 8 \times 60 - (15 + 15 + 15) = 435(min)$$

$$节拍时间 = \frac{实际作业时间}{计划日产量} = \frac{435 \times 60}{1000} = 26.1(s)$$

② 计算印制电路板插件总工时：将元器件分类列在表 2-30 内，按标准工时定额查出单件的定额时间，最后累计出印制电路板插件所需要的总工时为 173.5s。

表 2-30 插件工时统计表

序号	元器件名称	数量/只	定额时间/s	累计时间/s
1	小功率碳膜电阻	13	3	39
2	跨接线	4	3	12
3	中周（五脚）	3	4	12
4	小功率晶体管（需要整型）	5	5.5	27.5
5	小功率晶体管	2	4.5	9
6	电容（无极性）	12	3	36
7	电解电容（有极性）	7	3.5	24.5
8	音频变压器（五脚）	2	5	10
9	二极管	1	3.5	3.5
合计总工时/s				173.5

③ 计算插件工位数：插件工位的工作量安排一般应考虑适当的裕量，当计算值出现小数时一般总是采取进位的方式，所以根据下式得出，日产 1000 台收音机的插件工位人数应确定为 7 人。

$$插件工位数 = \frac{插件总工时}{节拍时间} = \frac{173.5}{26.1} \approx 6.65$$

④ 确定工位工作量时间：

$$工位工作量时间 = \frac{插件总工时}{人数} = \frac{173.5}{7} \approx 24.79(s)$$

$$工作量允许误差 = 节拍时间 \times 10\% = 26.1 \times 10\% \approx 2.6(s)$$

⑤ 划分插件区域：按编制要领将元器件分配到各工位。

⑥ 对工作量进行统计分析。

⑦ 对每个工位的工作量进行统计分析。

⑧ 编写装配工艺卡片（见表 2-31）。

表 2 – 31　装配工艺卡片

装配工艺卡片		产品名称	小型台式收音机	工序名称	
		产品型号	S753	插件	
序号	装入件及辅助材料代号、名称、规格	数量	工艺要求	工装名称	
1	R5、电阻器、RT14-0.25W-470	1		镊子	
2	R8、电阻器、RT14-0.25W-470	1		剪刀	
3	C2、电容器、CC1-63V-0.22μF	1	（1）插入位置见"插件工艺简图"。（2）插入工艺要求见表 2 – 32		
4	C9、电容器、CC1-63V-0.22μF	1			
5	C11、电容器、CD11-16V-4.7μF	1			
6	C12、电容器、CD11-16V-4.7μF	1			
7	Q4、三极管、3DG201（S11）	1			

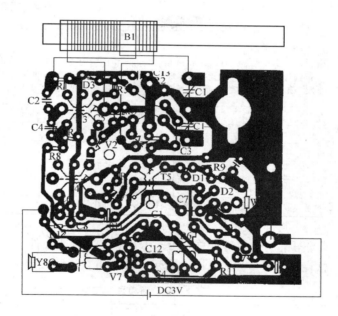

旧底图总号								
底图总号						拟制		
						审核		第 页 共 页
日期	签名							
						标准化		
	更改标记	数量	更改单号	签名	日期	批准		

描图：　　　　　　描校：

⑨ 编写插件工艺说明如表 2 – 32 所示。

表 2 – 32　插件工艺说明

插件工艺说明	产品名称	小型台式收音机
	产品型号	S753

旧底图总号	一、工具 锯子1把 钢皮尺1把 二、插件前准备 　核对元器件的型号、规格、标称值是否与配套明细表中规定相符，并将元器件按插件的顺序放好，要求每天上、下午插件前各核对一次。 　核对元器件的形状及引出脚的长度是否符合要求。 三、插装要求 1. 卧式安装的元器件 　对于一般电阻器、二极管，其跨接线要求自然平贴于 PCB 上（如下图左所示）、注意用力均匀，以免人为造成电阻器、二极管折断。 　对于有散热要求的二极管、大功率电阻，其引出脚应进行单号的整形、插入 PCB 后弯曲处底部应紧贴板面（如下图右所示）。 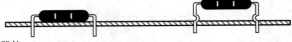 2. 立式安装的元器件 （1）小、中功率晶体管插入 PCB 后、管底与板面的距离为 5~7mm，要求插正，不允许明显歪斜。 （2）圆片瓷介电容（包括类似形状的电容）的预成形有单弯曲及双弯曲整形两种，凡属单弯曲整形的，插入 PCB 后弯曲处底部应紧贴板面；凡属双弯曲整形的，应将小弯曲插入 PCB。

底图总号				拟制			
				审核			第　页
日期	签名						共　页
		更改标记	数量	更改单号	签名	日期	标准化

描图：　　　　　描校：

案例2：试编写案例1的整机总装工艺卡片和工艺说明文件。

解：整机总装工艺卡片如表 2 – 33 所示，螺装工艺说明如表 2 – 34 所示。

表 2 – 33　整机总装工艺卡片

整机总装工艺卡片	产品名称	小型台式收音机	工序名称
	产品型号	S753	总装

序号	装入件及辅助材料代号、名称、规格	数量	工艺要求	工装名称
1	刻度板 HD8.667.033	1	刻度板按图示位置紧固在支架上。 　紧固见"通用工艺螺装工艺规范"	气动螺丝刀
2	沉头机制螺钉 M2.5×6	2		

旧底图总号										
底图总号						拟制				
						审核				
日期	签名									
						标准化			第 页 共 页	
更改标记	数量	更改单号	签名	日期		批准				

表 2－34　工艺说明

螺装工艺说明	产品名称	小型台式收音机
	产品型号	S753

一、工具
　螺丝刀、套筒或扳手。
　二、螺装前准备
　1. 工具的选择
　(1) 应注意螺丝刀头的大小形状必须与螺丝的槽口相匹配。
　(2) 应尽力创造条件用气动限力螺丝刀，可保证装配质量。
　(3) 紧固螺母时，必须选用与螺母规格相匹配的套筒或扳手，禁止使用尖头钳、平口钳作为紧固工具。
　2. 螺装前准备
　应根据安装螺钉的规格校准扭矩，扭矩大小可参照下表。

自攻螺钉		机制螺钉		
			有弹垫	无弹垫
ST×6	0.4N · m	M2.5		0.35N · m
ST×8	0.55N · m	M3	0.6N · m	0.5N · m
ST3×10		M4	0.8N · m	0.7N · m
ST3×12	0.65N · m	M5	1.1N · m	0.8N · m
ST3×16				
ST3×12				
ST3×16	1.1N · m			
ST3×20				
ST5×20	1.6N · m			

旧底图总号	三、螺装步骤及要求
	（1）首先按工艺文件的要求对安装件进行检查，应无损伤、变形，尤其是外壳、面板应无明显的划伤、污渍、破损等不良现象。经检查合格后方可开始操作。
	（2）安装时螺丝刀头必须紧紧地顶住螺钉头槽口，螺丝刀和螺钉保持在同一轴线上，扭紧时不得损伤槽口，以致出现毛刺、变形等不良现象。

底图总号				拟制			
				审核			

日期	签名						
		更改标记	数量	更改单号	签名	日期	标准化		第　页　共　页

案例3：某电子产品生产企业作业指导书样例如表 2 – 35 所示。

表 2 - 35　固定 WIFI/蓝牙模块、WIFI 天线作业指导书

部门/线体：整机部所有线体	适用机型/范围：65G6-9R53	配屏：7626-T6500L-Y04001/Y10001	版本号：A1
作业名称：固定WIFI/蓝牙模块、WIFI天线	工位号：装配05	产品图号：固定WIFI/蓝牙模块、WIFI天线	

EMC/安全件/接地/防静电警示	［使 用 物 料］				［使用仪器/工具设置］			
	序号	物料编号	名称	数量	序号	名称	规格/参数设置	数量
	1	2004-06000000-01	WIFI天线	1	1	防静电手腕带		1
	2	534L-36NTUD-A000	蓝牙/WIFI模块	1	2			
	3				3			
	4				4			
	5				5			

［作 业 内 容 及 步 骤］	［图　解］
（1）检查上道工序有无异常； （2）取1WIFI/蓝牙模块放置在喇叭网上对应位置，并卡紧锁牢，如右图所示； （3）取1WIFI天线，卡扣卡在PCB板的对应卡座上，并将天线发射端粘贴到喇叭网对应位置，注意不要碰到喇叭箱体及挡住螺钉孔，如右图所示； （4）工位做好自检、互检工作，完成后进入下一道工序，发现异常及时向组长反馈	

	［注 意 事 项］					
作业准备	（1）更换相应作业指导书； （2）开工前，检查所使用的物品、材料、设备有无异常，有疑问及时反馈； （3）准备好垃圾箱，将垃圾放在指定的垃圾箱内，保持现场整洁，美观					

作业要点	（1）确认物料是否与生产BOM一致	更改标识	更改几处	更改理由	更改人	拟制	
		a		增加新配屏		审核	
作业标准	（1）物料需卡到位，卡紧锁牢； （2）WIFI天线信息板粘贴位置注意避开红圈所示的螺钉孔	b				批准	
		c				日期	
		d				第05页　共25页	

案例4：某电子产品生产企业检验工序卡样例（如表2-36所示）

表2-36 感应式自动语音盒检验工序卡

检验工序卡		产品名称	感应式自动语音盒	名称	制程检验
		产品型号	GR426	图号	GR426. GH08. 15. 02
序号	检验项目	技术要求		检验方法及器具	
1	外观检验	外观清洁，无破损、污渍		100%，目测	
2	电流测试	静态电流≤40μA 工作电流≤100mA		100%，万用表	
3	功能测试	（1）录音时间6秒； （2）按住REC按键不放，"嘀"声后开始录音，"嘀嘀"两声后6秒录音结束； （3）2米范围内人经过激发已录声音，2次激发间隔为2秒； （4）放音时语音响亮，清晰无杂音，无失真等		100%，秒表	

设计	审核	标准化	批准

2.4.4 计划与决策

6~8名学生组成一个学习小组，编制装配晶体管可调式直流稳压电源的学习活动计划，交老师检查审核。

2.4.5 任务实施

（1）编制装配晶体管可调式直流稳压电源电路的工艺流程图。

（2）编制晶体管可调式直流稳压电源装配工艺卡。

（3）编制装配晶体管可调式直流稳压电源的工艺说明文件。

（4）编制装配晶体管可调式直流稳压电源所用的仪器、仪表明细表。

2.4.6 检查与评估

每个小组派代表，以PPT形式演讲汇报编制的晶体管可调式直流稳压电源工艺文件。由老师组织学生对每个小组汇报演讲情况进行评定（共A、B、C三个等级），作为学生本次任务的学习成绩。

2.5 任务5 装配晶体管可调式直流稳压电源电路

2.5.1 工作任务

学会焊接的基本操作技能。

2.5.2 任务描述与分析

任务五的工作任务是在万能板上装配图2-10所示晶体管可调式直流稳压电源电路。相关元器件清单如表2-37所示。

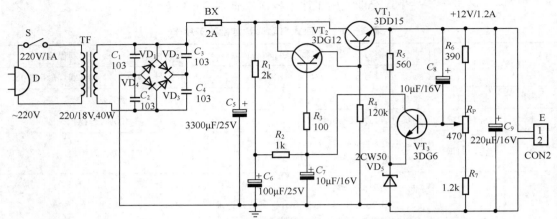

图 2-10　晶体管可调式直流稳压电源电路原理图

表 2-37　晶体管可调式直流稳压电源元器件清单

序号	名称	规格型号	代号	数量	备注
1	电源变压器	220V/18V；40W	TF	1	
2	三极管	3DD15	VT_1	1	
3	三极管	3DG12	VT_2	1	8050
4	三极管	3DG6	VT_3	1	9014
5	二极管	IN5402（2A，100V）	$VD_1 \sim VD_4$	4	
6	稳压管	2CW56（0.5W/7.5V）	VD_5	1	7.5V/0.5W
7	电源开关	AC250V/1A	S	1	
8	熔断器座	$\phi 3 \times 20$	BX	1	
9	熔断器管	$\phi 3 \times 20$；250V/2A	BX	1	
10	电源线	AVVR2×18/0.3；2m		1	带两芯插头
11	电阻	RT14-0.125W-b-2kΩ-±10%	R_1	1	SJ75-73
12	电阻	RT14-0.125W-b-1kΩ-±10%	R_2	1	SJ75-73
13	电阻	RT14-0.125W-b-100Ω-±10%	R_3	1	SJ75-73
14	电阻	RT14-0.125W-b-120kΩ-±10%	R_4	1	SJ75-73
15	电阻	RT14-0.125W-b-560Ω-±10%	R_5	1	SJ75-73
16	电阻	RT14-0.125W-b-390Ω-±10%	R_6	1	SJ75-73
17	电阻	RT14-0.125W-b-1.2kΩ-±10%	R_7	1	SJ75-73
18	可调电阻	WTW/-470Ω-5×6	R_P	1	
19	电容	CT1-63V-b-0.01μF	C_1、C_2、C_3、C_4	4	103
20	电容	CD11-25-3300μF-SJ803-74	C_5	1	
21	电容	CD11-25-100μF-SJ803-74	C_6	1	
22	电容	CD11-25-10μF-SJ803-74	C_7、C_8	2	
23	电容	CD11-25-220μF-SJ803-74	C_9	1	
24	接线柱			2	红、黑各一个
25	散热片	$100 \times 80 \times 3mm^3$	VT_1	1	

续表

序号	名称	规格型号	代号	数量	备注
26	导线	AV1×16/0.16—0.5m	0.5m	1	
27	万能板	10×10cm²		1	
28	螺钉	M3×12		2	装散热片
29	螺钉	M3×8		4	
30	螺钉	M4×12		4	
31	绝缘片			1	
32	平垫片	$\phi3.2$		2	
33	平垫片	$\phi4.2$		8	
34	弹簧垫圈	$\phi3.2$		2	
35	弹簧垫圈	$\phi4.2$		8	
36	接线焊片			2	
37	螺母	M3		6	
38	螺母	M4		6	
39	底板	自制		1	
40	外壳	自制		1	

装配要求如下：

（1）元器件布局要合理。

（2）用不同颜色的导线表示不同的信号（同一个信号最好用一种颜色的导线）。

（3）按照电路原理，分步进行制作调试。

（4）走线要规整，尽可能做到横平竖直。

通过本单元的学习，了解万能板的概念、类型及其用途，掌握焊接的基本操作技能。

本单元的学习重点是掌握焊接的基本操作技能，学会编写作业指导书；难点是编写作业指导书。学习时可观看 SPOC 课堂教学视频，学会焊接操作；在装配工作中自觉树立安全文明生产、6S 管理和静电防护意识，模仿书中企业作业指导书的案例，学会编写作业指导书。

本单元推荐采用翻转课堂教学形式，需 2 学时。

2.5.3　资讯

SPOC 课堂教学视频：手工焊接方法。

1）相关知识

万能板（又称为万用板、实验板、学习板、洞洞板、点阵板）是一种按照标准 IC 间距（2.54mm）布置焊盘、允许使用者自由插装元器件及连线的印制电路板。万能板（见图 2-11）主要有两种，一种是单孔板，焊盘各自独立，适合数字电路和单片机电路；另一种是连孔板，多个焊盘或两个焊盘连接在一起，一般有双连孔、三连孔、四连孔和五连孔，适合模拟电路和分立电路。

相比专业的印制电路板，万能板具有以下优势：使用门槛低，成本低廉，使用方便，扩展灵活。

晶体管可调式直流稳压电源的作用是把 220V、50Hz 的交流电经变压、整流、滤波和稳压变成恒定的直流电压，供给负载，并且保证直流电压不随电网电压的波动和负载的变换而改变。直流稳压电源方框图如图 2 - 12 所示。

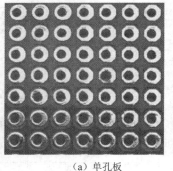

（a）单孔板　　　　　　　　　　　　　　（b）连孔板

图 2 - 11　万能板

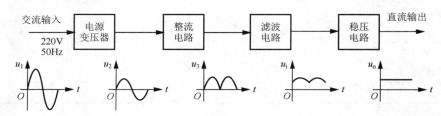

图 2 - 12　直流稳压电源方框图

2.5.4　计划与决策

学生将编制的装配晶体管可调式直流稳压电源作业指导书交老师检查审核。

2.5.5　任务实施

① 元器件清点、辨认及检测。

② 元器件成形、插装。

③ 元器件焊接：先焊装小型、普通的元器件，即电阻器、二极管、稳压二极管、可调电阻、电容器（$C_1 \sim C_4$）、熔断器座、电解电容器、三极管 VT_2、VT_3 等，再焊装大元件及特殊的元器件，即调整管 VT_1。调整管 VT_1 要装在散热片上，其安装示意图如图 2 - 13 所示，散热片可以用铝板制作（100mm×80mm×3mm）。

④ 接线柱的装配：将接线柱装配在外壳正面板的左下方，装配前应在安装位置打好孔。接线柱的装配示意图如图 2 - 14 所示。

⑤ 电源变压器的装配：用 M4×12 的螺钉将变压器装在底板上。熔断器 BX 可以用两个铜片固定在万能板上，也可用熔断器盒装在机箱上。

⑥ 调试：装配完成后，要仔细审查电路连接，确认正确后，测量输出电压，并调节电位器 R_P，使输出电压为 12.1～12.2V。然后在输出端接上一个 10Ω/15W 的电阻器，这时的输出电压应等于 12V。在额定负载下通电两个小时，若整机各部分温度不是很高，无异常状态，稳压电源就算合格了。

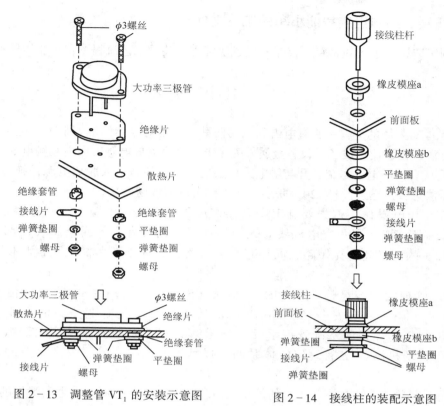

图 2-13　调整管 VT_1 的安装示意图　　　图 2-14　接线柱的装配示意图

装配好的晶体管可调式直流稳压电源如图 2-15 所示。

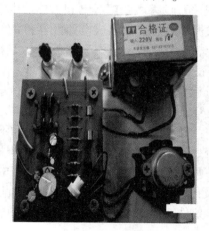

图 2-15　装配好的晶体管可调式直流稳压电源

2.5.6　检查与评估

同学自查、互查，老师检查学生装配晶体管可调式直流稳压电源电路的质量，并评定成绩，综合三方评定成绩，作为学生本次任务的学习成绩。

项目拓展　编制组装智能小车的工艺文件

试编制组装智能小车的材料、仪器、设备明细表；装配工艺流程图；作业指导书。

项 目 小 结

（1）触电对人体的危害主要有电击和电伤两种。电击对人体的危害最大。电击主要是由直接触及电源、错误使用设备、设备金属外壳带电、电容器放电等方面引起触电的。

（2）发现有人触电，尽快断开与触电人接触的导体，使触电人脱离电源；施行人工呼吸或心脏挤压法急救；迅速拨打120，联系专业医护人员来现场抢救。

（3）安全用电操作：首先要制定安全操作规程，在接通电源前，一定要认真检查，做到"四查而后插"，即一查电源线有无损坏；二查插头有无外露金属或内部松动；三查电源线插头的两极间有无短路，同外壳有无通路；四查设备所需电压值与供电电压是否相符。

（4）6S管理的内容是整理（Seiri）、整顿（Seiton）、清扫（Seiso）、清洁（Seikeetsu）、素养（Shitsuke）和安全（Security）。6S管理是打造具有竞争力的企业、建设一流素质员工队伍的先进的基础管理手段。6S管理组织体系的使命是焕发组织活力、不断改善企业管理机制，6S管理组织体系的目标是提升人的素养、提高企业的执行力和竞争力。

（5）静电是物体表面过剩或不足的静止电荷，静电现象是电荷在产生和消失的过程中所发生的电现象的总称。ESD（Electro Static Discharge）即静电放电。

（6）静电在多个领域造成严重危害。摩擦起电和人体静电是电子工业中的两大危害，在电子行业中，静电通常会带来很多危害：使集成电路元器件的线路损坏，耐压降低，线路面积减小，使得元器件耐静电冲击能力减弱，影响元器件的功率和寿命，破坏元器件的绝缘性或导电性，造成元器件损伤不能工作。

（7）操作现场静电防护：敏感元器件应在防静电的工作区域内操作。

人体静电防护：工作人员穿戴防静电工作服、手套、工鞋、工帽、手腕带。

储存运输过程中静电防护：静电敏感元器件的储存和运输不能在有电荷的状态下进行。

（8）技术文件是产品研究、设计、试制与生产实践经验积累所形成的一种技术资料。它主要包括设计文件、工艺文件两大类，具有标准化和管理严格的特点。

（9）设计文件是产品从设计、试制、鉴定到生产的各个阶段的实践过程中形成的图样及技术资料，如产品标准、技术条件、明细表、电路图、方框图、零件图、印制电路板图、技术说明书等。

工艺文件是指将组织生产实现工艺过程的程序、方法、手段及标准用文字及图表的形式表示的技术文件。按内容分类，通常分为工艺管理文件和工艺规程两大类。工艺管理文件是指企业科学地组织生产和控制工艺工作的技术文件；工艺规程文件是指在企业生产中，规定产品或零件、部件、整件制造工艺过程和操作方法等的工艺文件。工艺文件都有一定的格式。

课后练习

（1）在电子工艺操作的过程中，有哪些必须时刻警惕的不安全因素？

（2）怎样防止触电和电击？怎样进行救护呢？

（3）电子行业静电的危害有哪些？试举例说明静电防护措施。

（4）简述 6S 管理的内容和企业推行 6S 管理的意义。

（5）简述接插件工艺文件的编制原则和编制接插件工艺文件的方法。

（6）试述编写作业指导书的注意事项。

模块三　印制电路板的组装

项目三　印制电路板的通孔安装技术

印制电路板（又称印制板），是印制电路或印制线路成品板的通称。它包括刚性、挠性和刚挠结合的单面、双面和多层印制电路板等。印制板的安装技术可以说是现代电子工业发展最快的制造技术，目前常见的主要有通孔安装技术（Through Hole Technology，THT）和代表着当今安装技术主流的表面安装技术。通孔安装技术又称通孔插装技术，是将元器件插入印制电路板的元器件孔，并与导电图形进行电气连接的技术。印制电路板的通孔安装方法是将元器件放置在印制电路板的一面，通过手工或机器方式将元器件引线插入元器件孔，并在印制电路板的另一面焊接元器件。这种方式具有投资少、工艺相对简单、基板材料及印制线路工艺成本低、适用范围广的特点。由于装配时要为元器件的每个引线钻一个洞，占掉了两面的空间，焊点也较大，难以满足电子产品高密度、微型化的要求。

学会识读电子工程图，选择适宜的电子材料，熟练地使用装配工具、设备和仪器仪表，按照通孔安装要求装配印制电路板，并对组装线路进行基本调试，是每个电子制作爱好者和电子产品生产企业技术人员应当掌握的基本技能。

【学习目标】

（1）识读电子工程图。

（2）选用电子材料，使用装配工具、设备和仪器仪表。

（3）按照工艺要求加工导线、线缆，并完成元器件引线的成形。

（4）设计和制作印制电路板。

（5）按照通孔安装工艺要求手工装配印制电路板，并对组装好的基板进行调试。

重点：电路原理图的识读；线材的加工处理；手工装配印制电路板；基板的调试。

难点：电路原理图、印制电路板图的识读；基板的调试。

【工作任务】

按照图3-9所示晶闸管调光灯电路原理图，设计、制作印制电路板；并对组装电路进行装配和调试。

【教学导航】

学习目标	知识目标	了解电子产品装配的一般工艺流程；了解常用电子工程图的类型，掌握识图的基本要求、方法和分析步骤；了解电线电缆的类型、结构、型号组成、命名原则、标志内容、标志方法及主要用途；了解绝缘材料、焊接材料、印制电路板基材及其他材料的类型和主要用途；了解常用装配工具的类型、结构和用途；掌握元器件引线加工处理的工艺要求和方法，掌握各种导线的加工要求和方法；理解印制电路板布局的原则和布线规则，了解印制电路板的制作工艺流程和方法，掌握印制电路板质量的检查方法；掌握元器件在印制电路板上插装的工艺要求；理解锡铅焊接原理，掌握锡铅焊接的基本知识，掌握手工焊接和拆焊的步骤、方法和焊点的质量检验方法；掌握组装线路基板的一般调试方法和故障查找及故障处理方法

续表

学习目标	技能目标	能识读电路原理图和印制电路板图；能正确选择和合理使用电子材料，能识读电线电缆的型号；能熟练地使用装配工具、调试仪器、仪表和设备；能按照工艺要求加工导线、线缆，并处理元器件引线；能设计、制作印制电路板，并能目测检验印制电路板的质量；能按照通孔安装工艺要求装配印制电路板，并能对组装线路基板进行调试
	方法和过程目标	培养学生对新知识、新技能的学习能力和创新创业能力；培养学生继续学习及自我管理能力，树立安全生产、节能环保以及严格遵守操作规程的意识；培养初步的劳动意识、团队协作意识、产品生产的质量意识、认真负责的学习态度和精益求精、耐心细致的工作作风
	情感、态度和价值观目标	激发学习兴趣
教与学	推荐授课方法	项目教学法、任务驱动教学法、引导文教学法；行动导向教学法、合作学习教学法、演示教学法
	推荐学习方法	目标学习法、问题学习法、合作学习法、自主学习法、循序渐近学习法
	推荐教学方式	基于 SPOC+翻转课堂混合式教学模式、自主学习、做中学
	学习资源	教材、微课、教学视频、PPT
	学习环境、材料和教学手段	线上学习环境：SPOC 课堂 线下学习场地：多媒体教室；焊接实训室。 仪器、设备或工具：见本部分实施器材相关内容。 装配材料：见本部分实施器材相关内容。 学习材料：教学视频、PPT、任务分析表、学习过程记录表
	推荐学时	14 学时
学习效果评价	上交材料	学习过程记录表、项目总结报告
	项目考核方法	过程考核。课前线上学习占 20%；课中学习 70%；课后学习占 5%；职业素质考核（考勤、团队合作、工作环境卫生、整洁及结束时现场恢复情况）占 5%

【项目实施器材】

（1）晶闸管调光灯电路元器件每人一套，覆铜板每人一块（自制电路 PCB 板，无条件自制的可选择外加工 PCB 板）。

（2）焊接用导线若干米。

（3）焊接工具每人一套：防静电手环、电烙铁（带烙铁架、清锡棉）、镊子、起子、尖嘴钳、斜口钳、吸锡器各一把，锡锅一个。

（4）焊接材料：活性焊锡丝（Sn63%/Pb37%、0.5~0.8mm）、松香块、酒精。松香液配制：酒精与松香块按 1:3 混合。

（5）指针式万用表每人一块。

（6）信号发生器、示波器每组一台。

（7）双绞线安装 RJ45 接插件、线材加工处理、音频线材制作所用材料、仪器仪表见相关任务内容。

【项目实施】

项目三的学习过程分解为 5 个学习任务，每个学习任务是 1 个学习单元，推荐学时 14

学时。

3.1 任务1　电子工程图的识读

电子产品的装配过程为先将零件、元器件组装成部件，再将部件组装成整机，其装配的一般流程如图 3-1 所示。

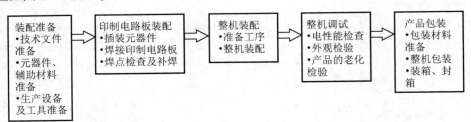

图 3-1　电子产品装配的一般流程

要想做好电子电路的装配工作，应对电子设备或电子电路充分了解，看懂电子工程图。

3.1.1　学习目标

学会识读电路原理图和印制电路板图。

3.1.2　任务描述与分析

任务1的工作任务是识读图 3-2 所示抢答器电路原理图。要求画出抢答器电路原理框图，分析其工作原理。

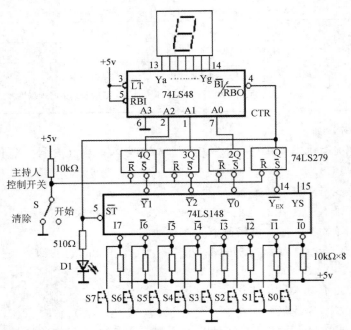

图 3-2　抢答器电路原理图

通过本任务，了解常用电子工程图的类型和识图方法，学会识读电路原理图和印制电路板图。

本任务的学习重点是识读电路原理图；难点是识读电路原理图和印制电路板图。学习时要观看 SPOC 课堂教学视频，学会识读电路原理图和印制电路板图。

本任务推荐采用翻转课堂形式教学，需要 2 学时。

3.1.3　资讯

1）SPOC 课堂教学视频

电路原理图的识读。

2）相关知识——电子工程图的识读

电子工程图是用图示或文字（或两者结合）表示、说明一项最终产品的物理要求和功能要求的文件。

读懂电子工程图，有利于了解电子产品的结构和工作原理，有利于正确生产、检测、调试电子产品，便于工作人员快速地进行维修。

（1）常用电子工程图的种类。

电子产品装配过程中常用的工程图有方框图、电路图（电气原理图）、印制电路板图、实物装配图等。

① 方框图：用一个个方框表示电子产品的各个部件或功能模块，用连线表示其连接，进而说明其组成结构和工作原理。方框图是电气原理图的简化示意图。方框图具有简单明确、一目了然的特点，如图 3-3 所示。

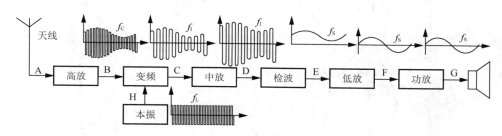

图 3-3　普通超外差式收音机方框图

② 原理图（电路原理图）：借助图解符号指示特定电路安排的电气连接、各个元件和所完成功能的图。原理图是设计、编制接线图，用于测试和分析寻找故障的依据，如图 3-4 所示。在装接、检查、试验、调整和使用产品时，电路图与接线图一起使用。

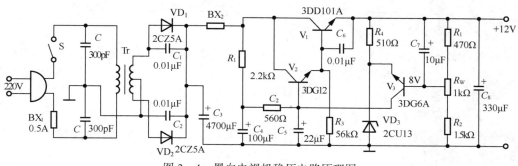

图 3-4　黑白电视机稳压电路原理图

⚲**提示：**

原理图应按如下规定绘制：

● 在原理图上，组成产品的所有元器件均以图形符号表示。

● 在原理图中各元器件的图形符号的左方或上方应标出该元器件的名称、标号或类型。

● 原理图上的元器件应在元器件目录表中列出。

元器件目录表中列出了各元器件的标号、名称、类型及数量。在进行整机装配时，应严格按目录表的规定安装。

③ 印制板图：印制板图是表示导电图形、字符图形、结构要素、技术要求和有关规定的图形。印制板图是用于指导工人装配焊接印制电路板的工艺图。导电图形（又称印制线路）是印制电路板的导电材料形成的图形，如焊盘、金属化孔、印制导线等，用于元器件之间的连接。字符图形是印制电路板上用来识别元器件位置和方向的字母、数字、符号和图形，以便装联和更换元器件。字符图形是没有印制导线的导电图形，常用于指导印制电路板的装配焊接。导电图形如图 3-5 所示，字符图形如图 3-6 所示。

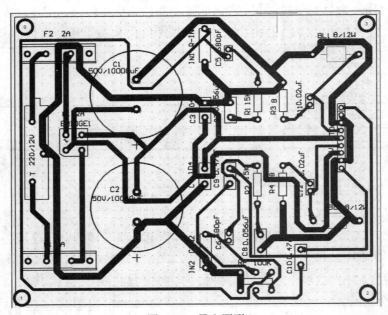

图 3-5　导电图形

④实物装配图：实物装配图以实际元器件的形状及其相对位置为基础，画出产品的装配关系，这种图一般在产品生产装配中被使用。图 3-7 所示为仪器中的波段开关接线图，由于采用实物画法，能把装配细节表达清楚不易出错。

（2）电子工程图的识图方法。

识图就是对电路进行分析，识图能力体现了对知识的综合应用能力。通过识图，不仅可以开阔视野，提高评价电路性能的能力，而且可以为电子电路的应用提供有益的帮助。

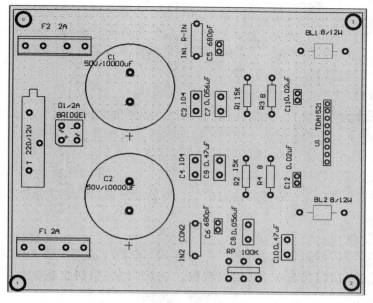

图 3-6　字符图形

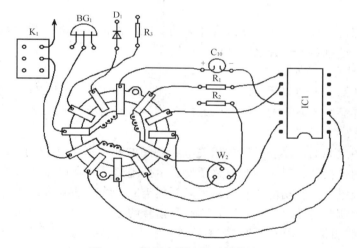

图 3-7　仪器中的波段开关接线图

① 识图的基本要求：

● 结合元器件的作用和电路的工作原理进行识图。首先要清楚各电路元器件（如二极管、三极管、晶闸管、稳压管、电阻器、电容器、电感器）的作用和电路的工作原理，才能识别各种电子工程图。

● 结合典型电路识图。任何复杂的电路图总是由各个典型电路组合而成的，因此围绕典型电路分清各电路间的相互联系是识图的关键。

● 结合绘制电子工程图的要求和特点进行识图。只要掌握绘制电子工程图的一般规则、特点、布局、图形及文字符号的含义，就可以识图，并读懂每个电路图的作用和工作原理。

● 参考有关资料和相关图纸，尤其是电气布置图，可以缩短识图的时间。

② 识图的方法：在分析电子电路时，首先将整个电路分成具有独立功能的几个部分，进而弄清每一部分电路的工作原理和主要功能，然后分析各部分电路之间的联系，从而得出整个电路所具有的功能和性能特点，必要时进行定量估算。为了得到更细致的分析，还可借助各种电子电路计算机辅助分析和设计软件。

a. 电路原理图的识图方法和分析步骤如下。

● 了解电路原理图的基本结构和用途，找出信号流向的通路。

通常左边为输入，右边为输出，信号传输的枢纽是有源器件（晶闸管、场效应管、晶体管、集成电路），从左至右，分析有源器件的连接关系，找出信号流向的通路。

● 划分单元电路，分析单元电路功能。

沿着信号的主要通路，以有源器件为中心，划分单元电路，定性分析每个单元电路的工作原理和功能。

● 沿着通路，画出方框图。

将各单元电路用方框图表示（可用文字表达式、曲线、波形扼要表示其功能），然后从上至下、从左至右，由信号输入端按信号流程，一个回路一个回路地熟悉，一直到信号的输出端，根据它们之间的关系进行连接，得到整个电路的方框图。由此了解电路的来龙去脉，掌握各组件与电路的连接情况，从而分析出整体工作原理。

● 估算指标，分析（逻辑）功能。

在识图时，应首先分析电路主要组成部分的功能和性能，必要时再对次要组成部分进一步分析，如有必要还可对各部分电路进行定量估算。

b. 识读方框图的技巧如下。

● 方框图中的箭头方向表示了信号的传输方向。要根据信号的传输走向逐级、逐个地分析方框，弄懂每个方框的功能及该方框对信号进行什么样的处理，输出信号产生了什么样的变化。

● 框图与框图之间的连接表示了各相关电路之间的相互联系和控制情况。要弄懂各部分电路是如何连接的，对于控制电路还要看出控制信号的来路和控制对象。

● 在没有集成电路引脚功能资料时，可以利用集成电路内部电路方框图来判断引脚作用，特别要了解哪些是信号的输入脚，哪些是信号的输出脚。

图 3-8 所示为直流稳压电源的方框图，可以看出电路的全貌、主要组成部分及各级电路的功能。

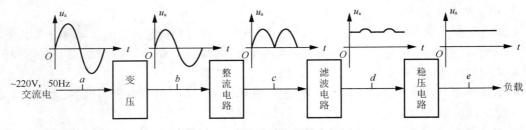

图 3-8　直流稳压电源的方框图

c. 印制板图的识读方法：读懂与之对应的电气原理图，找出原理图中构成电路的关键元器件（如晶体管、集成电路、开关、变压器、喇叭等），在印制板图上找到关键元器件的位置；在印制板上找到接地端（通常大面积铜箔或靠近印制电路板四周边缘的长线铜箔为接地端）；根据印制电路板的读图方向（印制电路板上的文字方向），结合电路的关键元器件在电路中的位置关系及与接地端的关系，逐步完成印制板图的识读。

- 如果有直流电源电路，那么首先找到与直流电源正、负极相连接的铜箔导线，然后按原理图的顺序厘清各元器件之间的电气连接。
- 如果是交流电源电路，那么首先找到整流电源（整流变压器）的两个交流输入铜箔导线，然后按原理图的顺序厘清各元器件之间的电气连接。

例 3－1：分析图 3-9 所示晶闸管调光灯电路原理图。

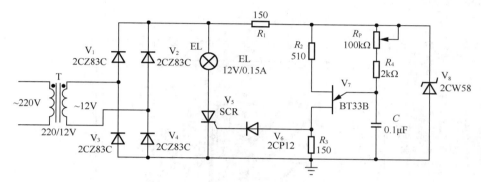

图 3－9　晶闸管调光灯电路原理图

解：①首先了解电路用途，找出信号流向的通路。

图中的电路是一个适合台灯使用的单向晶闸管调光灯电路，其用途是调节台灯光线强弱。其信号流向从输入到输出依次是 T（变压器）→V_1～V_4（二极管）→V_7（单结晶体管）→V_6（二极管）→V_5（晶闸管）→EL（灯泡）。

② 划分单元电路，分析单元电路的功能。

沿着图中的电路信号的主要通路，以有源器件单向晶闸管 V_5 为中心，将整个电路分成具有独立功能的两个部分——整流电路控制电路和触发电路。各部分的功能如下。

a. 四个二极管 V_1～V_4 和晶闸管 V_5 组成单相半控桥式整流电路，将交流输入变为直流输出，其输出的直流可调电压作为灯泡 EL 的电源。

b. R_2、R_3、R_4、R_P、C、V_7 组成单结晶体管触发电路，为晶闸管 V_5 提供触发脉冲。晶闸管 V_5 接收到单结晶体管触发电路产生的触发脉冲后，触发导通，负载灯亮。

c. 改变电位器 R_P 阻值可以改变晶闸管 V_5 控制角的大小，便可以改变输出直流电压的大小，进而改变灯泡 EL 的亮度。

d. 沿着通路，画出方框图，如图 3－10 所示。

综上所述，图 3－9 所示电路的工作原理：电路主要由整流电路控制电路和触发电路构成。220V 交流电经变压器 T 降压、二极管 V_1～V_4 桥式整流后，形成全波整流脉冲信号，经 R_1、V_8 稳压后形成梯形波，作为触发电路供电电压；此梯形波经电位器 R_P、电阻器 R_4 对电容器 C 充电，当充电电压达到峰值电压时，单结晶体管 V_7 导通，电容器 C 开始放电。当电压下降至单结晶体管谷值电压时，单结晶体管 V_7 截止，重新进行充电，重复上述过程。在电容器 C 放电过程中，电阻器 R_3 上电压降通过二极管 V_6 加到晶闸管 V_5 的控制极；当触发电压达到控制导通电压时，晶闸管 V_5 导通，灯泡 EL 亮。通过调整电位器 R_P 的阻值，改变充电时间常数，从而改变晶闸管导通角的大小，控制灯泡 EL 上电压的平均值，使亮度可调，改变灯泡的明和暗。

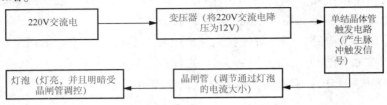

图 3 - 10　晶闸管调光灯电路方框图

例 3 - 2：图 3 - 11 为例 3 - 1 单向晶闸管调光灯电路的印制板图，简述其识读方法。

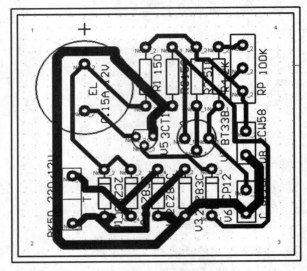

图 3 - 11　单向晶闸管调光灯电路的印制板图

解：①在单向晶闸管调光灯电路印制板图上找到与原理图对应的关键元件（整流变压器、单结晶体管、晶闸管、灯泡）的位置；②找到整流变压器的两个交流输入信号的铜箔导线，然后按原理图的顺序理清各元器件之间的电气连接。

3.1.4　计划与决策

6~8 名学生组成一个学习小组，制定学习电子工程图的活动计划，交老师检查审核。

3.1.5　任务实施

每个小组派代表，汇报如何识读前文所示抢答器电路原理图。

3.1.6　检查与评估

老师对每个小组汇报演讲情况进行点评，并组织学生对每个小组汇报演讲情况进行评定（分 A、B、C 三个等级），计入学生的平时成绩。

3.2 任务 2　常用电子材料、装配工具与专用设备

在电子产品装配过程中，常用的电子材料有线材、绝缘材料、印制电路板、焊接材料、磁性材料、黏结材料等；常用的工具和设备包括五金工具、焊接工具和专用设备等。了解常用的电子材料的种类、性能和特点，掌握正确选用电子材料的方法，对于优化生产工艺、保证产品质量至关重要。作为一名合格的电子产品生产者、管理者或产品开发技术人员，必须熟练地掌握常用工具和专用设备使用方法、操作要领和维护知识。

3.2.1　学习目标

能正确选择和合理使用电子材料，熟练地使用装配工具、调试仪器、仪表和设备。

3.2.2　任务描述与分析

任务 2 的工作任务：编制给双绞线安装 RJ45 接插件的工艺卡，并给双绞线安装 RJ45 接插件。

通过本单元的学习，学生应了解常用电子材料的分类、特点、性能和用途，能正确选择和合理使用电子材料，识读电线电缆的型号，区分电线电缆的类型，识读电线电缆的标志，并能根据需要选择合适线径的电线电缆；了解常用装配工具和设备的外形结构、类型和用途，能熟练使用装配工具。

本任务的学习重点是正确选用电子材料，学会使用装配工具；难点是不同类型的线材的识别和电线电缆型号的识读和选用。根据线材的型号命名法则，学习时要观看 SPOC 课堂教学视频，学会识别不同类型的线材和识读电线电缆型号；编制制作"给双绞线安装 RJ45 接插件"的工艺卡，通过给双绞线安装 RJ45 接插件的实践活动，在做中学，学会装配工具的使用。

本单元推荐采用线上、线下混合式教学，做中学，需 4 学时。

3.2.3　资讯

1）SPOC 课堂教学视频

（1）电子产品常用线材和电线电缆型号的识读。

（2）绝缘材料、印制电路板材料和焊接材料。

（3）制作双绞线（正线）。

2）相关知识

（1）导线。

导线可分为电线、电缆两类。电线电缆是用以传输电能、信息和实现通常电磁能转换的线材产品。芯数少、截面积小、结构简单的导线称为电线。通常电线的截面积小于 $10mm^2$，电缆的截面积不小于 $10mm^2$。没有绝缘层的电线称为裸电线，有绝缘层的电线称为绝缘电线（布电线），截面积大于 $6mm^2$ 的电线称为大电线，小于截面积 $6mm^2$ 的电线称为小电线。导线按其用途可分为裸电线、绕组线、电力电缆、通信电缆与通信光缆、电气装备用电线电缆；按组成可分为单金属丝（如铜丝、铝丝）、双金属丝（如镀银铜线）和合金线；按有无绝缘层可分为裸电线和绝缘电线。

导线的粗细标准叫线规，线规有线号制（按导线的粗细排列成一定号码）和线径制（以毫米为单位按导线直径大小表示）两种表示方法。英美等国家采用线号制，我国采用线径制。美国线号制用 AWG 表示，英国线号制用 SWG 表示，我国线径制用 CWG 表示。

电子产品常用导线有安装导线、电磁线、扁平电缆（平排线）、屏蔽线、电缆、电源软导线等。常用导线的结构与外形如图3-12所示。常用导线的型号及用途如表3-1所示。

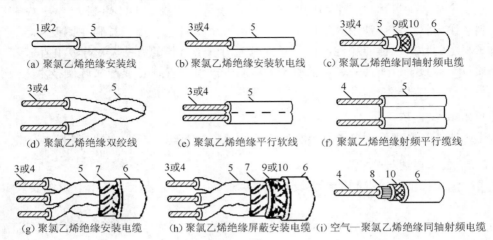

（a）聚氯乙烯绝缘安装线　　（b）聚氯乙烯绝缘安装软电线　　（c）聚氯乙烯绝缘同轴射频电缆

（d）聚氯乙烯绝缘双绞线　　（e）聚氯乙烯绝缘平行软线　　（f）聚氯乙烯绝缘射频平行缆线

（g）聚氯乙烯绝缘安装电缆　　（h）聚氯乙烯绝缘屏蔽安装电缆　　（i）空气—聚氯乙烯绝缘同轴射频电缆

注：图中数字的含义为 1—单股镀锡铜线；2—单股铜芯线；3—多股镀锡铜线；4—多股铜芯线；5—聚氯乙烯绝缘层；6—聚氯乙烯护套；7—聚氯乙烯薄膜绕包；8—聚氯乙烯管绝缘层；9—镀锡铜编织线屏蔽层；10—铜编织线屏蔽层。

图3-12　常用安装导线的结构与外形

表3-1　常用导线的型号及用途

型号	名称	工作条件	主要用途	结构与外形
AV，BV	聚氯乙烯绝缘安装线	250V/AC 或 500V/DC，-60～+70℃	弱电流仪器仪表、电信设备，电气设备和照明装置	图3-11（a）
AVR，BVR	聚氯乙烯绝缘安装软电线	250V/AC 或 500V/DC，-60～+70℃	弱电流电气仪表、电信设备等要求柔软导线的场合	图3-11（b）
SYV	聚乙烯绝缘聚氯乙烯护套射频电缆	-40～+60℃	固定式无线电装置（50Ω）	图3-11（c）
RVS	聚氯乙烯绝缘双绞线	450V 或 750V/AC，<50℃	家用电器、小型电动工具，仪器仪表、照明装置	图3-11（d）
RVB	聚氯乙烯绝缘平行软线	450V 或 750V/AC，<50℃	家用电器、小型电动工具，仪器仪表、照明装置	图3-11（e）
SBVD	聚氯乙烯绝缘射频平行缆线	-40～+60℃	电视机接收天线馈线（300Ω）	图3-11（f）
AVV	聚氯乙烯绝缘安装电缆	250V/AC 或 500V/DC，-40～+60℃	弱电流电气仪表、电信设备	图3-11（g）
AVRP	聚氯乙烯绝缘屏蔽安装电缆	250V/AC 或 500V/DC，-60～+70℃	弱电流电气仪表、电信设备	图3-11（h）
SIV-7	空气—聚氯乙烯绝缘同轴射频电缆	-40～+60℃	固定式无线电装置（75Ω）	图3-11（i）

① 安装导线（安装线）。安装导线是用于电子产品装配的导线。常用的安装导线有裸电

线和塑胶绝缘电线等。

- 裸电线。裸电线简称裸线，指没有绝缘层的单股或多股导线，大部分作为电线电缆的线芯，少部分直接用在电子产品中连接电路。裸线因无外绝缘层，容易造成短路，故它的用途很有限，只能用于单独连线、短连线及跨接线等。
- 塑胶绝缘电线（塑胶线）。在裸线外面裹上绝缘材料层就制成了塑胶绝缘电线，其一般由导电的线芯、绝缘层和保护层组成。广泛用于电子产品的各部分、各组件之间的各种连接。

⚠提示：

选择使用安装导线，要注意以下几点。

1. 安全载流量

安全载流量又称安全电流，指的是电线发出的热量恰好等于电流通过电线产生的热量时的电流强度，此时电线的温度不再升高。

- 常用铝芯导线的单位安全载流量为 $3\sim5A/mm^2$，截面积小于 $10mm^2$ 导线的单位安全载流量推荐选择为 $5A/mm^2$；铜芯导线的单位安全载流量为 $5\sim8A/mm^2$，例如，截面积为 $2.5mm^2$ 的 BVV 铜芯导线的安全截流量推荐值为 $2.5\times8=20A$，截面积为 $4mm^2$ 的 BVV 铜芯导线的安全截流量推荐值为 $4\times8=32A$。
- 对于截面积为 $16mm^2$、$25mm^2$ 的铝芯导线，其安全载流量为其截面积的 4 倍，分别为 64A、100A；截面积为 $35mm^2$ 的导线，其安全载流量为其截面积的 3.5 倍，截面积为 $50mm^2$、$70mm^2$ 的导线，其安全载流量为其截面积的 3 倍；截面积为 95、$120mm^2$ 的导线，其安全载流量为其截面积的 2.5 倍。裸线安全载流量为截面积相同的有护套导线的安全载流量的 1.5 倍，导线若穿管，其安全载流量可乘以系数 0.8；温度超过 25℃ 时安全载流量应乘以系数 0.9；导线穿管并且温度超过 25℃，安全载流量应乘以系数 0.7。

国标《家用电器通用安全标准》规定铜芯导线的安全载流量如表 3-2 所示。

表 3-2 铜芯导线的安全载流量（环境温度 25℃）

截面积/mm²	0.2	0.3	0.4	0.5	0.6	0.7	0.8	1.0	1.5	4.0	6.0	8.0	10.0
载流量/A	4	6	9	10	12	14	17	20	25	45	56	70	85

电线直径与截面积的换算关系如下：

电线截面积 $A=\pi\left(\dfrac{D}{2}\right)^2$，其中 D 为电线直径。

例如，截面积为 $2.5mm^2$ 的电线的直径应为 $2\times\sqrt{\dfrac{2.5}{3.14}}\approx0.9mm$。

电缆截面积的计算公式：$A=0.7854\times\left(\dfrac{D}{2}\right)^2\times N$，其中 N 为芯线的股数。

例如，电缆的芯线有 48 股，每股芯线的直径为 0.4mm，则电缆截面积应为 $0.785\times\left(\dfrac{0.4}{2}\right)^2\times48\approx1.5mm^2$。

2. 最高耐压和绝缘性能

随着所加电压的升高，导线绝缘层的绝缘电阻将会下降；如果电压过高，就会导致放电击穿。导线标志的试验电压，是表示导线加电 1min 不发生放电现象的耐压特性。实际使用中，工作电压应该为试验电压的 1/3~1/5。

3. 导线颜色

塑料安装导线有棕、红、橙、黄、绿、蓝、紫、灰、白、黑等各种单色导线，还有在基色底上带一种或两种颜色花纹的花色导线。为了便于在电路中区分使用，将习惯上经常选择的导线颜色列于表 3-3 中，可供参考。

表 3-3 导线和绝缘套管颜色选用规定

电路种类		导线颜色
一般交流电路		①白　②灰
三相 AC 电源线	A 相	黄
	B 相	绿
	C 相	红
	工作零线（中性线）	淡蓝
	保护零线（安全地线）	黄和绿双色线
直流（DC）线路	+	①红　②棕
	0（GND）	①黑　②紫
	–	①蓝　②白底青纹
晶体管	E（发射极）	①红　②棕
	B（基极）	①黄　②橙
	C（集电极）	①青　②绿
立体声道电路	R（右声道）	①红　②橙　③无花纹
	L（左声道）	①白　②灰　③有花纹
指示灯		青
有号码的接线端子		1~10 单色无花纹（10 是黑色）
		11~99 基色有花纹

4. 工作环境条件

室温和电子产品机壳内部空间的温度不能超过导线绝缘层的耐热温度。当导线（特别是电源线）受到机械力作用时，要考虑它的机械强度。对于抗拉强度、抗反复弯曲强度、剪切强度及耐磨性等指标，都应该在选择导线的种类、规格及连线操作、产品运输等方面进行考虑，留有充分的裕量。

5. 要便于连线操作

应该选择便于连线操作的安装导线。例如，带丝包绝缘层的导线用普通剥线钳很难剥出端头，如果不是机械强度的需要，则不要选择这种导线作为普通连线。

② 电磁线：由涂漆或包缠纤维做成的圆形或扁形绝缘导线，主要用于绕制各类变压器、线圈、电感器等。由多股细漆包线外包缠纱丝的丝包线是绕制收音机天线或其他高频线圈的常用线材。由涂漆作为绝缘层的圆形铜线，通常称为漆包线。

电磁线如图 3-13 所示，常用电磁线的型号和用途如表 3-4 所示。

图 3 - 13 电磁线

表 3 - 4 常用电磁线的型号和用途

分类	名称	型号	主要用途
漆包线	油性漆包线	Q	中高频线圈及仪表、电器的线圈
	缩醛漆包铜线（圆、扁）	QQ - 1~3，QQB	普通中小电机绕组、油浸变压器线圈、电气仪表用线圈
	聚氨酯漆包圆铜线	QA - 1~2	要求 Q 值稳定的高频线圈、电视机用线圈和仪表用微细线圈
漆包线	聚酯漆包扁铜线	QZ - 1~2	中小型电器及仪表用线圈
	改性聚酯亚氨漆包圆、扁铜线	QZY - 1~2，QZYHB	高温电机、制冷电机绕组，干式变压器线圈，仪表线圈
	耐冷冻剂漆包圆铜线	QF	空调设备和制冷设备电机的绕组
绕包线	纸包铜线（圆、扁）	Z，ZB	油浸变压器线圈
	双玻璃丝包铜线（圆、扁）	SBEC，SBECB	中、大型电机的绕组
	聚酰胺薄膜绕包线	Y，YB	高温电机和特种场合用电机绕组
特种电磁线	换位导线	QQLBH	大型变压器线圈
	聚乙烯绝缘尼龙护套湿式潜水电机绕组线	QYN，SYN	潜水电机绕组

③ 扁平电缆（又称为排线或带状电缆）：由许多根导线结合在一起，相互之间绝缘，整体对外绝缘的一种扁平带状多路导线的软电缆。它可作为插座间的连接线，印制电路板之间的连接线，以及各种信息传递的输入/输出柔性连接线。

例如，在数字电路、计算机电路中，连接线往往成组出现，工作电平、导线去向一致，因而使用排线进行连接非常方便，且不需要捆绑就很整齐。目前常用的扁平电缆导线芯为 7×0.1mm 多股软线，外皮为聚氯乙烯，导线间距为 1.27mm，导线根数为 20~60 不等，颜色多为灰色或灰白色，在一侧最边缘的线为红色或其他不同颜色，作为接线顺序的标志。扁平电缆使用中大多采用穿刺卡接方式与专用插头连接，如图 3 - 14 所示；另有一种扁平电缆，导线间距为 2.54mm，芯线为单股或多股线绞合。它一般作为产品中印制电路板之间的固定连接，采用单列排插或锡焊方式连接，如图 3 - 15 所示。

④ 屏蔽线：在塑胶绝缘电线的基础上，外加导电的金属屏蔽层和外护套而制成的信号连接线，主要用于 1MHz 以下频率的信号连接（高频信号必须选用专业电缆）。

图 3 - 14　穿刺插头用扁平电缆　　　　图 3 - 15　单列排插或锡焊的扁平电缆

屏蔽线具有静电（高电压）屏蔽、电磁屏蔽和磁屏蔽的作用，能防止或减少线外信号与线内信号之间的相互干扰。

⑤ 电缆：由单根或多根绞合并且相互绝缘的芯线外面再包上金属壳层或绝缘护套制成，按照用途不同，分为通信电缆和绝缘电线电缆，如表 3 - 5 和表 3 - 6 所示。单芯、双芯屏蔽线的结构如图 3 - 16 所示。电缆线结构示意图如图 3 - 17 所示，由导体、绝缘层、屏蔽层、外护套组成。电子产品装配中的电缆主要包括如下几种。

● 射频同轴电缆（高频同轴电缆）：其结构与单芯屏蔽线的结构基本相同，但两者使用的材料有所不同，其电性能也不同。射频同轴电缆主要用于传送高频电信号，具有衰减小、抗干扰能力强、天线效应小、便于匹配的优点，其阻抗有 50Ω 或 75Ω 两种。

● 馈线：由两根平行的导线和扁平状的绝缘介质组成，专用于将信号从天线传到接收机或由发射机传给天线的信号线，其特性阻抗为 300Ω，传送信号属于平衡对称型。在连接时，不但要注意阻抗匹配，还应注意信号的平衡与不平衡的形式。

● 高压电缆：其结构与普通的带外护套的塑胶绝缘软线相似，只是要求绝缘体有很高的耐压特性和阻燃性，故一般用阻燃型聚乙烯作为绝缘材料，且绝缘体比较厚实。

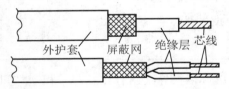 

图 3 - 16　单芯、双芯屏蔽线的结构　　　图 3 - 17　电缆线结构示意图

表 3 - 5　常用通信电缆的型号和主要用途

名　称	型　号	主要用途
橡皮广播电缆	SBPH	用于无线广播、录音和留声机设备，固定安装或移动式电气设备连接。使用温度：-50~+50℃
橡皮软电缆	YHR	
橡皮安装电缆	SBH, SBHP	
聚氯乙烯绝缘同轴射频电缆	SYV	用于固定式无线电装置。使用温度：-40~+60℃
空气—聚乙烯绝缘同轴射频电缆	SIV - 7	
耐高温射频电缆	SFB	适用于耐高温的无线电设备连接，可传输高频信号。使用温度：-55~+250℃

续表

名　称	型　号	主要用途
铠装强力射频电缆	SJYYP	适用于传输高频电能。使用温度：-40~+60℃
双芯高频电缆	SBVD	适用于电视机接收天线引线（馈线）。使用温度：-40~+60℃
聚氯乙烯安装电缆	AVV	适用于野外线路及仪表固定安装。使用温度：-40~+60℃

表 3-6　常用绝缘电线电缆的型号和用途

分类	名　称	型　号	主要用途
固定敷设电线	橡皮绝缘电线	BXW，BLXW，BXY，BLXY	适用于交流 500V 以下的电气设备和照明装置，固定敷设。长期工作温度不超过 65℃
	聚氯乙烯绝缘电线	BV，BLV，BVR，BLVV，BV-105	适用于交流电压 450V/750V 及以下的动力装置的固定敷设
绝缘软电线	聚氯乙烯绝缘软电线	BV，RVB（平行连接软线），RVS（双绞线），RWB，RV-105	适用于交流额定电压 450V/750V 及以下的家用电器、小型电动工具、仪器仪表及动力照明等装置。长期工作温度低于 50℃，RV-105 低于 105℃
	橡皮绝缘编织软电线	RXS，RX，RXH	适用于交流额定电压为 300V 及以下的室内照明灯具、家用电器和工具等，长期工作温度不超过 65℃
	橡皮绝缘扁平软电线	RXB	适用于各种移动式的额定电压为 250V 及以下的电气设备、无线电设备及照明灯具等，长期工作温度不超过 60℃
户外用聚氯乙烯绝缘电线	铜芯聚氯乙烯绝缘电线　铝芯聚氯乙烯绝缘电线	BVW　BLVW	适用于交流额定电压 450V/750V 及以下的户外架空固定敷设电线，长期允许工作温度为 -20~+70℃
铜芯聚氯乙烯绝缘安装电线	聚氯乙烯绝缘安装电线　聚氯乙烯绝缘软电线　纤维聚氯乙烯绝缘安装线	AV　AVR　AVRP	用于交流电压 250V 以下或直流电压 500V 以下的弱电流仪表或电信设备电路的连接，使用温度为 -60~+70℃
	纤维聚氯乙烯绝缘安装线	ASTV，ASTVR，ASTVRP	适合用作电气设备、仪表内部及仪表之间固定安装用线。使用温度为 -40~+60℃
专用绝缘电线	绝缘低压电线	QVR，QFR	供汽车、拖拉机中电器、仪表连接及低压电线之用
	绝缘高压电线	QGV，QGXV，QGVY	汽车、拖拉机等发动机、高压点火器的连接线
	航空导线与特殊安装线	FVL，FVLP，FVN，FVNP	用于飞机上的低压线

分类	名 称	型 号	主 要 用 途
电力电缆	油浸纸绝缘电缆	ZLL，ZL，ZLQ，ZLLF，ZLQQ，ZLDF，ZLCY	1~35kV 级，用于电网中传输电能
	塑料绝缘电缆	VLV，VV，YLY	110kV 级，防腐性能好
		YJLV	6~220kV 级
	橡皮绝缘电缆		0.5~35kV 级，用作发电厂、变电站等连接线
	气体绝缘电缆新型电缆（低湿超导）		220~500kV 级，电网中使用

⑥ 电源软导线：其主要作用是连接电源插座与电气设备。由于它用在设备外边，且与用户直接接触并带有可能会危及人身安全的电压，所以其安全性就显得特别重要。电源软导线采用双重绝缘方式，即将两根或三根已带绝缘层的芯线放在一起，在它们外面再加套一层绝缘性能和机械性能好的塑胶层。电源插头的外形如图 3-18 所示。

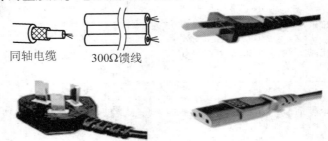

同轴电缆　　300Ω馈线

图 3-18　电源插头的外形

⚠提示：

注意：选用电源线时，除导线的耐压要符合安全要求外，还应根据产品的功耗，选择不同线径的导线，线及插头要分别通过安全认证。

电源插座与机器之间的导线选用要求：

（1）电源线的安全载流量要比机壳内导线的安全系数大。

（2）要考虑气候的变化，导线应该能经受弯曲和移动。注意：在寒冷环境中，塑料导线会变硬。

（3）要有足够的机械强度。

RVB、RVS、YHR 等类型的导线都可以做电源线（RVB：聚氯乙烯绝缘平行线，RVS：聚氯乙烯绝缘双绞线）。

电气设备用聚氯乙烯软导线参数表如表 3-7 所示。

表 3 - 7　电气设备用聚氯乙烯软导线参数表

导体			成品外径/mm						导体电阻/	容许电流/
截面/ mm^2	结构 根/直径	外径/ mm	单芯	双根 绞合	平形	圆形 双芯	圆形 三芯	长圆形	（Ω/km）	A
0.5	20/0.18	1.0	2.6	5.2	2.6×5.2	7.2	7.6	7.2	3.7	6
0.75	30/0.18	1.2	2.8	5.6	2.8×5.6	7.6	8.0	7.6	24.6	10
1.25	50/0.18	1.5	3.1	6.2	3.1×6.2	8.2	8.7	8.2	14.7	14
2.0	37/0.26	1.8	3.4	6.8	3.4×6.8	8.8	9.3	8.8	9.50	20

⑦ 双绞线：在计算机网络通信中，由于频率较高，信号电平较弱，通常采用双绞线。双绞线分成六类，即一类线、二类线、三类线、四类线、五类线和六类线，其中三类以下的线已不再被使用。目前使用最多的是五类线。五类线分五类线和超五类线，超五类线目前应用最多，共 4 对绞线用来提供 10～100MB/s 服务，六类线已经投放使用好长一段时间了，多用来提供 1000MB/s 服务。

双绞线抗电磁干扰性强，双绞线的接线质量会影响网络的整体性能。双绞线在各种设备之间的接法也非常有讲究，应按规范连接。

双绞线有两种接法：EIA/TIA 568B 标准和 EIA/TIA 568A 标准。具体接法如图 3 - 19 所示。

连接方法有两种：

第一种为正线连接（也称直通线），双绞线两边水晶头都按照 EIA/TIA 568B 标准线序连接。

第二种为反线连接，双绞线一边水晶头按照 EIA/TIA 568A 标准连接，另一边水晶头按照 EIT/TIA 568B 标准连接。

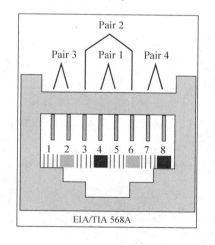

EIA/TIA 568A 线序

1	2	3	4	5	6	7	8
绿白	绿	橙白	蓝	蓝白	橙	棕白	棕

EIA/TIA 568B 线序

1	2	3	4	5	6	7	8
橙白	橙	绿白	蓝	蓝白	绿	棕白	棕

直通线：两头都按 EIA/TIA 568B 线序标准连接

图 3 - 19　双绞线的标准接法

用户可根据实际需要选择用正线或反线。

● PC-PC：反线。

- PC-HUB：正线。
- HUB-HUB 普通口：反线。
- HUB-HUB 级连口-级连口：反线。
- HUB-HUB 普通口-级连口：正线。
- HUB-SWITCH：反线。
- HUB-SWITCH：正线。
- SWITCH-SWITCH：反线。
- SWITCH-ROUTER：正线。
- ROUTER-ROUTER：反线。

注：PC——计算机，HUB——集线器，SWITCH——交换机，ROUTER——路由器。

（2）电线电缆的命名。

电缆的型号由八部分组成：

- 用途代码：不标表示电力电缆，K 表示控制电缆，P 表示信号电缆。
- 绝缘代码：Z 表示油浸纸，X 表示橡胶，V 表示聚氯乙烯，YJ 表示交联聚乙烯。
- 导体材料代码：不标表示铜，L 表示铝。
- 内护套代码：Q 表示铅包，L 表示铝包，H 表示橡胶套；V 表示聚氯乙烯护套。
- 派生代码：D 表示不滴流，P 表示干绝缘。
- 外护层代码。
- 特殊产品代码：TH 表示湿热带，TA 表示干热带。
- 额定电压：单位为 kV。

① 电线电缆名称中包括的内容：

- 产品应用场合或大小类名称。
- 产品结构、材料或形式。
- 产品的重要特征或附加特征。

② 结构描述的顺序：按从内到外的原则：导体→绝缘→内护层→外护层→铠装形式。

③ 简化。在不会引起混淆的情况下，有些结构描述可省写或简写，如汽车线、软线中不允许用铝导体，故不描述导体材料；内外护套材料均一样，可省写内护套材料。

电线电缆的型号组成与顺序如下：

【1：类别、用途】【2：导体材料】【3：绝缘材料】【4：内护层】【5：结构特征】【6：外护层或派生】【7：使用特征】

1-5 项和第 7 项用拼音字母表示，高分子材料用英文名的前 1-2 位字母表示；第 6 项是 1-3 个数字。

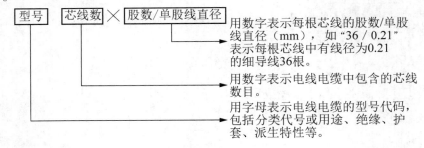

电线电缆的型号命名方法如下，其含义如表 3 - 8 所示。

表 3 - 8 电线型号命名代号表示的意义

分类代号或用途 (用 1~2 个字母表示)		导体材料 (用 1 个字母表示)		绝缘材料 (用 1~2 个字母表示)		护套 (用 1 个字母表示)		派生特性、特征代号	
符号	意义	符号	意义	符号	意义	符号	意义	符号	意义
A	安装电线	T	铜芯导线（常省略）	B	聚丙烯绝缘	A	涂塑铝带黏结屏蔽护套	B	平型（扁平型）
B	布电线			F	聚四氟乙烯绝缘	H	橡胶套	C	重型
C	船用电缆	L	铝芯导线	V	聚氯乙烯（或 PVC 塑料）绝缘	L	铝包	D	带形
F	船空用电线			X	橡皮绝缘	N	尼龙护套	G	高压
H	市内通信电缆			Y	聚乙烯绝缘	P	铜丝编织屏蔽	Q	轻型
K	控制电缆			Z	油浸纸绝缘	P2	铜带屏蔽护套	R	软
P	信号电缆			YF	泡沫聚乙烯绝缘	Q	铅包护套	S	双绞形（多芯线）
R	软线			SE	双丝包绝缘	S	铝钢双层金属带屏蔽聚乙烯护套	T	石油膏填充
S	射频电线（缆）			ST	天然丝绝缘	V	聚氯乙烯（或 PVC）护套	TH	湿热带
Y	特种电缆			YJ	交联聚乙烯（或 XLPE 绝缘）绝缘	Y	聚乙烯护套	TA	干热带
HP	配线电缆			YP	泡沫/实心皮聚乙烯绝缘			ZR	阻燃型

例 1：识读 AV、RV、RVB、RVS、BV、BLV、BVS、BLVVB、SYV 型号的名称。

（1）型号 AV：A 表示安装电线，V 表示聚氯乙烯绝缘材料，因此型号 AV 表示聚氯乙烯绝缘安装电线。

（2）型号 RV：R 表示安装软电线，V 表示聚氯乙烯绝缘材料，因此型号 RV 表示聚氯乙烯绝缘安装软线。

同理，型号 RVB：B 表示平型，RVB 表示铜芯聚氯乙烯绝缘平型连接软线。型号 RVS：S 表示双绞线，RVS 表示铜芯聚氯乙烯绝缘双绞线。

（3）型号 BV：B 表示布电线（即绝缘电线），V 表示聚氯乙烯绝缘材料，因此型号 BV 表示聚氯乙烯绝缘电线。

同理，型号 BLV：L 表示铝芯，BLV 表示铝芯聚氯乙烯绝缘电线；BVS 表示铜芯聚氯乙烯绝缘绞型软线；BLVVB 表示铝芯聚氯乙烯绝缘聚氯乙烯护套平形电缆。

（4）型号 SYV：S 表示射频电缆，Y 表示聚乙烯绝缘材料，V 表示聚氯乙烯护套，因此型号 SYV 表示聚乙烯绝缘同轴射频电缆。

例 2：识读型号 SYWV75-5-1、RVVP2×32/0. 2、ZR-RVS2×24/0. 12 表示的含义。

➤ SYV75-5-1（A、B、C）

S：射频；Y：聚乙烯绝缘；V：聚氯乙烯护套；A：64编；B：96编；C：128编；75：75Ω；5：线径为5mm，1：代表单芯。

➤ SYWV75-5-1

S：射频；Y：聚乙烯绝缘；W：物理发泡；V：聚氯乙烯护套；75：75Ω；5：线缆外径为5mm；1：代表单芯。

➤ RVVP2×32/0.2

R：软线；VV：双层护套线；P：屏蔽；2：2芯多股线；32：每芯有32根铜丝；0.2：每根铜丝直径为0.2mm。

➤ ZR-RVS2×24/0.12

ZR：阻燃；R：软线；S：双绞线；2：2芯多股线；24：每芯有24根铜丝；0.12：每根铜丝直径为0.12mm。

例3：试述规格代号为"RSTVS2×36/0.21"的导线的种类、结构、规格及含义。

解：根据命名规则和表3-8可知规格代号为"RSTVS2×36/0.21"的导线表示天然丝绝缘、聚氯乙烯护套、日用电器用软线、导线的结构为由两根36股（单股线径为0.21mm）线组成的双绞软线。

（3）电线、电缆标志的识别

电线、电缆的标志。电线、电缆的标志的内容包括产地标志、功能标志和长度标志（如果有的话）。

产地标志：主要指导线的制造厂名或商标。

功能标志：主要指导线的型号和规格（注：导线的规格指导体的截面积、芯数、额定电压等）。

长度标志：表示成品导线的长度标识（注：长度标志的距离最多为1m）。

🔔提示：

线材的选用

线材的选用要从电路条件（包括导线在电路中工作时的电流要小于允许电流值；导线很长时，要考虑导线电阻对电压的影响；电路的最大电压应小于额定电压；对不同频率的电路选用不同的线材，要考虑高频信号的趋肤效应；在射频电路中选用同轴电缆馈线，应注意阻抗匹配，防止信号的反射波）、环境条件（温度会使电线的敷层变软或变硬，因此所选线材应能适应环境温度的要求。为防止线材的老化变质，一般情况下线材不要与化学物质及日光直接接触）和机械强度（所选择的电线应具有良好的拉伸、耐磨损和柔软性，质量要轻，以适应环境的机械振动等条件。同时，易燃材料不能作为导线的敷层，防止火灾和人身事故的发生）等多方面综合考虑。不同截面积和线径的导体所允许通过的电流值如表3-9所示。

表 3-9　不同截面积和线径的导体所允许通过的电流值（电流密度为 4A/mm²）

线号 AWG No.	芯线标称 直径/mm	芯线标称截 面积/mm²	允许通过的 电流值/A	线号 AWG No.	芯线标称 直径/mm	芯线标称截 面积/mm²	允许通过的 电流值/A
4/0	11.68	107.2	428.8	22	0.65262	0.324338	1.297352
3/0	10.414	85.7746	340.7098	23	0.57404	0.258806	1.035223
2/0	9.271	67.50605	270.0242	24	0.51054	0.204715	0.818859
0	8.24992	53.45508	213.8203	25	0.45466	0.162354	0.649416
1	7.34822	42.40859	169.6344	26	0.40386	0.128101	0.512402
2	6.53796	33.57175	134.287	27	0.36038	0.102172	0.10869
3	5.82676	26.66513	106.6605	28	0.32004	0.080445	0.321779
4	5.18871	21.14505	84.58019	29	0.28702	0.064701	0.258806
5	4.6228	16.78416	67.13666	30	0.254	0.050671	0.202683
6	4.1148	13.29802	53.19208	31	0.22606	0.040136	0.160545
7	3.66522	10.5509	42.20361	32	0.2032	0.032429	0.19717
8	3.2639	8.366874	33.46749	33	0.18034	0.025543	0.102172
9	2.90576	6.631458	26.52583	34	0.16002	0.020111	0.080445
10	2.58826	5.261448	21.04579	35	0.14224	0.01589	0.063561
11	2.30378	4.16842	16.67368	36	0.127	0.012668	0.050671
12	2.05232	3.308108	13.23243	37	0.1143	0.010261	0.041043
13	1.8288	2.626769	10.50708	38	0.1016	0.008107	0.032429
14	1.62814	2.081963	8.327852	39	0.0889	0.006207	0.024829
15	1.4478	1.646291	6.585165	40	0.07874	0.004869	0.019478
16	1.29032	1.307628	5.230154	41	0.07112	0.003973	0.01589
17	1.15062	1.039808	4.159234	42	0.0635	0.003167	0.012668
18	1.02362	0.822938	3.291751	43	0.056388	0.002497	0.009989
19	0.91186	0.653049	2.612196	44	0.60508	0.002027	0.008107
20	0.1828	0.518868	2.075472	45	0.044704	0.00157	0.006278
21	0.7239	0.411573	1.646291				

（3）绝缘材料。

绝缘材料又称为电介质，是指具有高电阻率、电流难以通过的材料，在电子产品中主要用于包扎、衬垫、护套等。绝缘材料的作用是在电气设备中把电位不同的带电部分隔离开来。因此，绝缘材料应该有较高的绝缘电阻和耐压强度，能避免发生漏电、爬电或电击穿等事故；耐热性能要好（其中尤其以不因长期受热作用而产生性能变化最为重要）；还应有良好的导热性、耐潮、较高的机械强度及工艺加工方便等特点。

① 绝缘材料的分类：绝缘材料按其用途可分为介质材料（如陶瓷、玻璃、塑料膜、云母、电容纸等）、装置材料（如装置陶瓷、酚醛树脂等）、浸渍材料和涂敷材料等类型。

绝缘材料按化学性质可分为以下三种类型。

● 无机绝缘材料：如云母、石棉、陶瓷等，主要用于电机、电器的绕组绝缘，以及开关板、骨架和绝缘子的制造材料。

● 有机绝缘材料：如虫胶、树脂、橡胶、棉丝、纸、麻、人造丝等，其特点是密度小、易加工、柔软，但耐热性不高、化学稳定性差、容易老化。主要用于电子元器件和复合绝缘材料的制造。

● 复合绝缘材料：由以上两种材料经加工后制成的各种成形绝缘材料，常作为电器底座、外壳等，如玻璃布层压板。

绝缘材料按物质形态可分为气体绝缘材料（如空气、氮气、氢气等）、液体绝缘材料（如电容器油、变压器油、开关油等）和固体绝缘材料（如电容器纸、聚苯乙烯、云母、陶瓷、玻璃等）三种类型。

② 常用绝缘材料及其主要用途。

● 薄型绝缘材料：主要用于包扎、衬垫、护套等。

绝缘纸：常用的有电容器纸、青壳纸、铜板纸等，主要用于要求不高的低压线圈绝缘。

绝缘布：常用的有黄蜡布、黄蜡绸、玻璃漆布。这种材料也可制成各种套管，用于导线护套。

有机薄膜：常用的有聚酯、聚酰亚胺、聚氯乙烯、聚四氟乙烯薄膜。一般可代替绝缘纸或绝缘布。

黏带：有机薄膜涂上胶黏剂就成为各种绝缘黏带。

塑料套管：用聚氯乙烯为主料做成的各种颜色和规格的套管，大量用在电子产品装配中。还有一种热缩性塑料套管，经常作为电线端头的护套。

绝缘漆：主要用于浸渍电气线圈和表面覆盖。

● 热塑性绝缘材料：可以进行热塑加工，用于各种护套、仪器盖板等。

● 热固性层压材料：常作为绝缘基板。

● 橡胶制品：橡胶在较大的温度范围内具有优良的弹性、电绝缘性，以及耐热、耐寒和耐腐蚀性，是传统的绝缘材料，用途非常广泛。

● 云母制品：云母是具有良好的耐热、传热、绝缘性能的脆性材料，主要用于耐高压且能导热的场合，如作为金属封装大功率晶体管与散热片之间的绝缘垫片。

🔔 提示：

常用绝缘材料的选用

常用绝缘材料及用途如表 3-10 所示。使用时应根据产品的电气性能和环境条件要求，合理选用绝缘材料。

表 3-10 常用绝缘材料及用途

名称及标准号	型号	特性及用途
电缆纸 QB131-61	K-08，K-12，K-17	用作 35kV 的电力电缆、控制电缆、通信电缆及其他电缆绝缘纸
电容器纸 QB603-72	DR-Ⅲ	在电子设备中作为变压器的层间绝缘
黄漆布与黄漆绸 JB879-66	2010（平放）2210	适用于一般电机电器衬垫或线圈绝缘
黄漆管 JB883-66	2710	有一定的弹性，适用于电气仪表、无线电器件和其他电气装置的导线连接保护和绝缘
环氧玻璃漆布		适用于包扎环氧树脂浇注的特种电器线圈

续表

名称及标准号	型号	特性及用途
软聚氯乙烯（带）HG2-64-65		电气绝缘及保护，颜色有灰、白、天蓝、紫、红、橙、棕、黄、绿等
聚四氟乙烯电容器薄膜、聚四氟乙烯电容器绝缘薄膜	SFM-1 SFM-3	用于电容器及电气仪表中的绝缘，使用温度为-60~+25℃
酚醛层压纸板 JB885-66	3021 3023	3023 具有低的介质损耗，适用于无线电通信
酚醛层压布板 JB886-66	3025	有较高的机械性能和一定的介电性能，适用于在电气设备中作为绝缘结构零部件
环氧酚醛玻璃布板 JB887-66	3240	有较高的机械性能、介电性能和耐水性，适用于潮湿环境下作为电气设备结构零部件

（3）印制电路板基材。

印制电路板是在绝缘基材上按预定设计形成的印制元器件或印制线路及两者结合的导电图形。其制作过程是将导电图形"印制"在覆铜板上，通过腐蚀液去掉导电图形以外的铜箔，保留导电图形部分的铜箔。

印制电路板基材是可在其上形成导电图形的绝缘材料。基材可以是刚性或挠性的，也可以是不覆铜箔的或覆铜箔的。

① 印制电路板的分类。印制电路板按照结构划分，可分为单面印制电路板、双面印制电路板、多层印制电路板三种类型。

● 单面印制电路板：仅一面上有导电图形的印制电路板，适用于对电气性能要求不高的收音机、收录机、电视机、仪器和仪表等。

● 双面印制电路板：两面均有导电图形的印制电路板，适用于对电气性能要求较高的通信设备、计算机、仪器和仪表等。

● 多层印制电路板：由多于两层导电图形与绝缘材料交替黏结在一起且层间导电图形互连的印制电路板，包括刚性和挠性多层印制电路板及刚性与挠性结合的多层印制电路板，目前，广泛使用的有四层、六层、八层，更多层的也有应用。

印制电路板按照机械性能划分，可分为刚性印制电路板和挠性印制电路板。

● 刚性印制电路板：用刚性基材制成的印制电路板。

● 挠性印制电路板：用挠性基材制成的印制电路板，此类印制电路板除重量轻、体积小、可靠性高以外，最突出的特点是具有挠性，能折叠、弯曲甚至卷绕，在电子计算机、自动化仪表、通信设备中应用广泛。

按照基材组成材料分类，印制电路板可分为覆铜箔合成树脂黏结片或覆铜箔聚合物薄膜、未覆铜箔合成树脂黏结片或未覆铜箔聚合物薄膜二类。

● 覆铜箔合成树脂黏结片或覆铜箔聚合物薄膜（又称覆铜箔板，简称覆铜板）：基材表面覆有铜箔，可利用选择性工序去除导电箔的不必要部分，得到导电图形。

● 未覆铜箔合成树脂黏结片或未覆铜箔聚合物薄膜：基材表面未覆铜箔，可在未覆铜箔基材上选择性沉积导电材料，从而获得导电图形。

印制电路板基材的组成：

$$\text{基材的组成}\begin{cases}\text{电解铜箔}\\\text{增强材料：玻璃纤维布(毡)、纤维纸等}\\\text{黏合剂：酚醛、环氧、聚酯、聚酰亚胺、聚四氟乙烯、有机硅等}\\\text{添加剂：固体剂、稳定剂、防燃剂等}\end{cases}$$

刚性印制电路板用覆铜箔基材，可分为覆铜箔酚醛纸质层压板，覆铜箔环氧纸质层压板、覆铜箔环氧玻璃布层压板、覆铜箔聚四氟乙烯玻璃布层压板等。层压板是由两层或多层预浸材料叠合后，经加热加压黏结成形的板状材料。

- 覆铜箔酚醛纸质层压板：是由绝缘浸渍纸或棉纤维纸浸以酚醛树脂，经热压而成的层压制品（两表面胶纸可再覆单张无碱玻璃浸渍布），其一面覆以铜箔。
- 覆铜箔环氧酚醛玻璃布层压板：是由电工用无碱玻璃布浸以环氧酚醛树脂再经热压而成的层压制品，其一面或双面覆以铜箔。
- 覆铜箔环氧玻璃布层压板：是用无碱玻璃布浸渍含有固化剂的环氧树脂经热压而成的层压制品，其一面或双面覆以铜箔。
- 聚四氟乙烯玻璃布覆铜箔层压板：是由无碱玻璃布浸渍聚四氟乙烯分散乳液作为基板，覆上氧化处理过的铜箔经高温高压而成的板状材料。

部分刚性印制电路板用覆铜箔基材的性能特点如表3-11所示，部分挠性印制电路板用覆铜箔基材的性能特点如表3-12所示。

表3-11　部分刚性印制电路板用覆铜箔基材的性能特点

品种	铜箔厚度（μm）	工作温度（℃）	性能特点	典型应用
覆铜箔酚醛纸质层压板	50~70	70~105	不耐高温，阻燃性差，过热会引起碳化，潮湿环境下绝缘电阻降低	中、低档消费类电子产品，如一般无线电收音机、录音机、电视机等
覆铜箔环氧纸质层压板	35~70	90~110	电气性能优于酚醛纸基板，机械性能和机械加工性能好，耐高温，耐潮湿较好	工作环境好的仪器仪表和中、高档消费类电子产品
覆铜箔环氧玻璃布层压板	35~50	130	机械性能高于纸基材料，电气性能好，弯曲强度、耐冲击性、尺寸稳定性、翘曲度和耐焊接、耐热冲击性好，受恶劣环境（湿度）影响小，基板透明度较好	工业装备或计算机等高档电子产品
覆铜箔聚四氟乙烯玻璃布层压板	35~50	−230~+260（200以下可长期使用）	介电性能、化学稳定性好，耐高温、耐腐蚀，高绝缘，其介质损耗小，介电常数低	超高频（微波）、航空航天和军工产品

表3-12　几种挠性印制电路板用覆铜箔基材的性能特点

品种	工作温度	性能特点
覆铜箔聚脂薄膜	80℃~130℃	被加热时能够形成可伸缩式线圈；在焊接温度下容易软化和变形，耐湿性好，具有优良的电气性能

续表

品种	工作温度	性能特点
覆铜箔聚酰亚胺薄膜	能够在高达150℃的温度下连续工作。而用氟化乙丙烯（FEP）胶黏的特殊熔接型聚酰亚胺薄膜可以在250℃的高温环境中使用	良好的可挠性和优良的电气性能；易受潮影响电气性能，但能够通过预热处理去除所吸收的水分
覆铜箔氟化乙丙烯薄膜（FEP）	可在低于250℃的温度下工作，熔化温度为290℃左右	通常和聚酰亚胺或玻璃布结合在一起制成层压板，可以作为非支撑材料使用；具有良好的可挠性和稳定性；具有优良的耐潮性、耐酸性、耐碱性和耐有机溶剂性；主要的缺点是层压时在层压温度下导电图形易发生移动

注：机械加工性：覆箔板经受钻、锯、冲、剪等机加工而不发生开裂、破碎或其他损伤的能力。

弯曲强度：材料在弯曲负荷下达到规定挠度时或破裂时能承受的最大应力。

覆箔板按照厚度划分，可分为厚板（板厚范围0.8mm～3.2mm，含Cu）和薄板（板厚范围小于0.78mm，不含Cu）。

② 覆箔板的选用原则。

a. 材料选用的原则：

● 必须满足电气性能、机械物理性能的设计指标与要求。

● 必须保证电子设备在工作条件下的可靠性。

● 必须适应加工工艺要求。采用的工艺决定了应使用覆金属箔基材（减成工艺），还是不使用覆金属箔基材（加成或半加成工艺）。

● 考虑印制电路板的类型，如单面板、双面板、多层板、刚性板、挠性板和刚挠印制电路板。

● 考虑特殊的性能，如阻燃性和燃烧特性、机械加工性、挠性等。

● 考虑经济指标。

b. 选用选用覆箔板时应考虑的主要性能：

● 厚度。

● 抗剥强度。由于各种材料的特点，铜箔与基板的附着力也不同，可根据使用要求来选择相应的材料。

● 翘曲度。印制电路板的翘曲极易造成印制插头与插座之间的接触不良，甚至损坏元器件。金属化孔被破坏，所以必须考虑覆铜箔板的翘曲度。

● 介电常数。覆铜板的介电常数应低，以减小寄生电容。

● 介质损耗角。选用覆铜板时介质损耗角要小。

● 表面绝缘电阻。为了使印制电路板符合电气性能的要求，必须考虑材料表面的绝缘电阻。

（4）磁性材料。

磁性材料通常分为两大类：软磁材料和硬磁材料（又称为永磁材料）。

软磁材料：主要特点是高导磁率和低矫顽力，其在较弱的外磁场下能产生高的磁感应强度，并随外磁场的增强很快达到饱和。当外磁场去除时，它的磁性基本消失。

硬磁材料：又称为永磁材料，其主要特点是具有高矫顽力，在所加磁化磁场去掉后仍能在较长时间内保持强而稳定的磁性。永磁材料包括金属永磁性材料和永磁铁氧体材料。

软磁材料主要用来导磁，作为变压器、扼流圈、电感线圈、继电器的铁芯或磁芯、听筒的膜片、扬声器中的导磁零件等。永磁材料主要用来储存和供给磁能，用于各种电声器件，如扬声器、拾音器、话筒等。此外，在电子聚焦装置、磁控管、微电机中也有应用。表3-13所示为常用磁性材料的主要用途。

表3-13　常用磁性材料的主要用途

分类	名称	型号	主要用途
金属软磁材料	电磁纯铁	DT3~DT6	用于磁体屏蔽、话筒膜片、直流继电器磁芯等恒定磁场（不适用于交流）
	硅钢片	DQ，QW系列	电源变压器、音频变压器、铁芯扼流圈、电磁继电器的铁芯，还可作为驱动控制用微电机的铁芯（低频）
	铁镍合金	1J50，1J79系列	中、小功率变压器、扼流圈、继电器及控制微电机的铁芯
		1J51 1J85~1J87	中、小功率的脉冲变压器和记忆元器件，扼流圈、音频变压器铁芯，也可用于录音机磁头
	软磁合金	1J6，1J12，J13，J16等	微电机铁芯、中功率音频变压器、水声和超声器件、磁屏蔽等
	非晶态软磁材料	Fe，Fe-Ni Fe-Co系列	50~400Hz电源变压器、20~200kHz开关电源变压器
	磁介质（铁粉芯）	Fe	用于制造高频电路中磁性线圈（可达几十兆赫）
非金属软磁材料	铁氧体磁性材料（铁淦氧）	锰锌铁氧体	适用于2MHz以下的磁性元器件，如滤波线圈、中频变压器、偏转线圈、中波磁性天线等的磁芯
		MnO，ZnO，Fe_2O_3	高频性能（1~800MHz）、短波天线磁棒及调频中周和高频线圈磁芯
金属永磁材料	铝镍钴系（铸造粉末）稀土类永磁材料、塑性变形永磁材料		用于微电机、扬声器耳机、继电器、录音机、电机等
	永磁铁氧体材料、塑料铁氧体材料	BaM	扬声器、助听器、话筒等电声器件的永磁体，以及电视机显像管、耳机、薄型扬声器、舌簧开关、继电器、磁放大器、伺服电机和磁性信息存储器等

（5）焊接材料。

将元器件引线与印制板或底座焊接在一起的过程称为焊接。在焊接过程中用于熔合两种或两种以上的金属面，使它们成为一个整体，且熔点低于427℃的金属合金称为焊料。焊料是一种熔点低于被焊金属，在被焊金属不熔化的条件下，能润湿被焊金属表面，并在接触面处形成合金层的物质。按组成的成分不同，焊料可分为锡铅焊料、银焊料和铜焊料等；按熔点不同，焊料可分为软焊料（熔点在450℃以下）和硬焊料（熔点高于450℃）。在电子产品装配中，常用的是锡铅焊料。锡铅焊料有三种类型：Sn60Pb40（意为焊料中Sn占60%，Pb占40%，后同）、Sn62Pb36Ag2和Sn63Pb37，锡铅合金焊料共晶熔点低，只有183℃。铅能降低焊料表面张力，便于润湿焊接面，成本低。

①常用焊料。焊锡丝：焊锡丝是手工焊接用的焊料，制作时将焊剂与焊锡放在一起做成管状，在焊锡管中夹带固体焊剂。焊剂一般选用特级松香为基质材料，并添加一定的活化剂，如盐酸二乙胺等。锡铅组分不同，熔点就不同。如Sn63Pb37熔点为183℃，Sn62Pb36Ag2熔点为179℃。

常用的焊锡丝有Multicore公司的Sn60Pb40，Kester公司的Sn60Pb40。管状焊锡丝的截面直径有0.2、0.3、0.4、0.5、0.6、0.8、1.0等多种规格（单位：mm）。焊接通孔插装元器件可选用截面直径 0.5、0.6mm 的焊锡丝。焊接 SMC（表面安装元器件）或 50MILA（毫英寸）间距的元器件可用截面直径 0.4、0.3mm 的焊锡丝。焊接密间距的 SMD 可选用截面直径 0.2mm 的焊锡丝。焊锡丝表面光滑，呈黑亮（含铅）或银白色（无铅）。

抗氧化焊锡：在锡铅合金中加入少量的活性金属，能使氧化锡、氧化铅还原，并漂浮在焊锡表面形成致密覆盖层，从而保护焊锡不被继续氧化。这类焊锡适用于浸焊和波峰焊。

含银焊锡：在锡铅焊料中加 0.5%～2.0% 的银，可减少镀银件中银在焊料中的熔解量，并可降低焊料的熔点，适合焊接含银焊件。

焊膏：表面安装技术中一种重要的黏贴材料，是一种由焊粉、有机物和溶剂组成的糊状物。能方便地用丝网、模板或点膏机印涂在印制电路板上，需要在 0～5℃ 的温度条件下保存。

常用焊膏金属组分、物态范围、性质与用途如表 3-14 所示。

表 3-14　常用焊膏金属组分、物态范围、性质与用途

金属组分	物态范围	性质与用途
Sn63Pb37	183E	共晶常温焊料。适用于常用 SMA 焊接，但不适用于含 Ag、Ag/Pa 材料电极的元器件
Sn60Pb40	183S～188L	近共晶常温焊料，易制得，用途同上
Sn62Pb36Ag2	179E	共晶常温焊料。易于减少 Ag、Ag/Pa 材料电极的浸析，广泛用于 SMA 焊接（不适用于金）
Sn10Pb88Ag2	268S～290L	近共晶高温焊料。适用于耐高温元器件及需两次再流焊的 SMA 的第一次再流焊（不适用于金）
Sn96.5Ag3.5	221E	共晶高温焊料。适于要求焊点强度较高的 SMA 的焊接（不适用于金）
Sn42Bi58	138E	共晶低温焊料。适用于热敏元器件及需要两次再流焊的 SMA 的第二次再流焊

注：S—固态；L—液态；E—共晶态。S、L、E 前的数值是温度值（℃）。

应优先采用免清洗焊膏（焊剂残留物低的焊膏）。对普通焊膏，推荐黏度如表 3-15 所示。

表 3-15　推荐的焊膏黏度

施膏方法	丝网印刷	漏板印刷	注射滴涂
粘度	300～800	对普通 SMD： 500～900 对细间距 SMD： 700～1300	150～300

可采用 RMA（中等活性）焊剂、RA（全活性）焊剂和免清洗焊剂。推荐采用的粒度等级如表 3-16 所示。

表 3-16　推荐采用的 4 种粒度等级的焊膏（单位：μm）

类型	小于 1% 的颗粒尺寸	至少 80% 的颗粒尺寸	最多 10% 的颗粒尺寸
1	>150	75～150	<20
2	>75	45～75	<20
3	>45	50～45	<20
4	>38	20～38	<20

焊粉：用于焊接的金属粉末，其直径为 $15\sim20\mu m$，目前已有 Sn－Pb、Sn－Pb－Ag、Sn－Pb－In 等。有机物包括树脂或一些树脂溶剂混合物，用来调节和控制焊膏的黏性。使用的溶剂有触变胶、润滑剂、金属清洗剂。

无铅焊料：目前，国际上并没有无铅焊料的统一标准。通常是以锡为基体，添加少量的铜、银、铋、锌或铟等组成。例如，美国推荐的锡、4%银、0.5%铜的焊料，日本推荐的锡、3.2%银、0.6%铜的焊料。应该指出，这些焊料中并不是一点铅都没有，通常规定其含量小于 0.1%。使用无铅焊料带来的问题是熔点高（260℃以上），润湿差，成本高。

② 助焊剂：进行锡铅焊接的辅助材料（简称为焊剂，见表 3－17）。助焊剂主要用于锡铅焊接中使被焊金属表面被熔融焊料润湿及去除被焊金属表面的氧化物，防止焊接时被焊金属和焊料再次出现氧化，并降低焊料表面的张力，增加焊料的流动性，使焊点美观有助于焊接。

助焊剂的作用示意图如图 3－20 所示。

图 3－20　助焊剂的作用示意图

电子产品焊接时对助焊剂（焊剂）的要求如下：熔点应低于焊料，表面张力、黏度、比重小于焊料，残渣易于清除，不能腐蚀母材，不产生有害气体和刺激性气味。

助焊剂分成下述三类：

L 型助焊剂——低活性或无活性助焊剂或助焊剂残余物。

M 型助焊剂——中等活性助焊剂或助焊剂残余物。

H 型助焊剂——高活性助焊剂或助焊剂残余物。

L 型或 M 型助焊剂应用于组装焊接。对于不清除（免清洗）残余助焊剂的应用场合，建议使用免清洗的 L 型助焊剂。无机酸助焊剂和 H 型助焊剂可用于接端、硬导线和密封元器件的搪锡。无机酸助焊剂不能用于组装焊接，仅用于助焊、焊接、清洗和清洁度测试，接端、硬导线和密封元器件的焊接可使用 H 型助焊剂。当使用 H 型助焊剂时，必须进行清洗。当液体助焊剂和其他助焊剂一起使用时，应保证其相容性。

电子产品装配中常用的助焊剂是松香类助焊剂（主要成分是松香）。

松香液配制：酒精∶松香块＝1∶3。在加热情况下，松香具有去除焊件表面氧化物的能力，同时焊接后形成的膜层具有覆盖和保护焊点不被氧化腐蚀的作用。松香助焊剂的缺点是酸值低、软化点低（55℃左右），且易结晶、稳定性差，在高温时很容易碳化而造成虚焊。

目前出现了一种新型的助焊剂——氢化松香，它是用普通松脂提炼的。氢化松香在常温下不易氧化变色，软化点高、脆性小、酸值稳定、无毒、无特殊气味、残渣易清洗，适用于波峰焊接。

🔊提示：

使用助焊剂应注意以下问题

（1）对可靠性要求较高的产品及高频电子产品，焊接后要用专用清洗剂清除助焊剂的残留物。常用的松香类助焊剂在超过60℃时，绝缘性能会下降，焊接后的残渣对发热元器件有较大的危害，所以要在焊接后清除助焊剂残留物。

（2）存放时间过长的助焊剂不宜再使用。因为助焊剂存放时间过长时，助焊剂的成分会发生变化，活性变差，影响焊接质量。

（3）对可焊性较差的元器件使用活性较强的助焊剂。在元器件加工时，若引线表面状态不太好，又不便采用有效的清洗手段时，可选用活化性强和清除氧化物能力强的助焊剂。

（4）对可焊性较好的元器件宜使用残留物较少的免清洗助焊剂。在总装时，焊件基本上都处于可焊性较好的状态，可选用助焊性能不强、腐蚀性较小、清洁度较好的助焊剂。

表 3-17 常用助焊剂的配方及主要用途

品种	配方/g	酸值	浸流面积/m^2	绝缘电阻/Ω	可焊性	适用范围
盐酸二乙胺助焊剂	盐酸二乙胺4、三乙醇胺6、特级松香20、正丁醇10、无水乙醇60	47.66	749	1.4×10^{11}	好	整机手工焊，元器件、零部件的焊接
盐酸苯胺助焊剂	盐酸苯胺4.5、三乙醇胺2.5、特级松香23、无水乙醇70、溴化水杨酸10	53.4	418	2×10^9	中	浸焊及手工焊
HY-3A	溴化水杨酸9.2、缓蚀剂0.12、改性丙烯酸1.3、树脂A2、X-3过氯乙烯9.2、特级松香18、无水乙醇61.4	53.76	351	1.2×10^{10}	中	浸焊、波峰焊
201助焊剂	树脂A20、溴化水杨酸10、特级松香20、无水乙醇50	57.97	681	1.8×10^{10}	好	元器件引线浸焊、波峰焊
210-1助焊剂	溴化水杨酸7.9、丙烯酸树脂1013.5、特级松香20.5、无水乙醇60		551		好	印制电路板储存保护
SD助焊剂	SD6.9、溴化水杨酸3.4、特级松香12.7、无水乙醇77	38.49	529	4.5×10^9	好	浸焊、波峰焊
TH-1预涂助焊剂	改性松香29、活化剂0.2、缓蚀剂0.02、表面活化剂1、无水乙醇70	90	90%以上可焊率	1×10^{11}		印制电路板预涂防氧化

③ 清洗剂：在完成焊接操作后，焊点周围存在残余助焊剂、油污等杂质，对焊点有腐蚀作用，会造成绝缘电阻下降、电路短路或接触不良等，因此要对焊点进行清洗。

常用的清洗剂有无水乙醇（无水酒精）、航空洗涤汽油、三氯三氟乙烷（F113）。

④ 阻焊剂：阻焊剂是一种耐高温的涂料，作用是保护印制电路板上不需要焊接的部位。常见的印制电路板上没有焊盘的绿色涂层即阻焊剂。广泛用于浸焊和波峰焊。

阻焊剂具有以下优点。

● 在焊接中，可避免或减少浸焊时桥接、拉尖、虚焊等现象，使焊点饱满，大大减少板子的返修量，提高焊接质量，保证产品的可靠性。

- 使用阻焊剂后，除焊盘外，其余部分均不上锡，可节省大量焊料；另外，由于受热区域小、冷却快，可降低印制电路板的温度，进而减小印制电路板受到的热冲击，使印制电路板的板面不易起泡和分层，起到了保护元器件和集成电路的作用。
- 由于板面部分为阻焊剂膜所覆盖，增加了一定硬度，是印制电路板很好的永久性保护膜，还可以起到防止印制电路板表面受到机械损伤的作用。

阻焊剂的种类有很多，一般分为干膜型阻焊剂和印料型阻焊剂。现广泛使用印料型阻焊剂，这种阻焊剂又可分热固化和光固化两种。热固化阻焊剂的优点是附着力强，能耐 300℃高温，缺点是要在 200℃高温下烘烤 2 小时，板子易翘曲变形，能源消耗大，生产周期长；光固化阻焊剂（光敏阻焊剂）的优点是在高压汞灯照射下，只要 2~3 分钟就能固化，节约了大量能源，大大提高了生产效率，便于组织自动化生产，毒性低，减少了环境污染。缺点是溶于酒精，能与印制电路板上喷涂的助焊剂中的酒精成分相溶而影响印制电路板的质量。

⑤ 粘合剂（见表 3-18）：又称为胶粘剂，是一种具有优良粘结性能，能将各种材料牢固地粘结为一体的物质。

粘合剂具有重量轻、耐疲劳、强度高、适应性强、能密封、能防锈等特点，但其使用温度不高，若超过使用温度则会使其强度迅速下降。

粘合剂的分类如下。

按粘合强度可分为低强度粘合剂、中强度粘合剂和高强度粘合剂。

按胶合件材料分：

- 橡胶，用于橡胶之间、橡胶与金属之间的粘合，如 xy-401 胶。
- 木胶，用于木料之间的黏合，如牛皮胶、聚醋酸胶。
- 塑料胶，用于一般塑料之间、塑料与金属之间的粘合，如聚氨酯类的 101 胶。
- 纤维胶，用于纤维板层压、浸渍及其胶合，如缩醛类 X98-1 胶。
- 硬质材料胶，用于陶瓷、玻璃、金属等材料之间的黏合，如环氧胶。
- 有机玻璃胶，用于黏合有机玻璃，经抛光后无痕迹，如三氯甲烷、502 胶。

按胶膜的特殊性能分（特种黏合剂）：

- 导电胶，具有良好的导电性能。
- 导磁胶，具有较好的导磁性能，用于硅钢片、铁氧体磁芯的胶结。
- 感光胶，胶膜对光照有敏感性，可作为丝网漏印的模板。
- 密封胶，胶膜的气密性好，有一定弹性，用于要密封的场合，如聚醚型聚氨酯胶。
- 防潮灌封胶，具有防潮、绝缘和固定作用，为线包组件的灌封材料，如有机硅凝胶。
- 超低温胶，在 -196℃或更低的负温下仍有较好的黏合强度，如 DW-3 胶。
- 高温结构胶，在 180~250℃温度中仍具有中等黏合强度，如 E-4 胶。
- 压敏胶，胶合时只需要用手指的压力就能黏合，胶膜不固化，能被撕剥，便于返修，适于标牌的黏贴。
- 热熔胶，在室温时为固态，加热到一定温度时成为熔融状态，冷却后，可与被黏物体接在一起。

表 3-18 常用黏合剂特性和应用一览表

牌号名称	组分	固化条件	应用
101 乌得当胶	双组分甲、乙	室温下 5～6 小时，100℃下 1.5～2 小时，130℃下 30 分钟	纸张、皮面、木材；一般材料；金属胶合
XY-401 橡胶	单组分立体胶，丁(烷)基酚甲醛树脂	室温下 24 小时，80～90℃下 2 小时	橡皮之间，橡皮与金属、玻璃、木材的胶合
501、502 瞬干胶	单组分	室温下仅几秒至几分钟	金属、陶瓷、玻璃、塑料（除聚乙烯、聚四氟乙烯外），橡皮本身及相互间胶合
Q98-1 硝基胶	单组分	常温下 24 小时	织物、木材、纸之间胶合，镀层补涂
G98-1 过氯乙烯胶	单组分，过氯乙烯树脂	常温下 24 小时	聚氯乙烯自身及其与金属、织物之间的胶合
白胶水	单组分，聚醋酸乙烯树脂	常温下 24 小时	织物、木材、纸、皮革自身或相互间胶合
X98-1 缩醛胶	单组分	60℃下 8 小时 80～100℃下 2～4 小时	金属、陶瓷、玻璃、塑料（聚氯乙烯、聚乙烯除外）自身及相互间胶合
压敏胶	单组分，氯丁橡胶	室温无固化期	轻质金属、纸、塑料薄膜标牌的胶合
204 耐高温胶	单组分，酚醛缩醛有机硅	180℃下 2 小时	各种金属玻璃钢、耐热酚醛板自身及相互间胶合
环氧胶	多组分，环氧树脂为基体	不同固化剂、不同比例有不同固化条件	柔韧型用于橡胶与塑料，刚性型多作为结构胶用，胶合金属、玻璃、陶瓷、胶木

⑥ 其他材料如下。

塑料：一种绝缘材料，在电子产品制作中，常用在布线工艺上。其特点是原料丰富、价格便宜，但对温度和潮湿的变化比较敏感。在电子产品生产工艺中，常用塑料有聚酰胺（尼龙）、甲基丙烯酸甲酯（有机玻璃）、酚醛塑料、工程塑料等。

漆料：电子设备装配中，漆料主要用于书写元器件的文字代号、标出焊接点及螺钉装配的合格标记、产品总装等场合。

电子安装小配件如下。

● 焊片：通常固定在螺钉、接线柱、大功率器件等零部件上，是一种导电附件，其外形如图 3-21 （a）所示。

● 散热器：用来传导、释放热量的装置，常由传热较好的铝或铜等金属制造，其外形如图 3-21 （b）所示。

● 扎线带：采用 UL 尼龙 66 （Nylon 66）材料注塑制成，防火等级 94V-2，具有良好的耐酸、耐腐蚀、绝缘性，不易老化，承受力强。操作温度为-20～+80℃（普通尼龙操作温度为 66℃）。扎线带广泛应用于电子厂捆扎电视机、计算机等内部连接线，以及灯饰、电机、电子玩具等产品内线路的固定。该产品具有绑扎快速、绝缘性好、自锁紧固、使用方便等特点，其外形如图 3-21 （c）所示。

（6）装配工具。

在电子产品装配过程中，必须使用一些工具和设备，主要包括常用的五金工具、焊接工具和专用设备等。目前，在电子产品的生产装配中，大多采用自动化程度很高的专业流水线，如剥线机、捻头机、成形机、切脚机、压接机、插件机、浸焊机、波峰机、贴片机等专用设备。随着电子工具的发展，新型多功能乃至智能化的机器人的出现，使绝大部分的手工操作被专用设备代替。但是手工工具，如螺钉旋具（各种螺丝刀）、扳手、电烙铁、尖嘴钳、偏口钳、剪刀、镊子等，仍然是装配工人不可缺少的工具。作为整机生产的技术人员，只有对这些常用工具和专用设备有所了解，并熟练地掌握其使用方法、操作要领及维护知识，才能真正成为一名合格的电子产品生产者、管理者或产品开发技术人员。

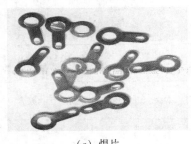
（a）焊片

（b）散热器

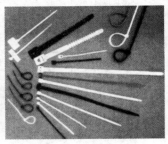
（c）扎线带

图 3-21　焊片、散热器及扎线带

① 普通工具。

普通工具是指既可用于电子产品装配，又可用于其他机械装配的通用工具，如螺钉旋具、尖嘴钳、斜口钳、钢丝钳、剪刀、镊子、扳手、手锤、锉刀等。

a. 螺钉旋具（也称为螺丝刀，俗称改锥或起子），用于紧固或拆卸螺钉。常用的螺钉旋具有一字形、十字形两大类，又分为手动、自动、电动和风动等形式。一字形螺钉旋具如图 3-22 所示。十字形螺钉旋具如图 3-23 所示。小型电动和风动螺钉旋具如图 3-24 所示。

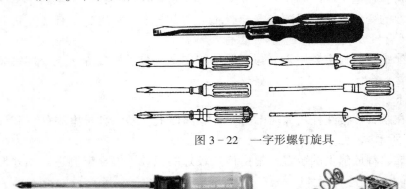
图 3-22　一字形螺钉旋具

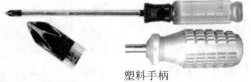
塑料手柄
图 3-23　十字形螺钉旋具

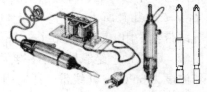
图 3-24　小型电动和风动螺钉旋具

b. 螺帽旋具（螺帽起子），适用于装拆外六角螺母或螺丝，比使用扳手效率高、省力，不易损坏螺母或螺钉。螺帽旋具如图 3-25 所示。

c. 尖嘴钳，通常使用的尖嘴钳有两种：普通尖嘴钳和长尖嘴钳。主要用来夹持零件、导线及进行零件引脚弯折，还能将单股导线弯成所需要的各种形状。尖嘴钳内部有一剪口，用来剪断直径 1mm 以下的细小电线。尖嘴钳如图 3 - 26 所示。

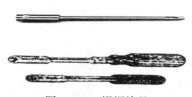

图 3 - 25　螺帽旋具

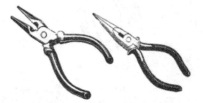

图 3 - 26　尖嘴钳

⌂提示：

　　使用时注意事项：不允许用尖嘴钳拆装螺母，也不允许把尖嘴钳当锤子使用。为防止钳嘴端头断裂，不宜用尖嘴钳，尤其是长尖嘴钳网绕、夹取较粗、较硬的金属导线及其他物体。要防止尖嘴钳头部长时间受热，如经常用其夹取焊片等在锡锅内热浸锡。这样容易使尖嘴钳头部退火，降低钳头部分强度，也容易使塑料柄熔化或老化。为了确保使用者人身安全，严禁使用塑料柄破损、开裂的尖嘴钳在非安全电压下操作。

　　d. 钢丝钳（平口钳），主要用于夹取和拧断金属薄板及金属丝等，有带铁柄和带绝缘柄两种。带绝缘柄的钢丝钳可在带电的场合下使用，工作电压一般在 500V，有的则可耐压 5000V。钢丝钳的规格以钳身长表示，有 150mm、175mm、200mm、225mm 等几种。在剪切时，先根据钢丝粗细合理选用不同规格的钢丝钳，然后将钢丝放在剪口根部，不要放斜或靠近剪口边缘，以防崩口卷刃。钢丝钳可用于弯曲元器件的引脚或导线。钢丝钳如图 3 - 27 所示。

⌂提示：

　　使用时注意事项：剪切带电导线时，应单根剪切，不允许用刀口同时剪切相线和零线或同时剪切两根相线，以避免造成短路事故；使用时必须检查绝缘柄上的绝缘套管是否完好。破损的绝缘套管应及时更换，不能勉强使用；钳头不能当作敲打的锤子来使用，钳头的轴销上应经常加机油润滑。

　　e. 斜口钳（偏口钳），用于剪断较粗的金属丝、零件脚、线材及导线电缆，尤其适用于剪掉焊接点上网绕导线后多余的线头及印制电路板安放插件过长的引线；还常用来代替一般剪刀剪切绝缘套管、尼龙扎线卡等。可与尖嘴钳合用，剥去导线的绝缘皮。斜口钳如图 3 - 28 所示。

⌂提示：

　　使用时注意事项：操作时，要特别注意防止剪下的线头飞出，伤人眼部。剪线时，双眼不能直视被剪物。应使钳口朝下，当被剪物不易弯动方向时，可用另一只手遮挡飞出的线头。不允许用斜口钳剪切螺钉及较粗的钢线等，以免损坏钳口，钳口如果有轻微的损坏或变钝，则可用砂轮或油石修磨。

图 3 - 27　钢丝钳　　　　　　　　图 3 - 28　斜口钳

f. 剪刀，除常用的普通剪刀外，还有剪切金属线材的剪刀，这种剪刀的头部短而宽，为的是使剪切方便有力。剪刀如图 3 - 29 所示。

g. 镊子，镊子分为尖头镊子和圆头镊子两种。尖头镊子主要用于夹持较细的导线，以便于装配焊接；圆头镊子主要用于弯曲元器件引线和夹持元器件进行焊接等，用镊子夹持元器件焊接还起散热作用。镊子还常用来夹取微小器件，镊子如图 3 - 30 所示。

h. 手锤，俗称榔头，用于凿削和装拆机械零件等操作的辅助工具。使用手锤时，用力要适当，要特别注意安全。

i. 锉刀，钳工锉削使用的工具，适用于修整精密表面或零件上难以进行机械加工的部位。锉刀如图 3 - 31 所示。

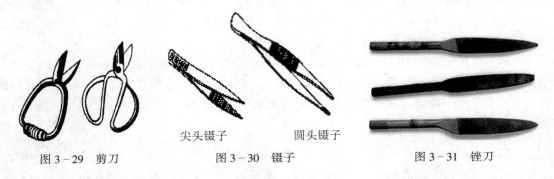

图 3 - 29　剪刀　　　　尖头镊子　　　　圆头镊子　　　　图 3 - 31　锉刀
　　　　　　　　　　　　图 3 - 30　镊子

j. 扳手，有固定扳手、活动扳手、套筒扳手三类，是紧固或拆卸螺栓、螺母的常用工具。扳手如图 3 - 32 所示。

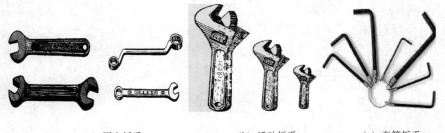

　　(a) 固定扳手　　　　　　　(b) 活动扳手　　　　(c) 套筒扳手
图 3 - 32　扳手

k. 电工刀，用来剖削电线线头、切割木台缺口、削制木榫的专用工具。电工刀如图 3 - 33 所示。

图 3-33 电工刀

⌂**提示**：

电工刀的使用方法：

使用时，应将刀口朝外剖削。切削导线绝缘层时，应使刀面贴近导线，以免割伤线芯。

使用时的注意事项：

● 使用电工刀时应该注意避免伤手，不得传递刀身未折进刀柄的电工刀。

● 刀柄无绝缘保护，不能用于带电作业，以免触电。

● 电工刀操作完毕，应将刀身折进刀柄。

② 专用工具。

专用工具是指功能很专业的工具。这里是指专门用于电子整机装配加工的工具，包括剥线钳、成形钳、压接钳、绕接工具、热熔胶枪、手枪式线扣钳、元器件引线成形夹具、特殊开口螺钉旋具、无感的小旋具及钟表起子等。

a. 剥线钳：专门用于剥掉直径 3cm 及以下的塑胶线、蜡克线等线材的端头表面绝缘层的专用工具。使用时应注意将需要剥皮的导线放入合适的槽口，剥皮时不能剪断导线，剪口的槽并拢后应为圆形。剥线钳及其使用如图 3-34 所示。

⌂**提示**：

注意：

① 操作时一只手握着待剥导线，另一只手握着钳柄。将待剥导线放入选定的钳口内，紧握钳柄用力合拢，即可切断导线的绝缘层并将其拉出，然后将两钳柄松开取出导线。

② 用剥线钳剥掉导线端头绝缘层时，切口不太整齐，操作也较费力，故在大批量的导线剥头时应使用导线剥头机。

b. 绕接器：无锡焊接中进行绕接操作的专用工具。目前常用的绕接器有手动及电动两种，如图 3-35 所示。

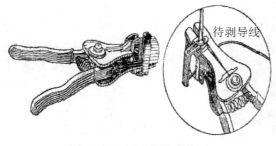

图 3-34 剥线钳及其使用

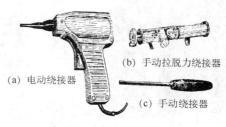

(a) 电动绕接器
(b) 手动拉脱力绕接器
(c) 手动绕接器

图 3-35 绕接器

c. 压接钳：无锡焊接中进行压接操作的专用工具。压接钳如图3-36所示。

🔔**提示：**

> 注意：压接钳的钳口应根据不同的压接要求制成各种形状。使用时，将待压接的导线插入焊片槽并放入钳口，用力合拢钳柄压紧接点即可实现压接。

d. 热熔胶枪：专门用于胶棒式热熔胶的熔化胶接的专用工具。热熔胶枪如图3-37所示。

🔔**提示：**

> 注意：热熔胶枪的使用方法很简单。将胶棒插入胶枪尾部进料口，接通电源后连续扣动扳机，胶棒在加热腔熔化，从枪口喷流到胶接部位，自然冷却后胶体固化形成胶。

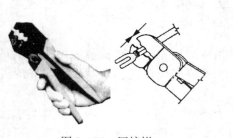

图3-36　压接钳　　　　　　图3-37　热熔胶枪

e. 手枪式线扣钳：专门用于线束捆扎时拉紧塑料线扎搭扣。手枪式线扣钳如图3-38所示。

🔔**提示：**

> 注意：操作时，将塑料线扎搭扣按要求固定在线束（线把）上，把线扎搭扣带放入线扣钳的工作部分，用手指扳动扳机，便可拉紧线扎搭扣，使线束（线把）扎紧。扳动扳机要均匀用力，不能过猛，以防损坏钳子或搭扣。

f. 元器件引线成形夹具：用于不同元器件的引线成形的专用夹具。元器件引线成形夹具如图3-39所示。

🔔**提示：**

> 注意：图3-39（a）所示为手动成形模具，它的垂直方向开有供插入元器件引线的长条形孔，水平方向开有供插入锥形插杆的圆形孔，孔距等于格距。成形时，将元器件的引线从上方插入长条形孔，然后从侧面对应圆形孔横向插入锥形插杆，引线即可成形。图3-39（b）所示为固体元器件成形夹具，这种夹具由装有弹簧及活动定位螺钉的上模和下模两部分组成。使用时将元器件排在下模上，然后将上模与下模合拢，元器件的引线即按一定的形状成形。为了适合不同的成形要求，有时将上模和下模做成可调节模宽的、活动的、多用的成形夹具。

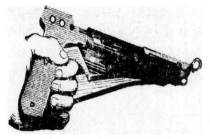

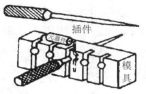

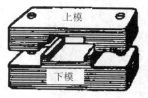

(a) 手动成型模具　　(b) 固体元器件成型夹具

图 3 - 38　手枪式线扣钳　　　　图 3 - 39　元器件引线成形夹具

g. 无感小旋具（见图 3 - 40）：又称为无感起子，是用非磁性材料（如象牙、有机玻璃或胶木等非金属材料）制成的，用于调整高频谐振回路电感与电容的专用旋具。在整机调试时，使用无感起子，可避免由于金属体及人体感应对高频回路产生的影响，确保调整工作能顺利准确进行，如对收音机和电视机等的高中频谐振回路、电感线圈、微调电容器、磁帽、磁芯的调整。

h. 钟表起子（见图 3 - 41）：主要用于小型或微型螺钉的拆装，有时也用于小型可调元器件的调整。

图 3 - 40　无感小旋具　　　　　图 3 - 41　钟表起子

⚠ 提示：

> 注意：使用钟表起子时，用食指按压住圆形压板，用大拇指和中指旋转手柄即可拆装小螺钉。主要用于小型或微型螺钉的拆装，有时也用于小型可调元器件的调整。由于钟表起子通体为金属，使用时要特别注意安全（用电）。

③ 焊接工具。

焊接工具是指电气焊接用的工具。电子产品装配中使用的焊接工具主要有电烙铁、电热风枪、烙铁架等。

a. 电烙铁：用于各类无线电整机产品的手工焊接、补焊、维修及更换元器件。其工作原理是电烙铁芯内的电热丝通电后，将电能转换成热能，经烙铁头把热量传给被焊工件，对被焊接点部位的金属加热，同时熔化焊锡，完成焊接任务。为叙述方便，本书中部分内容将电烙铁简称为烙铁。

电烙铁按加热方式可分为直热式（直热式又分为内热式电烙铁、外热式电烙铁）、感应式、气体燃烧式等多种，目前最常用的是单一焊接用的直热式电烙铁；按功率可分为 20W、30W、35W、45W、50W、75W、100W、150W、200W、300W 等多种；按功能可分为单用式、两用式、恒温式、吸锡式、防静电、自动送锡等。

内热式电烙铁：发热元器件装在烙铁头的内部，其外形如图 3 - 42 所示，由烙铁芯、烙铁头、弹簧夹、连接杆、手柄、接线柱、电源线及紧固螺丝等部分组成；从烙铁头内部向外传热，所以称为内热式电烙铁。它发热速度快，一般通电两分钟就可以进行焊接，能量转换效率高，可达到85%～90%（20W内热式电烙铁的实际发热功率与25～40W的外热式电烙铁相当，头部温度可达到350℃左右），但使用寿命较短（与外热式电烙铁相比），规格多为小功率型，常用的有20W、25W、35W、50W等；具有发热快、体积小、重量轻和耗电低等特点。

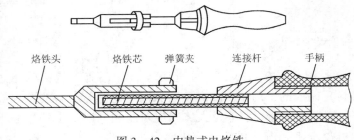

图3-42　内热式电烙铁

外热式电烙铁：其组成部分与内热式电烙铁组成部分相同，但是烙铁头安装在烙铁芯的里面，即产生热能的烙铁芯在烙铁头外面，故称为外热式电烙铁；有直立式、T形等不同形式，其中最常用的是直立式。外热式电烙铁如图3-43所示。外热式电烙铁的优点是经久耐用、使用寿命长，长时间工作时温度平稳，焊接时不易烫坏元器件，但其体积较大、升温慢。外热式电烙铁常用的规格有25W、45W、75W、100W、200W等，以100W以上的最为常见，工作电压有220V、110V、36V几种，最常用的是220V规格的。

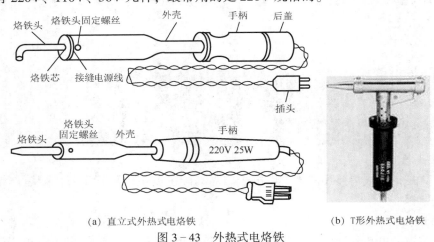

（a）直立式外热式电烙铁　　　　　　（b）T形外热式电烙铁

图3-43　外热式电烙铁

🔔**提示：**

　　使用外热式电烙铁时应注意以下事项：

　　① 烙铁头一般用紫铜制作，在温度较高时容易被氧化，在使用过程中其端部易被焊料浸蚀而失去原有形状，因此需要及时加以修整。初次使用或经过修整后的烙铁头，都必须及时挂锡，以利于提高电烙铁的可焊性和延长使用寿命。目前也有合金烙铁头，使用时切忌用锉刀修理。

　　② 使用过程中不能任意敲击，应轻拿轻放，以免损坏电烙铁内部发热器件而影响其使用寿命。

　　③ 电烙铁在使用一段时间后，应及时将烙铁头取出，去掉氧化物后再重新装配使用。这样可以避免烙铁芯与烙铁头卡住而不能更换烙铁头。

　　内热式电烙铁的使用注意事项与外热式电烙铁的使用注意事项基本相同。由于其连接杆的管壁厚度只有 0.2mm，而且发热元器件是用瓷管制成的，所以更应注意不要敲击，不要用钳子夹连接杆。使用时，应始终保持烙铁头头部挂锡。擦拭烙铁头要用浸水海绵或湿布，不得用砂纸或砂布打磨烙铁头，也不要用锉刀锉，以免破坏镀层，缩短使用寿命。若烙铁头不沾锡，则可用松香类助焊剂或 202 浸锡剂在浸锡槽中上锡。

　　恒温（调温）电烙铁：目前使用的外热式电烙铁和内热式电烙铁的烙铁头温度都超过300℃，这对焊接晶体管、集成块等是不利的，一是焊锡容易被氧化而造成虚焊；二是烙铁头的温度过高，若烙铁头与焊点接触时间长，就会造成元器件损坏。在要求较高的场合，通常采用恒温电烙铁，如图 3-44 所示。

　　恒温电烙铁的温度能自动调节保持恒定。当烙铁头的温度低于规定数值时，温控装置就接通电源，对电烙铁加热，使温度上升；当达到预定温度时，温控装置自动切断电源。恒温电烙铁有电控和磁控两种。电控恒温电烙铁用热电偶作为传感元器件来检测和控制烙铁头温度。磁控恒温电烙铁则借助电烙铁内部的磁性开关达到恒温的目的。

(a) 带气泵型自动调温恒温电烙铁（含吸锡电烙铁） (b) 防静电型自动调温恒温电烙铁（两台）

图 3-44 恒温电烙铁（吸锡及防静电焊台）

　　恒温电烙铁具有以下优点：断续加热，不仅省电，而且电烙铁不会过热，寿命延长；升温时间快，只需要 40~60s；烙铁头采用渗镀铁镍的工艺，不需要修整；烙铁头温度不受电源电压、环境温度的影响。例如，50W、270℃的恒温电烙铁，当电源电压为 180~240V 时均能恒温，在电烙铁通电很短时间内就可达到 270℃。

　　吸锡式电烙铁：在检修无线电整机时，经常需要拆下某些元器件或部件，这时使用吸锡式电烙铁就能够方便地吸附印制电路板焊接点上的焊锡，使焊接件与印制电路板脱离，从而可以方便地进行检查和修理。吸锡式电烙铁由烙铁体、烙铁头、橡皮囊和支架等部分组成。使用时先缩紧橡皮囊，然后将空烙铁头的口子对准焊点，稍微用力。待焊锡熔化时放松橡皮囊，焊锡就被吸入烙铁头内，移开烙铁头，再按下橡皮囊，焊锡便被挤出。吸锡式电烙铁如图 3-45 所示。

　　防静电电烙铁：用于有特殊要求的场合，如焊接超大规模的 CMOS 集成块、计算机板卡、手机等。

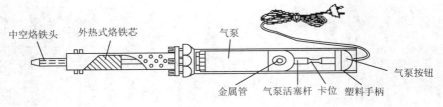

图 3-45　吸锡式电烙铁

　　自动送锡电烙铁：在普通电烙铁的基础上增加了焊锡丝输送机构，能在焊接时由电烙铁自动将焊锡送到焊接点。使用这种电烙铁，可使操作者腾出一只手（原来拿焊锡的手）来固定工件。自动送锡电烙铁如图 3-46 所示。

　　感应式电烙铁（也称为速烙铁或焊枪）：通过一个次级只有 1~3 匝的变压器，将初级的高电压（交流 220V）变换到次级的低电压大电流，并使次级感应出的大电流流过烙铁头，使烙铁头迅速达到焊接所需的温度。该电烙铁的特点是加热速度快，一般通电几秒，即可达到焊接温度，特别适于断续工作的使用。但感应式电烙铁的烙铁头上带有感应信号，对一些感应敏感的元器件不要使用这种电烙铁焊接。感应式电烙铁如图 3-47 所示。

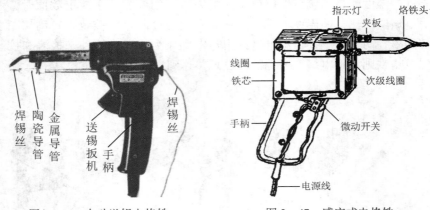

图 3-46　自动送锡电烙铁　　　　　　　图 3-47　感应式电烙铁

　　b. 电热风枪：又称贴片元器件拆焊台，是专门用于焊装或拆卸表面贴装元器件的专用焊接工具，由控制台和电热风吹枪组成。其工作原理是利用高温热风，加热焊锡膏和电路板及元器件引脚，使焊锡膏熔化，来实现焊装或拆焊目的，电热风枪如图 3-48 所示。

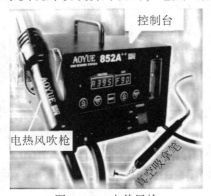

图 3-48　电热风枪

c. 烙铁架：用于搁放通电加温后的电烙铁，以免烫坏工作台或其他物品。烙铁架如图 3 – 49 所示。

d. 吸锡器：常用的拆焊工具，使用方便，价格适中。如图 3 – 50 所示，吸锡器实际是一个小型手动空气泵，压下吸锡器的压杆，就排出了吸锡器腔内的空气；释放吸锡器压杆的锁钮，弹簧推动压杆迅速回到原位，在吸锡器腔内形成负压，就能够把熔融的焊料吸走。在电烙铁加热的帮助下，用吸锡器很容易拆焊电路板上的元器件。

e. 两用电烙铁：图 3 – 51 所示为一种焊接、拆焊两用的电烙铁，又称为吸锡式电烙铁。它是在普通直热式电烙铁上增加吸锡结构组成的，使其具有加热、吸锡两种功能。

图 3 – 49　烙铁架　　　　图 3 – 50　吸锡器　　　　图 3 – 51　两用电烙铁

④ 常用的专用设备。

专门为整机装配加工而生产制造的设备称为电子整机装配专用设备。一般用于一些批量大、要求一致性强的加工，如导线的剪切、剥头、捻线、打标记、元器件的引线成形、印制电路板的插件、焊接、切脚、清洗等方面。常用的电子整机装配专用设备包括波峰焊接机、自动插件机、引线自动成形机、切脚机、超声波清洗机、搪锡机、自动切剥机等；使用这些专用设备，即可提高生产效率、保证成品的一致性，又可减轻劳动强度。

4. 计划与决策

由学生将"给双绞线安装 RJ45 接插件"工艺卡交老师检查审核。

5. 任务实施

（1）编制双绞线安装 RJ45 接插件工艺卡。

（2）给双绞线安装 RJ45 接插件。

制作材料和工具（见图 3 – 52）：双绞线、RJ-45 水晶头、压线钳、测线仪。

制作步骤：

① 利用斜口钳剪下所需要的双绞线长度（至少 0.6m），用双绞线剥线切口将双绞线的外皮除去 2~3cm（见图 3 – 53）。利用压线钳的剪线刀口将线头剪齐，再将线头放入剥线专用的刀口，稍微用力握紧压线钳慢慢旋转，让刀口划开双绞线的保护胶皮。

② 剥除灰色的塑料保护层之后即可见到双绞线网线的 4 对（8 条）芯线，并且可以看到每对的颜色都不同。每对缠绕的芯线由一条染有相应颜色的芯线加上一条只染有少许相应颜色的白底芯线组成。4 条全色芯线的颜色为棕色、橙色、绿色、蓝色。每对芯线都是相互缠绕在一起的，制作网线时必须将 4 对芯线的 8 条细导线逐一解开、理顺、扯直，然后按照规定的线序排列整齐。

RJ-45水晶头

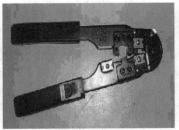
压线钳

测线仪

双绞线

图 3-52　制作材料和工具

图 3-53　切除双绞线外皮

双绞线的制作方式有两种国际标准，分别为 EIA/TIA 568A 及 EIA/TIA 568B。而双绞线的连接方法也主要有两种，分别为直通线缆及交叉线缆；同种设备相连用交叉线缆，不同种设备相连用直通线缆。直通线缆就是水晶头两端同时采用 EIA/TIA 568A 标准或者 EIA/TIA 568B 标准的接法，而交叉线缆则是水晶头一端采用 EIA/TIA 568A 标准制作的，另一端则采用 EIA/TIA 568B 标准制作（A 水晶头的 1、2 对应 B 水晶头的 3、6，而 A 水晶头的 3、6 对应 B 水晶头的 1、2）。

EIA/TIA 568A 标准描述的线序从左到右如下：

1—绿白（绿色的外层上有些白色，与绿色的是同一组线）

2—绿色

3—橙白（橙色的外层上有些白色，与橙色的是同一组线）

4—蓝色

5—蓝白（蓝色的外层上有些白色，与蓝色的是同一组线）

6—橙色

7—棕白（棕色的外层上有些白色，与棕色的是同一组线）

8—棕色

EIA/TIA 568B 标准描述的线序从左到右如下：

1—橙白（橙色的外层上有些白色，与橙色的是同一组线）

2—橙色

3—绿白（绿色的外层上有些白色，与绿色的是同一组线）

4—蓝色

5—蓝白（蓝色的外层上有些白色，与蓝色的是同一组线）

6—绿色

7—棕白（棕色的外层上有些白色，与棕色的是同一组线）

8—棕色

（3）小心地剥开每一对芯线，遵循 EIA/TIA 568B 的标准（橙白—橙色—绿白—蓝色—蓝白—绿色—棕白—棕色）排列好（见图 3-54）。

（4）将裸露出的双绞线用剪刀或斜口钳剪下只剩约 1.4cm 的长度，如图 3-55 所示。再将双绞线的每一根线依序放入 RJ-45 接头的引脚内，第一只引脚内应该放橙白色的线，结果如图 3-56 所示。需要注意的是，要将水晶头有塑料弹簧片的一面向下，有引脚的一面向上，使有引脚的一端指向远离自己的方向，有方形孔的一端对着自己。插入的时候需要注意缓缓地用力把 8 根线缆同时沿 RJ-45 接头内的 8 个线槽插入，一直插到线槽的顶端。

（5）确定双绞线的每根芯线是否按正确顺序放置，并查看每根芯线是否进入水晶头的底部位置，如图 3-57 所示。

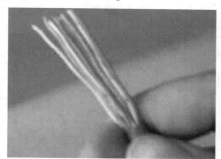

图 3-54　遵循 EIA/TIA 568B 标准

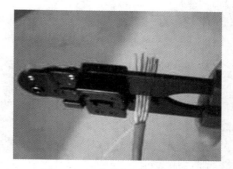

图 3-55　剪裁裸露的双绞线

铜片　　白橙

图 3-56　依序放入 RJ-45 接头引脚内

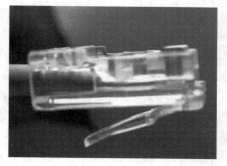

图 3-57　检查是否放置正确

（6）用压线钳压接 RJ-45 接头。用力握紧压线钳，把水晶头里的 8 块铜片压下去后，使每一块铜片的尖角都触到一根铜线，受力之后听到轻微的"啪"一声即可，如图 3-58 所示。

（7）重复步骤（1）到步骤（6），制作另一端的 RJ-45 接头。因为工作站与集线器之间是直接对接的，所以两端 RJ-45 接头的引脚接法完全一样。

（8）最后用测线仪测试网线和水晶头是否连接正常，如图 3-59 所示。

图 3-58　用压线钳压接 RJ-45 接头

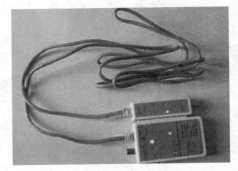

图 3-59　测试网线和水晶头是否连接正常

3.3 任务3　导线的加工和元器件引线的成形

在电子装配之前，要对装配所需的各种导线、元器件、零部件等进行预先加工处理。这些准备工作，称为装配准备。装配准备是顺利完成电子装配的重要保障。装配准备通常包括导线和电缆的加工、元器件引线的成形、线扎的制作及组合件的加工等。

3.3.1　学习目标

能按照工艺规范要求加工导线和线缆，并对元器件引线加工成形和处理。

3.3.2　任务描述与分析

任务3的工作任务如下：

（1）编制加工处理屏蔽导线和电缆线的工艺流程图，按表 3-26 所示线材加工工艺卡要求对屏蔽导线和电缆线进行加工处理。

（2）编制加工普通装配导线的工艺流程图，按表 3-27 所示线材加工工艺卡要求对普通装配导线进行加工处理。

（3）编制制作音频线材工艺卡，制作音频线。

通过本任务，了解元器件引线成形的目的，熟悉导线、元器件引线成形的技术要求；掌握各种导线的加工、元器件引线成形的方法，能按照工艺要求加工元器件引线；能按照工艺要求加工处理电线电缆；能按照工艺要求加工处理带有金属编织屏蔽层线材的端头；学会起始结扣、中间结扣和终端结扣的系法。

本任务的学习重点是按照工艺规范要求加工导线和为元器件引线成形和处理；难点是掌握导线的加工、元器件引线成形的工艺规范要求。编制工艺卡，学会按照工艺规范要求加工导线和为元器件引线成形和处理。

本任务推荐采用线上线下混合式教学，"做中学"的方式进行学习，需要6学时。

3.3.3　资讯

1）SPOC 课堂教学视频

（1）元器件引线的成形和处理。

（2）绝缘导线和屏蔽导线的加工。

（3）热截法。

（4）刀截法。

2）相关知识

（1）导线的加工。

导线的加工包括绝缘导线加工和屏蔽导线加工。

① 绝缘导线加工。

绝缘导线加工工序：剪裁→剥头→清洁→捻头（对多股线）→浸锡。

a. 剪裁要求。按工艺文件的导线加工表的规定进行剪裁。用斜口钳或剪刀先剪长导线，后剪短导线，这样可减小线材的浪费。剪裁绝缘导线时，要先拉直再剪切，长度要符合公差要求，如无特殊公差要求，则按表 3-19 选择公差。绝缘层已损坏或芯线有锈蚀的导线不能使用。

表 3-19 导线长度与公差要求表

导线长度/mm	50	50~100	100~200	200~500	500~1000	1000 以上
公差/mm	+3	+5	+5~+10	+10~+15	+15~+20	+30

剪线用工具和设备：斜口钳、钢丝钳、钢锯、剪刀、自动剪线机和半自动剪线机等。

b. 剥头。剥头是指把绝缘导线的端头绝缘层去掉一定的长度，露出芯线的过程。

剥头要求：剥头长度应符合工艺文件的要求，剥头时不应损坏芯线，多股芯线应尽量避免断股。认真检查导线的绝缘层是否损坏和芯线是否有锈蚀。使用剥线钳剥头时要选择与芯线粗细相配的剥线口，并要对准所需的剥头距离。蜡克线和塑胶线可用电剥头器剥头。

剥头长度的确定方法：剥头长度应根据芯线截面积、接线端子的形状及连接形式来确定。若工艺文件的导线加工表中无明确要求，则可按照表 3-20 和表 3-21 来选择剥头长度，表 3-21 中列出了一般电子产品所用的接线端子在不同的连接方式下的剥头长度及调整范围。

表 3-20 导线粗细与剥头长度的关系

芯线截面积/mm^2	<1	1.1~2.5
剥头长度/mm	8~10	10~14

表 3-21 剥头长度及调整范围表

连接方式	剥头长度/mm	
	基本尺寸	调整范围
搭焊	3	±2.0
勾焊	6	±4.0
绕焊	15	±5.0

剥头方法：导线剥头方法通常分为热截法和刃截法两类。

刃截法就是用专用剥线钳进行剥头，其优点是操作简单易行，只要把导线端头放进钳口并对准剥头距离，握紧钳柄，然后松开，取出导线即可。在大批量生产中多使用自动剥线机，手工操作时也可用剪刀、电工刀。为了防止出现损伤芯线或拉不断绝缘层的现象，应选择与芯线粗细相配的钳口。刃截法易损伤芯线，故对单股导线不宜采用刃截法剥头。芯线股数与允许损伤芯线的股数关系表如表 3-22 所示。

提示：

注意：① 用电工刀或剪刀剥头时，按要求的尺寸横向切一圈（小心不要损坏芯线），然后用手捏住切过的绝缘层，边扭边往外拔，这样既可去除导线的绝缘层，又可将芯线捻紧。对于剥头长度大于20mm的，应先切除中间约10mm的一段（方法是先用剥皮刀或剪刀按要求的尺寸在原位置横向切一圈，再在距离原位置约10mm的位置横向切一圈，然后纵向削除两横向切圈之间的绝缘层），然后用手捏住头部剩下的绝缘层，边扭边往外拔，如图3-60所示。

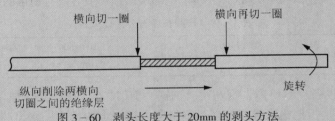

图3-60　剥头长度大于20mm的剥头方法

② 对BVV2双芯双绝缘的导线剥头，必须先剥除外绝缘护套层，剥除长度应大于剥头长度10~20mm。方法是用电工刀或剪刀先横向切一圈，再纵向切开后剥除。

对于多股芯线，剥头后应捻头，即顺着芯线旋转的方向将多股芯线旋成单股。

热截法就是使用热控剥皮器进行剥头，热控剥皮器如图3-61所示。使用时将剥皮器预热一段时间，待电阻丝呈暗红色时便可进行截切。为使切口平齐，应在截切的同时转动导线，待四周绝缘层均被切断后用手边转动边向外拉，即可剥出端头。热截法的优点是操作简单，不损伤芯线，但加热绝缘层时会放出有害气体，因此要求有通风装置。操作时应注意调节温控器的温度。温度过高易烧焦导线，温度过低则不易切断绝缘层。

表3-22　芯线股数与允许损伤芯线的股数关系表

芯线股数	允许损伤芯线的股数	芯线股数	允许损伤芯线的股数
<7	0	26~36	4
7~15	1	37~40	5
16~18	2	>40	6
19~25	3		

c. 清洁。绝缘导线在空气中长时间放置，导线端头易被氧化，有些芯线上则有油漆层。故在浸锡前应进行清洁处理，除去芯线表面的氧化层和油漆层，提高导线端头的可焊性。清洁的方法有两种：一是用小刀刮去芯线的氧化层和油漆层，在刮时注意用力适度，同时应转动导线，刮掉氧化层和油漆层；二是用砂纸清除芯线上的氧化层和油漆层，用砂纸清除时，砂纸应由导线的绝缘层端向端头单向运动，以避免损伤导线。

d. 捻头。多股芯线经过清洁后，芯线易松散开，因此必须进行捻头处理，以防浸锡后线端直径太粗。捻头时应按原来合股方向扭紧。捻线角度一般为30°~45°，如图3-62所示。捻头时用力不宜过猛，以防捻断芯线。大批量生产时可使用捻头机。

e. 浸锡。经过剥头和捻头的导线应及时浸锡，以防氧化。可以使用电烙铁给导线端头上锡或用锡锅浸锡。倘若采用锡锅浸锡，锡锅通电加热使焊料熔化后，应将导线端头蘸上助焊剂，垂直插入锅中，并且使浸锡层与绝缘层之间有 1~2mm 间隙，待浸润后取出即可，浸锡时间为 1~3s。应随时清除残渣，以确保浸锡层均匀、光亮。

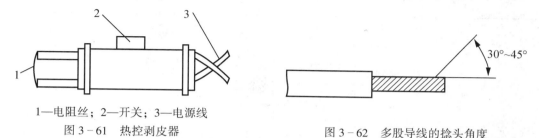

1—电阻丝；2—开关；3—电源线

图 3-61　热控剥皮器　　　　　　　　　图 3-62　多股导线的捻头角度

🔔**提示：**

> 用电烙铁上锡处理方法：
> 　　先给干净的导线端头上助焊剂（如松香），然后在导线端头上一层焊锡。上锡时，要特别小心，时间要短，千万不能烫伤导线的绝缘层。端头短于 5mm 时，线头可全部上锡，也允许端部绝缘层略有热收缩现象。端头长度大于 5mm 时，上锡层到绝缘层的距离为 1~2mm。这样可防止导线的绝缘层因过热而收缩、破裂或老化，也便于检查芯线伤痕和断股。

② 屏蔽导线加工。

屏蔽导线是指在绝缘导线外面套上一层金属编织线的特殊导线，防止导线周围的电场或磁场干扰电路正常工作。在对屏蔽导线进行端头处理时应注意去除的屏蔽层不宜太多，否则会影响屏蔽效果。去除屏蔽层长度应根据导线的工作电压而定，通常可按表 3-23 中所列的数据进行选取。

表 3-23　去除屏蔽层长度

工作电压	去除屏蔽层长度
600V 以下	10~20mm
600~3000V	20~30mm
3000V 以上	30~50mm

屏蔽导线和同轴电缆的端头处理过程：去外护层、外导体（屏蔽层）加工处理、绑扎、芯线剥头、捻头、浸锡等，其加工示意图如图 3-63 所示。

a. 屏蔽导线不接地端的加工（见图 3-64）。

采用热截法或刃截法剥去一段屏蔽导线的外绝缘层，如图 3-64（a）所示。切去的长度要根据工艺文件的要求，或根据工作电压（确定内绝缘层端到外屏蔽层端的距离 L_1）和焊接方式（确定芯线的剥头长度 L_2）共同确定。绝缘层 L_1 的长度按表 3-24 确定剪切，芯线 L_2 的长度按表 3-23 确定，故外护套层的切除长度 $L = L_1 + L_2 + L_0 (L_0 = 1~2mm)$。

表 3 - 24　L_1 与工作电压的关系

工作电压	内绝缘层长度 L_1
<500V	10~20mm
500~3000V	20~30mm
>3000V	30~50mm

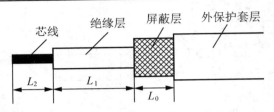

图 3 - 63　屏蔽导线端头的加工示意图

- 左手拿住屏蔽导线的外保护套层，用右手手指向左推屏蔽层，使之成为图 3 - 64（b）所示形状，再用剪刀剪断松散的屏蔽层。剪断长度应根据导线的外保护套层厚度及导线粗细来定，留下的长度（从外保护套层端开始计算）约为外保护套层厚度的两倍，如图 3 - 64（c）所示。
- 将剩下的屏蔽层向外翻套在外保护套层外面，并使端面平整，如图 3 - 64（d）所示。
- 套上热收缩套管并加热，套管将外翻的屏蔽层与外护套套牢，如图 3 - 64（e）所示。
- 截去芯线外绝缘层，其方法、要求同普通塑胶导线。
- 给芯线浸锡如图 3 - 64（f）所示，方法、要求同普通塑胶导线。

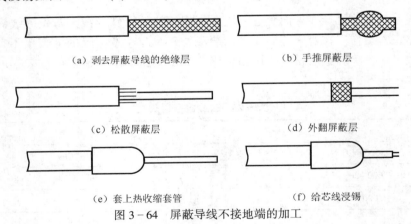

（a）剥去屏蔽导线的绝缘层　　　　　　（b）手推屏蔽层

（c）松散屏蔽层　　　　　　（d）外翻屏蔽层

（e）套上热收缩套管　　　　　　（f）给芯线浸锡

图 3 - 64　屏蔽导线不接地端的加工

b. 屏蔽导线接地端的加工（见图 3 - 65）。

- 用热截法或刃截法剥去一段屏蔽导线的绝缘层，切去的长度要求与上述"屏蔽导线不接地线端的加工"中的要求相同，如图 3 - 65（a）所示。
- 从屏蔽层铜编织线中取出芯线，如图 3 - 65（b）和图 3 - 65（c）所示。操作时可用钻针或镊子在屏蔽铜编织线上拨开一个小孔，弯曲屏蔽层，从小孔中取出芯线。
- 将分开后的屏蔽层引出线按焊接要求的长度剪断。长度一般比芯线的长度短，这样主要是为了使安装后导线上的受力由强度大的屏蔽层来承受，而强度小的芯线不受力，使其不易断线。

- 将拆散的屏蔽层铜编织线拧紧。有时，也可以将屏蔽层铜编织线剪短并去掉一部分，然后焊上一段引出线，以作为接地线使用，如图3-65（d）所示。
- 去掉一段芯线绝缘层，并将芯线和屏蔽层铜编织线进行浸锡，如图3-65（e）所示。

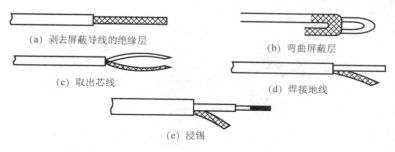

(a) 剥去屏蔽导线的绝缘层　　(b) 弯曲屏蔽层
(c) 取出芯线　　(d) 焊接地线
(e) 浸锡

图3-65 屏蔽导线接地端的加工

提示:

加套管的方法:

　　线端经过加工的屏蔽导线，有一段呈多股裸导线状态，一般需要在线端套上绝缘套管，以保证绝缘和便于使用。加套管的方法一般有三种。其一，用热收缩套管。用外径相适应的热收缩套管先套住已剥出的屏蔽层，然后用较粗的热收缩套管将芯线连同已套在屏蔽层的小套管的根部一起套住，留出芯线和一段小套管及屏蔽层，如图3-66（a）所示；其二，用稀释剂软化套管。在套管上开一小口，将套管套在屏蔽层上，芯线从小口穿出来，如图3-66（b）所示；其三，采用专用的屏蔽导线套管。这种套管的一端有一较粗的管口，套住整线，而另一端有一大一小两个管口，分别套在屏蔽层和芯线上，如图3-66（c）所示。用热收缩套管时，可用灯泡或电烙铁烘烤，收缩套紧即可，如图3-67（a）所示；用稀释剂软化套管时，可将套管泡在香蕉水中半个小时后取出套上，待香蕉水挥发尽后便可套紧，如图3-67（b）所示。

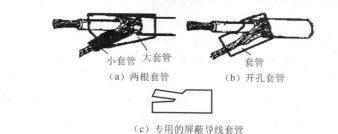

小套管 大套管　　套管
(a) 两根套管　　(b) 开孔套管

(c) 专用的屏蔽导线套管

图3-66 屏蔽导线端加套管示意图

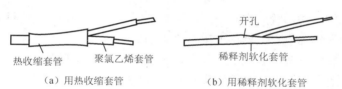

开孔
热收缩套管　聚氯乙烯套管　　稀释剂软化套管
(a) 用热收缩套管　　(b) 用稀释剂软化套管

图3-67 线端加绝缘套管的方法

c. 屏蔽线末端处理（见图 3－68）。

屏蔽线或同轴电缆末端连接对象不同，处理方法也不同。无论采用何种连接方式均不应使芯线承受拉力。

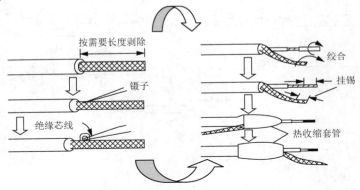

图 3－68　屏蔽线末端处理

d. 同轴电缆端头的加工方法如图 3－69 所示，具体步骤如下。

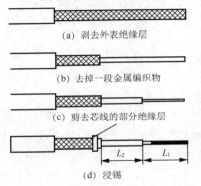

（a）剥去外表绝缘层

（b）去掉一段金属编织物

（c）剪去芯线的部分绝缘层

（d）浸锡

图 3－69　同轴电缆端头的加工方法

- 剥去同轴电缆的外表绝缘层；
- 去掉一段金属编织物；
- 根据同轴电缆端头的连接方式，剪去芯线的部分绝缘层；
- 对芯线进行浸锡处理。

（2）元器件引线成形。

为使元器件在印制电路板上的装配排列整齐并便于焊接，在安装前通常采用手工或专用机械把元器件引线弯曲成一定的形状，也就是元器件的引线成形。

元器件引脚加工处理的工艺要求：

① 在插装之前，对于可焊性不好的元器件，需要对元器件的引脚、接端进行预处理。

对于可焊性不好的元器件引脚和接端要进行搪锡处理（预处理：对没有达到可焊性要求的元器件，在焊接前对其引线和接端进行搪锡等处理的过程），提供可焊性保护（可焊性：金属表面被熔融焊料润湿的能力）。

② 元器件引线成形后，其引脚间距要求与印制板对应的焊盘孔间距一致。若跨距过大或过小会使元器件插入印制板后在元器件的根部间产生应力，从而影响元器件的可靠性。

③ 引脚的成形方式不应损坏元器件内部的连接（使引脚—封装体的密封部分受到损害或降低密封性能）。

④ 元器件引脚加工的形状应有利于元器件焊接时的散热和焊接后的机械强度。

⑤ 引脚或接端搪锡不应对元器件产生有害影响。

⑥ 无论是手工、机器或模压成形，不允许出现超过引线截面积 10% 的缺口或变形，引脚外露基体金属不得超过引脚可焊表面面积的 5%。

⑦ 所有元器件引脚均不得从根部弯曲，引脚弯曲部位距元器件本体或弯曲部位前熔融点的长度 A 不能小于 0.8mm，且不应小于引脚直径或厚度。

⑧ 为了避免加工时引脚受损，引脚弯折处应有一定的弧度。手工组装的元器件，其引脚可以弯成直角；对于自动焊接方式，可能会出现因振动使元器件歪斜或浮起等缺陷，宜采用弯弧形的引脚。引脚的弯曲半径可参照表 3 - 25 取值，以减少弯折处的机械应力。弯折处的伤痕应不大于引脚直径的 1/10，表面镀层剥落长度不应大于引脚直径的 1/10。

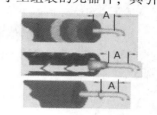

图 3 - 70　引脚引出端的长度

引脚引出端的长度如图 3 - 70 所示，引脚成形基本要求如图 3 - 71 所示，成形跨距（成形跨距即元器件引脚之间的距离，应等于印制板安装孔的中心距离。跨距过大或过小会使引脚根部间产生应力，从而影响元器件的可靠性）示意图如图 3 - 72 所示，引线不平行度示意图如图 3 - 73 所示，折弯弧度示意图如图 3 - 74 所示。

表 3 - 25　引脚的弯曲半径　（单位：mm）

引线直径 d	最小弯曲半径 R	引线厚度 T	最小弯曲半径 R
≤0.8	1 倍直径	≤0.8	1 倍厚度
0.8~1.2	1.5 倍直径	0.8~1.2	1.5 倍厚度
>1.2	2 倍直径	>1.2	2 倍厚度

⑨ 引脚左右弯折要对称，以便插装。成形后的引脚不对称会使元器件插装后产生应力，因此成形后的引线不平行度（指两引脚不处在同一平面内的垂直高差）应小于 1.5mm。

⑩ 晶体管及其他在焊接过程中对热敏感的元器件，其引脚可加工成圆环形，以增加长度，减小热冲击。

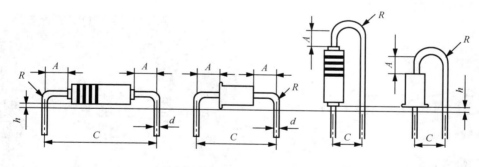

(a) 水平安装　　　　　　　　　　　　　　(b) 垂直安装

图 3 - 71　引线成形基本要求

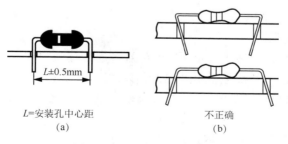

$L=$安装孔中心距　　　　　　　　　　不正确
(a)　　　　　　　　　　　　　　(b)

图 3 - 72　成形跨距示意图

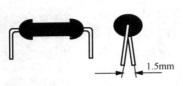

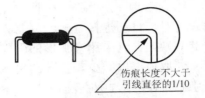

图 3-73　引线不平行度示意图　　　　图 3-74　折弯弧度示意图

⑪ 元器件引线加工方法。

元器件引线加工方法有手工弯折、专用模具弯折、成形机加工。

a. 手工弯折（见图 3-75）：用长嘴钳或镊子靠近元器件的引线根部，按弯曲方向弯折引线即可。

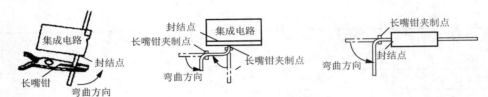

图 3-75　手工弯折

b. 专用模具弯折（见图 3-76）：在模具的垂直方向上开有供插入元器件引线的长条形孔，在水平方向开有供插杆插入的圆形孔。元器件的引线从上方插入模具的长孔后，水平插入插杆，引线即可成形；然后拔出插杆，将元器件从水平方向移出。

c. 成形机加工（见图 3-77）：利用专门设备对引线进行加工。

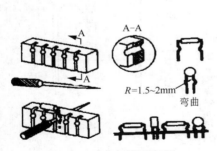

图 3-76　专用模具弯折

图 3-77　成形机加工

（3）元器件引线的搪锡。

在装配之前对元器件的引线进行重新浸锡处理，通常称为"搪锡"。

元器件引线在出厂前一般都进行了处理，多数元器件引线都浸了锡铅合金，有的镀了锡，有的镀了银。如果元器件存放时间较长，表面有氧化层，导致引线的可焊性较差，就需要对引线进行重新浸锡处理。

① 浸锡前对引线的处理——刮脚。

刮脚有手工刮脚和自动刮净机刮脚两种方法。

手工刮脚的方法：沿着元器件的引线方向逐渐向外刮，并且要边刮边转动引线，直到将引线上的氧化物或污物刮净为止。

🔔**提示：**

> 手工刮脚时应注意以下几点：原有的镀层尽量保留；应与引线的根部留出一定的距离；勿将引线刮伤、切伤或折断；及时进行浸锡。

② 对引线浸锡。

- 手工上锡：将引线蘸上助焊剂，然后用带锡的电烙铁给引线上锡。
- 锡锅浸锡：将引线蘸上助焊剂，然后将引线插入锡锅中浸锡。

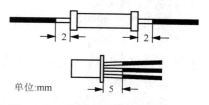

单位:mm

图 3 - 78　镀层离主体根部的距离

要求：锡层应光亮、均匀，没有剥落、针孔、不润湿等缺陷；镀层离主体根部的距离（见图 3 - 78），轴向引出的元器件为 2～3mm，径向引出的元器件为 4～5mm，类似插座形式的元器件为 1～2mm；元器件表面保持清洁，无残留助焊剂，表面不允许出现烧焦、烫伤等现象。给元器件引线镀锡如图 3 - 79 所示。

搪锡注意事项：

- 覆有焊料的导线不能搪锡。
- 搪锡应使导线绝缘层下的焊料芯吸（因引线升温过快，使焊料沿引线浸润铺展，导致接头焊料不足）尽量小。
- 在搪锡操作中，热敏元器件的引线应加上散热器。

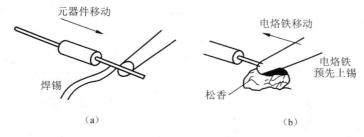

元器件移动

焊锡

（a）

电烙铁移动

电烙铁
预先上锡

松香

（b）

图 3 - 79　给元器件引线镀锡

（4）线扎的制作。

在电子产品装配过程中，有时导线很多。为了使配线整洁，简化装配结构，减少占用空间，方便安装维修，并使电气性能稳定可靠，通常将互连导线绑扎在一起，成为具有一定形状的导线束。用线绳、线扎搭扣、黏合剂等将导线扎制在一起并使其形成不同形状的线扎称为线把的扎制，简称为线扎。

线扎制作过程：剪裁导线及加工线端→线端印标记→制作配线板→排线→扎线。

① 剪裁导线及加工线端。按工艺文件中的导线加工表剪裁符合规定尺寸和规格的导线，并进行剥头、捻头、浸锡等线端加工。操作过程及要求与绝缘导线加工相同。

② 线端印标记。常用的标记有编号和色环。印标记方法如下。

- 用酒精将线端擦洗干净，晾干待用。

- 用盐基性染料加10%的聚氯乙烯和90%的二氯乙烷配制印制颜料（或用各种油墨）调匀。
- 用眉笔描色环或橡皮章打印标记。打印前将颜料或油墨调匀，将少量油墨放在玻璃板上，用油辊滚成一层薄层，再用印章蘸油墨。打印时印章要对准位置，用力要均匀。如果标记印得不清，则应立即擦掉重印。
- 导线编号标记位置应在离绝缘端8～15mm处，色环标记应在10～20mm处，如图3-80所示。要求印字清楚、方向一致，数字大小与导线粗细相配。

③ 制作配线板。将1∶1的配线图贴在足够大的平整木板上，在图上盖一层透明薄膜，以防图纸受污损。再在线扎的分支或转弯处钉上去帽钢钉，并在钢钉上套一段聚氯乙烯套管，以便扎线。

④ 排线。如图3-81所示，按导线加工表和配线板上的图样排列导线。排线时，屏蔽导线应尽量放在下面，然后按先短后长的顺序排完所有导线。如果导线较多不易放稳时，则可在排完一部分导线后，用废导线临时绑扎在线束的主要位置上，待所有导线排完后，一边绑扎一边拆除废导线。

⑤ 扎线。扎线方法较多，主要有黏合剂结扎、线扎搭扣绑扎、线绳绑扎等。

- 黏合剂结扎：当导线比较少时，可用黏合剂四氢化呋喃黏合成线束，如图3-82所示。操作时，应注意黏合完成后，不要立即移动线束，要经过2～3min待黏合剂凝固以后方可移动线束。
- 线扎搭扣绑扎：线扎搭扣又称为线卡子、卡箍等，如图3-83所示，搭扣一般用尼龙或其他较柔软的塑料制成。绑扎时可用专用工具拉紧，最后剪去多余部分，如图3-84所示。

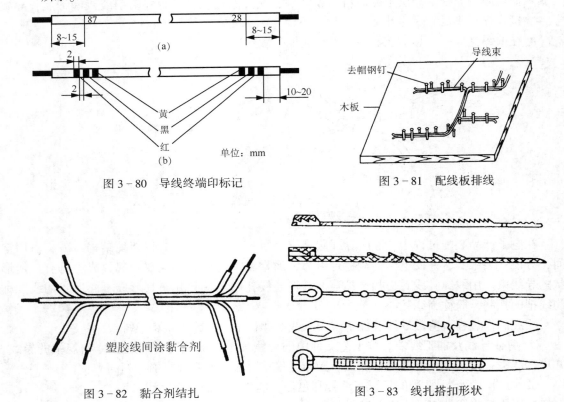

图3-80　导线终端印标记

图3-81　配线板排线

图3-82　黏合剂结扎

图3-83　线扎搭扣形状

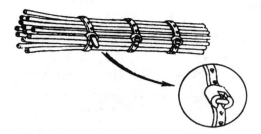

图 3-84 线扎搭扣绑扎

- 线绳绑扎：捆扎线有棉线、尼龙线、亚麻线等。线绳绑扎的优点是价格便宜，但在批量大时工作量较大。为防止打滑，捆扎线要用石蜡或地蜡进行浸渍处理，但温度不宜太高。绑扎方法有连续结和点结两种。

连续结：用一条扎线先打一个初结，再打若干个中间结，最后打一个终结，称为连续结。连续结打法示意图如图 3-85 所示，其中图（a）是初始结打法，先绕一圈拉紧，再绕第二圈，第二圈与第一圈紧靠；图（b）、图（c）是中间结的打法，图（b）是双线中间结，图（c）是单线中间结，可根据线扎的粗细来选用；图（d）是终端结的打法，先绕一个中间结，再绕一圈固定扣。初始结与终端结绑扎完毕后应涂上清漆，以防松脱。线扎较粗或带分支时可按图 3-86 和图 3-87 所示方法绑扎。在分支拐弯处应多绕几圈，以便加固。

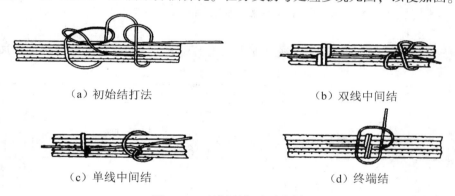

（a）初始结打法　　　　　　　　　　（b）双线中间结

（c）单线中间结　　　　　　　　　　（d）终端结

图 3-85 连续结打法示意图

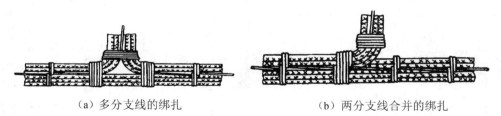

（a）多分支线的绑扎　　　　　　（b）两分支线合并的绑扎

图 3-86 分支线的绑扎（1）

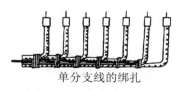

单分支线的绑扎

图 3-87 分支线的绑扎（2）

点结：用扎线打成不连续的结，如图3－88所示。由于这种打结法比连续结简单，可节省工时，因此点结正逐渐地代替连续结。

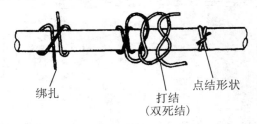

绑扎　　　　　　　　　　　打结　　点结形状
　　　　　　　　　　　　（双死结）

图3－88　点结的打法

3.3.4　计划与决策

学生将编制的加工处理屏蔽导线和电缆线的工艺流程图、普通装配导线的工艺流程图、制作音频线材工艺卡交老师检查审核。

3.3.5　任务实施

（1）编制加工处理屏蔽导线和电缆线的工艺流程图。

（2）编制加工普通装配导线的工艺流程图。

（3）编制制作音频线材工艺卡。

（4）加工屏蔽导线和电缆线、普通装配导线，制作音频线。

任务实施步骤：

工作任务1：请按表3－26所示线材加工工艺卡要求对屏蔽导线和电缆线进行加工处理。

表3－26　屏蔽导线与电缆线加工

序号	线径	屏蔽导线与电缆线加工卡片 名称牌号规格	颜色	数量	导线长度/mm			设备及工装	备注
					全长	A剥头	B剥头		
		产品名称	屏蔽导线与电缆加工						
		产品图号							
1		屏蔽导线：2P×50±5mm		2	50	10	10	斜口钳：1把	
2		屏蔽导线：2P×100±10mm		2	100	20	20	剥线钳：1把	
3		电缆线：2P×50±25mm		2	50	10	10	捻线机：1台	
4		电缆线：2P×100±10mm		2	100	20	20	焊锡锅：1台	
工艺要求									
1	屏蔽导线：2P×50±5mm 做不接地端加工；2P×100±10mm 做接地端加工								
2	按规定要求确定相应导线长度后，芯线去绝缘层、浸锡，屏蔽层捻线、浸锡								
3	端头去除屏蔽层长度：15±5mm								
4	导线长度：规定值范围								
5	屏蔽层捻线角度：45°±5°								
6	屏蔽层浸锡时用尖嘴钳夹住，浸锡长度：5±5mm								
旧底图总号	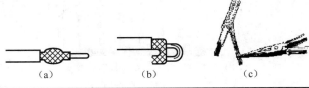								

（a）　　　　　　　（b）　　　　　　（c）

底图总号						拟制				
						审核				
日期	签名									
						标准化				
		更改标记	数量	更改单号	签名	日期	批准		第　页　共　页	

描图：　　　　　　　　　描校：

工作任务 2：请按表 3 - 27 所示线材加工工艺卡要求对普通装配导线进行加工处理。

表 3 - 27　普通装配导线加工

		线材加工工艺卡		产品名称		普通装配导线加工			
				产品图号					
序号	线径	名称牌号规格	颜色	数量	导线长度/mm		设备及工装	备注	
					全长	剥线长度			
1		单股导线：1P×20±1mm		2	20	10	斜口钳：1 把		
2		单股导线：1P×50±2mm		2	50	10	剥线钳：1 把		
3		单股导线：1P×100±5mm		2	100	10	剪刀：1 把		
4		多股导线：1P×20±1mm		2	20	10	捻线机：1 台		
5		多股导线：1P×50±2mm		2	50	10	焊锡锅：1 台		
6		多股导线：1P×100±5mm		2	100	10			
7		电源装配导线：2P×1500mm		2	1500	10			
工艺要求									
1	按规定要求确定相应导线长度后，剥线、捻线、浸锡								
2	剥线长度：10±2mm								
3	导线长度：规定值范围								
4	捻线角度：45°±5°								
5	浸锡量：均匀，距胶皮 2±1mm								

旧底图总号

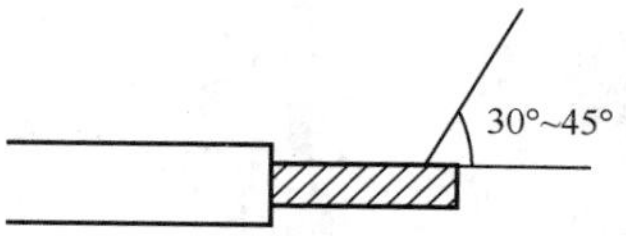

图 1　多股导线捻头角度 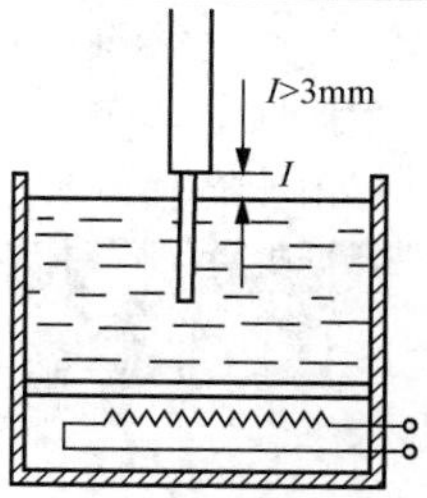　　　　　图 2　锡锅浸锡

底图总号						拟制				
						审核				
日期	签名									
						标准化				
		更改标记	数量	更改单号	签名	日期	批准		第　页　共　页	

描图：　　　　　　　　　描校：

工作任务4：音频线材的制作。

为了使音箱等电子产品的声音能够传输给其他设备（如放大器），就必须制作音频线材。对于已经含有耳机接口的设备，只需要给音频线两头安装耳机接插件即可，如图3-89所示。

图3-89　音频线

所需设备及器件如表3-28所示。

表3-28　所需设备及器件

设备及器件名称	数量/个
耳机接插件	2
电烙铁	1
剥线钳或斜口钳	1
数字万用表	1
双芯音频线、焊锡	若干

操作步骤如下。

（1）将音频线截取适当长度，将其两端外部的绝缘层剥去适当长度，并将其内部的信号传输线及屏蔽线整理清楚，如图3-90所示。

（2）将导线两端信号线外层的绝缘皮剥去，露出适当长度的金属层。

（3）如图3-91所示，将音频线一端的信号线的金属层及屏蔽线与一个耳机接插件的对应端子相连，结果如图3-92所示。

图3-90　截取音频线

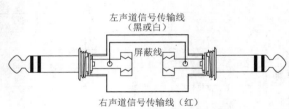

图3-91　耳机音频线示意图

（4）将连接处通过电烙铁进行焊接，并用"卡爪"夹紧导线的外层，固定耳机接插件与导线的位置，如图3－93所示。

（5）将焊接端绝缘套套入焊接部位，并将套筒弹簧装入套筒中，最后将耳机接插件旋入套筒中，如图3－94所示。

图3－92　连接结果

图3－93　固定

图3－94　将耳机头旋入套筒中

（6）按照同样方法处理另一个耳机接插件。

（7）使用数字万用表测试安装质量。

操作过程中应注意以下几个方面。

（1）接线的对应关系不要弄错。

（2）在焊接过程中，信号线与信号线之间、信号线与屏蔽线之间切勿短路。另外，一定要焊接牢固，不要发生虚焊现象。

（3）焊接前，一定先要把套筒、套筒弹簧和焊接端绝缘套套在导线上，否则在焊接完毕后将无法套入。

测试步骤如下。

（1）将制作好的3.5mm音频线分别插入音箱与电脑（或手机）的耳机接口。

（2）电脑（或手机）开始播放音频信号，如各步骤无误，应可以听到音箱播放出的音频信号。

相关知识

1）耳机接插件（3.5mm）

当MP3、计算机等设备需要外接耳机或者放大器时，就需要使用3.5mm耳机接插件，也称为"小三芯接头"。3.5mm耳机接插件可用于传输立体声或者单声道，其内部结构如图3－95所示。

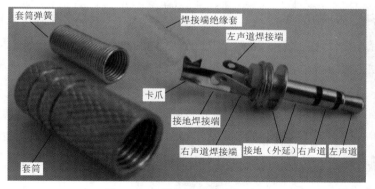
图3－95　耳机接插件内部结构

2）音频线

音频线的种类有很多，常见的有单芯音频线和双芯音频线。

（1）单芯音频线。

单芯音频线为单芯屏蔽导线，如图 3 - 96 所示，主要用来传输音频信号，如作为 3.5mm 耳机接头与 RCA 接头的连接线。单芯音频线也可用来传输模拟视频信号。

（2）双芯音频线。

双芯音频线为双芯屏蔽导线，常用来作为 3.5mm 耳机接头互连接线，也称为耳机线、对录线，如图 3 - 97 所示。

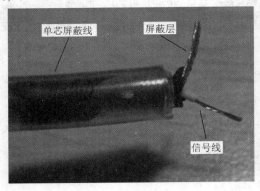

图 3 - 96　单芯音频线

图 3 - 97　双芯音频线

3.3.6　检查与评估

老师根据学生加工处理屏蔽导线和电缆线、普通装配导线和制作音频线材的质量评定成绩。

3.4 任务 4　印制电路板的设计与制作

印制电路板又称为 PCB 或印刷电路板，英文名称为 Printed Circuit Board。它是采用覆铜箔绝缘层压板作为基材，用化学蚀刻方法制成符合电路要求的图案，经机械加工达到安装所需要的形状要求，用以装联各种元器件。它是奥地利人保罗爱斯勒（Paul Eisler）在 1936 年发明的，具有以下特点。

（1）实现电路中各元器件的电气连接，代替复杂的布线。

（2）缩小了整机体积，降低了电子产品成本，提高了产品的质量和可靠性。

（3）采用标准化设计，有利于在生产过程中实现机械化和自动化。

（4）可以使整块经过装配调试的印制电路板作为一个备件，便于整机产品的互换与维修。

3.4.1　学习目标

了解印制电路板的设计内容和制作工艺流程；理解印制电路板的设计原则；能用实验室制板法制作印制电路板，并能目测检验印制电路板的质量。

3.4.2　任务描述与分析

任务 4 的工作任务：

（1）编制用实验室制板法制作印制电路板的作业指导书。

（2）利用 Protel 软件绘制如图 3-9 所示晶闸管调光电路的原理图，并设计印制电路，手工制作印制电路板，并目检印制电路板的质量。

通过本单元的学习，了解印制电路板的设计内容，了解工业法和实验室法制作印制电路板的工艺流程，能合理地选择印制电路板的形状、尺寸和厚度；能正确地选择印制电路板的连接方式和固定方式；理解印制电路板的布局原则，能对印制电路板进行合理布局；理解印制电路板的布线规则，能合理地选择元器件孔、连接盘（PAD，又称焊盘）与过孔（VIA）的形状、尺寸，导线的宽度和最小电气间距；能目检印制电路板的质量。

本单元的学习重点是掌握印制电路板的布局、布线原则和印制电路板的制作工艺；难点是理解印制电路板的生产工艺，合理对印制电路板进行布局。学习时可观看 SPOC 课堂关于实验室手工制作印制电路板和生产企业制作印制电路板的教学视频，加深对印制电路板的制作工艺的理解；认真阅读印制电路板的排版布局原则和布局方法，分析两级放大电路的印制电路板布局案例和元器件排列布局示意图，动手制作印制电路板，掌握印制电路板布局、布线原则（做中学）；掌握连接盘（焊盘）与过孔（VIA）的形状、尺寸相关知识，导线的宽度和电气间距的选择方法；能目检印制电路板的质量。

本单元推荐采用线上、线下混合式教学+做中学的授课方式，共 4 学时。

3. 资讯

1）SPOC 课堂教学视频

（1）实验室制作 PCB。

（2）PCB 的生产工艺。

2）相关知识

（1）印制电路板的设计。

印制电路板（PCB）设计也称为印制板排版设计，通常包括以下过程。

① 确定印制电路板的外形及结构。

a. 印制电路板的形状、尺寸的选择：原则上，印制电路板可为任意形状，但简单的形状更利于生产，印制电路板的形状由整机结构和内部空间的大小决定，外形应该尽量简单，最佳形状为矩形（正方形或长方形，长宽比为 3∶2 或 4∶3），避免采用异形板。

印制电路板的尺寸大小应根据整机的内部结构和板上元器件的数量、尺寸及安装排列方式进行选择，同时要考虑元器件散热和邻近走线干扰等因素。一般情况下，在禁止布线层中指定的布线范围就是电路板尺寸的大小。面积应尽量小，元器件之间保持一定的间距（应不小于 0.5mm），特别是在高压电路中，应该留有足够的间距；要考虑发热元器件安装散热片占用面积的尺寸；当印制电路板的尺寸大于 200mm×150mm 时，应该考虑电路板的机械强度；在确定了印制电路板的面积后，四周还应留出 5~10mm（单边），以便印制电路板在整机中固定。在设计具有机壳的印制电路板时，其尺寸还受机箱外壳大小的限制。

b. 印制电路板厚度的选择。常见的覆铜板的厚度有 0.5mm、1.0mm、1.5mm、2.0mm等。在确定印制电路板的厚度时，主要考虑印制电路板上装配完元器件后的质量承受能力和机械负荷能力。如果只装配集成电路、小功率晶体管、电阻器、电容器等小功率元器件，在没有较强的负荷振动条件下，使用厚度为 1.5mm（尺寸在 500mm×500mm 之内）的印制电路板；如果板面较大或无法支撑时，应选择 2.0、3.0mm 厚的印制电路板；电子仪器和通用设备一般选用 1.5mm 厚的板材，对于电源板和板上有大功率元器件或装有重物，以及尺寸较大的电路板，可选用 2.0~2.4mm 厚的板材。如果板的尺寸过大或者板上的元器件过重，都应当适当增加板的厚度或者采取加固措施，否则印制电路板容易产生翘曲。当印制电路板对外通过插座连线时（如图 3-98 所示），插座槽的间隙一般为 1.5mm，板材过厚则插不进去，过薄容易造成接触不良。

刚性的单面和双面印制电路板标称板厚的优选值如表 3-29 所示。

表 3-29　标称板厚的优选值

标称厚度/mm	0.2	0.5	0.7	0.8	1.0	1.2	1.5	1.6	2.0	2.4	3.2	6.4
标称厚度/inch	0.008	0.02	0.028	0.031	0.039	0.047	0.059	0.063	0.079	0.094	0.125	0.25

注：表中综合了印制电路板覆铜箔基材标准所有规范中给出的值，印制电路板覆铜箔基材标准专用规范可能限制了所允许板厚值的数量。

c. 印制电路板对外连接方式的选择。

印制电路板对外连接一般包括电源线、地线、板外元器件的引线、板与板之间连接线等。

导线焊接是指用导线将印制电路板上的对外连接点与板外元器件或其他部件直接焊接，不需要任何接插件。其优点是成本低、可靠性高，避免了因接触不良而造成的故障；缺点是维修不方便。导线焊接常用于对外连接较少的场合，如电视机、小型仪器等。

🔔**提示：**

采用导线焊接方式时，应注意以下几点。

印制电路板的对外焊点应尽可能引至整板的边缘，并按一定尺寸排列，以利于焊接和维修，如图 3-99 所示。

为提高导线连接的机械强度，避免因导线受到拉扯将焊盘或印制电路板线条拽掉，应该在印制电路板上焊点的附近钻孔，让导线从印制电路板的焊接面穿过通孔，再从元器件面插入焊盘孔进行焊接，如图 3-100 所示。

将导线排列或捆扎整齐，通过线卡或其他紧固件将线与板固定，避免导线因移动而折断，如图 3-101 所示。

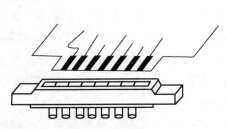

图 3-98　印制电路板经插座对外引线

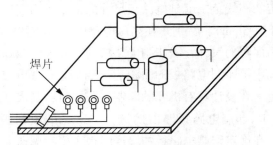

图 3-99　焊接式对外引线

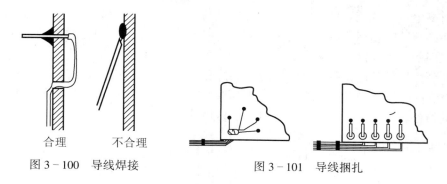

合理　　　不合理

图 3 - 100　导线焊接　　　　图 3 - 101　导线捆扎

b. 印制电路板对外连接方式的选择：接插件连接指通过插座将印制电路板上对外连接点与板外元器件进行连接。其优点是保证了产品批量生产的质量，降低了成本，调试维修方便；缺点是因接触点多，可靠性较差。常用在比较复杂的仪器设备中。

● 印制电路板插座：接插件连接方式中，使用最多的是印制电路板插座形式，即把印制电路板的一端做成插头。插头部分按插座尺寸、接点数、接点距离、定位孔位置等进行设计。其优点是装配简单，维修方便；缺点是可靠性差，常因插头部分氧化或插座簧片老化等而接触不良。

● 插针式接插件：插座可以装焊在印制电路板上，在小型仪器中用于印制电路板的对外连接。

● 带状电缆接插件：扁平电缆由几十根并排黏合在一起，电缆插头将电缆两端连接起来，插座部分直接焊装在印制电路板上。电缆插头与电缆的连接不是焊接，而是靠压力使连接端上的刀口刺破电缆的绝缘层来实现电气连接。工艺简单可靠，适用于低电压、小电流的场合，不适用于高频电路中。

c. 印制电路板固定方式的选择：印制电路板在整机中的固定方式有两种，一种是采用接插件连接方式固定；另一种是采用螺钉紧固（将印制电路板直接固定在机座或机壳上）方式固定，这时要注意当基板厚度为 1.5mm 时，支承间距不超过 90mm。而当基板厚度为 2mm 时，支承间距不超过 120mm。支承间距过大，抗振动冲击能力下降，影响整机的可靠性。

②印制电路板的布局。印制电路板的布局是按照一定的技术要求，将电路图内的各个元器件适当地配置到印制电路板上的作业，可以采用人工布局，也可以采用计算机自动布局。好的布局使布线更容易，也会提高布通率。

印制电路板布局的评价标准是：不会带来干扰；装配维修方便；性能价格比佳；对外引线可靠；元器件排列整齐；布局合理美观。

印制电路板的布局原则是：符合最小电气间距要求；按信号走向布局；先设置特殊元器件；避免电磁干扰；避免热干扰；考虑机械强度；方便操作。

注：最小电气间距：在任一给定电压幅度下相邻导线之间足以防止发生介质击穿或电晕放电所允许的最小距离。

a. 优先考虑特殊元器件的位置。布局时应分析电路原理，首先决定特殊元器件的位置，然后安排其他元器件，避免干扰。

● 高频元器件：高频元器件之间的连线越短越好，设法减小连线的分布参数和相互之间的电磁干扰；易受干扰的元器件不能离得太近；输入和输出元器件应尽量远离。

- 具有高电位差的元器件：应适当加大具有高电位差元器件和连线之间的距离，以免出现意外短路时损坏元器件。为了避免爬电现象的发生，要求电位差大于 2000V 的铜膜线之间的距离应该大于 2mm。

如果相邻元器件的电位差较高，则应当保持安全距离，如图 3 - 102 所示，安全间隙一般不应小于 0.5mm。一般环境中的间隙安全电压是 200V/mm。为了保证调试维修时的安全，带有高电压的器件，应该尽量布置在调试时手不易触及的地方。

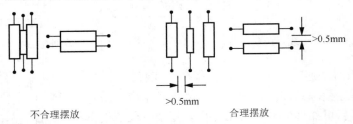

不合理摆放　　　　　　　　　　合理摆放

图 3 - 102　具有高电位差的元器件的安全间距

- 重量太大的元器件：大而重的元器件尽可能安置在印制电路板上靠近固定端的位置，并降低重心，以提高机械强度和抗振动冲击能力，以及减小印制电路板的负荷和变形。重量超过 15g 的元器件（如大型电解电容），应当用支架加以固定，然后焊接，如图 3 - 103 所示。那些又大又重、发热量多的元器件（如电源变压器），不宜装在印制电路板上，而应装在整机的机箱底板上，且应考虑散热问题。

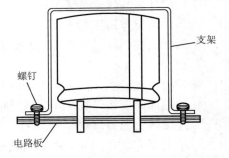

图 3 - 103　支架安装示意图

- 发热与热敏元器件：发热量较大的元器件应加装散热器或小风扇，尽可能放置在有利于散热的位置及靠近机壳处；大功率元器件（如功耗大的集成块、大或中功率管、电阻等）要布置在容易散热的地方，在水平方向应尽量靠印制电路板边沿布置，而在垂直方向要尽量靠上方布置，并与其他元器件隔开一定距离；发热元器件（如功放管、电源变压器、功率电阻器）应该远离热敏元器件（晶体管）和怕热元器件（电解电容、瓷片电容）。对温度敏感的元器件应尽量布置在温度最低的区域，远离发热元器件，切忌安装在发热元器件上方。由于空气总是向阻力小的地方流动，因此元器件在印制电路板上应尽量均匀布置，不可某处空隙过大，而另一处却过于紧密。双面放置元器件时，底层一般不放置发热元器件，如图 3 - 104 所示。
- 可以调节的元器件：对于电位器、可调电感线圈、可变电容、微动开关等可调元器件的布局应该考虑整机的结构要求，若是机内调节，则应该放在电路板上容易调节的地方，若是机外调节，则其位置要与调节旋钮在机箱面板上的位置相适应。
- 显示元器件：显示用的数码管和发光二极管，要放置在印制电路板的边缘处，方便观察。发光二极管的安装如图 3 - 105 所示。

电路板安装孔和支架孔：应该预留出印制电路板的安装孔和支架孔，因为这些孔和孔附近是不能布线的。

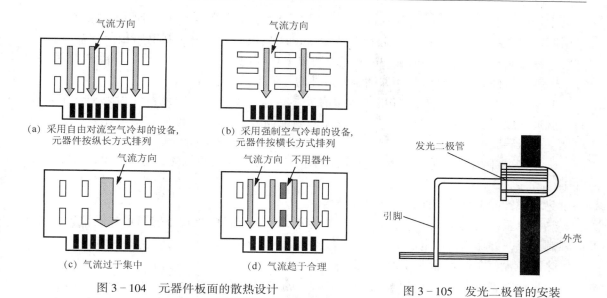

图 3 – 104 元器件板面的散热设计

图 3 – 105 发光二极管的安装

电源插座：电源插座要尽量布置在印制电路板的四周，要有利于插座、连接器的焊接及电源线缆设计和扎线，电源插座及连接器的布置间距应考虑方便电源插头的插拔。

b. 按照信号走向布局原则。如果没有特殊要求，则尽可能按照原理图的信号传递方向对元器件进行布局，信号从原理图左边输入、从右边输出，从上边输入、从下边输出，与输入/输出端直接相连的元器件应当放在靠近输入/输出端、接插件或连接器的地方。按电路模块（实现同一功能的相关电路称为一个模块）进行布局，也就是以每个功能电路的核心元器件为中心，围绕它来进行布局的。例如，先考虑以三极管、集成电路为中心的单元电路所在位置，将其外围元器件尽量安排在周围，如图 3 – 106 所示。电路模块中的元器件应采用就近集中原则，同时数字电路和模拟电路分开，按照信号传递流程安排各个功能电路单元的位置，使信号流通更加顺畅。元器件安排应该均匀、整齐、紧凑，以减少和缩短各个元器件之间的引线和连接。

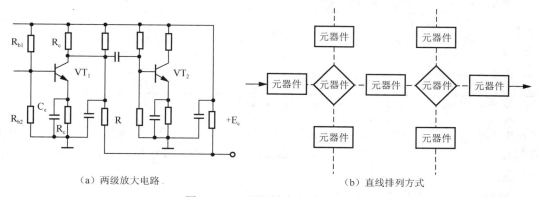

（a）两级放大电路 　　　　　　　　　（b）直线排列方式

图 3 – 106 两级放大电路的布局

c. 注意元器件离印制电路板边缘的距离。元器件不要占满整个板面，引线、焊盘离印制电路板边缘的距离均应不小于 3mm，或者至少距印制电路板边缘的距离等于板厚，这是由于在大批量生产中进行流水线插件和进行波峰焊时，使用导轨槽，预留一定距离可防止外形加工引起印制电路板边缘破损，引起铜膜线断裂，产品报废。如果印制电路板上元器件过多，则可以在印制电路板边缘再加上 3mm 宽的辅边，在辅边上开"V"形槽，在生产时用手掰开。贴装元器件焊盘的外侧与相邻插装元器件的外侧距离大于 2mm。

d. 避免电磁干扰。集成电路的去耦电容要尽量就近安放；高频元器件为减小分布参数，一般就近安放（不规则排列），一般电路（低频电路）应按规则排列，便于焊装；变压器、电感、高压导线等磁场较强的元器件必须保留适当的空间或采取屏蔽措施避免形成干扰。

e. 避免热干扰。印制电路板散热设计的基本原则是有利于散热，远离热源。具体措施如下。

热源外置：发热元器件放置在机壳外部。

热源单置：发热元器件单独设计一个功能单元，置于机内板边缘容易散热的位置，必要时强制通风，如计算机的电源部分。

热源高置：发热元器件切忌贴板安装。

f. 合理配制元器件。元器件在整个板面上的排列要均匀、整齐、紧凑。单元电路之间的连线要尽可能短，引出线的数目尽可能少。所有 IC 元器件单边对齐，同一印制电路板上有极性的元器件，极性标示方向尽量保持一致，并且极性标示不得多于两个方向，出现两个方向时，两个方向互相垂直；印制电路板面布线应疏密得当，当疏密差别太大时应以网状铜箔填充，网格大于 8mil（或 0.2mm）；卧装电阻、电感（插件）、电解电容等元器件的下方避免布过孔，以免波峰焊后过孔与元器件壳体短路。

- 焊盘和接线端子的位置和间隙不能被其他元器件遮蔽。每个元器件的摆放位置要便于拆卸，在拆卸时应不需要移动其他元器件（芯片载体和插座除外）。
- 符合最小电气间距要求。国家电子行业军用标准 SJ20632-1997《印制电路板组装总规范》规定：印制电路板应进行敷形涂覆，在元器件、接线端子、引线、导线、导电图形及其他导电材料之间的最小电气间距应符合表 3-30 规定。

表 3-30 有敷形涂层的印制电路板元器件的最小电气间距

导线间的电压（直流或交流峰值电压）/V	最小电气间距/mm
0~100	0.13
101~300	0.38
301~500	0.76
>500	0.003mm/V

注：敷形涂层：印制电路板上面的防潮、防盐雾和防静电的绝缘防潮涂层。

SOP 封装的集成电路相邻引线间距通常为 1.27mm，倘若在 2.54mm 中心距的焊盘间布设四条导线时，导线的线宽和线间距均为 0.1mm；片式元器件最小电气间距 0.2mm（规格：1005）或 0.1mm（规格：0603）。

一般通孔插装元器件之间的间距如图 3-107 所示。

- 元器件的布设不得立体交叉和重叠上下交叉，如图 3-109 所示。

最佳布局：如 3-108（a）所示，元器件位于焊盘中间；元器件标识可见；非极性元器件定向放置，因此可用同一方法（从左到右或从上到下）识读其标识。

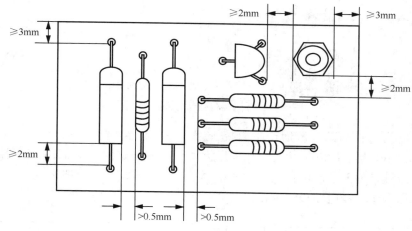

图 3 - 107 元器件的标准排列

合格布局：如图 3 - 108（b）所示，极性元器件与多引脚元器件方向摆放正确；手工成形与手工插件时，极性符号可见；元器件都按规定放在了相应正确的焊盘上；非极性元器件没有按照同一方法放置。

不合格布局：如图 3 - 108（c）所示，元器件没有安装到规定的焊盘上；极性元器件的极性装反了；元器件引脚安装方位不正确。

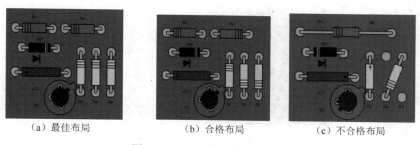

（a）最佳布局　　　　　　　（b）合格布局　　　　　　　（c）不合格布局

图 3 - 108 元器件布局示意图

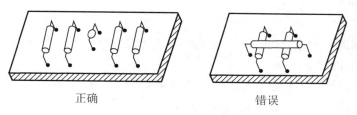

　　　　　正确　　　　　　　　　　　　　　错误

图 3 - 109 元器件的布设不得立体交叉和重叠上下交叉

③ 布线设计。

a. 布线规则。

● 印制导线应尽可能短，能走直线的就不要绕弯。

● 走线平滑自然，间距能一致的尽量一致，避免急拐弯和尖角出现。布线时尽可能避免成环或减小环形面积（见图 3 - 110）。印制导线拐弯一般应成圆角，直角和尖角在高频电路和布线密度高的情况下会影响性能，应避免相邻焊盘成锐角和大面积铜箔。

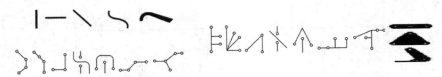

（a）推荐的印制导线形状　　　　（b）应避免的印制导线形状

图 3 – 110　印制导线的形状

- 多级电路为防止局部电流而产生阻抗干扰，各级电路应在一点接地（或尽量集中接地）；高频电路（30MHz 以上）常采用大面积接地，这时各级的内部元器件也应集中一小块区域接地。印制电路板上大面积铜箔应镂空成栅状，导线宽度超过 3mm 时中间留槽，以利于印制电路板涂覆铅锡及波峰焊（见图 3 – 111）。

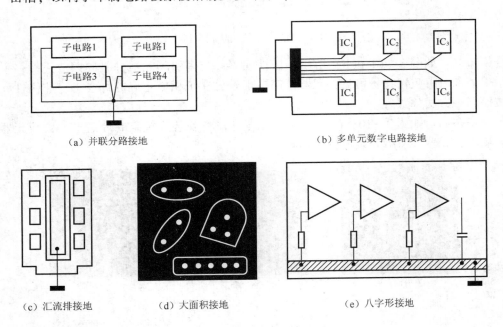

（a）并联分路接地　　　　　　　　　　　（b）多单元数字电路接地

（c）汇流排接地　　　　　（d）大面积接地　　　　　（e）八字形接地

图 3 – 111　板内地线布局方式

- 电路中数字地和模拟地要分开，然后在一点接地，以防形成地回路。易被干扰器件和线路可用地线包围。
- 导线间避免近距离平行走长线，这样寄生耦合较大。双面印制线避免平行，最好垂直或斜交。导线与印制电路板的边缘应留有一定距离。
- 一般将电源线、地线布置在印制电路板的最边缘，便于与机架（地）相连接。电源线和地线靠近，尽量减小围出的面积，以降低电磁干扰。公共地线应尽可能多地保留铜箔。注意电源线与地线应尽可能设计成放射状，信号线不能出现回环走线。
- 输入/输出印制导线应尽量避免相邻平行，中间可用地线隔开。
- 距印制电路板边≤1mm 的区域内，以及距安装孔 1mm 区域内，禁止布线。

　　b. 印制导线的宽度。在布线密度比较低时，可加粗地线，信号线的间距也可适当地加大。通常地线宽度>电源线宽度>信号线宽度。导线的宽度与印制电路板铜箔厚度和导线通过的电流大小有关，如表 3－31 所示。印制电路板线宽和电流关系公式：

$$I = K \times T^{0.44} \times A^{0.75}$$

式中，K 为修正系数，一般覆铜线在内层时取 0.024，在外层时取 0.048；A 为覆铜截面积，单位为 mil^2（平方毫英寸）；I 为允许的最大电流，单位为安培（A）。也可以使用经验公式计算覆铜截面积 0.15×线宽（W）＝A。以上数据均为温度在 25℃ 下的线路电流承载值。一般情况下（印制电路板上的铜箔厚度多为 0.05mm），宽度为 1~1.5mm 的导线就可以满足电路的需要。对于集成电路的信号线，导线宽度可以选 0.25~1mm；对于电流、地线、大电流的信号线，电源、地线宽度可以放宽到 4~5mm，甚至更宽，只要印制电路板面积及线条密度允许，就应尽可能采用较宽的导线。在布线密度比较低时，可加粗地线，信号线的间距也可适当地加大。

表 3－31　印制电路板设计铜箔厚度、线宽和电流关系表

铜箔厚度/35μm		铜箔厚度/50μm		铜箔厚度/70μm	
电流/A	线宽/mm	电流/A	线宽/mm	电流/A	线宽/mm
4.5	2.5	5.1	2.5	6	2.5
4	2	4.3	2.5	5.1	2
3.2	1.5	3.5	1.5	4.2	1.5
2.7	1.2	3	1.2	3.6	1.2
3.2	1	2.6	1	2.3	1
2	0.8	2.4	0.8	2.8	0.8
1.6	0.6	1.9	0.6	2.3	0.6
1.35	0.5	1.7	0.5	2	0.5
1.1	0.4	1.35	0.4	1.7	0.4
0.8	0.3	1.1	0.3	1.3	0.3
0.55	0.2	0.7	0.2	0.9	0.2
0.2	0.15	0.5	0.15	0.7	0.15

　　c. 印制导线的间距。相邻印制导线之间的间距必须足够宽，以满足最小电气间距的要求，而且为了便于操作和生产，间距应尽可能宽一些。确定导线的间距应当考虑导线之间的绝缘电阻和击穿电压在最坏的工作条件下的要求。印制导线越短，间距越大，绝缘电阻按比例增加。导线之间间距在 1.5mm 时，绝缘电阻超过 10MΩ，允许的工作电压可达 300V 以上；间距为 1mm 时，允许电压为 200V。导线间距最大允许工作电压如表 3－32 所示。

表 3－32　导线间距最大允许工作电压

导线间距/mm	0.5	1	1.5	2	3
工作电压/V	100	200	300	500	700

　　如果导线间距超过 0.5mm（0.02in）将有利于操作和生产。高密度、高精度的印制线路中，导线宽度和间距一般可取 0.3mm。对于高、低电平悬殊的信号线应尽可能地缩短其长度且加大其间距。

④ 确定元件孔、焊盘（PAD）与过孔（VIA）的形状和尺寸。

a. 确定元件孔直径。

元件孔是将元件接线端（包括元件引线和引脚）固定于印制板并实现电气连接的孔。元件孔直径要比所插入元件引线直径略大些，但不要过大。否则，焊锡易从引线孔中流过而损坏被元件，或由于元件的活动容易造成虚焊。印制板上设计的元件孔直径应比元件引脚的直径大0.2~0.4mm左右。通常情况下以元件金属引脚直径加上0.2mm作为元件孔直径。例如，电阻的金属引脚直径为0.5mm，则元件孔直径为0.7mm。国标《印制板的设计和使用》（GB/T4588.3-2002）推荐元件的非镀覆孔标称直径及偏差如表3-33所示。

b. 确定焊盘的直径和形状。

焊盘（又称连接盘）是用于电气连接、元件固定或两者兼备的导电图形。所有元件孔通过焊盘实现电气连接。焊盘直径的大小主要由所焊接元件的载流量和机械强度等因素所决定，焊盘直径通常比元件孔直径大1~1.3mm。焊盘不宜过小，太小则极易在焊接中脱落。为了增加焊盘的抗剥离强度，可采用方形焊盘。常用的焊盘直径如表3-33所示。

🔔提示：

① 镀覆孔（又称金属化孔）是孔壁镀覆金属的孔。用于内层或外层导电图形之间或内外层导电图形之间的连接。推荐孔壁镀铜层的平均厚度不小于25μm（0.001in），最小厚度为15μm（0.0006in）。

② 非镀覆孔是孔壁没有镀覆金属的孔。

③元件引脚与元件引线的区别：元件引线是从元件延伸出的作为机械连接或电气连接的单股或多股金属导线，或者已成形的导线。元件引脚是（又称元件插脚或元件引脚）是难以再成形的元件引线，若要成形则导致损坏。

表3-33 非镀覆孔标称直径及偏差及常用的焊盘直径

非镀覆孔标称直径及偏差									
标称直径	mm	0.4	0.5	0.6	0.8	0.9	1.0	1.3	1.6	2.0
	in	0.016	0.020	0.024	0.031	0.035	0.039	0.051	0.063	0.079
偏差	mm	±0.05					±0.1			
	in	±0.002					±0.004			
常用的焊盘直径									
孔直径（mm）		0.4	0.5	0.6	0.8	1.0	1.2	1.6	2.0	
焊盘直径（mm）		1.5	1.5	1.5~2.0	2.0	2.5	3.0	3.5	4	

注：

① 当焊盘直径为5mm时，为了增加焊盘抗剥强度，可采用长不大于1.5mm，宽为1.5mm的椭圆形焊盘。

② 有时为了走线需要，可将焊盘部分切除，切除的环宽不大于标称环宽的1/3。直径在2mm以下的焊盘不可进行部分切除。

③ 对于超出本表所示范围的焊盘直径可用下列公式选取。

直径小于0.4mm的孔：$D/d=2.5$~3；直径大于2mm的孔：$D/d=1.5$~2；式中：D为焊盘直径，d为孔直径，下同。双面印制电路板的焊盘尺寸应遵循下面最小尺寸原则：非镀覆孔焊盘与孔径之差的最小值：$D-d=1.0$mm；镀覆孔焊盘与孔径之差的最小值：$D-d=0.5$mm，元器件面和焊接面上的焊盘直径与孔径的比值应优先选择以下数值：酚醛纸质印制电路板非镀覆孔：$D/d=2.5$~3.0；环氧玻璃布印制电路板非镀覆孔：$D/d=2.5$~3.0；镀覆孔：$D/d=1.5$~2.0。

焊盘的形状有圆形、方形、长方形、菱形和椭圆形等，如图 3 – 112 所示。

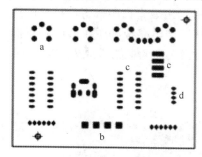

图 3 – 112 焊盘形状

c. 过孔孔径的确定。过孔的作用是连接不同层面之间的电气连线。一般印制电路板过孔直径可取 0.6~0.8mm，高密度板的过孔直径可减小到 0.4mm，尺寸越小则布线密度越高，过孔的最小极限受制板厂技术设备条件的制约。

d. 安装孔孔径的确定。安装孔是机械安装印制电路板或机械固定元器件于印制电路板上所使用的孔。安装孔根据实际需要选取，矩形孔应尽可能少采用或不采用。机械安装孔标称直径及其允许偏差如表 3 – 34 所示。

表 3 – 34 机械安装孔孔径及其允许偏差

标称直径/mm	2.4	2.9	3.4	4.5	5.5	6.6
允许偏差/mm	+0.05			+0.50		

e. 确定定位孔。定位孔是印制电路板加工和检测定位用的。一般采用三孔定位方式，孔径根据装配工艺确定。

印制电路板设计通常有两种方式：一种是人工设计，另一种是计算机辅助设计（CAD）。无论采取哪种方式，都必须符合原理图的电气连接和电气、机械性能的要求。

（2）印制电路板的制作。

目前，大批量生产印制电路板普遍采用丝网漏印和感光晒板法。除此之外，还有其他制作印制电路板的方法，如快速计算机雕刻法，直接将计算机设计好的图形输入雕刻机，直接在覆铜板上钻孔、雕刻导电图形、加工外形及异形槽孔等，再经孔金属化、镀铅锡合金等工序即可获得高质量印制电路板。这种方法制板周期短，仅需要几个小时即可完成。这里介绍印制电路板的简易制板法和小型工业制板法。

① 印制电路板的简易制板法。

a. 选取板材。根据电路的电气功能和使用的环境条件选取合适的印制电路板材质；依据印制电路板上印制导线的宽窄和通过电流的大小，以及相邻元器件、导线之间的电压差的高低确定铜箔厚度，一般选用铜箔厚度为 35μm 和 50μm 的；根据设备的具体要求选择印制电路板的板材的厚度，通用电子设备一般选用 1.5mm 的最多，若印制电路板上有比较重的元器件或电路板尺寸较大的可选用板材相对厚一些的印制电路板。

b. 裁板。按设计的印制电路板的实际尺寸剪裁覆铜板，并用平板锉刀或纱布将四周打磨平整、光滑，去除毛刺。

c. 清洁板面。将准备加工的覆铜板的铜箔面先用水磨砂纸打磨几下，去除表面的污物，然后加水用布将板面擦亮，最后用干布擦干净。

d. 打印印制电路板线路图形。用激光打印机将设计好的线路图形打印到热转印纸上。

e. 图形转印。用热转印机将印制电路板的图形转印到覆铜板上。

f. 腐蚀电路板。将转印好电路图形的电路板放入盛有腐蚀液的容器中，腐蚀液按 1∶4 兑水，时间约为 15min。

提示：

> 注意：腐蚀过程中要有人看管，注意时间不能过长，待电路板面上的没有用的部分全部腐蚀掉，立即将电路板从腐蚀液中取出。

g. 清水冲洗。从腐蚀液中取出腐蚀好的电路板应立即用清水冲洗干净。否则，残存的腐蚀液会使铜箔连线旁出现毛刺和黄色沉淀物。冲洗用的清水最好是流动的。冲洗干净后将电路板擦干。

h. 除去保护层。用沾有稀料或丙酮的棉球擦掉保护漆，这时铜箔电路就显露出来了，之后一定要再用清水冲洗干净，以免化学药物对人体皮肤产生伤害。

提示：

> 倘若没有稀料或丙酮，则也可用钢丝球洗刷印制电路板将保护层去掉。

i. 修板。将腐蚀好的印制电路板再次与原图对照，用刻刀修整导电条的边缘和焊盘，使导电条边缘平滑无毛刺，焊点圆润。

j. 钻孔。按图纸所标尺寸钻孔，孔必须钻正。

提示：

> ① 孔一定要钻在焊盘的中心，且垂直板面。
> ② 钻孔时，一定要使钻出的孔光洁、无毛刺。
> ③ 为达到前述要求，钻头要磨得快，元器件孔在直径 2mm 以下的，还需要采用高速台钻（4000 转/分钟以上）钻孔。对于直径在 3mm 以上的孔，转速可相应放慢些。

② 印制电路板小型工业制板法。

工业制板法可分为六大工艺板块：印制电路板设计、底片制作、金属过孔、线路制作、阻焊制作、字符制作。其制作工艺流程如下：

底片制作→裁板→钻孔→板材抛光→金属化孔→线路制作→阻焊层制作→字符层制作。

a. 底片制作。可采用 CAD 光绘法或照相法获得符合质量要求的 1∶1 的底图胶片（也称为原版底片）。

CAD 光绘法工艺过程：软件剪裁→曝光→显影→定影→水洗→干燥→修板。

b. 裁板。板材准备又称为下料，在印制电路板制作前，应根据设计好的印制电路板图大小来确定所需要印制电路板板基的尺寸规格。

c. 钻孔。钻孔有手工钻孔和雕刻机钻孔两种方法。前面简易制板法介绍的是手工钻孔，而雕刻机能根据 Protel 生成的印制电路板文件自动识别钻孔数据，并快速、精确地完成终点定位、钻孔等任务。

d. 板材抛光。板材抛光的作用是去除覆铜板金属表面氧化物及油污，进行表面抛光处理。

e. 金属化孔。金属化孔是利用氧化还原反应，把铜沉积在两面导线或焊盘的孔壁上，使原来非金属化的孔壁金属化。金属化后的孔称为金属化孔。这是解决双面板两面的导线或焊盘连通的必要措施。金属化孔被广泛应用于有通孔的双层或多层电路板中，其目的是使孔壁上非导体部分（树脂及玻纤）金属化，以进行后续的电镀铜工序。

金属化孔的工艺过程：钻孔→抛光→金属化孔→镀铜。

f. 线路制作。线路制作可将底片上的电路图转移到覆铜板上，线路图形用电镀锡保护，经后续去膜腐蚀即可完成线路制作。

线路制作的工艺过程：

用湿膜法刷线路油墨→烘干→曝光→显影→水洗→烘干→镀锡→水洗→去膜→水洗→腐蚀。

g. 阻焊层制作。阻焊油墨适用于双面印制电路板。其制作方法与线路制作方法相似，但湿膜漏印的是绿色的阻焊油墨。

阻焊层制作过程：刷阻焊油墨（阻焊油墨中加固化剂，增强固化能力）→烘干→曝光→显影→水洗→烘干固化。

h. 字符层制作。字符层制作方法与线路制作方法相似，但湿膜漏印的是白色的字符油墨。

字符层制作过程：刷文字油墨→烘干→显影→固化。

△提示：

☞湿膜法：采用丝网漏印法在印制电路板上黏附一层感光油墨，也就是将感光油墨倒在固定丝网的框内，将丝网板放置在覆铜板上方，用橡皮板刮压油墨，将丝网板上的油墨漏印到覆铜板上，漏印后的线路油墨板要烘干。

☞线路曝光：曝光是以对孔的方式，在线路油墨板上进行曝光的，被曝光油墨与光线发生反应后，经显影后可呈现图形。这样，经光源作用将原始底片上的图像转移到印制电路板上。

☞线路显影：显影是将没有曝光的湿膜层部分除去得到所需电路图形的过程。

☞电镀锡：电镀锡主要是在电路板线路部分镀上一层锡，用来保护电路板线路部分不被蚀刻液腐蚀，同时增强印制电路板的可焊接性。镀锡与镀铜原理一样，只不过镀铜是整板镀铜，而镀锡是线路部分镀锡。

☞去膜：蚀刻前需要把电路板上所有的膜清洗掉，露出非线路铜层。

☞腐蚀：腐蚀是以化学方法将覆铜板上多余铜箔除去，使之形成所需要的电路图形。

（3）印制电路板质量的目检。

目检是用肉眼对物理特征进行的检查。

① 印制电路板的几种缺陷：

● 分层：绝缘基材的层间，绝缘基材与导电箔或多层板内任何层间分离的现象。

● 连接盘起翘（又称焊盘起翘）：连接盘（焊盘）从基材上翘起或分离的现象。

● 夹杂物：夹裹在基材、导线层、镀层、涂覆层或焊点内的外来微粒。

● 起泡：基材的层间或基材与导电箔间，基材与保护性涂层之间产生局部膨胀而引起局部分离的现象。它是分层的一种形式。

● 气孔：由于排气而产生的空洞。

- 凸起：由于内部分层或纤维与树脂分离而造成印制电路板或覆箔板表面隆起的现象。
- 裂缝：金属或非金属层的一种破损现象，它可能一直延伸到底面。
- 金属箔裂缝：部分或全部穿透金属箔的破裂或断裂。
- 白斑：发生在基材内部的，在织物交织处玻璃纤维与树脂分离的现象。这种现象表现为在基材表面下出现分散的白色斑点或十字纹，通常与热应力有关。
- 划痕：由尖锐物体在表面划出的细浅沟纹。
- 晕圈：由于机械加工而引起的基材表面上或表面下的破坏或分层现象。通常表现为在孔周围或其他机械加工部位的四周呈现泛白区域。
- 弓曲：即板面弯曲，它可用圆柱面或球面的曲率来粗略表示。如果是矩形板，则弓曲时它的四个角顶点都位于同一平面。
- 扭曲：矩形板平面的一种形变。扭曲时矩形板平面的四个角顶点不位于同一平面。

② 印制电路板质量的目检内容主要有以下几个方面。

- 印制电路板上有无上述缺陷。

注：导线是印制电路板上导电图形中的单条导电通路，白斑和裂缝会影响组装电路的功能。

- 相邻焊盘或导线之间有无桥接短路现象，焊盘或导线连接处是否有裂缝，焊盘孔对位是否有偏移。
- 元器件布局是否违反最小电气间距要求。
- 印制电路板是否弓曲、扭曲变形和起翘。印制电路板弯曲或起翘不应超过长边的 0.75%。一般对厚度为 1.6mm 的印制电路板，在 90mm 长度上的翘曲应小于 1.5mm。
- 印制电路板是否有刮伤，刮伤不能深至 PCB 线路，露出铜导线。
- 印制电路板表面是否清洁等。

3.4.4　计划与决策

学生将编制的手工制作晶闸管调光灯电路印制电路板单面板作业指导书交给老师检查审核。

3.4.5　任务实施

利用 Protel 软件绘制前文所示晶闸管调光灯电路原理图，并设计印制电路板图，手工制作出装配用的印制电路板单面板。设计制作要求如下：

① 元器件布局要整齐、美观、方便操作。
② 电位器要摆放在板子边缘便于调节的位置。
③ 注意元器件封装引脚的极性，要做到元器件实物、元器件电气符号、元器件封装三对照。
④ 一般元器件的焊盘设置为内径 0.8mm、外径 2mm 的圆形焊盘；其他元器件焊盘根据引脚实际尺寸设置。
⑤ 信号线宽设置为 1mm，电源线线宽设置为 1.5mm，地线线宽设置为 1.8mm。
⑥ 满足基本的布线规则要求。

3.4.6　检查与评估

老师根据学生设计制作的印制电路板单面板的质量评定成绩。

3.5 任务 5　手工装配晶闸管调光灯印制电路板

焊接在电子产品装配过程中是一项很重要的技术，也是制造电子产品的重要环节之一。

它在电子产品实验、调试、生产中应用非常广泛，而且工作量相当大，焊接质量的好坏将直接影响到产品的质量。电子产品的故障除元器件的原因外，大多数是由于焊接质量不佳。因此，掌握熟练的焊接操作技能对产品质量是非常有必要的。

3.5.1　学习目标

按照通孔安装工艺要求装配印制电路板，并对组装好的线路基板进行调试。

3.5.2.　任务描述与分析

任务5的工作任务：编制装配晶闸管调光灯电路板的元器件引线成形工艺表、装配工艺过程卡片，手工装配如图3-113所示晶闸管调光灯电路印制电路板，并对装配电路进行调试。

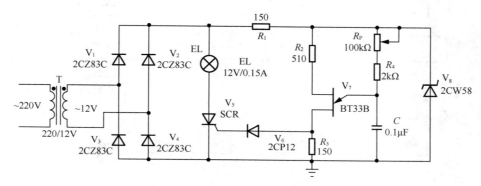

图3-113　晶闸管调光灯电路原理图

通过本单元的学习，学生应了解印制电路板的通孔安装工艺流程；熟悉元器件插装的工艺技术要求，能按照工艺技术要求插装元器件；了解焊接类型，理解和掌握锡铅焊接原理和焊接条件，能正确地选择焊接材料和焊接工具；掌握手工焊接基本操作和技术要点；能使用电烙铁焊接通孔插装元器件，并对焊接质量进行分析判断；能对组装好的线路基板进行调试，并能找出故障原因，排除故障。

本单元的学习重点是掌握锡铅焊接原理、手工焊接条件、元器件插装焊接工艺要求、焊点的质量检验方法、线路基板的调试方法，以及故障查找及处理方法；难点是分析判断焊接质量、电路板的调试，以及故障的查找和排除。学习时可观看SPOC课堂教学视频，熟悉常见焊点的缺陷及其形成原因，按照元器件插装焊接工艺规范要求装配电路板，按照调试工艺卡中的调试步骤调试电路，在操作中学习体会，这样有助于掌握重点，突破难点。

本单元推荐采用线上、线下混合式教学模式或做中学的教学方式，需8学时。

3.5.3　资讯

1）SPOC课堂教学视频

（1）元器件的插装。

（2）焊锡浸润、合格焊点的形成。

（3）电烙铁修剪、烙铁头处理。

（4）焊接方法。

（5）焊点的质量分析。

（6）吸锡器拆焊。

2）相关知识

（1）元器件的通孔安装工艺流程。

元器件的通孔安装就是通过手工或机器方式将元器件引线插入印制板上的通孔（元件孔），并焊接的元器件组装。

① 印制电路板组装工艺流程（见图3－114）。

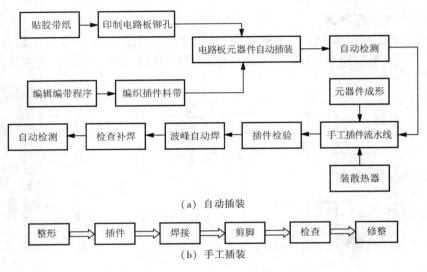

（a）自动插装

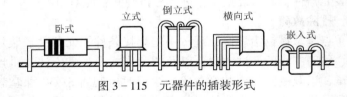

（b）手工插装

图3－114　印制电路板组装工艺流程

② 元器件的插装形式。

元器件的插装形式可分为立式插装、卧式插装、倒立式插装、横向式插装和嵌入式插装，如图3－115所示。

图3－115　元器件的插装形式

a. 卧式插装。将元器件近似平行于印制电路板的板面水平放置，这样做的好处是稳定性好，较牢固。在单面印制电路板上卧式插装时，小功率元器件总是平行地紧贴板面；在双面印制电路板上，元器件则可以离开板面1~2mm，避免因元器件发热而减弱铜箔对基板的附着力，并防止元器件的裸露部分同印制导线短路。功率小于1W的元器件、集成电路可贴近印制电路板板面插装；功率较大的元器件应距离印制电路板2mm或插到台阶处，以利于元器件散热。电阻、二极管、双列直插及扁平封装集成电路多采用卧式插装。

b. 立式安装：元器件垂直于印制电路板板面安装，具有安装密度大，占用印制电路板的面积小，拆卸方便等优点，多用于小型印制电路板安装元器件较多的情况。非轴向双引线元器件（如图3－116所示）在印制电路板组装时采用立式安装，晶体振荡器和单列直插集成电路多采用立式安装方式。对于C级产品，轴向引线元器件不应垂直安装。

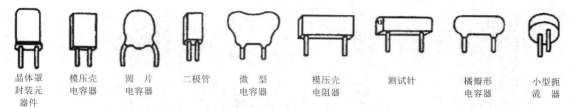

| 晶体罩封装元器件 | 模压壳电容器 | 圆片电容器 | 二极管 | 微型电容器 | 模压壳电阻器 | 测试针 | 橘瓣形电容器 | 小型扼流器 |

图 3 - 116　典型非轴向双引线元器件的形状

🔔**提示：**

A 级：普通电子产品，包括消费类产品、某些计算机和计算机外部设备，以及其主要功能要求与整个组装过程有关的硬件。

B 级：专用电子产品，包括通信设备、复杂的办公机器，以及要求高性能、长寿命且要求但不强制不间断服务的仪器。

C 级：高性能电子产品，包括各类必须连续工作或按指令工作的设备。C 级产品不允许停机，最终使用环境可能非常苛刻，而且需要时设备必须能工作，诸如生命维持系统和其他的关键系统。

c. 横向式安装：先将元器件垂直插入，然后再沿水平方向弯曲，对于大型元器件要采用胶黏、捆扎等措施以保证有足够的机械强度，适用于在元器件插装中对组件有一定高度限制的情况。

d. 倒装式与嵌入式安装：将元器件倒立或嵌入置于印制电路板上。为提高元器件安装的可靠性，常在元器件与嵌入孔间涂上胶黏剂，该方式可提高元器件的抗震能力，降低插装高度。

③ 元器件在印制电路板上插装的工艺要求：

a. 插装前应核对元器件型号、规格，并对元器件进行检测、成形和可焊性处理。

b. 作业时，必须戴上防静电腕带（或手环，以扣住手腕不转动为宜），防静电腕带的另一端应接地良好。

c. 拿取静电敏感元器件（如 MOS 集成电路芯片）时，需要配带指环，要拿取非导体部分，不要触碰引脚，如图 3 - 117 所示。

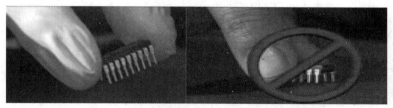

图 3 - 117　拿取 MOS 集成电路芯片示意图

d. 放置元器件时，引脚朝向静电消散表面，如图 3 - 118 所示。

e. 不要在任何表面滑动集成电路元器件。

f. 取放印制电路板时应轻拿轻放；插装焊接元器件时，手握印制电路板的边沿，如图 3 - 119 所示，避免接触元器件。

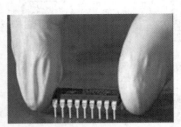

图 3-118　引脚朝向静电消散面示意图

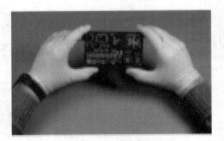

图 3-119　印制电路板的握持示意图

注：插装即按规定技术要求，用手工或机器把元器件、组件的引线和端子插入印制电路板相应的连接孔中的方法。

元器件插装原则：

- 元器件的插装应遵循先低后高，先小后大，先轻后重，先易后难，先一般后特殊，并且上道工序安装后不能影响下道工序的安装的基本原则。
- 元器件插装后，其标志应向着易于认读的方向，并尽可能按从左到右的顺序。
- 有极性元器件（如晶体管、电解电容、集成电路等），极性应严格按照图纸上的要求安装，极性方向不能插反。

🔊提示：

- 如果是手工插装、焊接，则应该先安装那些需要机械固定的元器件，如功率元器件的散热器、支架、卡子等，然后安装靠焊接固定的元器件。否则，就会在机械紧固时，使印制电路板受力变形而损坏其他已经安装的元器件。
- 如果是自动机械设备插装、焊接，就应该先安装那些高度较低的元器件，如电路的"跳线"、电阻一类元器件；后安装那些高度较高的元器件，如轴向（立式）插装的电容器、晶体管等元器件；对于贵重的关键元器件，如大规模集成电路和大功率器件，应该放到最后插装。安装散热器、支架、卡子等，要靠近焊接工序，这样不仅可以避免先装的元器件妨碍插装后装的元器件，还有利于避免因为传送系统振动丢失贵重元器件。

- 元器件在印刷电路板上的分布应尽量均匀，疏密一致，排列整齐美观。不允许斜排、立体交叉和重叠排列。

🔊提示：

（1）应该尽量使元器件的标记（用色码或字符标注的数值、精度等）朝上或朝着易于辨认的方向，并注意标记的读数方向一致（从左到右或从上到下），这样有利于检验人员直观检查。

（2）立式插装的色环电阻应该高度一致，最好让起始色环向上以便检查安装情况，上端的引线不要留得太长以免与其他元器件短路。

- 同一规格的元器件应尽量安装在同一高度上。有极性元器件（晶体管、电解电容器、集成电路）的极性方向不能插反。

提示：

（1）立式插装的元器件机械性能较差，抗震能力弱，如果元器件倾斜，就有可能接触临近的元器件而造成短路。为使引线相互隔离，往往采用元器件引线加绝缘套管的方法，如图3－120所示，以增加电气绝缘性能、元器件的机械强度等。

（2）在同一个电子产品中，元器件各条引线所加套管的颜色应该一致，便于区别不同的电极。因为这种装配方式需要手工操作，除了那些成本非常低廉的民用小产品，在档次较高的电子产品中不会被采用。

- 为了保证整机用电安全，插件时需要注意保持元器件间的最小放电距离，插装的元器件不能有严重歪斜，以防元器件之间因接触而引起的各种短路和高压放电现象，一般元器件的安装高度和倾斜范围如图3－121所示。

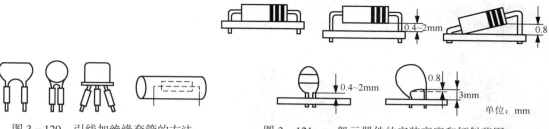

图3－120　引线加绝缘套管的方法　　　　图3－121　一般元器件的安装高度和倾斜范围

卧式安装要求：

- 当元器件重量小于28g，标称功率小于1W时，紧贴板面安装，如图如图3－122（a）、（c）、（d）、（e）所示。
- 有成形台阶的元器件插到台阶处，如图3－122（b）所示。
- 当元器件标称功率不小于1W时，元器件本体距印制板的间隙不得小于1.5mm，如图3－122（f）所示。
- 非受力元器件（跳线、小功率电阻、二极管、色环电感、连接线等）安装高度在不违反最小电气间隙要求、不影响装配的条件下不能大于2mm。

不合格的卧式安装形式如图3－123所示（$D>3$mm）。

双列直插集成电路和扁平封装集成电路可贴近板面安装，塑料导线，外塑料层紧贴板面安装；功率较大的元器件本体与板面的距离不应小于1.5mm，或插到台阶处，以利于元器件散热。

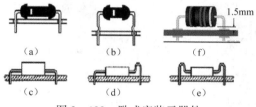

图3－122　卧式安装元器件
（图中引线弯成驼峰形是为了消除应力）

图3－123　不合格安装

立式安装要求：

● 要求插正，不允许明显歪斜。

● 非轴向引线元器件本体与印制板之间的距离在 0.4~2mm 之间，通常最大间隙不超过 2mm；倾斜角度不大于 15°，且不能与相邻元器件相碰，如图 3-124 所示。

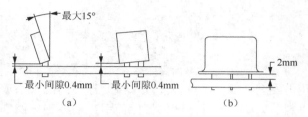

图 3-124　大容量的电解电容器的安装

● 轴向引线元器件的立式安装，元器件本体与印制板之间的距离 H 在 0.4~1.5mm 之间；倾斜角度不大于 30°，且不能与相邻元器件相碰，如图 3-125 所示。

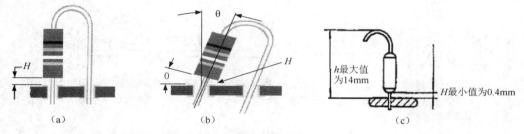

图 3-125　轴向引线元器件的立式安装

● 不超过 14g 的轴向引线元器件，可垂直安装在印制板上。元器件离印制板的最大垂直高度不超过 14mm，元器件本体底部与印制板的距离不小于 0.4mm，如图 3-125（c）所示。

● 受力元件（插座、按钮、继电器、风机电容、接插件、互感器、散热片及发光二极管）、大元器件插装，距板面高度不能超过 0.8mm，直径不小于 10mm 的电解电容贴紧板面安装，如图 3-126、图 3-127 所示。

● 有成形台阶的元器件插到台阶处，如图 3-128 所示。

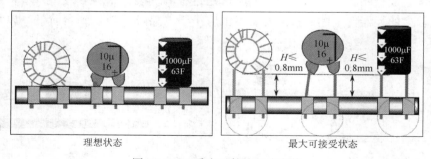

图 3-126　受力元件的立式安装

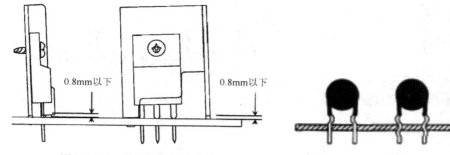

图 3 - 127　散热片的立式安装　　　　图 3 - 128　有成形台阶的元器件的安装

● 为了消除应力，晶体管类元器件距离印制板板面 3~5mm，如图 3 - 129 所示。

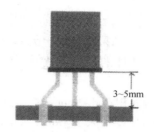

图 3 - 129　晶体管类元器件的安装

横向式、倒装式与嵌入式安装要求：

元器件本体的侧面或表面，或特殊结构元器件（如某些微型电容器）至少应有一个点与印制板完全接触，并且元器件本体应连接或固定到印制板上，以免受到震动和冲击的破坏，如图 3 - 130、图 3 - 131 所示。

图 3 - 130　横向式安装　　　　　　图 3 - 131　倒装式安装

插装玻璃壳体的二极管时，最好先将引线绕 1~2 圈，形成螺旋形以增加留线长度，如图 3 - 132 所示，不宜紧靠引线根部弯折，以免二极管受力破裂损坏。印制电路板插装元器件后，元器件的引线穿过焊盘应保留一定长度，如图 3 - 133 所示，引线和导线超过焊盘表面的长度的取值：$0.5\text{mm} \leqslant L \leqslant 2.0\text{mm}$。

举例：某生产企业对元器件伸出长度的要求如下：

● 当元器件安装在印制板一侧时，对于单面板，$1\text{mm} \leqslant L \leqslant 2\text{mm}$；双面板，$0.5\text{mm} \leqslant L \leqslant 2\text{mm}$。

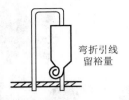

弯折引线留裕量

图 3-132　玻璃壳二极管的插装

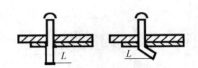

图 3-133　元器件引线穿过焊盘伸出量示意图

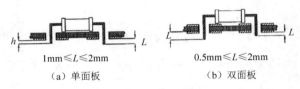

1mm≤L≤2mm　　　　0.5mm≤L≤2mm

（a）单面板　　　　　（b）双面板

图 3-134　元器件安装在印制板一侧

- 当元器件安装在印制板两侧时，如果焊接面上元器件的最大高度 $h<0.8mm$，$0.5mm≤L≤1.5mm$；如果焊接面上元器件的最大高度 $h>0.8mm$，$0.5mm≤L≤$ mm，如图 3-135 所示。
- 插件引线弯曲长度 L：当焊盘面积小于 $2mm^2$ 时，弯曲长度不大于 $0.5mm$；当焊盘面积焊盘面积大于 $2mm^2$ 时，弯曲长度不大于 $1mm$，如图 3-136 所示。

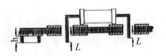

最高元件$h<0.8mm$　$0.5mm≤L≤1.5mm$
最高元件$h>0.8mm$　$0.5mm≤L≤2mm$

图 3-135　元器件安装在印制板两侧

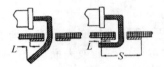

焊盘面积$S<2mm^2$时，$L≤0.5mm$
焊盘面积$S>2mm^2$时，$L≤1mm$

图 3-136　插件引线弯度示意图

引线弯折的方向应沿着印制线，平行于板面，如图 3-137 所示。

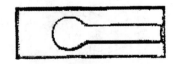

图 3-137　引线弯折方向示意图

注意：插装元器件要戴手套，尤其对易氧化、易生锈的金属元器件，以防止汗渍对元器件的腐蚀。

⚠提示：

> 常见插装不良现象如下（见图 3-138）。
> - 插错和漏插：由于人为的误插及材料中有混料造成插入印制电路板的元器件规格、型号、标称值、极性等与工艺文件不符。

- 歪斜不正：一般是指元器件歪斜度超过了规定值，如图 3－120（a）所示。歪斜不正的元器件会造成引线互碰而短路，还会因两脚受力不均，在振动后产生焊点脱落、铜箔断裂的现象。
- 过深或浮起：插入过深，使元器件根部漆膜穿过印制电路板，造成虚焊；插入过浅，使引线未穿过安装孔，而造成元器件浮起或脱落。过深或浮起如图 3－120（b）所示。

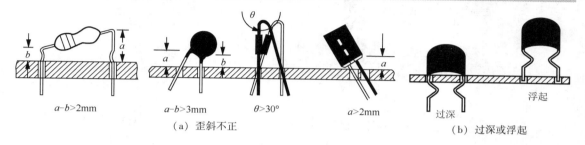

$a-b>2\text{mm}$　　　$a-b>3\text{mm}$　　$\theta>30°$　　　$a>2\text{mm}$

（a）歪斜不正　　　　　　　　　　　　　　（b）过深或浮起

图 3－138　不良现象

为了保证印制电路板插装质量，必须加强流水线的工艺管理。在插件流水线的最后设置检验工序，检查印制电路板组装元器件有无错插、漏插，电解电容器的极性插装是否正确，插入件有无隆起、歪斜等现象，并及时纠正。

④ 特殊元器件的插装方法及要求。

在电子元器件插装过程中，对一些体积、质量较大的元器件和集成电路，要应用不同的工艺方法以提高插装质量和改善电路性能，如图 3－139～图 3－141 所示。

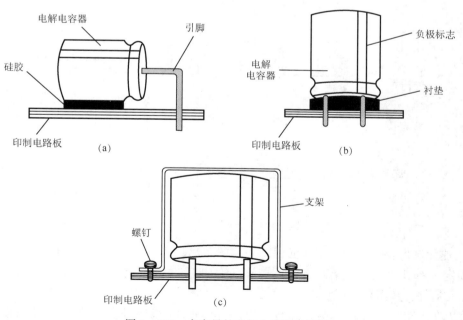

图 3－139　大容量的电解电容器的安装

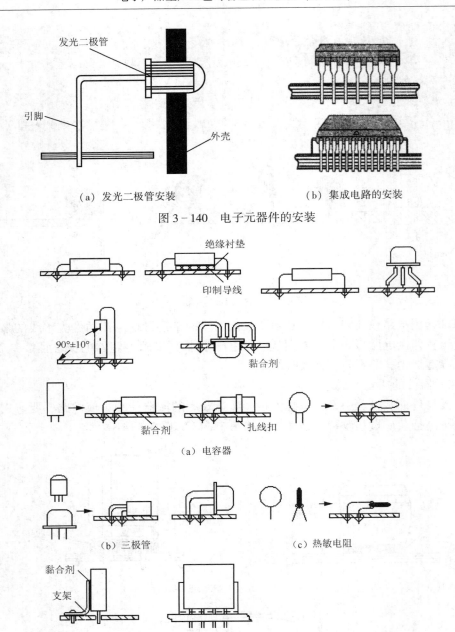

（a）发光二极管安装　　　　　　　　（b）集成电路的安装

图 3－140　电子元器件的安装

（a）电容器

（b）三极管　　　　　　　　　　（c）热敏电阻

（d）支架固定安装

图 3－141　一般元器件的安装

a. 发热元器件要与印刷电路板面保持一定的距离，不允许贴面安装，较大元器件的安装应采取固定（绑扎、黏、支架固定等）措施。大功率三极管、电源变压器、彩色电视机高压包等大型元器件，其插装孔一般要用铜铆钉加固；体积、质量都较大的电解电容器，因其引线强度不够，在插装时，除用铜铆钉加固外，还应用黄色树脂硅胶将其底部黏在印制电路板上。

大功率的三极管、功放集成电路等在工作过程中发出热量而产生较高的温度，要采取散热措施，加装散热片（铝合金材料制成），保证元器件和电路能在允许的温度范围内正常工作。安装时，既要保证绝缘的要求，又不能影响散热的效果，即导热而不导电。如果工作温度较高，应该使用云母垫片；低于 100℃ 时，可以采用没有破损的聚酯薄膜作为垫片，并且在元器件和散热器之间涂抹导热硅脂，能够降低热阻、改善传热的效果。穿过散热器和机壳的螺钉也要套上绝缘管。

b. 显示用的数码管和发光二极管，要放置在印制电路板的边缘处，方便观察。

c. 中频变压器、输入/输出变压器带固有引脚，在插装时，将引脚压倒并锡焊固定。较大的电源变压器则采用螺钉固定，并加弹簧垫圈防止螺母、螺钉松动。

d. 面板上调节控制所用的电位器、波段开关、接插件等通常都是螺纹安装结构。安装时一要选用合适的防松垫圈，二要注意保护面板，防止紧固螺母划伤面板。安装中，靠紧固螺钉及弹簧垫圈的止退作用保证电气连接。如果安装时忘记装上弹簧垫圈，那么长时间工作的振动会使螺母逐渐松动，导致连接发生问题。

一些开关、电位器等元器件，为了防止助焊剂中的松香浸入元器件内部的触点而影响使用性能，在波峰焊接前不插装，在插装部位的焊盘上贴胶带纸。波峰焊接后，再撕下胶带纸，插装元器件，进行手工焊接。

e. 插装 CMOS 集成电路、场效应管时，操作人员必须戴防静电腕套。已经插装好这类元器件的印制电路板，应在接地良好的流水线上传递，以防元器件被静电击穿。

f. 插装集成块时应弄清引脚排列顺序，并与插孔位置对准，用力要均匀，不要倾斜，以防引线折断或偏斜。

g. 电源变压器、伴音中放集成块、高频头、遥控红外接收器等需要屏蔽的元器件，屏蔽装置应良好接地。

⑤ 几种元器件的安装。

a. 开关、插座、电位器的安装如图 3－142 所示。

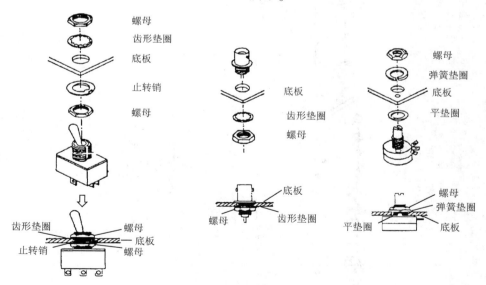

图 3－142　开关、插座、电位器的安装

b. 散热器的安装如图 3－143 所示。

c. 大功率晶体管和集成电路器件的安装如图 3－144 所示。

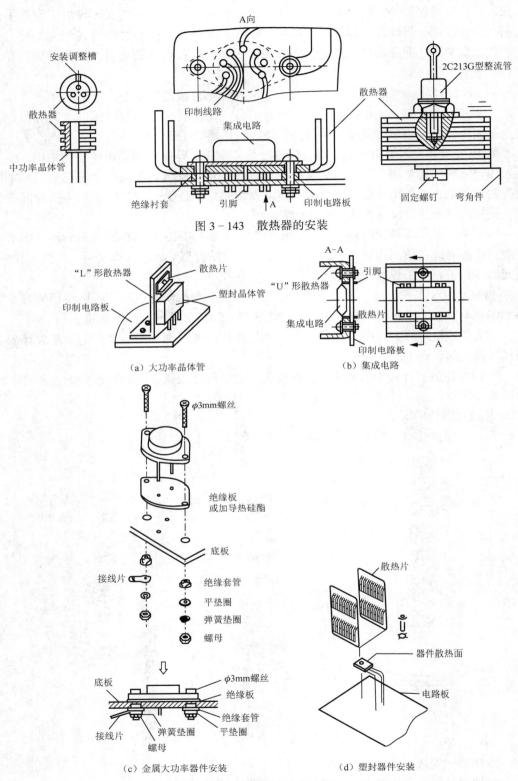

图 3 - 143 散热器的安装

（a）大功率晶体管

（b）集成电路

（c）金属大功率器件安装

（d）塑封器件安装

图 3 - 144 大功率晶体管和集成电路器件的安装

d. 有支撑元器件的安装。元器件有支撑时，应安装在下列零件上：

● 与元器件本体成为整体的弹性底脚或支撑件，如图 3 – 145 （a）和（b）所示。

● 弹性或特殊结构的非弹性支撑件，如图 3 – 145 （c）所示。

● 不阻塞通孔，又不遮盖印制电路板上元器件连接点的分立弹性无底脚支撑件。

若元器件用整体式弹性底脚或整体式弹性支撑件安装到印制电路板，元器件的各个引脚应紧靠印制电路板表面。对于这个要求，如图 3 – 145 （b）所示的钮扣形支撑件应视为一个底脚，各钮扣与裸板或印制电路板相接触的表面应是平直的。如图 3 – 145 （c）和（d）所示的有底脚支撑件的底脚高度至少为 0.4mm。

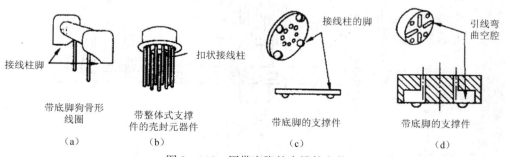

图 3 – 145 用带底脚的支撑件安装

e. 支撑件定位。支撑件不应倒置。当规定使用特殊构型的非弹性支撑件时，在引线弯曲空腔内的引线，如图 3 – 146 （b）所示，应按照直角折弯方式穿过支撑件的引线插入孔直到印制电路板焊盘的接线孔。

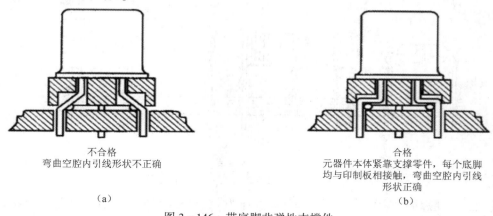

图 3 – 146 带底脚非弹性支撑件

f. 元器件手动插装及自动插装形式如图 3 – 147 所示。

（2）通孔安装印制电路板的手工焊接。

焊接是使金属连接的一种方法，是电子产品生产人员必须掌握的一种基本操作技能，利用加热手段，在两种金属的接触面，通过焊接材料的原子或分子的相互扩散作用，使两种金属间形成一种永久的牢固结合。通过焊接，在两种或两种以上金属表面用焊料形成的电气机械连接点称为焊点。

现代焊接技术主要分为下列三类：

熔焊。熔焊是指在焊接过程中，将焊件接头加热至熔化状态，在不外加压力的情况下完成焊接的方法，如电弧焊、气焊等。

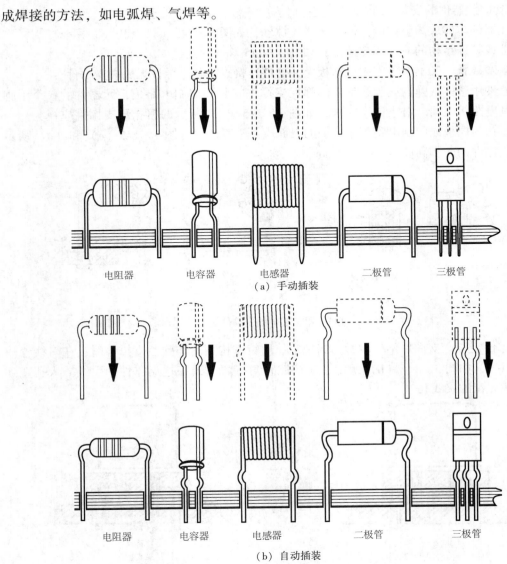

图 3 - 147　元器件手动插装及自动插装形式

　　接触焊。在焊接过程中，必须对焊件施加压力（加热或不加热）完成焊接的方法，如超声波焊、脉冲焊、摩擦焊等。

　　钎焊。钎焊采用比被焊件熔点低的金属材料作焊料，将焊件和焊料加热到高于焊料的熔点而低于被焊物的熔点的温度，利用液态焊料润湿被焊物，并两者相互扩散，实现连接。钎焊根据使用焊料熔点的不同又可分为硬钎焊和软钎焊。使用焊料的熔点高于 450℃ 的焊接称硬钎焊；使用焊料的熔点低于 450℃ 的焊接称软钎焊。电子产品生产工艺中所谓的"焊接"就是软钎焊的一种，主要使用锡、铅等低熔点合金材料作为焊料，因此俗称"锡焊"。

　　焊接的机理：所谓焊接是将焊料、被焊金属同时加热到最佳温度，依靠熔融焊料填满被焊金属间隙，并与之形成金属合金结合的一种过程。从微观的角度分析，焊接包括两个过程：一个是润湿过程，另一个是扩散过程。

注：焊料（又称钎料、焊锡）：熔点低于 427℃ 的金属合金，通常是锡和铅，在熔融时润湿金属表面并与之结合。

润湿（横向流动）过程：润湿又称浸润，是指熔融的焊料在母材金属表面形成均匀、平滑、连续并附着牢固的焊料层的过程。金属表面看起来是比较光滑的，但在显微镜下面看则凸凹不平。焊锡流淌的过程一般是松香在前面清除氧化膜，降低液态金属的表面张力，改善润湿状态，焊锡紧跟其后，所以说润湿基本上是熔化的焊料沿着金属母材表面横向流动的过程。润湿的好坏用润湿角表示，如图 3 – 148 所示，从图中可以看出，润湿的条件是润湿角 $\theta \leqslant 90°$。

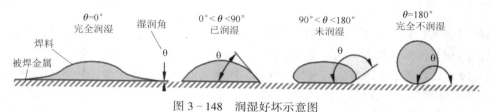

图 3 – 148　润湿好坏示意图

🔔**提示：**

- 润湿角（接触角）：焊锡的基底金属表面和焊锡的空气界面的切面之间的夹角。
- 焊料润湿：熔融焊料涂覆在基底金属上，形成均匀、光滑、连续的焊料薄膜。
- 半润湿：熔融焊料涂覆在基底金属表面后，焊料回缩，遗留下不规则的焊料疙瘩，但不露基底金属，如图 3 – 149 所示。
- 不润湿：熔融焊料与金属表面接触，只有部分附着于表面，仍裸露基底金属的现象，如图 3 – 150 所示。

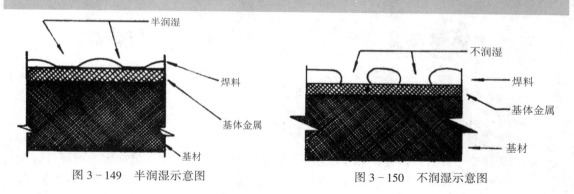

图 3 – 149　半润湿示意图　　　　　图 3 – 150　不润湿示意图

扩散过程：润湿的同时，焊料原子和母材金属原子相互扩散，正是由于这种扩散作用，在两者交界处形成合金层，使两者之间形成牢固而紧密的连接，从而使焊料和焊件牢固地结合。

以锡铅焊料（Sn63%Pb37%）焊接铜件为例，合金的主要成分是 Cu_6Sn_5，它是脆性的合金层，合金层越薄，焊点的强度越高，说明焊接润湿效果越好。锡铅焊料的熔点是 183℃，在低温（250℃~300℃）条件下，铜和焊锡的交界处就会生成 Cu_3Sn 和 Cu_6Sn_5。若温度超过 300℃，除生成这些合金外，还要生成 $Cu_{31}Sn_8$ 等，如图 3 – 151 所示。焊点截面的厚度因温度和焊接时间不同而异，一般在 3~10μm 之间，如图 3 – 152 所示。

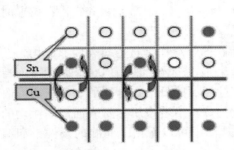

图 3－151　Sn-Cu 原子相互扩散示意图

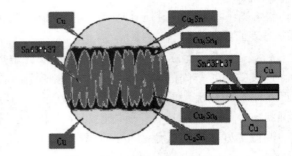

图 3－152　形成合金层示意图

当母材金属表面有氧化膜和污垢时，熔融的焊料不能很好地润湿母材金属表面，阻隔了原子之间的相互扩散，焊料与母材金属之间很难形成新的合金，形成不良焊点。

合格焊点：如图 3－153（a）、（b）所示，焊点呈锥状，表面光滑，熔融的焊料与母材金属表面之间的润湿角 $\theta \leqslant 90°$，表明焊料能润湿母材金属表面，可焊性好，焊接后形成使焊料和焊件牢固地结合的焊点。

不合格焊点：如图 3－153（c）所示，焊点呈球状（或椭球状），称为焊珠。由于熔融的焊料与母材金属表面之间的润湿角 $\theta > 90°$，表明焊料不能润湿母材金属表面，可焊性不好，强行焊接后，焊接部位形成冷焊点。

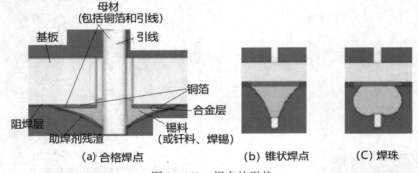

图 3－153　焊点的形状

想一想：如何避免焊接时形成不良焊点？

① 焊接条件要求。

a. 被焊件必须具有可焊性。可焊性是指金属表面被熔融焊料润湿的能力。可焊性好的材料，液态焊料与被焊件之间应能互融。锡铅焊料，除了含有大量铬和铝的合金材料不易互融，与其他金属材料大都可以互融。为了提高可焊性，一般采用表面镀锡、镀银等措施。

b. 被焊金属表面应保持清洁。焊料和被焊金属表面之间不应有氧化层，更不应有污染。当焊料与被焊金属之间存在氧化物或污垢时，就会阻碍熔化金属原子的自由扩散，不会产生浸润作用。元器件引脚或印制电路板焊盘氧化是产生虚焊的主要原因之一。金属表面轻度的氧化层可以通过助焊剂作用来清除氧化程度严重的金属表面，应采用机械或化学方法清除，如进行刮除或酸洗等。

c. 使用合适的助焊剂。助焊剂的作用是清除焊件表面的氧化膜、净化焊接面、使焊点光滑、明亮。电子装配中的助焊剂通常是松香，一般是用酒精将松香溶解成松香水使用。

d. 具有适当的焊接温度。焊锡的最佳温度为 250±5℃，最低焊接温度为 240℃。温度太低，易形成冷焊点；温度太高，易使焊点质量变差。

e. 具有合适的焊接时间。完成浸润和扩散两个过程需要 2~3s，一般集成电路、三极管焊接时间小于 3s，其他元器件焊接时间为 4~5s。焊接时间过长易损坏焊接部位及元器件，过短则达不到焊接要求。

② 手工焊接工具和焊接材料。

手工焊接工具有电烙铁、镊子、起子、斜口钳、尖嘴钳、吸锡器等，焊接材料有焊锡丝和松香类助焊剂等，如图 3-154 所示。

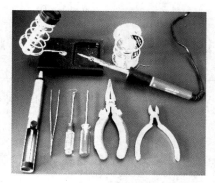

图 3-154　焊接工具和材料

● 烙铁头形状的选择。烙铁头形状主要有凿式、半凿式、尖锥式、弯凿式、圆锥凿式、圆斜面式等。尖锥式和圆锥凿式烙铁头适用于小面积的热传递，当焊接较小焊盘时，如焊接高密度的焊点和小而怕热的元器件、SMT 元器件，可选用此类烙铁头；凿式和半凿式烙铁头传递热量、接触面较大，因此，此类烙铁头多用于电气维修工作；市面上销售的烙铁头大多是圆斜面式，适用于焊接单面板上不太密集的焊点及焊接多脚贴片集成电路；当焊接元器件高低变化较大的电路时，可以使用弯凿式电烙铁头。

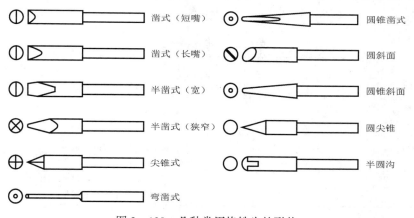

图 3-130　几种常用烙铁头的形状

● 烙铁头温度的选择。烙铁头温度 = 焊锡熔点 +50+X，其中 X 为损耗修正系数，通常 X 取值 100。手工焊接时，烙铁头最适合的温度是比使用的焊料的熔点高 50℃。例如，有铅焊料（Sn63%/Pb37%），焊料熔点为 183℃，烙铁头温度 = 183 + 50 + 200 = 333（℃）。由于 X 的取值受不同产品焊点大小、焊料种类、焊接环境及操作习惯的影响变化较大，所以通常对于有铅焊料（Sn63%/Pb37%），烙铁头的温度设定为 280~340℃；对于无铅焊料（Sn-Ag-Cu 合金），烙铁头的温度设定为 320~380℃；自动温控式烙铁头温度的选择如表 3-35 所示，焊接时间控制在 4 秒以内。

表 3 – 35　自动温控式烙铁头温度的选择

项目＼元器件	SMD	选用电烙铁
焊接时烙铁头温度：	320±10℃	330±5℃
焊接时间：	每个焊点 1 至 3 秒	2 至 3 秒
拆除时烙铁头温度：	310 至 350℃	330±5℃
备注：	根据 CHIP 件尺寸不同，使用不同的烙铁头。	当焊接大功率（TO-220、TO-247、TO-264 等封装）或焊点与大铜箔相连，上述温度无法焊接时，烙铁温度可升高至 360℃，当焊接敏感怕热零件（LED、CCD、传感器等）温度控制在 260 至 300℃

● 电烙铁加热形式和功率的选择。功率相同的情况下，内热式电烙铁的温度比外热式电烙铁的温度高。

焊接功率小的电阻器、电容器、晶体管、集成电路、印制电路板的焊盘或塑料导线时，宜选用 30~45W 的外热式电烙铁或 20W 的内热式电烙铁，其中 20W 内热式电烙铁是最佳选择。

焊接粗导线和同轴电缆时，宜选用 50W 内热式电烙铁或 45~75W 外热式电烙铁。

焊接一般结构产品，如线环、线爪、散热片、接地焊片时，宜选用 75~100W 电烙铁。

焊接较大元器件时，如金属底盘接地焊片，焊接金属机架接片、焊片等，宜采用 100~200W 的电烙铁。

● 电烙铁品种的选择如表 3 – 36 所示。

表 3 – 36　电烙铁的选择

	焊接对象	功率/W	品种	说明
1	印制电路板焊接点	20	普通内热式	
2	整机总装的导线、接线焊片（柱）、散热器、接地点等	75~100		
3	温度敏感元器件、无引线元器件		自动温控式	温度可根据需要调节，并自动温控
4	高可靠要求产品		自动断电及自动温控式	焊接时能自动断电，防止烙铁漏电造成对元器件的损伤

🔔提示：

　　自动温控式电烙铁（又称恒温电烙铁）的烙铁头内装有磁铁式的温度控制器，用来控制通电时间，实现恒温的目的。在焊接温度不宜过高（需要控制在 300℃~400℃，不能超过 450℃）；焊接时间不宜过长的元器件时，应选用自动温控式电烙铁。

烙铁头的修整与镀锡如下。

按照规定，烙铁头经过镀铁镍合金，具有较强的耐高温氧化性能，但目前市售的一般低档电烙铁的烙铁头大多只是在紫铜表面镀了一层锌合金。镀锌层虽然也有一定的保护作用，但在经过一段时间的使用以后，由于高温及助焊剂的作用（松香类助焊剂在常温时为中性，在高温下呈弱酸性），烙铁头往往出现氧化层，使表面凹凸不平，这时就需要修整。一般是将烙铁头拿下来，夹到台钳上用粗锉刀修整成自己要求的形状，然后用细锉刀修平，最后用细砂纸打磨。

修整过的烙铁头应该立即镀锡。方法是将烙铁头装好后，在松香水中浸一下；然后接通电烙铁的电源，待电烙铁热后，在木板上放些松香并放一段焊锡，烙铁头蘸上锡，在松香中来回摩擦；直到整个烙铁头的修整面均匀镀上一层焊锡为止。也可以在烙铁头蘸上锡后，在湿布上反复摩擦。应该记住，新的电烙铁通电以前，一定要先浸松香水，否则烙铁头表面会生成难以镀锡的氧化层。修整多次后变短的烙铁头，可在需要高温电烙铁时用以代替功率较大的电烙铁。为了热量集中，可以把烙铁头修得细一些。

🔔**提示：**

> ### 电烙铁使用注意事项
> ◆ 通电前，认真检查电烙铁是否有短路和漏电等情况，如发现问题应及时解决，避免发生人身伤害事件。
> ◆ 电烙铁在不焊接时，应放置在烙铁架上，且烙铁架周围不能放置其他物品，以免损坏。
> ◆ 使用过程中，切勿敲击电烙铁，以免损坏烙铁芯及固定电源线或导致烙铁芯的螺丝松动，造成短路等。
> ◆ 禁止甩动电烙铁，防止烙铁头脱落或烙铁头上的锡珠飞溅，伤害别人。
> ◆ 电烙铁较长时间不用时，应切断电源防止高温烧坏烙铁头；防止电烙铁烫坏其他元器件或电源线的绝缘层，引发安全事故。

③ 手工焊接技术。

a. 焊接操作姿势。一般情况下，电烙铁到鼻子的距离应该不小于 20cm，通常以 30cm 为宜。电烙铁的握法有三种，如图 3-155（a）所示。

握笔法类似于写字时手拿笔一样，易于掌握，但长时间操作易疲劳，烙铁头会出现抖动现象，因此适用于小功率的电烙铁和热容量小的被焊件，适合在操作台上进行印制电路板的焊接；反握法是用五指把电烙铁柄握在手掌内，这种握法焊接时动作稳定，长时间操作不易疲劳，它适用于大功率的电烙铁和热容量大的被焊件；正握法是用五指把电烙铁柄握在手掌外，适用于中功率电烙铁或带弯头电烙铁的操作。

焊锡丝一般有两种拿法，如图 3-155（b）所示。连续焊锡丝拿法是用拇指和四指握住焊锡丝，三手指配合拇指和食指把焊锡丝连续向前送进，它适用于成卷（筒）焊锡丝的手工焊接；断续焊锡丝拿法是用拇指、食指和中指夹住焊锡丝，采用这种拿法，焊锡丝不能连续向前送进，它适用于小段焊锡丝的手工焊接。

反握法　　　　　　正握法　　　　　握笔法　　　　连续焊锡丝拿法　　　　断续焊锡丝拿法

（a）电烙铁的握法　　　　　　　　　　（b）焊锡丝的拿法

图 3-155　焊接手法

b. 手工焊接操作步骤。

电烙铁使用前的检查、清洗和上锡：在使用电烙铁焊接之前首先需要检查：电烙铁的完整性、电烙铁功率及温度范围、烙铁头形状大小、氧化程度是否适合要求等。在使用电烙铁之前，要清洗烙铁头（将热的烙铁头在清锡棉上擦两三下，去除杂质和氧化物），并给烙铁头上锡（把焊锡丝放在烙铁头上，去除烙铁头上的氧化物，表面形成光亮的外层）。

正确的手工焊接操作，可以分成五个步骤（见图3-156）。

步骤一：准备施焊。左手拿焊锡丝，右手握住电烙铁，进入备焊状态。要求烙铁头保持干净，无焊渣等氧化物，并在表面镀有一层焊锡。

步骤二：加热焊件。烙铁头靠在两焊件的连接处，加热整个焊件，时间为1~2s。对于在印制电路板上焊接元器件来说，要注意使烙铁头同时接触两个被焊接物。例如，图3-156（b）中的导线与接线柱、元器件引线与焊盘要同时均匀受热。

步骤三：送入焊锡丝。焊件的焊接面被加热到一定温度时，焊锡丝从电烙铁对面接触焊件。注意：焊料应加给焊点，不能加给烙铁头，不要把焊锡丝送到烙铁头上。

步骤四：移开焊锡丝。当焊锡丝熔化一定量后，立即沿左上45°方向移开焊锡丝。

步骤五：移开电烙铁。焊锡浸润焊盘和焊件的施焊部位以后，沿右上45°方向移开电烙铁，结束焊接。从步骤三开始到步骤五结束，时间为1~2s。

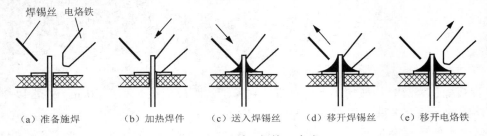

（a）准备施焊　　（b）加热焊件　　（c）送入焊锡丝　　（d）移开焊锡丝　　（e）移开电烙铁

图3-156　手工焊接五步法

对于热容量小的焊件，如印制电路板上较细导线的连接，可以简化为三步操作。

● 准备：同以上步骤一。

● 加热与送丝：烙铁头放在焊件上后即放入焊锡丝。

● 去丝移开电烙铁：焊锡在焊接面上浸润扩散达到预期范围后，立即拿开焊锡丝并移开电烙铁，并注意移去焊锡丝的时间不得滞后于移开电烙铁的时间。

对于吸收低热量的焊件而言，上述整个过程的时间不超过2~4s。在五步骤操作法中可用数秒的办法控制时间：电烙铁接触焊点后数一、二（约2s），送入焊锡丝后数三、四（约2s），移开电烙铁，焊锡丝熔化量要靠观察决定。

☺提示：

焊接操作的注意事项

由于焊锡丝成分中铅占一定比例，而铅是对人体有害的一种重金属，因此操作时应佩戴手套或完成操作后洗手，避免食入。

助焊剂加热时挥发出来的化学物质对人体是有害的，如果在操作时人的鼻子距离烙铁头太近，则很容易将有害气体吸入。

　　使用电烙铁要配置烙铁架，一般放置在工作台右前方，电烙铁使用以后，一定要稳妥地插放在烙铁架上，并注意导线等其他杂物不要碰到烙铁头，以免烫伤导线，造成漏电等事故。

　　用电烙铁对焊点加力加热是错误的，会造成被焊件的损伤。例如，电位器、开关、接插件的焊接点往往都固定在塑料构件上，加力容易造成元器件失效。

　　当焊点一次焊接不成功或上锡量不够时，便要重新焊接。重新焊接时，必须待上次的焊锡一同熔化为一体时才能把电烙铁移开。

✍ 焊接小窍门

● 焊料的施加方法可根据焊点的大小及被焊件的多少而定。

若要将引线焊接在接线柱上，则将烙铁头放在接线端子和引线上，当被焊件经过加热达到一定温度时，先给烙铁头位置少量焊料，使烙铁头的热量尽快传到焊件上，当所有的被焊件温度都达到了焊料熔化温度时，应立即将焊料从烙铁头向其他需要焊接的部位延伸，直到距电烙铁加热部位最远的地方，并等到焊料润湿整个焊点，一旦润湿达到要求，则立即撤掉焊锡丝，以避免造成堆焊。接线柱施加焊料如图 3-157 所示。

如果焊点较小，则最好使用焊锡丝，应先将烙铁头放在焊盘与元器件引脚的交界面上，同时对二者加热。当达到一定温度时，将焊锡丝点到焊盘与引脚上，使焊锡熔化并润湿焊盘与引脚。当刚好润湿整个焊点时，及时撤离焊锡丝和电烙铁，焊出光洁的焊点。

● 焊接时应注意电烙铁的位置，如果没有焊锡丝，且焊点较小，则可用烙铁头蘸适量焊料，再蘸松香后，直接放于焊点处，待焊点着锡并润湿后便可将电烙铁撤走。撤电烙铁时，要从下面向上提拉，以使焊点光亮、饱满。要注意把握时间，如时间稍长，助焊剂就会分解，焊料就会被氧化，使焊接质量下降。

● 如果电烙铁的温度较高，所蘸的助焊剂很容易分解挥发，就会造成焊接时助焊剂不足。解决的办法是将印制电路板焊接面朝上放在桌面上，用镊子夹一小粒松香类助焊剂（一般芝麻粒大小即可）放到焊盘上，再用烙铁头蘸上焊料进行焊接，就比较容易焊出高质量的焊点。

● 焊接时被焊件要扶稳，在焊锡凝固过程中不能晃动被焊元器件引线，否则将造成虚焊。

● 掌握好电烙铁的撤离方向，可带走多余的焊料，提高焊点的质量。

烙铁头与轴向成 45°角（斜上方）撤离，能形成美观、圆滑的焊点，是较好的撤离方式；烙铁头垂直向上撤离，容易造成焊点的拉尖及毛刺现象；烙铁头以水平方向撤离，使烙铁头带走很多的焊锡，造成焊点锡量不足。烙铁头撤离角度如图 3-158 所示。

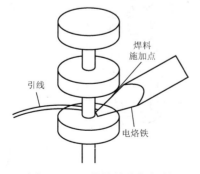

图 3-157　接线柱施加焊料

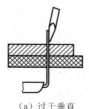
（a）过于垂直

（b）过于水平

（c）正确

图 3-158　烙铁头撤离角度

● 焊点的重焊。当焊点一次焊接不成功或上锡量不够时，要重新焊接。重新焊接时，必须等上次的焊锡一同熔化为一体时，才能把电烙铁移开。

● 焊接后的处理。在焊接结束后，应将焊点周围的助焊剂清洗干净，并检查电路有无漏焊、错焊、虚焊等现象。用镊子将每个元器件拉一拉，看有无松动现象。

④当熔融焊料与焊接表面形成的润湿角不大于直角时，若焊料适量，可形成合格的焊点，焊点呈锥状。焊点的质量要求：足够的机械强度；焊接可靠，保证导电性能；焊点表面要光滑、清洁，引线末端清晰可见；焊料适量，不应超出焊盘，最少不应少于焊盘面积的80%；润湿性良好；无虚焊、冷焊和其他不良焊点，焊点（剪脚后）高度在0.5~1mm范围内。

a. 焊点要保证良好的导电性能，要避免虚焊。

虚焊是指焊料与被焊物表面没有形成合金结构，只是简单地依附在被焊金属表面，如图3-159所示。如果焊锡仅仅是堆在焊件的表面或只有少部分形成合金层，则也许在最初的测试和工作中不易发现焊点存在的问题，这种焊点在短期内也能通过电流，但随着条件的改变和时间的推移，接触层氧化，脱离就出现了。电路产生时通时断或者干脆不工作的情况，而这时观察焊点外表，依然连接良好。虚焊用仪表测量很难被发现，但却会使产品质量大打折扣，以致出现产品质量问题，因此在焊接时为使焊点具有良好的导电性能，应杜绝产生虚焊。

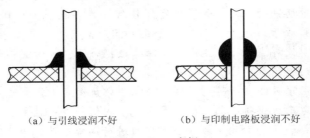

（a）与引线浸润不好　　　　　　（b）与印制电路板浸润不好

图3-159　虚焊

b. 焊点要有足够的机械强度，以保证被焊件在受到振动或冲击时不至于脱落、松动。

为使焊点有足够的机械强度，一般可采用把被焊元器件的引线端子打弯后再焊接的方法。一般采用3种方式，如图3-160所示。其中图3-160（a）所示为直插式，这种处理方式的机械强度较小，但拆焊方便；图3-160（b）所示为打弯处理方式，所弯角度为45°，其焊点具有一定的机械强度；图3-160（c）所示为完全打弯处理方式，所弯角度为90°，这种形式的焊点具有很高的机械强度，但拆焊比较困难。还可以根据需要将元器件引线、导线先行网绕、绞合、钩接在接点上再进行焊接。

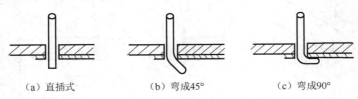

（a）直插式　　　　　　（b）弯成45°　　　　　　（c）弯成90°

图3-160　引线穿过焊盘后的处理方式

c. 焊点上的焊料要适量。

焊点上的焊料过少，不仅降低机械强度，而且会导致焊点早期失效；焊点上的焊料过多，既增加成本，又容易造成焊点桥连（短路），也会掩饰焊接缺陷，所以焊点上的焊料要适量。印制电路板焊接时，焊料布满焊盘呈裙状展开时最适宜。

d. 焊点不能出现搭接、短路现象。

如果两个焊点很近，则很容易造成搭接、短路的现象。

e. 焊点表面要光亮、圆滑、清洁。良好焊点的形貌如图 3 - 161 所示。

良好的焊点要求焊料用量恰到好处，外表有金属光泽，无拉尖、桥接等现象，并且不伤及导线的绝缘层及相邻元器件。表面有金属光泽是焊接温度合适、生成合金层的标志。

焊点不光洁表现为焊点出现粗糙、拉尖、棱角等现象。焊点表面存在毛刺、缝隙，不仅不美观，还会给电子产品带来危害，尤其在高压电路部分将会产生尖端放电而损坏电子设备。

焊点表面的污垢，如果不及时清除，酸性物质就会腐蚀元器件引线、接点及印制电路，吸潮会造成漏电甚至短路燃烧等，从而带来严重隐患。良好的焊点表面应光亮且色泽均匀。为使焊点表面光亮、圆滑、清洁，不但要有熟练的焊接技能，而且还要选择合适的焊料和助焊剂。

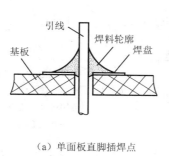

（a）单面板直脚插焊点

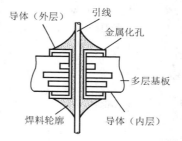

（b）多层板直脚插焊点

（c）单面板弯脚插焊点

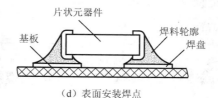

（d）表面安装焊点

图 3 - 161　良好焊点的形貌

⑤ 焊点的质量及其原因分析如表 3 - 37 所示。

表 3 - 37　焊点的质量及其原因分析

焊点缺陷	外观特点	危害	原因分析
虚焊点	焊点呈深灰色、表面呈针孔状	设备工作状态不稳定	焊接温度不足；元器件引脚未清洁好、未镀好锡或锡氧化；印制电路板未清洁好；喷涂的助焊剂质量不好，杂质过多，使焊接后润湿不良

续表

焊点缺陷	外观特点	危害	原因分析
过量焊点（焊料过多或包焊）	焊点表面向外凸出，看不清被焊接金属轮廓，焊料超出焊盘	浪费焊料，可能包藏缺陷	润湿角大于90°，焊锡丝撤离过迟
不饱满焊点（焊料过少）	焊点面积小于焊盘的80%，焊料未形成平滑的过渡面	机械强度不足	焊锡流动性差或焊锡丝撤离过早；助焊剂不足；焊接时间太短
过热焊点	焊点发白，无金属光泽，表面较粗糙	焊盘强度降低，容易剥落	烙铁功率过大，加热时间过长
冷焊点	表面形成豆腐渣状颗粒，有时可能有裂纹，无金属光泽	强度低，导电性不好	温度不够，焊料凝固前焊件抖动
拉尖	焊点出现尖端	外观不佳，容易造成桥接短路	助焊剂过少，焊锡丝不纯；加热时间过长；烙铁头表面不清洁，沾锡量大，烙铁头撤离角度不当，或烙铁头撤离过快
桥连（连焊）	相邻焊点之间的焊料连接在一起	电气短路	焊锡过多；烙铁头撤离角度不当
桥接	相邻导线连接	电气短路	元器件引脚过长；切断的残余引脚未清除
针孔（孔洞或气孔）	焊点中有细孔	焊盘强度降低，焊点容易腐蚀	焊锡料的污染、不洁，元器件材料或环境被污染；引线与焊盘孔的间隙过大
气泡	引线根部有喷火式焊料隆起，内部藏有空洞	暂时导通，但长时间容易引起导通不良	引线与焊盘孔间隙大；引线浸润性不良；双面板堵通孔焊接时间长，孔内空气膨胀
松香焊	与虚焊点外观相同，但有松香包裹痕迹	致使焊接表面分离，强度不足，导通不良，可能时通时断	助焊剂过多或已失效；焊接时间不够，加热不足；焊件表面有氧化膜

续表

焊点缺陷	外观特点	危害	原因分析
漏焊	元器件焊盘没有焊锡	不能正常工作	操作不够认真、细心
铜箔剥离（铜箔翘起）	铜箔从印制电路板上剥离	印制电路板已被损坏	焊接时间太长，温度过高
锡珠	焊料在印制电路板或导线表面形成的小颗粒	在印制电路板和导线表面形成焊料残渣	印制电路板和导线的焊接部位不清洁，使焊料不能润湿被焊金属和导线表面
松动	导线或元器件引线移动	不导通或导通不良	焊锡未凝固前引线移动造成间隙；引线未处理好（不浸润或浸润差）

从上面焊接缺陷产生原因的分析中可知，焊接质量的提高要从以下两个方面着手。

● 熟练地掌握焊接技能，准确地掌握焊接温度和焊接时间，使用适量的焊料和助焊剂，认真对待焊接过程的每一个步骤。

● 要保证被焊物表面的可焊性，必要时采取涂敷浸锡措施。

⑥ 焊接顺序。

元器件焊接顺序的原则是先低后高、先轻后重、先耐热后不耐热。一般的焊接顺序依次是电阻器、电容器、二极管、三极管、集成电路、大功率管等。

⑦ 常见元器件的装配焊接。

a. 电阻器的装配焊接。按图纸要求将电阻器插入规定位置，插入孔位时要注意，字符标注的电阻器的标称字符要向上（卧式）或向外（立式），色码电阻器的色环顺序应朝一个方向，以方便读取。

b. 电容器的装配焊接。将电容器按图纸要求装入规定位置，并注意有极性电容器的阴极、阳极不能接错，电容器上的标称值要易看可见。可先装玻璃釉电容器、金属膜电容器、瓷介电容器，再装电解电容器。

c. 二极管的装配焊接。将二极管辨认正极、负极后按要求装入规定位置，型号及标记要向上或向外。对于立式安装二极管，其最短的引线焊接要注意焊接时间不要超过 2s，以避免温升过高而损坏二极管。

d. 三极管的装配焊接。三极管焊接一般是在其他元器件焊接好后进行的。按要求将 e、b、c 三个引脚插入相应孔位，每个三极管的焊接时间不要超过 5~10s，并使用钳子或镊子夹持引脚散热。焊接大功率三极管，若需要加装散热片，则应使散热片的接触面平整，并打磨光滑，涂上导热硅脂后再紧固，以加大接触面积。要注意，有的散热片与管壳间需要加垫绝缘薄膜片。引脚与印制电路板上的焊点需要进行导线连接时，应尽量采用绝缘导线。

e. 集成电路的焊接。集成电路的安装焊接有两种方式，一种是将集成电路块直接与印制电路板焊接，优点是连接牢固，但拆装不方便，也易损坏集成电路；另一种是将专用插座（IC 插座）焊接在印制电路板上，然后将集成电路块插在专用插座上。有利于维护维修，拆装方便，但成本较高。

集成电路焊接时使用低熔点助焊剂，一般温度不要高于 150℃；工作台上如果铺有橡皮、塑料等易于积累静电的材料，不宜将集成电路块和印制电路板放在台面上；当集成电路不使用插座，而是直接焊接到印制电路板上时，安全焊接顺序应是地端→输出端→电源端→输入端；焊接集成电路插座时，必须按集成电路块的引线排列图焊好每一个点。

MOS 场效应管或 CMOS 工艺的集成电路在焊接时要注意防止元器件内部因静电击穿而失效。一般可以利用电烙铁断电后的余热焊接，操作者必须佩戴防静电手套，在防静电接地系统良好的环境下焊接，有条件者可选用防静电焊台。

f. 注塑元器件的锡焊。由各种有机材料包括有机玻璃、聚氯乙烯、聚乙烯、酚醛树脂等材料制成的电子元器件，如各种开关、接插件等。由于有机材料不能承受高温，在施焊时，如不注意控制加热时间，极容易造成塑性变形，导致元器件失效或降低性能，造成隐性故障。因此，这类元器件在预处理时要一次镀锡成功；在锡锅中浸镀时，要掌握好浸入深度及时间；镀锡及焊接时加助焊剂的量要少，防止浸入电接触点；焊接时，烙铁头要修整得尖一些，焊接一个接点时不能碰相邻接点；烙铁头在任何方向均不要对接线片施加压力；焊接时间越短越好。实际操作时，在焊件预焊良好的情况下只需要用挂上锡的烙铁头轻轻一点即可；焊后不要在塑壳未冷却前对焊点进行牢固性试验。

g. 瓷片电容器、中周、发光二极管等元器件的焊接。这类元器件加热时间过长就会失效，其中瓷片电容器、中周等元器件内部会接点开焊，发光二极管会管芯损坏。焊接前一定要处理好焊点，施焊时强调一个"快"字。采用辅助散热措施可避免过热失效。

⑧ 导线的焊接。

预焊在导线的焊接中是关键的步骤，尤其是多股导线，如果没有预焊的处理，那么焊接质量很难被保证。导线的预焊又称为挂锡，方法与元器件引线预焊方法一样，需要注意的是，导线挂锡时要边上锡边旋转。多股导线的挂锡要防止"烛芯效应"，即焊锡浸入绝缘层内，造成软线变硬，容易导致接头故障。

导线与接线端子、导线与导线之间的焊接一般采用绕焊、钩焊、搭焊三种基本的焊接形式。

a. 导线同接线端子的焊接。

绕焊：导线和接线端子的绕焊，是把经过镀锡的导线端头在接线端子上绕一圈，然后用钳子拉紧缠牢后进行焊接，如图 3 - 162（a）所示。在缠绕时，导线一定要紧贴端子表面，绝缘层不要接触端子。一般取 $L = 1 \sim 3mm$ 为宜。

导线之间的连接以绕焊为主，操作步骤如下。

● 将导线去掉一定长度绝缘皮。

● 接线端子上锡，穿上合适套管。

● 绞合，施焊。

● 趁热套上套管，冷却后套管固定在接头处。

钩焊：将导线弯成钩形，钩在接线点的眼孔内，用钳子夹紧后再焊接，如图 3 – 162（b）所示。其端头的处理方法与绕焊相同。钩焊的强度不如绕焊，但操作简便，易于拆焊。

搭焊：把经过镀锡的导线或元器件引线搭接在焊点上，再进行焊接，如图 3 – 162（c）所示。搭与焊是同时进行的，因此无绕头工艺。这种连接方法最简便，但强度可靠性最差，仅用于临时连接或不便于缠、钩的地方焊接及要求不高的产品。

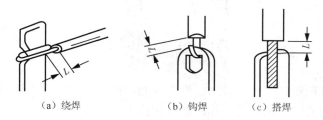

（a）绕焊　　　　（b）钩焊　　　（c）搭焊

图 3 – 162　导线同接线端子的连接的基本形式

b. 导线与导线的连接如图 3 – 163 所示，导线的焊接缺陷如图 3 – 164 所示。

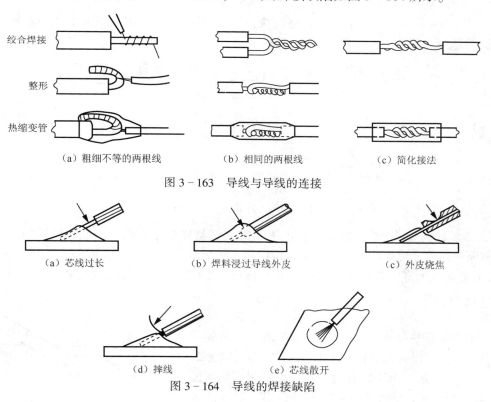

绞合焊接

整形

热缩变管

（a）粗细不等的两根线　　　（b）相同的两根线　　　（c）简化接法

图 3 – 163　导线与导线的连接

（a）芯线过长　　　　（b）焊料浸过导线外皮　　　　（c）外皮烧焦

（d）择线　　　　（e）芯线散开

图 3 – 164　导线的焊接缺陷

⑨ 几种典型焊点的焊法。

a. 杯形焊点焊接法：这类焊点多见于接线柱和接插件，一般尺寸较大，如果焊接时间不足，则容易造成"冷焊"。杯形焊件一般是和多股软线连接的，焊前要对导线进行处理，先绞紧各股软线，然后镀锡，对杯形焊件也要进行处理。杯形焊点焊接如图 3 – 165 所示。

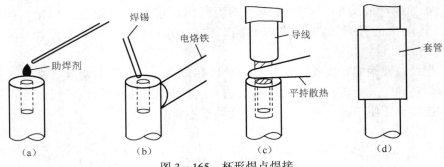

图 3 - 165 杯形焊点焊接

操作步骤：

● 往杯形孔内滴助焊剂。若孔较大，则用脱脂棉蘸助焊剂在孔内均匀擦一层。

● 用电烙铁加热并将焊锡熔化，靠浸润作用流满内孔。

● 将导线垂直插入孔的底部，移开电烙铁并保持到凝固。在凝固前，导线切不可移动，以保证焊点质量。

● 完全凝固后立即套上套管。

由于这类焊点一般外形较大，散热较快，所以在焊接时应选用功率较大的电烙铁。

b. 片状焊点焊接方法如图 3 - 166 所示。

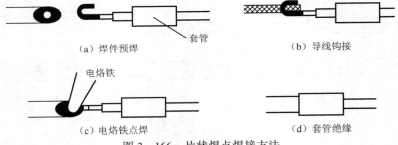

图 3 - 166 片状焊点焊接方法

c. 在金属板上焊导线：在金属板上焊接的关键是往板上镀锡。一般金属板的表面积大，吸热多而散热快，要用功率较大的电烙铁焊接。根据金属板的厚度和面积的不同，选用 50 ~ 300W 的电烙铁为宜。若金属板的厚度在 0.3mm 以下时，则可以用 20W 的电烙铁，只是要适当增加焊接时间。

对于紫铜、黄铜、镀锌板等材料，只要表面清洁干净，使用少量的助焊剂，就可以镀上锡。如果要使焊点更可靠，可以先在焊区用力划出一些刀痕再镀锡，如图 3 - 167 所示。由于铝板表面在焊接时很容易生成氧化层，而且不能被焊锡浸润，所以采用一般方法很难镀上焊锡。可先用刀刮干净待焊面并立即加上少量助焊剂，然后用烙铁头适当用力在铝板上画圆，同时将一部分焊锡熔化在待焊区。这样，靠烙铁头破坏氧化层并不断地将锡镀到铝板上去。铝板镀上锡后，焊

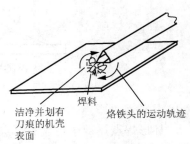

图 3 - 167 铝板焊接

接就比较容易了。当然，也可以使用酸性助焊剂（如焊油），只是焊接后要及时清洗干净。

　　d. 槽形、板形、柱形焊点焊接方法如图 3 - 168 所示。

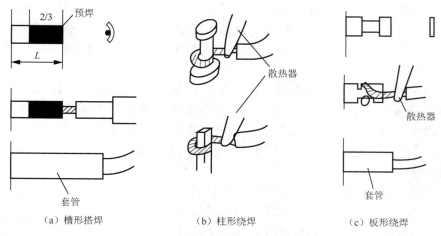

　　　（a）槽形搭焊　　　　　　　　（b）柱形绕焊　　　　　　　（c）板形绕焊

图 3 - 168　槽形、板形、柱形焊点焊接方法

🔔**提示：**

　　印制电路板焊接的注意事项。

　　（1）一般选择 20W 内热式、35W 外热式或调温式电烙铁，烙铁的温度不超过 400℃。烙铁头形状应根据印制电路板焊盘大小选择，目前印制电路板发展趋势是小型密集化，因此一般常采用小型圆尖锥式烙铁头。

　　（2）加热时应尽量使烙铁头同时接触印制电路板上铜箔和元器件引脚，焊接较大的焊盘（直径大于 5mm）时可移动烙铁，即烙铁绕焊盘转动，以免长时间停留一点导致局部过热。

　　（3）金属化孔的焊接。焊接时不仅要让焊料润湿焊盘，而且孔内也要润湿填充，因此金属化孔加热时间应长于单面板加热时间。

　　（4）焊接时不要用烙铁头摩擦焊盘以增强焊料润湿性能，而要靠表面清理和预焊。

　　⑩印制电路板上元器件的拆焊。

　　在调试或维修电子仪器时，经常需要将焊接在印制电路板上的元器件拆卸下来，这个拆卸的过程就是拆焊，有时也称为解焊。如果拆焊时方法不得当，就会破坏印制电路板，也会使换下而并没有失效的元器件无法重新使用。一般电阻、电容、晶体管等引脚不多，且每个引脚能相对活动的元器件可用电烙铁直接拆焊。对于多个直插式引脚的集成元器件拆焊，应用吸锡电烙铁（或电烙铁+吸锡器）确保吸尽每个引脚上的焊锡，也可用专用拆焊电烙铁使全部元器件引脚同时加热而脱焊拔出。

　　a. 拆焊工具：普通电烙铁、镊子、吸锡器、吸锡电烙铁等。

　　b. 拆焊方法如下。

　　分点拆焊。焊接在印制电路板上的电容元器件，通常只有两个点，在元器件水平放置的情况下，两个焊点的距离较大，可采用分点拆除的办法，即先拆除一端焊接点上的引线，再拆除另一端焊接点上的引线，最后将元器件拔出。如果焊接点的引线是折弯的引线，则拆焊时要先吸去焊接点上的焊锡，用电烙铁撬直引线后再拆除元器件。

集中拆焊。例如，三极管及直立式安装的阻容元器件，焊接点之间的距离都比较小，可用电烙铁同时加热几个焊接点，待焊锡熔化后一次拔出元器件。此法要求操作时加热迅速，注意力集中，动作快。如果焊接点上的引线是弯成一定角度的，拆焊时要先吸去焊锡，撬直后再拆除。撬直时可采用带缺口的烙铁头。对多接点的元器件，可使用专用电烙铁一次加热取下。有些多接点元器件，如波段开头、插座等，拆除时在没有特殊要求的情况下，可另用一把电烙铁辅助加热，一次取下。

间断加热拆焊。一些带有塑料骨架的元器件，如中频变压器、线圈等，其骨架不耐高温，其接点既集中又比较多。对这类元器件要采用间断加热法拆焊。拆焊时应先除去焊接点上的焊锡，露出轮廓；接着用划针挑开焊盘与引线的残留焊料；最后用烙铁头对个别未清除焊锡的接点加热并取下元器件。拆焊这类元器件时，不能长时间集中加热，要逐点间断加热。

不论用哪种拆焊方法，操作时都应先将焊接点上的焊锡去掉。在使用一般电烙铁不易清除焊锡时，可使用吸锡工具。在拆焊过程中不要使焊料或助焊剂飞溅或流散到其他元器件及导线的绝缘层上，以免烫伤这些元器件。

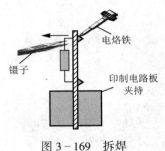

图 3 - 169　拆焊

c. 拆焊步骤（见图 3 - 169）。

● 加热焊点。

● 用吸锡器吸焊点焊锡。

● 移去电烙铁和吸锡器。

● 用镊子拆去元器件。

除手工浸焊外，还可使用机器设备浸焊。机器浸焊与手工浸焊的不同之处在于：浸焊时先将印制电路板装到具有振动头的专用设备上，让印制电路板浸入锡液并停留 2~3s 后，开启振动器，使之振动 2~3s 即可。这种焊接效果好，并可去掉多余的焊料，减少焊接缺陷，但不如手工浸焊操作简便。

🔔**提示：**

拆焊时的注意事项

为保证拆焊的顺利进行，应注意以下几点：

拆焊印制电路板上的元器件或导线时，不要损坏元器件和印制电路板上的焊盘及印制导线。

用烙铁头加热被拆焊点时，焊料一熔化，就应及时按垂直印制电路板的方向拔出元器件的引脚，不管元器件的安装位置如何，都不要强拉或扭转元器件，以避免损伤印制电路板和其他元器件。

当插装新元器件之前，必须把焊盘插孔内的焊料清除干净。否则，在插装新元器件引脚时，将造成印制电路板的焊盘翘起。

（3）单元基板的调试。

调试用测量仪表和一定的操作方法按照调试工艺规定对单元电路板和整机的各个可调元器件或零部件进行调整与测试，使产品达到技术文件规定的技术性能指标。调试是实现电子产品功能、保证质量的重要工序；也是发现产品设计、工艺缺陷和不足的重要环节；还可为不断提高电子产品的性能和品质积累可靠的技术性能参数。

① 印制电路板焊接组装工艺要求：组装电路应符合组装图的要求；在完成组装过程后，组装电路具有良好地电气性能和机械强度，以及所有元器件和组装的可靠性。

- 焊接前要检查元器件引线、导线和焊端的可焊性，对于可焊性不好的元器件、导线和焊端要进行预处理。覆有焊料的导线不应搪锡，导线绝缘层下的焊料芯吸应最小。在给热敏元器件的引线搪锡时，应加上散热器。
- 焊接工艺，不应导致元器件在组装过程受到损害。
- 某些不能承受自动焊接工艺焊接温度的元器件，必须单独进行安装和焊接组装。
- 手工焊接热敏元器件时，烙铁头和元器件之间应采取散热措施。
- 在焊接导线的过程中，焊料芯吸不应扩展到要求保持柔性的导线部分。
- 组装时应避免灰尘、纤维、焊料喷溅、焊渣等。焊料球的大小不应使最小设计电气间距的减小超过 50%，且应附于印制电路板的表面，此外每 600mm² 不能超过 5 个。
- 印制电路板无印制电路板无烧焦、气泡、或分层和出现影响组装功能的斑点或裂纹缺陷，以及导致镀覆通孔之间或内表面导体之间桥接，或延伸到外表面导线下或内表面导线以上或以下的起泡或起层。
- 接端、元器件引线、导线和印制导线表面的清洁度应足以确保可焊性及其后续进行的工艺。
- 焊点应符合合格焊点质量要求。
- 清洗不应损坏元器件、元器件引线、导线或标志。
- 经过清洗的印制电路板表面目检应无可见的残留粒子或杂志，以及残余助焊剂、有机污染物或其他杂质。最大允许残余松香焊剂量低于 200μg/cm² 组装件，表面污染物离子残留量低于 1.56μg/cm²。
- 元器件标志和名称应清晰可辨，且元器件安装后标志仍可见。
- 焊接后的弓曲和扭曲，表面安装的此项数值不应超过 0.5% 或 1.5mm，表面安装印制电路板的此项数值不应超过 0.75% 或 2.0mm；通孔安装印制电路板的此项数值不应超过 1.5% 或 2.5mm。

② 调试的过程。调试的过程分为通电前的检查（调试准备）和通电调试两大阶段。通电前的检查应根据图纸（电气原理图、印制电路板装配图等），用万用表、蜂鸣器或专用设备检查，主要包括目视检查和手触检查。

a. 目视检查。对照组装电路原理图和印制电路板装配图，检查有无下面现象：

- 缺少元器件。
- 元器件错用，型号有误。
- 元器件反接（如用万用表检查电源的正、负极是否接反，有极性的元器件极性方向错误）。
- 元器件损坏（破裂）、引脚折断。
- 耐湿性破裂（爆裂）。
- 影响功能的白斑和裂缝（印制电路板焊盘铜箔裂缝，印制导线裂缝、焊盘与印制导线其连接处铜箔裂缝）。
- 印制电路板焊盘铜箔剥离和脱落；印制导线起翘和剥离。

- 元器件布局和布线违反最小电气间隙的要求。
- 元器件引脚桥接。
- 连接导线接错、漏接、断线。
- 焊点呈锥状，表面平滑、清洁，焊料适量。
- 焊点周围无残留的助焊剂，印制电路板上无残留的锡珠、锡渣。

注：焊渣：熔融焊料表面形成的氧化物和其他杂质。

- 无漏焊、错焊和不良焊点（包括桥连、桥接、拉尖、焊点破裂、冷焊、半润湿或不润湿、焊料不足、焊料浸析、焊料芯吸、过量焊料、连接点不完整（开路）、过大焊料空洞等）。
- 焊点上应能辨别出元器件引线的轮廓。

b. 手触检查：

- 手指触摸元器件时，检查有无松动、焊接不牢的现象。
- 用镊子夹住元器件引线轻轻拉动时，观查有无松动现象；焊点在摇动时，上面的焊锡是否有脱落现象。
- 检查电源线、地线和其他连接导线是否接触可靠。

在目视检查和手触检查无误后再进行通电调试。

c. 通电调试：通电检查包括调整和测试两个方面。较复杂的电路调试通常采用先分块调试，然后进行总调试。通电调试一般包括通电观察、静态调试和动态调试。

通电观察：将符合要求的电源正确地接入被调电路，观察有无异常现象，如电路冒烟、有异常气味及元器件发烫等现象。若出现异常现象，应立即切断电源，检查电路，排除故障后，方可重新接通电源进行测试。通电检查是检验电路性能的关键步骤，可以发现许多微小的缺陷，如通过目测观察不到的虚焊等隐患。通电观察若没发现问题，可进行静态调试。

静态调试：在不加输入信号（或输入信号为零）的情况下，进行电路直流工作状态的测量和调整。通过静态调试，可以及时发现已损坏的元器件，判断电路工作情况并及时调整电路参数，使电路工作状态符合设计要求。

动态调试：在电路的输入端接入适当频率和幅度的信号，循着信号的流向逐级检测电路各测试点的信号波形和有关参数，并通过计算测量的结果来估算电路性能指标，必要时进行适当的调整，使指标达到要求。

③ 调试过程中的故障查找与排除。

a. 调试过程中的故障特点：

- 故障以焊接和装配故障为主。
- 一般都是机内故障。
- 新产品样机可能存在特有的设计缺陷或元器件参数不合理的故障。
- 故障的出现有一定的规律性。

b. 调试过程中故障出现的原因：

- 焊接故障，如漏焊、虚焊、错焊、桥接等。
- 装配故障，如机械安装位置不当、错位、卡死等；电气连线错误、断线、遗漏等。
- 元器件安装错误，如集成块装反、二极管、晶体管的电极装错等。
- 元器件失效，如集成电路损坏、晶体管击穿或元器件参数达不到要求等。

● 电路设计不当或元器件参数不合理造成的故障，这是样机特有的故障。

通电检查焊接质量的结果及原因分析如表 3－38 所示。

表 3－38　通电检查焊接质量的结果及原因分析

通电检查焊接质量的结果		原因分析
元器件损坏	失效	过热损坏
	性能降低	电烙铁漏电
导通不良	短路	桥接、焊料飞溅、错焊、印制电路板短路
	断路	焊点开焊、焊盘剥落、漏焊、印制导线断开
	时通时断	松香焊、虚焊、插座接触不良

🔔提示：

调试应注意以下安全措施

● 测试场地内所有的电源线、插头、插座、熔断器、电源开关等都不允许有裸露的带电导体，所用电器的工作电压和电流均不能超过额定值。

● 当调试设备需要使用调压变压器时，应注意其接法。因调压器的输入端与输出端不隔离，因此接入电网时必须使公共端接零线，以确保后面所接电路不带电。若在调压器前面再接入 1∶1 隔离变压器，则输入线无论如何连接，均可确保安全。

● 仪器及附件的金属外壳都应接地，尤其是高压电源及带有 MOS 电路的仪器更要良好接地。

● 测试仪器外壳易接触的部分不应带电，非带电不可时，应加绝缘覆盖层防护。仪器外部超过安全电压的接线柱及其他端口不应裸露，以防使用者接触。

● 仪器电源线应采用三芯插头，地线必须与机壳相连。

3.5.4　计划与决策

学生将编写的元器件引线成形工艺表、编制的晶闸管调光灯电路板装配工艺过程卡片交给老师检查审核。

晶闸管调光灯电路元器件插装质量检验表如表 3－39 所示，晶闸管调光灯电路板焊接质量检验表如表 3－40 所示。

表 3－39　晶闸管调光灯电路板元器件插装质量检验工艺卡

元器件名称	装配技术要求 （附简图）	插装质量检验	备注

自检	自评分数		互检	互评分数	
	日期			日期	
	班级、姓名			班级、姓名	
审核评分			签名		日期

表 3 - 40　晶闸管调光灯电路板焊接质量检验工艺卡

元器件名称	焊接工具	焊接质量检查		备注

自检	自评分数		互检	互评分数	
	日期			日期	
	班级、姓名			班级、姓名	
审核评分			签名		日期

3.5.5　任务实施

（1）编制元器件引线成形工艺表。

（2）编制晶闸管调光灯电路板装配工艺过程卡片。

（3）手工装配晶闸管调光灯电路板。

① 工作任务。

熟悉装配工艺文件，按照装配作业指导书要求装配晶闸管调光灯电路板，并对装配电路进行调试。

② 装配工艺文件。

a. 工艺流程图如表 3 - 41 所示。

表 3 - 41　工艺流程图

工艺流程图		产品名称	产品图号
		晶闸管调光灯电路板	

工艺流程图

按工艺文件归类元器件 ⇒ 元器件整形 ⇒ 插装元器件 ⇒ 焊接元器件

修整 ⇐ 检查 ⇐ 剪脚 ⇐ 焊接元器件

旧底图号					

底图总号			拟制		
			审核		
日期	签名				
			标准化		第　页　共　页
更改标记	数量	更改单号	签名	日期	批准

描图：　　　　　　　　　　描校：

b. 元器件清单如表 3 – 42 所示。

表 3 – 42　元器件清单

元器件清单			产品名称		产品图号
			晶闸管调光灯电路板		
序号	器件类型	器件参数	数量	备　注	
1	二极管	1N4004 ~ 1N4007 均可	5		
2	稳压管	IN4740	1		
3	单结晶体管	BT33F	1		
4	晶闸管	100V 塑封立式 3CT1	1		
5	涤纶电容器	63V、0.1μF	1		
6	电阻器	RJ　150Ω　1W(150Ω 色环电阻)	2		
7	电阻器	RJ　510Ω　1/2W(510Ω 色环电阻)	1		
8	电阻器	RJ　2kΩ　1/2W(2kΩ 色环电阻)	1		
9	电位器	100kΩ、1/2W	1		
10	指示灯	0.15A、12V	1		
11	电源变压器	220V/12V	1		
12	印制电路板		1		
13	带插头电源线		1		
14	按键电源开关		1		
15	固定螺钉、螺帽、垫片		4套		

旧图总号								
底图总号					拟制			
					审核			
日期	签名							
					标准化			第　页　共　页
更改标记	数量	更改单号	签名	日期	批准			

描图：　　　　　　　　　　　　描校：

c. 仪器仪表明细表如表 3 – 43 所示。

d. 装配作业指导书如表 3 – 44 所示。

e. 调试工艺卡如表 3 – 45 所示。

f. 常见故障分析表如表 3 – 46 所示。

表 3-43 材料、仪器仪表明细表

材料、仪器仪表明细表		产品名称		产品图号
		晶闸管调光灯电路板		AAA
序号	型号	名称	数量	备注
1		防静电腕带	1个	
2	20W 内热式或 30~45W 的外热式	电烙铁	1把	
3		铬铁架（带清锡棉）	1台	
4		镊子	1把	
5		尖嘴钳	1把	
6		起子	1把	
7		斜口钳	1把	
8		万用表	1块	
9		示波器	1台	
10		信号发生器	1台	
11	0. 5mm~0. 8mm	焊锡丝	若干	
12		松香块	若干	
13		酒精	1瓶	

旧图总号							
底图总号					拟制		
					审核		
日期	签名						
					标准化		第 页 共 页
更改标记	数量	更改单号	签名	日期	批准		

表 3-44 装配作业指导书

装配作业指导书		作业名称		产品图号
		装配晶闸管调光灯电路板		AAA

EMC/安全件/ 接地/防静电警示	作业物料			使用仪器、工具		
	品名	规格	数量	型号	名称	数量
	参看元器件清单			参看材料、仪器仪表明细表		

作业内容及步骤	图　解
1. 装配准备 　1.1 准备工艺文件，检查印制板 　1.2 准备防静电腕带 　1.3 准备装配工具、材料、检测仪器和仪表 　1.4 元器件分类与筛选 2. 线路板的装配 　2.1 元器件引线成形处理 　　2.1.1 检查元器件引线的可焊性 　　2.1.2 元器件引线成形 　2.2 电路板插装元器件 　2.3 焊接电路板上的元器件 　　2.3.1 焊前检查元器件插放位置、极性和读数方向 　　2.3.2 按工序流程焊接 　2.4 焊点外观检查 　　2.4.1 目视检查 　　2.4.2 手触检查 　2.5 焊后修补 　　2.5.1 将摆放不整齐的元器件扶正 　　2.5.2 补虚焊点、漏焊点及漏插的元器件 　2.6 焊后剪脚 　2.7 焊后检查 　　2.7.1 检查清洁度 　　2.7.2 标志检查	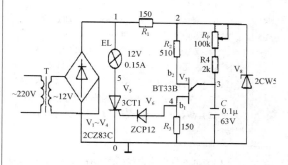 图 1　晶闸管调光灯电路原理图 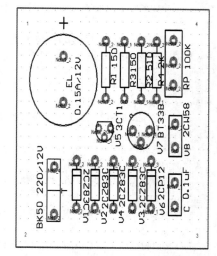 图 2　晶闸管调光灯电路字符图

	注意事项
装配准备	（1）电路原理图。 （2）电路装配图。 （3）元器件清单。 （4）仪器仪表明细表。 （5）配带防静电腕带，并接地。 （6）对照元器件清单核对元器件型号、规格，并对将元器件归类、检测其质量和引线的可焊性（包括电位器在其调节范围内是否活动灵活、松紧适当；开关元件是否接触良好），剔除那些已经失效的元器件。 （7）检查印制板布局和质量。 （8）对照仪器仪表明细表检查装配工具、材料、检测仪器和仪表是否齐全，能否正常使用。将电烙铁接地。 （9）烙铁使用前的检查、清洗和上锡。
作业要点	（1）印制板上元器件布局和布线不能违反最小电气间隙的要求，焊盘铜箔无剥离和脱落，印制导线铜箔和焊盘铜箔无裂缝、起翘和剥离，其连接处无裂缝，焊盘孔对位无偏移，印制板表面清洁。 （2）对于引线氧化的元器件和导线端头要进行搪锡处理。 （3）元器件引线成形要符合图 3 工艺要求。

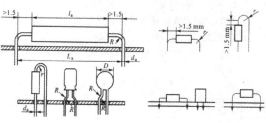

图 3　元器件引线成形

| 作业要点 | （4）元器件插装位置要与图2一致。
（5）元器件插装要符合图4工艺要求。
（6）元器件的插装应遵循先小后大、先轻后重、先低后高、先里后外、先一般元器件后特殊元器件的基本原则。
（7）电烙铁握法与图5一致。
（8）焊接操作步骤：准备施焊、加热焊件、填充焊料、移开焊丝、移开烙铁。
（9）装配焊接顺序：电阻→二极管→稳压管→电容→单结晶体管→晶闸管→电位器→灯座。
（10）焊点形状与图6一致。
（11）剪脚的时候不能将引脚对准别人或自己。
（12）焊接时要戴防静电腕带，切忌在风扇下焊接。 | 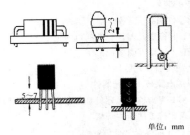
单位：mm
图4　元器件插装示意图

图5　电烙铁握法示意图

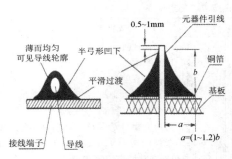
图6　合格焊点形状示意图 |
| 作业标准 | （1）元器件引线折弯点到元器件引脚根部长度不应小于0.8 mm，至少是引线直径的1倍。
（2）电阻紧贴板面安装，元器件的标记朝上，高度一致。
（3）晶闸管、单结晶管、电容和电位器立式安装，电容本体底部距印制板板面高度不能小于0.4mm，最大不能超过2mm，直径≥10mm的电解电容贴紧板面安装，晶闸管、单结晶管距板面高度3~5mm；要求校正，不允许明显歪斜。
（4）玻璃壳体的稳压二极管时要将引线绕1~2圈，极性向上。
（5）一般IC、三极管焊接时间小于3s，其他元件焊接时间为4~5s。
（6）焊锡的最佳温度为250±5℃，铬铁头温度调至280~340℃。
（7）良好的焊点呈锥形；表面清洁、光亮且均匀；无毛刺、空隙。
（8）（剪脚后）焊点上应能辨别出元器件引线的轮廓，元器件的引线穿过焊盘不应超过1mm。
（9）触摸元器件或用镊子夹住元器件引线，轻轻拉动时，无松动现象；焊点在摇动时，焊锡无脱落现象。
（10）印制板表面目检应无可见的残留粒子或杂质。
（11）元器件标志和名称应清晰可辨，且元器件安装后标志仍可见。 | |

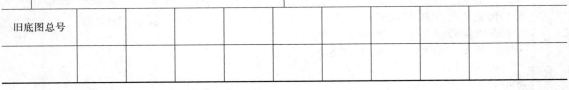

表 3-45　调试工艺卡

调试工艺卡	产品名称	调试项目
	晶闸管调光灯电路板	电路板功能的检测

调试过程分通电前的检查和通电调试两步进行：

① 通电前的检查。

a. 目视检查：

● 检查是否符合组装图的要求。

对照组装电路原理图和印制电路板装配图，检查有缺少元器件、元器件型号是否符合、元器件是否反接、电源的正负极是否接反等现象。

● 检查装配过程是否造成元器件损坏。检查有无元器件破裂、爆裂，元器件引脚折断等现象。

● 检查装配过程是否损坏印制电路板，电路连接是否错误。检查印制电路板焊盘有无剥离、起翘或脱落；元器件引脚有无桥接，有极性的元器件（如二极管、稳压管、晶闸管、单结晶管）极性方向有无错误，连接导线有无接错、漏接、断线等现象。

● 检查焊接质量。检查焊点表面是否呈锥状，表面是否光滑、清洁，焊料是否适量；焊点周围是否有残留的助焊剂，印制电路板上是否有锡珠和锡渣；电路板上各焊接点有无漏焊、错焊、桥连、拉尖和其他不良焊点；焊点上能否辨别出元器件引线的轮廓。

b. 手触检查。手指触摸元器件时，检查有无松动、焊接不牢的现象；用镊子夹住元器件引线轻轻拉动时，观查有无松动现象；焊点在摇动时，上面的焊锡是否有脱落现象。电源线、地线和其他连接导线是否接触可靠。

2. 通电检查。

安装完毕的电路经检查确认无误后，接通电源进行调试。

① 通电观察。

将调光灯电路接入 220V 交流电源，观察有无异常现象。例如，发现电路冒烟、有异常气味及元器件发烫等现象，应立即切断电源，检查电路。排除故障后，方可重新接通电源进行测试。

② 通电调试。

先调控制电路，然后调试主电路。控制电路的调试步骤：在控制电路接上电源后，先用示波器观察稳压管两端的电压波形（应为梯形波）；再观察电容器两端的电压波形（应为锯齿波）；最后调节电位器 R_p，锯齿波的频率有均匀的变化。晶闸管调光电路中各主要点的波形如表 1 所示。

表 1　晶闸管调光电路中各主要点的波形

电压名称	观察点	波形
桥式整流后脉动电压	1-0	
梯形波同步电压	2-0	
锯齿波电压（R_p 较大）	3-0	
锯齿波电压（R_p 较小）	3-0	
输出脉冲（R_p 较大）	4-0	
输出脉冲（R_p 较小）	4-0	
阳极电压（R_p 较小）	5-0	

主电路的调试步骤：用信号发生器给主电路加一个低电压（40~50V），用示波器观察晶闸管阳极、阴极之间的电压波形。波形上有一部分是一条平线，它是晶闸管的导通部分；调节电位器 R_p，波形中平线的长度随之变化，表示晶闸管导通角可调，电路工作正常。否则，要检查原因，排除故障后，重新调试。待检查无误后，给主电路加工作电压，灯泡 EL 发光。调节 R_p，当 R_p 增大时，灯泡 EL 变暗；当 R_p 减小时，灯泡 EL 变亮，说明电路工作正常。调光灯电路通电调试如图 1 所示。

图 1　调光灯电路通电调试

续表

旧图总号										
底图总号						拟制				
						审核				
日期	签名									
						标准化			第　页	
	更改标记	数量	更改单号	签名	日期	批准			共　页	

描图：　　　　　　　　　　描校：

表 3-46　常见故障分析表

常见故障分析表			产品名称		分析项目
			晶闸管调光灯电路板		常见故障分析
序号	故障现象		可能原因及故障分析		备注
1	灯泡亮度不高		晶闸管损坏；整流二极管极性焊接错误、稳压管击穿		
2	灯泡亮度不可调		单结晶体管极性焊接错误		
3	灯泡亮度低，并且调电位器时会灭		电位器损坏或接触不良		
4	灯泡亮度不高		晶闸管损坏；整流二极管极性焊接错误、稳压管击穿		
5	灯泡亮度不可调		单结晶体管极性焊接错误		

旧图总号										
底图总号						拟制				
						审核				
日期	签名									
						标准化			第　页	
	更改标记	数量	更改单号	签名	日期	批准			共　页	

描图：　　　　　　　　　　描校：

3.5.6　检查与评估

学生按两人一组先自我检查装配质量并评分；然后再交叉互检装配的晶闸管调光灯线路板并评分，交老师审核并评分，将评分填入晶闸管调光灯电路元器件插装质量互检表和晶闸管调光灯电路板焊接质量互检表。老师综合晶闸管调光灯电路插装质量检验表、焊接质量检验表学生自评、互评和老师评分，以及调试工艺卡调试结果，综合评定本次任务成绩，计入学生平时成绩。

电路应用及技能扩展

本项目电路本质是一个晶闸管直流调压电路，可应用于需要进行直流调压的场合。电路经过调整，可用于调光台灯、温控电路和电动机直流调速等电路中。

项目拓展

编写装配智能小车单元电路板，编写装配工艺流程图和调试工艺文件。

项 目 小 结

（1）电子产品装配过程中常用的工程图纸有方框图、电路原理图、印制电路板图、接线图、装配图等。

（2）电子材料主要分成安装导线与绝缘材料。安装导线一般由铜导体和绝缘层组成。绝缘材料除有隔离带电体的作用外，往往还起到机械支撑、保护导体及防止电晕和灭弧等作用。

（3）测量导线的方法主要是用万用表的欧姆挡对其两端进行测量，通过电阻值的读数判断导线的通、断。

（4）在电子产品中还要用到黏结材料，对黏结材料的选用和接头的处理直接关系到产品的质量。

（5）电子元器件和各种导线在装配前一定要先进行处理，这是一道不可缺少的工序。

（6）导线主要可分成绝缘导线和屏蔽导线，对它们的处理主要是对端头的处理。

（7）对在一块电路板上有许多导线在一起的安装，要对导线进行扎线，也就是要把导线扎成线扎，线扎的形式要根据电路的要求决定。

（8）各种电子元器件的引脚也要进行处理，要根据电路的特点和装配方式的不同，将元器件引线做成相应的形状。

（9）元器件引线的处理有手工制作和机器制作两种方法。

（10）印制电路板有手工制作和工厂制作两种途径。手工制作适合于电路的研制阶段，但批量生产的电子产品的印制电路板都通过工厂来制作。

（11）手工焊接是从事电子产品生产的人员必须掌握的基本技能，要正确使用焊接工具，掌握正确的焊接方法。

（12）调试的过程分为通电前的检查（调试准备）和通电调试两大阶段。

课后练习

（1）单芯导线和多芯导线分别适用于什么电路？

（2）磁性材料分为几种？分别适用于什么场合？

（3）黏结有什么特点？黏结材料分为几种？分别适用于什么场合？

（4）为什么要对导线和元器件引线进行加工？

（5）试述屏蔽导线加工的一般技术要求。

（6）绑扎线束有哪几种方法？

（7）简述射频电缆的加工方法。

（8）元器件引线的加工方法有哪些？

（9）手工焊接需要进行哪几个步骤？

（10）为什么要对元器件引脚进行镀锡？为什么要对导线进行挂锡？

（11）试述焊接机理。

（12）试述影响焊接的主要因素。

（13）试述焊点的质量要求。

（14）导线的焊接有哪几种方法？导线在铝板上焊接时要采取什么方法？

（15）手工焊接和拆焊各需要什么工具？

（16）试述检查焊接质量的方法。

（17）试分析通电检查故障原因。

项目四　印制电路板的表面安装技术

随着电子科学理论的发展和工艺技术的改进，出现了表面安装技术，又称表面贴装技术，简称 SMT（Surface Mount Technology），是将表面安装元器件平贴装联在印制电路板上的技术。它的主要特征是贴装的元器件是无引线或短引线，元器件主体与焊点均处在 PCB 的同一侧面。它不同于传统的 PCB 的通孔安装技术，它使电子产品体积缩小，重量变轻，功能增强，可靠性提高，这种方式可以大大节省印制电路板的面积。

【学习目标】

（1）SMT 组装技术的基础知识。

（2）SMT 手工装配技术。

（3）自动装配焊接技术。

（4）SMT 生产线自动检测技术。

重点：波峰焊、再流焊的工作原理；ICT、AOI、AXI 的工作原理及其应用范围；按照工艺要求手工贴装和焊接表面安装元器件，并能鉴别贴装和焊接质量。

难点：按照工艺要求手工贴装和焊接表面安装元器件，鉴别贴装和焊接质量。

本项目的工作任务是用用自动焊接技术装配"具有定时报警功能数字抢答器"电路板（电路原理图如图 3-239 所示）。

【教学导航】

学习目标	知识目标	明确表面安装技术、表面安装元器件、表面安装印制电路板的概念；熟悉表面安装技术的安装方式和工艺流程；熟悉表面安装印制电路板的手工操作方法和步骤；熟悉自动装配焊接设备，掌握浸焊、波峰焊、再流焊的工作原理和工艺过程；了解表面安装焊接缺陷的特征和形成原因；熟悉 ICT、AOI、AXI 检测设备，掌握其工作原理和应用范围
	技能目标	能按照工艺要求手工贴装和焊接印制电路板；掌握再流焊机操作方法，能够采用再流焊方式安装印制电路板；能鉴别贴装和焊接质量
	方法和过程目标	通过装配电路板的实践活动，培养学生对新知识、新技能的学习能力和创新创业能力；培养学生继续学习及自我管理能力；培养学生严谨的科学态度和工作作风，耐心、细致、认真的做事习惯；增强团队意识，培养与人沟通交流协作能力和环保意识、成本意识，提高自我评价和评价他人的能力
	情感、态度和价值观目标	激发学习兴趣
教与学	推荐授课方法	项目教学法、任务驱动教学法、引导文教学法；行动导向教学法、合作学习教学法、演示教学法、现场教学法
	推荐学习方法	目标学习法、问题学习法、合作学习法、自主学习法、循序渐进学习法
	推荐教学方式	基于 SPOC+翻转课堂混合式教学模式、自主学习、做中学
	学习资源	教材、微课、教学视频、PPT

教 与 学	学习环境、材料和 教学手段	线上学习环境：SPOC 课堂。 线下学习场地：多媒体教室；焊接实训室；生产车间。 仪器、设备或工具：见项目实施器材。 装配材料：见项目实施器材。 学习材料：教学视频、PPT、任务分析表、学习过程记录表
	推荐学时	8 学时
学习 效果 评价	上交材料	学习过程记录表、项目总结报告
	项目考核方法	过程考核。课前线上学习占 20%；课中学习 70%；课后学习占 5%；职业素质考核 （考勤、团队合作、工作环境卫生、整洁及结束时现场恢复情况）占 5%

【项目实施器材】

（1）"单片机控制汉字显示"电路元器件每人一套，元器件清单如表 3-47 所示。

表 3-47　单片机控制汉字显示电路元器件清单

元 器 件 清 单			产品名称	产品图号
			单片机控制汉字显示电路板	
序号	器件类型	器件规格	数量	备注
1	单片机	AT89S51（带底座，插件）	1	
2	晶体振荡器	6MHz（贴片）	1	
3	贴片电阻器	10kΩ（1206 或 0805 型）	1	
4	贴片电阻器	1kΩ（1206 或 0805 型）	8	
5	贴片电阻器	2.2kΩ（1206 或 0805 型）	8	
6	极性贴片电解电容器	10μF	1	
7	非极性贴片电容器	30pF（1206 或 0805 型）	2	
8	点阵显示器	ARKSZ411288K（8×8，插件）	1	
9	贴片三极管	9014（SOT23 型）	8	
10	贴片开关		1	
11	USB 接口		1	
12	连接导线		若干	

旧图总号									
底图总号					拟制				
					审核				
日期	签名								
					标准化			第　页　共　页	
	更改标记	数量	更改单号	签名	日期	批准			

描图：　　　　　　　　　　描校：

（2）"定时报警功能数字抢答器"电路元器件每组一套，元器件清单如表3-47所示。

（3）各种类型不同规格的贴片元器件若干，贴片焊接训练用印制电路板每人一个。

（4）焊接工具每人一套：防静电手环、自动温控式电烙铁或20W内热式电烙铁（带烙铁架、清锡棉）、镊子、起子、尖嘴钳、斜口钳、吸锡器、各一把。

（5）热风枪2人一台（配放大镜、细毛笔、棉签）。

（6）焊接材料：焊锡膏、活性焊锡丝（Sn63%/Pb37%、0.5~0.8mm）、贴片胶、吸锡带、松香块和酒精（1:3）。

（7）高精度丝印台、成形钢网、再流焊机、插件流水线各一台，万用表每人一块。

（8）导线若干米。

本项目的学习过程分解为2个学习任务，每个学习任务是1个学习单元，推荐学时8学时。

【项目实施】

4.1 任务1 手工贴装单片机控制汉字显示电路印制电路板

贴装是按照规定的技术要求，用手工或机器把无引线或短引线元器件或端子的焊接部位安装在带有焊料或黏结剂的印制电路板的相应的连接点上的方法。

4.1.1 学习目标

熟悉表面安装技术的安装方式、工艺流程和要求；学会用手工贴装印制电路板。

4.1.2 任务描述与分析

任务1的工作任务：

（1）编制手工贴装单片机控制汉字显示电路印制电路板作业指导书。

（2）手工贴装图3-170所示单片机控制汉字显示印制电路板。注意：点阵显示器有共阴、共阳之分，用错会导致电路装配不成功；引脚编号接线错误也会导致装配不成功。

通过本单元的学习，学生应了解SMT技术的发展历程；熟悉表面安装技术的安装方式、工艺流程和要求；学会SMT手工装配技术。

本单元的学习重点是掌握表面安装工艺要求和SMT手工装配技术；难点是掌握表面安装工艺要求。学习时应通过认真观看教学视频，在手工贴装印制电路板的实践活动中掌握表面工艺要求和手工贴装印制电路板的方法。

本单元推荐采用线上、线下混合式教学，以做中学的方式进行，需4学时。

4.1.3 资讯

1）SPOC课堂教学视频

（1）SMT工艺概述。

（2）表面安装印制电路板的贴装工艺。

（3）手工SMT装配技术。

（4）点胶。

（5）BGA芯片拆焊与芯片的绑定。

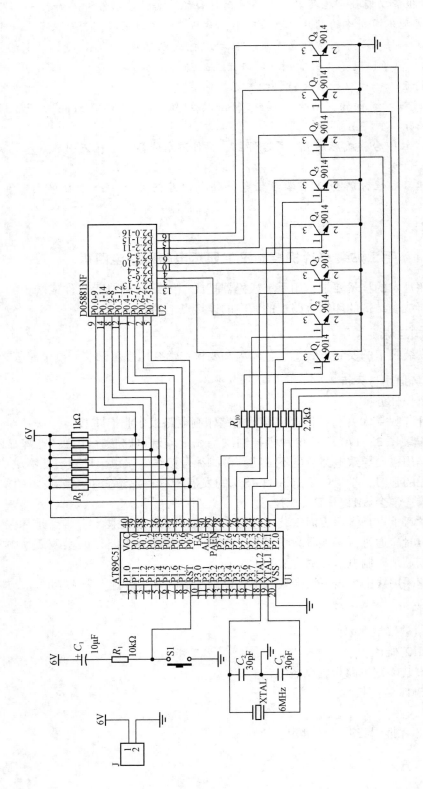

图3-170　单片机控制汉字显示电路原理图

2）相关知识

（1）表面安装技术（见图 3-171）发展概况。

SMT 诞生于 20 世纪 60 年代，起初是飞利浦公司将其应用于生产手表的纽扣状微型元器件中，美国是世界上最早应用 SMT 的国家，一直重视在投资类电子产品和军事装备领域发挥SMT 的优势；日本在 20 世纪 70 年代从美国引进 SMT 并将之应用在消费类电子产品领域，投入巨资大力加强基础材料、基础技术和推广应用方面的开发研究工作；欧洲各国 SMT 的起步较晚，由于他们重视 SMT 的发展，并有较好的工业基础，其 SMT 发展水平仅次于日本和美国；我国 SMT 的应用起步于 20 世纪 80 年代初期，最初从美、日等国成套引进了 SMT 生产线用于彩电调谐器生产，20 世纪 80 年代中期以来，SMT 进入高速发展阶段，20 世纪 90 年代初已成为完全成熟的新一代电路组装技术，并逐步取代通孔插装技术。

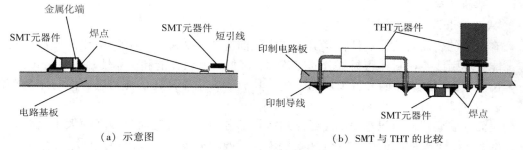

（a）示意图　　　　　　　　　　　（b）SMT 与 THT 的比较

图 3-171　表面安装技术

SMT 的发展经历了四个阶段。

- 第一阶段（1960—1975 年）：小型化，混合集成电路，主要应用于计算器、石英表生产。
- 第二阶段（1975—1980 年）：减小体积，增强电路功能，主要应用于摄像机、录像机、数码相机的生产。
- 第三阶段（1980—1995 年）：降低成本，大力发展生产设备，提高产品性价比，主要应用于超大规模集成电路。
- 现阶段（1995 至今）：微组装、高密度组装、立体组装。

SMT 现状：据国外资料报道，进入 20 世纪 90 年代以来，全球采用通孔插装技术的电子产品正以每年 11% 的速度下降，而采用 SMT 的电子产品正以 8% 的速度递增。到目前为止，日、美等国已有 80% 以上的电子产品采用了 SMT。

通孔插装技术（THT）与表面安装技术（SMT）的区别如表 3-48 所示。

表 3-48　通孔插装技术（THT）与表面安装技术（SMT）的区别

名称	年代	技术缩写	代表元器件	安装基板	安装方法	焊接技术
通孔插装技术	20 世纪六七十年代	THT	晶体管，轴向引线元器件	单、双面印制电路板	手工/半自动插装	手工焊，浸焊
	20 世纪七八十年代		单、双列直插 IC，轴向引线元器件编带	单面及多层印制电路板	自动插装	波峰焊，浸焊，手工焊
表面安装技术	20 世纪80 年代开始	SMT	SMC，SM 片式封装 LSI，VLSI	高质量 SMB	自动贴片机	波峰焊，再流焊

与通孔插装技术相比，表面安装技术具有以下特点：

- 提高了组装密度，使电子产品小型化、薄型化、轻量化，节省原材料。
- 无引线或引线很短，减少了寄生电容和寄生电感，从而改善了高频特性，有利于提高使用频率。
- 形状简单、结构牢固，紧贴在印制电路板表面上，提高了可靠性和抗震性。
- 组装时没有引线的打弯、剪线，在制造印制电路板时，减少了插装元器件的通孔，降低了成本。
- 形状标准化，适合于用自动贴装机进行组装，效率高、质量好、综合成本低。
- SMT 的特点可以简单概括为高集成化、高可靠性、高性能、易于实现自动化、节约成本。

（2）表面安装工艺。

① 表面安装元器件的成形要求：

- 有引线的表面安装元器件，其引线在安装前应成形为最终形状。引线的成形方式，不能破坏引线—密封体密封部分的完整性，降低其密封性能和可靠性。
- 位于表面安装扁平封装件反面的引线，其成形方式应使元器件衬底表面与印制电路板表面的不平行度（即元器件斜面）最小。
- 表面安装元器件引线弯曲不应延伸到密封部分内，引线弯曲半径必须大于引线标称厚度。上、下弯曲间的引线部分和安装的连接盘（焊盘）之间的夹角最小为 45°，最大为 90°。
- 安装于不外露电路表面上的元器件，可以采用卧式安装，引线的成形应使元器件本体底面与裸露电路之间最小距离为 0.25mm。
- 轴向引线元器件和有引线的元器件本体底面和印制电路板表面的最大间隙不大于 2.0mm，除非元器件是以胶黏剂或其他方式机械固定于基板上。其成形应使元器件的倾斜最小，并且倾斜不会使元器件违反最大间距的要求，如图 3-172 所示。

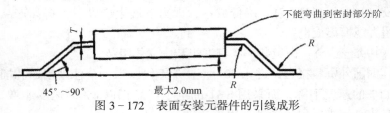

图 3-172　表面安装元器件的引线成形

- 成形后的元器件引线间的间隙符合最小电气间距要求，不存在短路或潜在短路现象。
- 成形后的元器件脚趾卷曲（如果弯曲中存在）不应超过引线厚度的 2 倍。

注意：通孔结构的扁平封装、晶体管、金属壳电源封装和其他非轴向引线的元器件，除非成形的引线可达到表面安装元器件的引线成形要求，否则不能用于表面安装。

- 引线形状符合表面安装要求的双列直插封装元器件，可用于表面安装。其引线的预成形，应使用压模成形或切削加工。禁止手工成形和修剪引线。
- TO 晶体罩外壳元器件、比较高的元器件（高度超过 15mm）、变压器和金属壳电源封装件，如果这些部件用焊接或别的方法固定到印制电路板能保证这些部件承受最终产品的冲击、震动和环境应力，这些部件可以用于表面安装。

② 表面安装方式。表面安装技术的安装方式主要取决于表面安装组件（SMA）的类型、使用的元器件种类和组装设备条件。大体上可分为单面混装、双面混装和全表面组装 3 种类型共 6 种组装方式。

（3）SMT 的元器件组装方式。

SMT 的元器件组装方式及其工艺流程主要取决于表面安装组件（SMA）的类型、使用的元器件种类和组装设备条件。大体上可分为单面混装、双面混装和全表面安装 3 种类型，共 6 种安装方式。表面安装技术的安装方式如表 3 - 49 所示。

表 3 - 49　表面安装技术的安装方式

	安装方式	示意图	电路基板	焊接方式	特 征
全表面安装	单面表面安装	A B	单面印制电路板 陶瓷基板	单面再流焊	工艺简单，适用于小型、薄型简单电路
	双面表面安装	A B	双面印制电路板 陶瓷基板	双面再流焊	高密度组装、薄型化
单面混装	表面安装器件（SMD）和通孔插装元器件（THC）都在 A 面	A B	双面印制电路板	先 A 面再流焊，后 B 面波峰焊	一般采用先贴后插，工艺简单
	THC 在 A 面 SMD 在 B 面	A B	单面印制电路板	B 面波峰焊	印制电路板成本低，工艺简单，先贴后插。如果先插后贴，则工艺复杂
双面混装	THC 在 A 面，A、B 两面都有 SMD	A B	双面印制电路板	先 A 面再流焊，后 B 面波峰焊	适合高密度组装
	A、B 两面都有 SMD 和 THC	A B	双面印制电路板	先 A 面再流焊，后 B 面波峰焊（B 面插装件后再波峰焊）	工艺复杂，很少采用

① 单面混装。

第一类是单面混装，如图 3 - 173（a）所示，即 SMC/SMD 与通孔插装元器件（THC）分布在印制电路板不同的两个面上混装，但其焊接面仅为单面。这一类安装方式均采用单面印制电路板和波峰焊工艺，具体有以下两种安装方式。

- 先贴法。第一种安装方式称为先贴法，即在印制电路板的 B 面（焊接面）先 SMC/SMD，而后在 A 面 THC。
- 后贴法。第二种安装方式称为后贴法，即先在印制电路板的 A 面 THC，后在 B 面 SMC/SMD。

② 双面混装。

第二类是双面混装，SMC/SMD 和 THC 可混合分布在印制电路板的同一面，同时，SMC/SMD 也可分布在印制电路板的双面。双面混装采用双面印制电路板、双波峰焊或再流焊，如图 3 - 174 所示。在这一类安装方式中也有先 SMC/SMD 还是后 SMC/SMD 的区别，一般根据 SMC/SMD 的类型和印制电路板的大小合理选择，通常采用先贴法较多。双面混装常用以下两种安装方式。

a. SMC/SMD 和 THC 同侧。SMC/SMD 和 THC 同在印制电路板的一侧，如图 3 - 173（b）所示。

b. SMC/SMD 和 THC 不同侧。把表面安装集成芯片（SMIC）和 THC 放在印制电路板的 A 面，而把 SMC 和小型晶体管（SOT）放在 B 面，如图 3 - 173（c）所示。

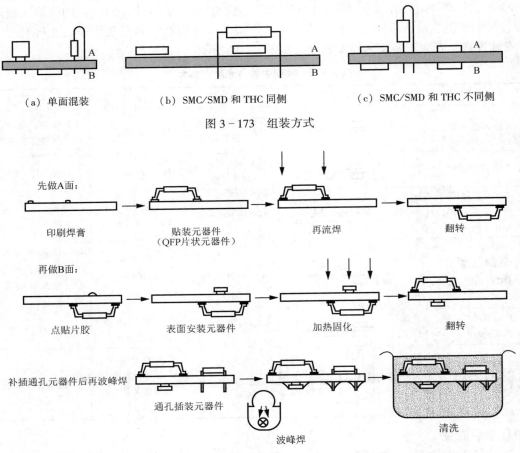

（a）单面混装　　　（b）SMC/SMD 和 THC 同侧　　　（c）SMC/SMD 和 THC 不同侧

图 3 - 173　组装方式

图 3 - 174　双面混合安装工艺流程

③ 全表面安装。

第三类是全表面安装，在印制电路板上只有 SMC/SMD 而无 THC。由于目前元器件还未完全实现 SMT 化，实际应用中这种安装形式不多。这一类安装方式一般是在细线图形的印制电路板或陶瓷基板上，采用细间距元器件和再流焊（再流焊，后同）工艺进行安装的。它也有两种安装方式，如图 3 - 175 所示。

（4）表面安装工艺流程。

表面安装工艺流程包括：涂膏、点胶、固化、贴片、焊接、清洗、检测和返修等过程。焊接前可使用胶黏剂或采用焊膏将元器件固定在基板上。

①单面全表面安装工艺流程：来料检测→涂膏（施加焊膏和贴装胶）→贴装 SMD→焊膏烘干（贴装胶固化）→再流焊→清洗→检测/返修。

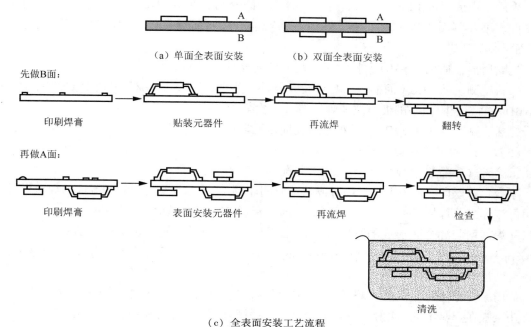

（a）单面全表面安装　　　（b）双面全表面安装

先做B面：

印刷焊膏　　　　　　　贴装元器件　　　　　　　再流焊　　　　　　　翻转

再做A面：

印刷焊膏　　　　　表面安装元器件　　　　　再流焊　　　　　检查

清洗

（c）全表面安装工艺流程

图 3－175　全表面安装

采用单面 PCB，并且全部采用表面组装元器件，单面再流焊接，简称"单面组装"。这是最简单的全表面组装工艺流程，也是基本的全表面组装工艺流程。

②双面全表面安装工艺流程：来料检测→涂膏（PCB 的 A 面施加焊膏和贴装胶）→贴装SMD→焊膏烘干（贴装胶固化）→A 面再流焊→清洗→翻板→涂膏（PCB 的 B 面施加焊膏）→贴装 SMD→焊膏烘干→再流焊（仅对 B 面）→清洗→检测/返修。

采用双面 PCB，双面焊接，全部采用 SMD，简称"双面组装"工艺。印制电路板经过两次再流焊，适用于在 PCB 两面均贴装有 PLCC 等较大的 SMD 采用。不宜采用易引起桥接的波峰焊工艺。

来料检测→涂膏（PCB 的 A 面施加焊膏和贴装胶）→贴装 SMD→焊膏烘干（贴装胶固化）→A 面再流焊→清洗→翻板→B 面施加贴装胶→贴装 SMD→贴装胶固化→B 面波峰焊→清洗→检测/返修。

PCB 的 A 面再流焊，B 面波峰焊。在 PCB 的 B 面组装的 SMD 中，只有 SOT 或 SOIC（28引脚以下）时，宜采用此种工艺流程。

③单面混合安装工艺流程：来料检测→涂膏（PCB 的 A 面施加焊膏和贴装胶）→贴装SMD→焊膏烘干（贴装胶固化）→再流焊→清洗→插装通孔插装元器件→波峰焊→清洗→检测/返修。

采用双面 PCB，但在单面混合组装 SMD 和通孔插装元器件，PCB 经过两次焊接过程。先贴装、再流焊，后插装、波焊焊，无需翻板，简称"单面混装"工艺。

④双面混合安装工艺流程：来料检测→PCB 的 B 面施加贴装胶→贴装 SMD→贴装胶固化→翻板→从 PCBA 面插入通孔插装元器件→波峰焊→清洗→检测/返修。

采用单面或双面 PCB，在双面组装元器件，部分元器件是 SMD，部分元器件是通孔插装元器件。可在单面焊接，均采用波峰焊方法，也可在双面焊接，采用两种焊接方法，简称"双面混装"工艺。

先贴后插，适用于 SMD 数量大于通孔插装元器件数量的情况。

来料检测→从 PCBA 面插入通孔插装元器件（引脚打弯）→翻板→B 面施加贴装胶→贴装 SMD→贴装胶固化→翻板→波峰焊→清洗→检测/返修。

先插后贴，适用于 SMD 数量小于通孔插装元器件数量的情况。

（5）SMT 的工艺流程解析。

①涂膏（参看教学视频：手工 SMT 装配）。

涂膏也称丝印，其作用是将焊膏或贴片胶漏印到 PCB 的焊盘上，为元器件的焊接做准备。采用再流焊工艺焊接 SMA 时常用膏状焊料即焊膏。SMT 焊膏是由作为焊料的金属合金粉末与糊状助焊剂均匀混合而形成的膏状焊料。常用焊料合金有锡-铅（63%Sn - 37%Pb）、锡-铅（60%Sn - 40%Pb）、锡-铅-银（62%Sn - 36%Pb - 2%Ag）；助焊剂是活性为 RMA 级的弱活性松香类助焊剂。

常用涂膏方法有印刷法（将焊膏以印刷的方法通过丝网板，如图 3 - 176 所示，或模板的开口孔涂敷在焊盘上）、注射法（将焊膏置于注射器内部并借助气动、液压或电驱动方式加压，使焊膏经针孔排至 SMB 焊盘表面）。

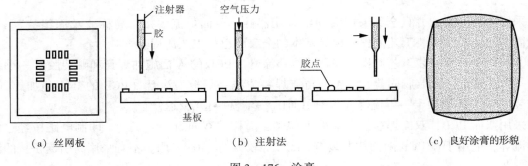

（a）丝网板　　　　　　　（b）注射法　　　　　　　（c）良好涂膏的形貌

图 3 - 176　涂膏

焊膏印刷量及其工艺参数：

一般情况下焊盘上单位面积的焊膏量应为 $0.8mg/mm^2$ 左右，对细间距的元器件应为 $0.5mg/mm^2$ 左右。

焊膏覆盖每个焊盘的面积应大于焊盘面积的 75%，小于焊盘面积的 2 倍。

焊膏印刷后，应无严重塌落，边缘整齐，错位不大于 0.2mm；对细间距元器件焊盘，错位不大于 0.1mm，基板不允许被焊膏污染。

印刷厚度：印刷厚度决定了焊点处的焊料体积，一般漏印焊膏的厚度要求在 100 ~ 300mm。间距越细，要求印刷厚度越薄。

涂膏质量标准：涂膏应适量、对位准确，涂膏应均匀地覆盖在焊盘上，无凸峰、边缘不齐、拉尖、连印等不良现象。

不良涂膏现象如图 3 - 177 所示。

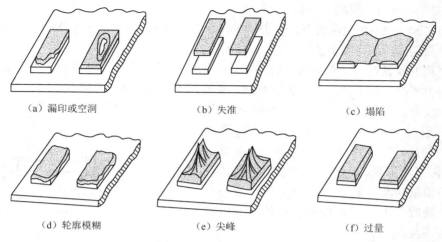

（a）漏印或空洞　　　　　（b）失准　　　　　　（c）塌陷

（d）轮廓模糊　　　　　　（e）尖峰　　　　　　（f）过量

图3-177　不良涂膏现象

合格的焊膏印刷图形如图3-178所示。

（a）优选　　　　　（b）合格　　　　　（c）合格　　　　　（d）合格

图3-178　合格的焊膏印刷图形

优选的焊膏印刷图形，外形如图3-178（a）所示，焊膏与焊盘对齐；焊膏与焊盘尺寸形状相符；焊盘表面光滑，没有漏印和孔洞。

合格的焊膏印刷图形，外形如图3-178（b）所示，过量的焊膏沿伸出焊盘；焊膏未与相邻焊盘接触；焊膏覆盖着的区域小于焊盘面积的2倍。

合格的焊膏印刷图形，外形如图3-178（c）所示，少于焊膏的最佳用量，焊膏覆盖焊盘面积大于焊盘面积的75%。

合格的焊膏印刷图形，外形如图3-178（d）所示，焊膏没有与焊盘对齐，焊膏覆盖焊盘面积大于焊盘面积的75%。

常见的焊膏印刷图形缺陷如图3-179所示。

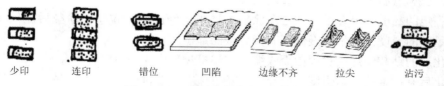

少印　　　　连印　　　　错位　　　凹陷　　　边缘不齐　　　拉尖　　　沾污

图3-179　常见的焊膏印刷图形缺陷

印刷用刮板的硬度可取60~90HS（肖氏硬度），一般多用70HS。刮板形状有平形、菱形和角形。刮印角度一般为40°~75°。

印刷间隙。印刷时，网板或漏板与印制电路板表面的间隙应控制在0~2.5mm。

印制压力、速度。使刮板接触网板或漏板。对网板，压强一般为3.5×10^5Pa；对漏板，压强一般为1.75×10^5Pa。印刷速度通常取10~25mm/s。

② 点胶（参看教学视频：点胶）。

点胶指在 SMC/SMD 主体的下方（非焊接部位）点上胶黏剂的方法及过程。其主要作用是将元器件固定到印制电路板上。

SMT 使用的胶黏剂，又称为贴片胶，它是一种红色的膏状体，其主要成分为胶黏剂、固化剂、染料、溶剂。常用的表面安装胶黏剂主要有环氧树脂和聚丙烯两类。

常用点胶方法有印刷法（与焊膏的印刷方法相仿）、针孔转印法（在硬件系统控制下，针板网格在胶黏剂托盘中吸收胶黏剂后转移到 SMB 上。简便高效，适用于单一品种的大批量生产）、注射法（与焊膏的印刷方法相仿）。

点胶后质量标准如下。

- 胶点轮廓：不应出现塌陷、拉丝、玷污焊盘等不良现象。
- 点胶量：$C \geq 2(A+B)$。

点胶量示意图如图 3–180 所示。

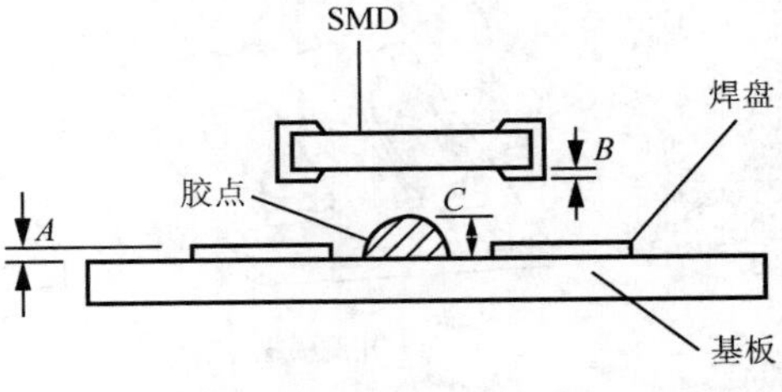

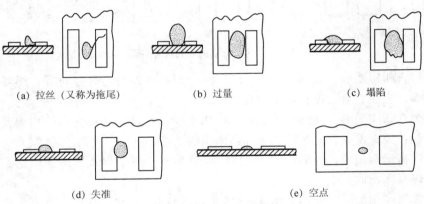

A：焊盘铜箔厚度 *B*：端头电极厚度 *C*：胶点高度

图 3–180　点胶量示意图

不良点胶现象：拉丝（又称为拖尾）、过量、塌陷、失准、空点，如图 3–181 所示。

(a) 拉丝（又称为拖尾）　　　(b) 过量　　　(c) 塌陷

(d) 失准　　　(e) 空点

图 3–181　不良点胶现象

表面组装中使用贴装胶应满足下列要求：

- 在常温和低温下便于保管，且使用寿命长。
- 有一定的黏度，符合手工和自动涂敷的要求，滴胶时不拉丝，涂敷后能保持轮廓，形成足够的高度，且不致漫流到有待焊接的部位。
- 固化后的贴装胶焊接过程中无收缩，在焊接过程中无释放气体现象。
- 固化后有一定的黏结强度，能经受 PCB 的移动、翘曲、焊剂和清洗剂的作用和焊接温度的作用，在波峰焊时元器件不会掉落。
- 应与后续过程中的化学制品相溶，不发生化学反应，对清洗溶剂要保持惰性，在任何情况下不导电，抗潮和抗腐蚀能力强，应有颜色。

点胶的工艺参数如下：

- 针嘴内径：0.25～0.75mm。
- 气压：$2 \times 10^5 \sim 3 \times 10^5$Pa。

- 通气时间小于40ms。
- 气压波动不大于$5×10^4$Pa。
- 环境温度：25±3℃。
- 相对湿度：75%±5%。

点胶的工艺要求：

- 点胶的位置要与固化方法和焊接条件相匹配。采用紫外光固化时，要使元器件下面的胶滴至少有一半以上能被紫外光直接照射。采用紫外光和加热共同固化时，没有此要求。
- 不能对焊接过程和结果产生不利影响。
- 胶滴尺寸取决于被贴装的元器件类型（元器件与基板的间距、元器件结构和尺寸、元器件的引脚底部与壳体之间离开的高度、元器件的重量）。

点胶质量标准：胶点轮廓不应出现塌落、拉丝、玷污焊盘等不良现象。

点胶量示意图如图3－182所示。

对于小型晶体管和矩形片状元器件，胶滴应处于同一SMD的两个或两个以上的焊盘中心位置，允许有一定的偏差，但应避免与焊点接触。

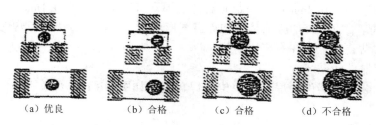

（a）优良　　　（b）合格　　　（c）合格　　　（d）不合格

图3－182　小外型晶体管和矩形片状元器件点胶示意图

- 点胶形状优良，外形如图3－182（a）所示，胶滴居中。
- 点胶形状合格，外形如图3－182（b）所示，胶滴置偏，但尚未接触到焊盘，也未接触到元器件焊端。
- 点胶形状，合格外形如图3－182（c）所示，胶滴刚接触到焊盘，但对焊点形成无不利影响。
- 点胶形状，不合格外形如图3－182（d）所示，胶滴大量覆盖焊盘，对焊点形成有不利影响。

对封装壳体较大的元器件，元器件上的胶滴直径应等于贴装元器件之前涂布到基板上的胶滴的直径，但允许有一定偏差，如图3－183所示。

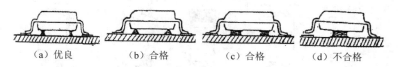

（a）优良　　　（b）合格　　　（c）合格　　　（d）不合格

图3－183　封装壳体较大的元器件点胶示意图

- 点胶形状优良，外形如图3－183（a）所示，元器件上的胶滴直径等于贴装元器件之前涂布到基板上的胶滴直径。
- 点胶形状合格，外形如图3－183（b）所示，胶滴顶部直径小于底部直径，即胶量偏少，但尚够用。

- 点胶形状合格，外形如图 3 - 183（c）所示，胶量偏多，但尚未污染焊盘和引脚。
- 点胶形状不合格，外形如图 3 - 183（d）所示，胶量太多，或贴装力太低，使元器件引脚与焊盘未能接触，或胶滴玷污了焊盘（图中未示出）。

③ 贴装。

贴装是指在涂膏或点胶完成后，将 SMC/SMD 贴放到 SMB 的规定位置的方法及过程。贴装可以采用手工、半自动、全自动的方式，贴装设备通常称为贴片机。由于片状元器件的微小化、安装的高密度等特点，贴装作业基本上均采用贴片机，手工贴装只是在数量很少的情况下才使用。

贴装工艺要求：

a. 贴装元器件正确。元器件的类型、型号、标称值和极性等特征标记都应该符合产品装配图和明细表的要求。

b. 贴装位置正确，贴装压力（高度）合适。

c. 贴装位置准确。

- 贴装元器件的焊端或引脚上不小于厚度的 1/2 且要浸入焊膏，一般元器件贴片时，焊膏挤出量应小于 0.2mm；窄间距元器件的焊膏挤出量应小于 0.1mm。
- 元器件的焊端或引脚均应该尽量和焊盘图形对齐、居中。因为再流焊时的自定位效应，元器件的贴装位置允许一定的偏差。

矩形片状元器件的贴装：

- 正确的贴装是元器件的焊端居中位于焊盘上，如图 3 - 184（a）所示，但允许有贴装偏移。

贴装合格的标准如下：

- 在贴装时发生横向移位（规定元器件的长度方向为"纵向"），合格的标准是：元器件焊端位于焊盘上的宽度不小于焊端宽度的一半，如图 3 - 184（b）所示，否则为不合格。
- 在贴装时发生纵向移位，合格的标准是：焊端与焊盘必须交叠；如果 $D_2 \geq 0$，则不合格，如图 3 - 184（c）所示。
- 在贴装时发生旋转偏移，合格的标准是：D_2 不小于焊端宽度的一半，如图 3 - 184（d）所示；否则为不合格。
- 元器件在贴装时与焊锡膏图形的关系，合格的标准是：元器件焊端必须接触焊锡膏图形；否则为不合格。如图 3 - 184（e）所示。

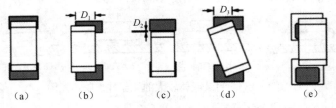

图 3 - 184　矩形片状元器件的贴装判断标准

例 1：矩形片状元器件的贴装位置的判断，如图 3 - 185 所示。

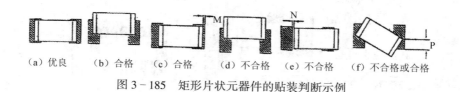

（a）优良　　（b）合格　　（c）合格　　（d）不合格　　（e）不合格　　（f）不合格或合格

图 3 – 185　矩形片状元器件的贴装判断示例

解：

如图 3 – 185（a）所示，贴装位置优良，元器件焊端全部位于焊盘上，并居中。

如图 3 – 185（b）所示，贴装位置合格，元器件焊端宽度的一半或一半以上位于焊盘上，仅适用于印制导线被绝缘导电膜覆盖的情况。

如图 3 – 185（c）所示，贴装位置合格，元器件焊端与焊盘交叠后，焊盘伸出部分小于焊盘宽度的 1/3。

如图 3 – 185（d）所示，贴装位置不合格，元器件焊端位于焊盘上的宽度不足焊端宽度的 1/2。

如图 3 – 185（e）所示，贴装位置不合格，元器件焊端与焊盘不交叠。

如图 3 – 185（f）所示，有旋转偏差，当距离大于焊盘宽度的一半时，为合格，否则为不合格。

- 小外形晶体管的贴装。具有少量短引线的元器件，如 SOT-23，贴装时允许在水平或竖直方向有偏移或偏转，但必须使引脚（含脚趾和脚跟）全部处于焊盘上，如图 3 – 186 所示。

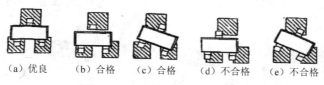

（a）优良　　（b）合格　　（c）合格　　（d）不合格　　（e）不合格

图 3 – 186　小外形晶体管的贴装

贴装位置优良，如图 3 – 186（a）所示，引脚全部处于焊盘上，并且对称居中。

贴装位置合格，如图 3 – 186（b）所示，有偏差，但引脚（含脚趾和脚跟）全部处于焊盘上。

贴装位置合格，如图 3 – 186（c）所示，有旋转偏差，但引脚全部处于焊盘上。

贴装位置不合格，如图 3 – 186（d）所示，引脚有处于焊盘之外的部分。

贴装位置不合格，如图 3 – 186（e）所示，有旋转偏差，引脚有处于焊盘之外的部分。

- 小外形集成电路（SOIC 封装）和网络电阻的贴装。允许的贴装偏差范围：允许有平移或旋转偏差，但必须保证引脚宽度的 1/2 在焊盘上。如图 3 – 187 所示。

贴装位置优良，如图 3 – 187（a）所示，元器件引脚趾部和跟部全部位于焊盘上，所有引脚对称居中。

贴装位置合格，如图 3 – 187（b）所示，$P \geqslant 1/2$ 引脚宽度，引脚趾部和跟部全部位于焊盘上。

贴装位置合格，如图 3 – 187（c）所示，有旋转偏差，$P \geqslant 1/2$ 引脚宽度。

贴装位置不合格，如图 3 – 187（d）所示，$P < 1/2$ 引脚宽度，引脚趾部和跟部不在焊盘上。

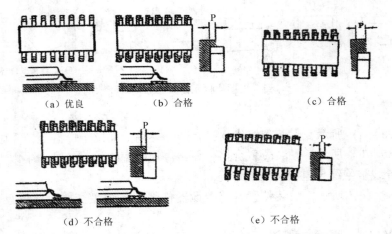

(a) 优良　　　　　　(b) 合格　　　　　　　　　(c) 合格

(d) 不合格　　　　　　　　(e) 不合格

图 3 - 187　小外形集成电路和网络电阻的贴装

贴装位置不合格，如图 3 - 187（e）所示，有旋转偏差，$P<1/2$ 引脚宽度。

● 四边扁平封装元器件和超小型元器件（QFP，包括 PLCC 元器件）的贴装。允许的贴装偏差范围：只要能保证引脚宽度的一半处于焊盘上，允许这类元器件有一较小的贴装偏移。

贴装位置优良，如图 3 - 188（a）所示，元器件引脚和焊盘无偏移重叠。

如图 3 - 188（b）所示，$P \geq 1/2$ 引脚宽度，为合格；$P<1/2$ 引脚宽度时，为不合格。

如图 3 - 188（c）所示，有旋转偏差，$P \geq 1/2$ 引脚宽度为合格；有旋转偏差，$P<1/2$ 引脚宽度为不合格。

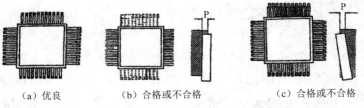

(a) 优良　　　　　　(b) 合格或不合格　　　　　　(c) 合格或不合格

图 3 - 188　四方扁平封装元器件和超小型封装元器件的贴装

● 塑封有引线芯片载体的贴装。

贴装位置优良，如图 3 - 189（a）所示，元器件引脚与焊盘全部对应重叠。

如图 3 - 189（b）所示，在水平或竖直方向上有扩展偏移，倘若 $P \geq 1/2$ 引脚宽度为合格；反之，倘若 $P<1/2$ 引脚宽度，为不合格。

如图 3 - 189（c）所示，有旋转偏移，倘若 $P \geq 1/2$ 引脚宽度，为合格；反之，倘若 $P<1/2$ 引脚宽度，为不合格。

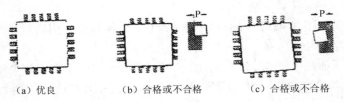

(a) 优良　　　　　　(b) 合格或不合格　　　　　　(c) 合格或不合格

图 3 - 189　塑封有引线芯片载体（PLCC）的贴装

● BGA 元器件。只要能保证引脚的脚跟在焊接时形成凹形液面，允许元器件脚趾部分有一较小的伸出量，但引脚必须有不少于 3/4 的长度位于焊盘上，如图 3-190 所示。

（a）优良　　　　　　（b）合格　　　　　　（c）不合格

图 3-190　元器件的贴装示意图

贴装位置优良，如图 3-190（a）所示，元器件引脚和焊盘无偏移重叠。

贴装位置合格，如图 3-190（b）所示，元器件引脚趾部不在焊盘上，但是跟部在焊盘上。

贴装位置不合格，如图 3-190（c）所示，元器件引脚趾部在焊盘上，但是跟部不在焊盘上。

c. 贴装压力。元器件贴装压力要合适，如果压力过小，元器件焊端或引脚就会浮放在焊锡膏表面，使焊锡膏不能粘住元器件，在传送和再流焊过程中可能会产生位置移动。如果元器件贴装压力过大，焊膏挤出量过大，容易造成焊锡膏外溢粘连，使再流焊时产生桥接，同时也会造成元器件的滑动偏移，严重时会损坏元器件。

对有引线的表面组装元器件，一般每根引线所承受压强为 10~40Pa，引线应压入焊膏中的深度至少为引线厚度的一半。对矩形片状阻容元器件，一般压强为 450~1000Pa。

d. 焊膏挤出量。贴装时必须防止焊膏被挤出。可以通过调整贴装压力和限制焊膏的用量等方法，防止焊膏被挤出。对于普通元器件，一般要求焊盘之外挤出量（长度）应小于 0.2mm；对于细间距元器件，挤出量（长度）应小于 0.1mm

④ 固化（又称烘干）。用加热或紫外线照射的方法烘干贴装胶，使 SMT 元器件牢固地固定在印制电路板上。根据贴装胶的不同类型，固化可采用热固化和紫外光与热结合固化，后者固化速度快，更适合大指量 SMA 的制造。

固化的质量标准：贴装胶应达到一定的固化程度，既能承受波峰焊时的应力，不致造成元器件脱落，又满足元器件在焊接时的自我调整要求；固化后的贴装胶内部应无孔洞。

贴装胶固化温度和时间：单批次工艺中保持 120℃ 持续 30 分钟，连续工艺中保持 150℃ 持续 120 秒。

产生不良固化的原因：由于固化时间和温度不足，使贴装胶固化程度不够，导致波峰焊时元器件脱落；固化时温度上升速率太快，使固化后的贴装胶内部出现孔洞，这是危害性很大的缺陷，因为若贴装胶内存在孔洞，会使焊剂残留在孔中而无法清洗干净，造成对电路及元器件的腐蚀。

⑤ 焊接。

表面安装印制电路板的焊接方式有波峰焊、再流焊和烙铁焊接三种形式。

a. 波峰焊。波峰焊适用于焊接矩形片状元器件、圆柱形元器件、SOT 和较小的 SOP 元器件等。元器件排列应以最大限度地克服焊料遮蔽效应，避免不均匀焊点和脱焊出现为原则，采用图 3-191 所示的元器件排列方式。

在 SMT 中的波峰焊，一般采用双波峰焊接工艺。具体内容见后面项目五"表面元器件的自动焊接"部分内容。

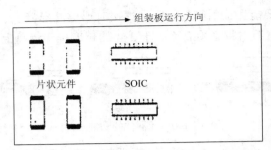

图 3 – 191　波峰焊中推荐的元器件排列方式

　　b. 再流焊。再流焊有红外再流焊、气相再流焊和激光再流焊三种形式。红外再流焊适用于不同批量的 SMA 的制造，推荐优先使用远红外波长的红外再流焊机，具体内容见后面项目五"表面元器件的自动焊接"部分内容。激光再流焊适用于热敏感元器件和其他特殊元器件的焊接；气相再流焊可选用批装式或连续式。

　　c. 烙铁焊接。烙铁焊接适用于单件、小批量 SMA 的制造和维修；但不适合用于大批量SMA 的制造。烙铁焊接时，不允许烙铁直接加热焊端和引脚的脚跟以上部分。

　　⑥ 清洗。对经过焊接的印制电路板进行清洗，去除残留在板面的杂质和助焊剂，避免腐蚀印制电路板，然后进行电路检验测试。

　　目前常用的清洗方法有：

● 离心清洗。靠旋转产生的离心力与清洗剂的化学作用去除污染物。

● 气相清洗。把 SMA 放入加热到气相的溶液中清洗。

● 超声波清洗。用超声波发生器发出的高频振荡（20kHz）转换成机械振荡，激励清洗剂产生很强的冲击力和扩散作用，对元器件底部缝隙清洗效果较好。

● 喷射清洗。在压力泵的作用下，清洗剂经喷嘴高速喷出冲洗 SMA。

　　随着科技发展的进步，电子清洗及其他清洗行业取得了可喜的成果，尤其是免清洗焊接技术的逐步实施越来越受到人们的重视，成为表面安装技术的重要发展方向，以保证产品符合 ISO9000 质量体系的要求。免清洗焊接技术有两种，一种是采用低固体成分的免洗焊剂（或焊膏），另一种是采用惰性气体保护的免洗焊接设备。

　　⑦ 检测。SMT 组件的检测技术包括清洁度检测、通用安装性能检测、焊点检测、在线测试和功能测试。通用安装性能检测即根据通用安装性能的标准规定，安装性能包括可焊性、耐热性、抗挠强度、端子黏合度和可清洗性。焊点检测内容如下。

● 焊点质量要求：

　　表面润湿程度。熔融焊料在被焊金属表面上应铺展，并形成完整、均匀、连续的焊料覆盖层，润湿角小于 90°。

　　焊料量。焊料量应适中，避免过多或过少。

　　焊点表面。焊点表面应完整、连续和圆滑，但不要求极光亮的外观。

　　焊点位置。元器件的焊端或引脚在焊盘上的位置偏差，应在规定的范围内。

● 对于片状元器件。元器件的焊端应准确定位于焊盘上。由于焊端位置的横向水平偏移或旋转偏移而引起的横向偏出焊盘之外的部分，其尺寸应不大于焊端宽度（W）的一半；偏移后元器件焊端距导体或其他元器件焊端的最小电气间距 $D \geqslant 0.2\text{mm}$，如图 3 – 192 所示。

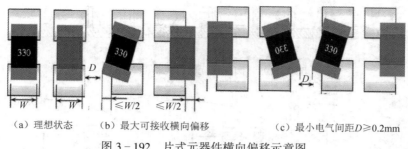

（a）理想状态　　　（b）最大可接收横向偏移　　　（c）最小电气间距$D \geqslant 0.2mm$

图 3 - 192　片式元器件横向偏移示意图

焊端位置纵向偏移后所留出的焊盘纵向尺寸 A 至少应等于形成正常焊点的焊料弯月面所要求的 $h/3$（h 为元器件金属化焊端的高度）；B 为纵向偏移后焊端与焊盘的间距，当 $B \geqslant 0$ 时为不合格，如图 3 - 193 所示。

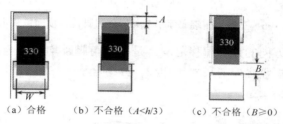

（a）合格　　　（b）不合格（$A<h/3$）　　　（c）不合格（$B \geqslant 0$）

图 3 - 193　片式元器件纵向偏移示意图

润湿状况和焊料量。焊点上沿整个焊端周围均应被良好润湿。对 $h<1.2mm$ 的元器件，焊料弯月面高度至少应为 0.4mm，但允许焊点表面形状是凸的，如图 3 - 194 所示。

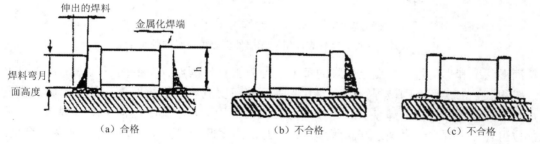

（a）合格　　　　　　（b）不合格　　　　　　（c）不合格

图 3 - 194　矩形片状元器件的焊点焊料量示意图

● 对于圆柱形元器件（MELF）。

焊端位置：元器件焊端应全部位于焊盘上，允许有纵向偏移，不允许有明显的横向及旋转偏移，偏移要求同矩形片状元器件。

润湿状况和焊料量：焊点上元器件金属化焊端的端面应全部被良好润湿；其焊料弯月面高度应等于元器件高度，且形状是凹的；焊端侧面下部空间亦为焊料所填充，焊料弯月面高度至少应为 0.4mm，且形状也是凹的，如图 3 - 195（a）和（b）所示。如果焊端端面的焊料弯液面高度小于 0.4mm，或焊点表面形状是凸的，则为不合格，如图 3 - 195（c）所示。

● 对于三端、四端表面组装元器件。

引脚位置：引脚的脚底和脚跟均应准确定位在焊盘范围内，不允许引脚横向偏移出焊盘之外部分的尺寸 A 大于引脚宽度的一半，即 $A<B/2$ 为合格（B 为引脚宽度），如图 3 - 196 所示。

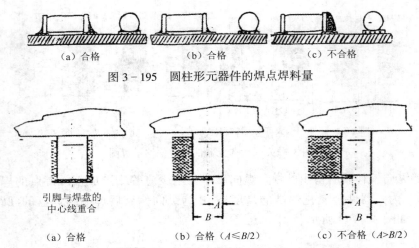

图 3 - 195　圆柱形元器件的焊点焊料量

（a）合格　　　　　　（b）合格（A≤B/2）　　　　（c）不合格（A>B/2）

图 3 - 196　三端、四端表面组装元器件引脚位置横向偏移示意图

引脚的纵向及旋转方向的允许偏移范围，是脚跟与脚趾均不得全部偏移到焊盘之外，并且要求引脚旋转偏移到焊盘之外的尺寸 $A<B/2$，方为合格，如图 3 - 197 所示。

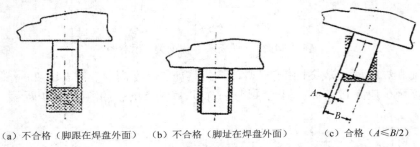

（a）不合格（脚跟在焊盘外面）　（b）不合格（脚址在焊盘外面）　　（c）合格（A≤B/2）

图 3 - 197　三端、四端表面组装元器件引脚位置纵向偏移示意图

润湿状况和焊料量：焊点上引脚的每个面均应被良好润湿，至少引脚的一侧应被良好润湿。脚跟底下的楔形空间被焊料填充，其弯月面的高度应等于引脚厚度。如果引脚在横向偏出焊盘之外，则只对位于焊盘上的部分进行润湿检查。不要求脚趾的前边缘有焊料，但通常此部位可存在一焊料弯月面。若脚跟部焊料弯月面高度低于引脚厚度的一半，则为不合格。

● 对于翼形引线元器件。

引脚位置：引脚横向偏出焊盘之外部分的尺寸不得大于引脚宽度的一半，参见三端、四端表面组装元器件引脚位置横向偏移示意图。对引脚较长的元器件，引脚位置的纵向偏移可放宽限制，保证在引脚跟部形成焊料弯月面的所需空间全部位于焊盘上即可，允许脚趾部分偏出焊盘之外，但这一规定不适用于引脚较短的元器件。

润湿状况和焊料量：焊点上引脚的每个面均应被良好润湿，并且在整个引脚长度上都被焊料所覆盖，至少应有包括脚跟在内的整个引脚长度的 3/4 位于焊盘上，脚跟下面的楔形空间都应被焊料填充，其焊料弯液面高度应等于引脚的厚度，至少应等于引脚厚度的一半。

如果在横向，引脚的一部分偏出焊盘之外，则只对位于焊盘上的部分进行润湿状况检查。以上要求不适用于脚趾的前边缘，但此外通常也应存在焊料弯月面，如图 3 - 198 所示。

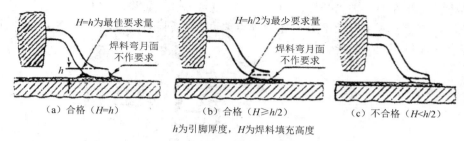

（a）合格（H=h）　　　　（b）合格（H≥h/2）　　　　（c）不合格（H<h/2）

h为引脚厚度，H为焊料填充高度

图3-198　翼形引线元器件的焊点焊料量示意图

● 对于J形引线元器件。

引脚位置：脚位置的偏移允许程度同翼形引线元器件。

润湿状况和焊料量：焊点上引脚的每个面都应被良好润湿，引脚弯曲部分下面的空间，两边均应充满焊料，且焊料弯月面高度均应等于引脚的厚度，至少应等于引脚厚度的一半，如图3-199所示。

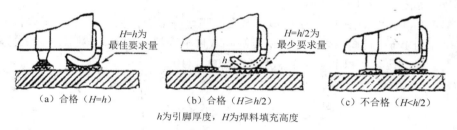

（a）合格（H=h）　　　　（b）合格（H≥h/2）　　　　（c）不合格（H<h/2）

h为引脚厚度，H为焊料填充高度

图3-199　J形引线元器件的焊点焊料量示意图

● 对于无引线元器件，焊点检验只能从元器件侧边进行。

金属化连接区（焊端）位置：元器件的金属化连接区偏出焊盘之外的尺寸大于连接区宽度的一半时，为不合格；偏出尺寸小于或等于连接区宽度的一半，为合格。

润湿状况和焊料量：焊点上元器件的每个凹槽形金属化连接区均应被良好润湿；其焊料弯月面高度至少应等于凹槽形金属化连接区高度的一半，如图3-200所示。

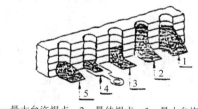

1—最大允许焊点，2—最佳焊点，3—最小允许焊点，
4—焊料过少，5—润湿性差

图3-200　无引线元器件的焊点焊料量示意图

● 焊点缺陷：以下缺陷是不允许的。

◆ 不润湿：焊点上的焊料与被焊金属表面形成的接触角大于90°，如图3-201（a）所示。

◆ 脱焊：即开焊，包括焊接后焊盘与基板表面分离。

◆ 吊桥：元器件的一端离开焊盘而向上方斜立或直立，如图 3 - 201（b）所示。
◆ 桥接：两个或两个以上不应相连的焊点之间的焊料相连，如图 3 - 201（c）所示，或焊点的焊料与相邻的导线相连。

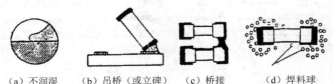

（a）不润湿　　（b）吊桥（或立碑）　　（c）桥接　　（d）焊料球

图 3 - 201　不润湿、吊桥、桥接和焊料球缺陷示意图

◆ 焊料过少：焊点上的焊料量低于最少需求量。
◆ 虚焊：焊接后，焊端或引脚与焊盘之间有时出现电隔离现象。
◆ 拉尖：焊点的一种形状，焊料有突出向外的毛刺，但没有与其他导体或焊点相接触。
◆ 清洗后仍存在焊料球：焊料球即焊接时粘附在印制电路板、阻焊膜或导体上的焊料小圆球，如图 3 - 201（d）所示。
◆ 孔洞：孔洞类型如图 3 - 202 所示。这类缺陷允许部分存在。但其最大直径不得大于焊点尺寸的 1/5，且同一焊点上的这类缺陷数目不得超过 2 个（肉眼观察）；或经 X 射线检查，焊点孔洞面积不应大于焊点总面积的 1/10。

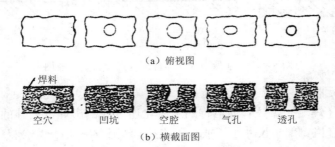

（a）俯视图

（b）横截面图
空穴　　凹坑　　空腔　　气孔　　透孔

图 3 - 202　焊点孔洞缺陷示意图

◆ 位置偏移：焊点在平面内横向、纵向或旋转方向偏离预定位置时，在保证机电性能的前题下，允许存在有限的偏移。
◆ 其他缺陷：偶然出现的表面粗糙、微裂纹、指纹、油污等缺陷。应注意将此类缺陷与虚焊区分开来，不允许有规律性地存在此类缺陷。

印制电路板焊点检测采用非接触式检测，能检测接触式测试探针探测不到的部位。激光/红外检测、超声检测、自动视觉检测等技术在 SMT 印制电路板焊点质量检测中得到应用。

在线测试：在线测试是在没有其他元器件的影响下对元器件逐点提供测试（输入）信号，在该元器件的输出端检测其输出信号。

功能测试：功能测试是在模拟操作环境下，将电路板组件上的被测单元作为一个功能体，对其提供输入信号，按照功能体的设计要求检测输出信号。在线测试和功能测试都属于接触式检测技术。

⑧ 返修。其作用是对检测出现故障的 PCB 板进行返工。

（6）表面组装设备：

① 印刷设备。在 SMT 工艺中，印刷是 SMT 工序的第一环节。印刷机的作用就是将焊膏印到 PCB 焊盘上，或者将胶体印刷到 PCB 的虚拟焊盘上，SMT 产品缺陷中大部分都产生于这道工序。印刷现在主要是依靠金属模板进行。目前市场上主流的印刷机品牌有西门子、日立、富士、松下、三星、DEK 等。以自动化程度来分类，印刷机可以分为手动印刷机、半自动印刷机、全自动印刷机。

金属模板的结构如图 3 - 203 所示，常见模板的外框是铸铝框架（或铝方管焊接而成），中心是金属模板，框架与模板之间依靠张紧的丝网相连，呈"钢—柔—钢"的结构。这种结构可以确保金属模板既平整又有弹性，使用时能紧贴 PCB 表面。铸铝框架上备有安装孔，供印刷机上装夹之用，通常钢板上的图形离钢板的外边约 50mm，为印刷机刮刀头运行留出空间，周边丝网的宽度约 30~40mm。

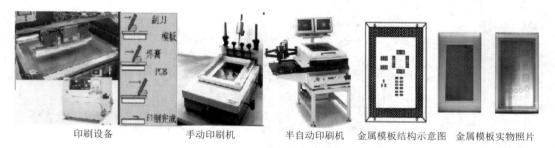

印刷设备　　　　手动印刷机　　　半自动印刷机　　金属模板结构示意图　金属模板实物照片

图 3 - 203　印刷设备示意图

② 贴装设备。贴片机（又称贴装机、表面贴装系统，如图 3 - 204 所示），在生产线中配置在点胶机或丝网印刷机之后，是通过移动贴装头把表面贴装元器件准确地放置在 PCB 焊盘上的设备，分手动和全自动两种。常见的贴片机品牌有日本的松下、富机、雅马哈、JUKI、三洋和三菱，德国的西门子和韩国的三星等。

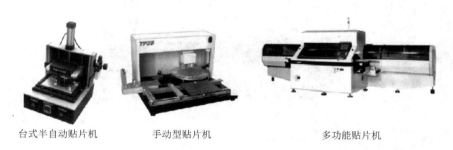

台式半自动贴片机　　　　手动型贴片机　　　　　多功能贴片机

图 3 - 204　贴片机

贴片机有多种规格和型号，但它们的基本结构都相同。贴片机的基本结构包括设备本体、片状元器件供给系统、电路板传送与定位装置、贴装头及其驱动定位装置、贴片工具（吸嘴）、计算机控制系统等。为适应高密度超大规模集成电路的贴装，比较先进的贴片机还具有光学检测与视觉对中系统，保证芯片能够高精度地准确定位。贴片机的分类如表 3 - 50 所示。

表 3 - 50　贴片机分类

分类形式	贴片机种类	特点
按速度分类	低速贴片机	3 千片/h 以下
	中速贴片机	3 千片/h ~ 9 千片/h
	高速贴片机	9 千片/h ~ 4 万片/h，采用固定多头（约 6 头）或双组贴片头，种类最多，生产厂家最多
	超高低速贴片机	4 万片/h 以上，采用旋转式多头系统。其贴片速度可达 9.6 万 ~ 12.7 万片/h
按功能分类	高速/超高速贴片机	主要以贴装贴片式元器件为主体，能贴装的贴片元器件品种不多
	多功能贴片机	也能贴装大型元器件和异型元器件
按贴装方式分类	顺序式贴片机	可按照顺序将元器件一个一个贴到 PCB 上，通常见到的就是该类贴片机
	同时式贴片机	使用放置圆柱式元器件的专用料斗，一个动作就能将元器件全部贴装到 PCB 相应的焊盘上。产品更换时，所有料斗全部更换，已很少使用
	同时在线式贴片机	由多个贴片头组合而成，依次同时对一块 PCB 进行贴片
按自动化程度分类	全自动机电一体化贴片机	目前大部分贴片机就是该类
	手动式贴片机	手动贴片头安装在机轴头部，机轴可以靠人手的移动和旋转来校正位置，主要用于新产品开发，具有价廉的优点

③ 再流焊机。再流焊机（如图 3 - 205 所示）可分为有铅再流焊机和无铅再流焊机，一般由预热区、保温区、再流区、冷却区等几大温区组成，各大温区又可分成若干小温区。主要技术参数如下：

- 加热方式：管式/板式红外/热风/气相。
- 工作温区：3-9 个。
- 温度控制能力：±5℃ ~ ±2℃。

图 3 - 205　再流焊机

2）手工贴装印制电路板

手工贴装印制电路板有两种方式，一种方式是手工贴片、再流焊接；另一种方式是手工焊接贴片元器件。

① 手工装配贴片混装电路板工艺流程（见图 3 - 206）。

② 装配步骤。

a. 安装前的检查、清洁。

- SMB（表面安装印制电路板）检查。

在焊接前应对要焊的印制电路板进行检查，确保其干净。对其表面的油性手印及氧化物等要进行清除，避免影响上锡。

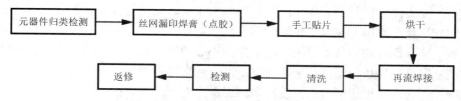

图 3 - 206 手工贴片再流焊接工艺流程

对照印制电路板图检查：查看电路板图形是否完整，有无短路、开路缺陷；查看孔位及尺寸是否与设计相符；查看表面涂覆（阻焊层）。

● 元器件清点与检测。

按材料单清查元器件品种规格及数量，并查看元器件外观，元器件是否有极性要求，元器件引脚是否有氧化、有油渍等；用万用表对其电气性能进行筛选，剔除那些已经失效的元器件。

☞ 检查时的注意事项：

● 按材料清单一一对应，记清每个元器件的名称与外形。

● 清点材料时请将元器件放到元器件盒里。

b. 丝网漏印焊膏。

从冷藏库中取出焊膏，解冻使其恢复至室温，然后沿一个方向搅拌 3min，用钢尺蘸取适量的焊膏黏附在刮板的前端。

丝网漏印焊膏操作步骤如下。

● 对位。将印制电路板固定在工作台上，并让模板的孔与印制电路板的焊盘一一对应，用定位销固定丝印模板。

● 填充。印刷刮板向下压在模板上，使模板底面接触到电路板顶面，如图 3 - 207 所示。印刷角度为 45°~60°，速度为 20~40mm/s，刮板的压强设定在 5~12N/25mm^2（理想的板速度与压力应该以正好把焊膏从钢板表面刮干净为准），当刮板走过所腐蚀的整个图形区域长度时，焊膏通过丝网上的开孔印刷到焊盘上。

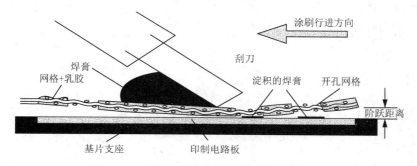

图 3 - 207 贴片混装电路板手工装配工艺流程

● 整平。在焊膏已经沉积之后，刮刀马上脱开回到原地。脱开距离与刮刀压力是两个达到良好印刷品质且与设备有关的重要变量。

● 释放。在印刷时，刮刀以一定的速度和角度向前移动，对焊膏产生一定的压力，推动焊膏在刮刀前面滚动，焊膏的黏性摩擦力使焊膏在刮刀和印制电路板交界处产生切变力，切变力使焊膏黏性下降，使焊膏顺利注入模板孔内，然后刮去多余焊膏，在印制电路板焊盘上留下与模板一样厚的焊膏。

- 检查。将印刷好的印制电路板用镊子夹住小心放入托盘中，在放大镜下仔细观察有无印刷不完全、塌边、错位、毛刺、厚度不一致等印刷缺陷。若不能够补救，则将印制电路板上的焊膏擦拭干净后，重新印刷焊膏，直至满意为止。

如果刮刀没有脱开，这个过程则称为接触印刷。当使用全金属模板和刮刀时，使用接触印刷。非接触印刷用于柔性的金属丝网。

🔔 提示：

焊膏的使用和保管

① 密封状态在 2~10℃ 条件下可以保存一年。

② 使用前至少提前 4 个小时从冰箱中取出，待焊膏恢复室温后再打开容器盖。如果在低温下打开，容易吸收水汽，再流焊时容易产生锡珠。

③ 使用前用清洁的不锈钢搅拌棒搅拌，手工搅拌时应顺一个方向搅拌，使用前先搅拌 3~5 分钟。

④ 印刷后应尽量在 4 个小时内完成再流焊。印刷焊膏或进行贴片时，要求手拿印制电路板的边缘或戴手套，以防污染印制电路板。

☞ 印刷焊膏的缺陷及解决办法。

印刷焊膏的主要缺陷有印刷不完全、塌边、错位、毛刺、厚度不一致等。印刷焊膏的缺陷及解决办法如表 3-51 所示。

表 3-51　印刷焊膏的缺陷及解决办法

缺陷种类	产生原因	解决方法
错位	(1) 钢网对位不准 (2) 丝印机精度不够	重对位
印刷不完全	(1) 开孔堵塞 (2) 焊膏黏度过大或过小 (3) 合金颗粒	清洗钢网表面及开孔
塌边	(1) 刮刀压力过大 (2) 焊膏黏度太低 (3) 焊膏中合金粉末太细 (4) 印制电路板定位不牢	调整刮刀压力 更换焊膏 控制室温在 23±3℃ 重新固定印制电路板
边缘及表面有毛刺	(1) 钢网开孔内壁不光滑 (2) 印制电路板定位不恰当 (3) 钢网厚度过大 (4) 焊膏黏度偏小	选择合适的焊膏 调整钢网与印制电路板之间的距离 改换钢网的开孔方式及厚度
厚度不一致	(1) 钢网与印制电路板不平行 (2) 焊膏搅拌不均匀 (3) 合金颗粒均匀度不够	调整钢网与印制电路板的平度 选择合适的焊膏 在使用之前应充分搅拌
焊膏成形后太薄	(1) 钢网厚度偏小 (2) 刮刀压力太大 (3) 焊膏的流动性不够	选择厚度适宜的钢网 调小刮刀压力 改用黏度合适的焊膏

c. 手工贴装 SMT。

● 手工贴装方法：

矩形、圆柱形元器件贴装方法。用镊子夹住元器件中间部位，不应夹着引脚或焊接端，将元器件焊端对准两端焊盘，居中贴放在焊盘锡膏上，有极性的元器件贴装方向要符合图纸的要求，确认准确后用镊子轻轻往下压，使元器件焊端浸入锡膏。

SOT 贴装方法。用镊子夹住 SOT，对准焊盘，居中贴放在焊锡膏上，确认准确后用镊子轻轻往下压，使元器件引脚不小于 1/2 厚度浸入焊锡膏中，并使元器件引脚全部位于焊盘上。

🔔提示：

☞注意：不使用丢掉或标注不明的元器件，贴装完成后在 3~5 倍台式放大镜下检查是否有错位和桥接现象，并用镊子轻推矫正或用干净的细铁丝调开。

● 手工贴装顺序：先贴小元器件，再贴大元器件；先贴矮元器件，再贴高元器件。
● 手工贴装的缺陷及解决办法：手工贴装的主要缺陷有贴片易挪动飞片、掉片、膏体相连等。手工贴装的缺陷及解决办法如表 3-52 所示。

表 3-52 手工贴装的缺陷及解决办法

缺陷种类	产生原因	解决方法
贴片易挪动	（1）手工贴片时，人为工艺因素 （2）焊锡膏的黏度偏低 （3）印制电路板走动时，振动过大	选择合适的焊锡膏，手工贴片时注意手法准确，一次定位，印制电路板前进时应缓慢平衡
飞片、掉片	（1）焊锡膏黏性不够 （2）手工操作不当，如贴片时手抖动	选择合适的焊锡膏，手工贴片时注意手法平稳准确，一次定位
膏体相连	（1）焊锡膏黏性太低 （2）手工贴片时，一次不能到位，会移动贴片，造成相连	选择合适的焊锡膏，手工贴片时注意手法平稳准确，一次定位

🔔提示：

操作中容易出现的问题及其处理措施。

① 电路基板在丝网印刷机上的定位不准确，不能保证焊膏涂敷到指定的位置上，则可能污染焊接面，必须调整重来。

② 焊膏印制角度没掌握好，造成料多或料少，不利于焊接，需要用酒精清洗后重新漏印。刮刀角度应掌握在 45°~60° 之间为宜，焊膏印刷厚度通常在 0.15~0.20mm 之间为好。

③ 手工贴片时，元器件太小未能准确安装到相应的焊盘上时，需要用镊子或真空吸笔小心取出，重新安放。要贴正、贴平、贴稳，然后再轻微下压，焊膏不能塌陷。

④ 对有极性的元器件极性辨别不清，容易放错位置。矩形片状电阻虽无方向，但有正反面，放置时需要注意。

⑤ 芯片的引脚判断不正确——把不是第一脚的引脚当做第一脚来焊了，应仔细检查。

d. 再流焊接：具体见后文表面元器件的自动焊接相关内容。

e. 清洗、检测和返修内容前文已介绍。

③ 手工焊接贴片元器件。常用工具如图 3－208 所示。

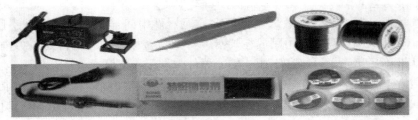

从左至右，第一排为：热风枪、镊子、焊锡丝。第二排为：电烙铁、松香、吸锡带

图 3－208　手工焊接贴片元器件常用工具

🔔**提示：**

① 烙铁头形状选用圆尖锥形，在焊接引脚密集的贴片芯片的时候，能够准确方便地对某一个或某几个引脚进行焊接，倘若使用普通烙铁，应有良好的接地。

② 焊接贴片元器件应选用活性焊锡丝（0.5~0.8mm），这样容易控制给锡量，从而避免浪费焊锡和吸锡的麻烦。

③ 焊接贴片元器件时，很容易出现上锡过多的情况。特别在焊密集多引脚贴片芯片时，很容易导致芯片相邻的两脚甚至多脚被焊锡短路。传统的吸锡器是不管用的，这时候就需要用到编织的吸锡带。

④ 松香是焊接时最常用的助焊剂，因为它能析出焊锡中的氧化物，保护焊锡不被氧化，增加焊锡的流动性。在焊接直插元器件时，如果元器件生锈要先刮亮，放到松香上用烙铁烫一下，再上锡。而在焊接贴片元器件时，松香除了起助焊作用外还可以配合铜丝作为吸锡带用。

⑤ 热风枪是利用其枪芯吹出的热风来对元器件进行焊接与拆卸的工具。其使用的工艺要求相对较高。从取下或安装小元器件到大片的集成电路安装都可以用到热风枪。不同的场合对热风枪的温度和风量等有特殊要求，温度过低会造成虚焊，温度过高会损坏元器件及电路板，风量过大会吹跑小元器件。对于普通的贴片焊接，可以不用热风枪。

⑥ 对于一些引脚特别细小密集的贴片芯片，焊接完毕之后需要检查引脚是否焊接正常、有无短路现象，直接采用目视检查是很困难的，此时可以借助放大镜。

手工焊接表面安装元器件的工艺流程如图 3－209 所示。

图 3－209　手工焊接表面安装元器件的工艺流程

● 手工焊接表面安装元器件的操作要求：

◆ 操作人员应戴防静电腕带。

◆ 一般采用功率恒温烙铁或 20W 普通内热式锥形电烙铁，烙铁头应光滑平整，使用普通烙铁要良好接地。

◆ 选用直径为 0.5~0.8mm 的活性焊锡丝。

◆ 不允许直接加热贴片元器件的焊端和元器件引脚根部，焊接时间不能超过 3 秒。同一焊点的焊接次数不能超过两次。

◆ 在焊接 SO、SOL、QFP 等类型的集成电路时，要使芯片电极引脚与印制电路板上的焊盘准确对位，并且要将全部引脚平整地贴紧焊盘。

◆ 拆卸元器件时，应等全部元器件引脚焊锡完全熔化时再取下元器件，以免破坏元器件的共面性。

● 手工焊接操作方法。

焊接电阻器、电容器：如图 3-210 所示，在电路板一个焊盘上加点锡，烙铁尖停留在焊盘上，用镊子将元器件贴放到焊盘上，立即撤离电烙铁，用烙铁头加热焊盘大约 2 秒左右，将元器件焊接到焊盘上，撤离电烙铁，然后用同样的方法将元器件的另一端焊接到另一个焊盘上。

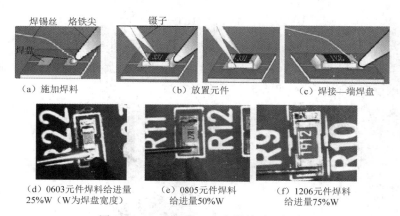

图 3-210 电阻器、电容器的手工焊接

SOT 元器件的焊接：如图 3-211 所示，固定 SOT 一脚，用镊子推动元器件体是否牢固，焊接引脚，元器件焊料进给量为焊盘宽度的 1/4；依次焊接其余引脚。

（a）固定SOT一脚 （b）推元件 （C）焊接引脚，元件焊料给进量25%W

图 3-211 SOT 元器件的手工焊接

翼形引脚与 J 形引脚元器件的手工焊接（拖焊法）：用细毛笔（或棉签）蘸少许助焊剂涂在元器件焊盘上。用镊子夹持元器件，对准极性和方向，使引脚对准焊盘，对准后用镊子按住，使芯片引脚贴紧焊盘，先用尖头烙铁焊牢元器件斜对角 1~2 对引脚。用烙铁头加少许焊锡丝，从第一个引脚开始拖动烙铁，使烙铁头以较快地速度划过芯片一边引脚，先将芯片一边引脚焊牢，然后用同样的方法焊接其他边引脚，将芯片引脚全部焊牢。

例：QFP 元器件的焊接。有两种焊接方式，第一种为点焊方式，将元器件用工具准确地放置于焊盘上固定。第二种为拖焊方式。

QFP 点焊：将芯片用工具准确地放置于焊盘上。用烙铁头加少许焊锡丝，加热两对角引脚，使芯片固定在焊盘上。涂抹助焊剂于需要焊接的 QFP 芯片一排引脚上（也可以不涂抹），再逐个焊接芯片各引脚，如图 3-212 所示。

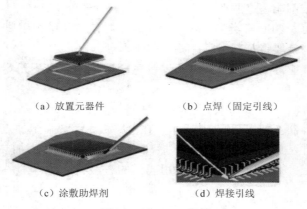

(a) 放置元器件　　　　　　　　(b) 点焊（固定引线）

(c) 涂敷助焊剂　　　　　　　　(d) 焊接引线

图 3 - 212　QFP 点焊

QFP 拖焊：将芯片用工具准确地放置于焊盘上，加热两对角引脚，使芯片固定在焊盘上；涂抹助焊剂于需要焊接的 QFP 芯片一排引脚上（也可以不涂抹）；在烙铁上施加焊料；对 QFP 一排引脚进行拖动式焊接，如图 3 - 213 所示。

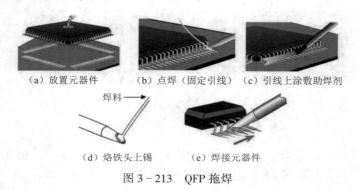

(a) 放置元器件　　　(b) 点焊（固定引线）　　　(c) 引线上涂敷助焊剂

(d) 烙铁头上锡　　　　　(e) 焊接元器件

图 3 - 213　QFP 拖焊

🔔**提示：**

① 贴片元器件的固定是非常重要的。根据贴片元器件的引脚多少，其固定方法大体上可以分为两种——单脚固定法和多脚固定法。对于引脚数目少（一般为 2~5 个）的贴片元器件，如电阻、电容、二极管、三极管等，一般采用单脚固定法。先在板上对其中一个焊盘上锡，然后左手拿镊子夹持元器件放到安装位置并轻抵住电路板，右手拿电烙铁靠近已镀锡焊盘，熔化焊锡将该引脚焊好。焊好一个焊盘后元器件已不会移动，此时镊子可以松开。而对于引脚多而且多面分布的贴片芯片，单脚是难以将芯片固定好的，这时就需要多脚固定，一般可以采用对脚固定的方法，即焊接固定一个引脚后再固定其对角线方向上的引脚，从而达到整个芯片被固定好的目的。需要注意的是，引脚多且密集的贴片芯片，引脚精准对齐焊盘尤其重要。

② 对于引脚少的元器件，可左手拿焊锡丝，右手拿电烙铁，依次点焊即可。对于引脚多而且密集的芯片，除了点焊，还可以采取拖焊，即在一侧的引脚上足锡然后利用电烙铁将焊锡熔化，往该侧剩余的引脚上抹去，如图 3 - 214 和图 3 - 215 所示，熔化的焊锡可以

流动，因此有时也可以将板子适当倾斜，从而将多余的焊锡弄掉。值得注意的是，不论点焊还是拖焊，都很容易造成相邻的引脚被短路。这点不用担心，可采用下面③的方法进行处理，需要关心的是所有的引脚是否都与焊盘很好地连接在一起，没有虚焊。

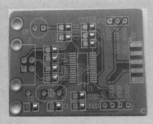

图 3-214　手工焊接 SMB

图 3-215　对引脚较多的贴片芯片进行拖焊

③ 清除多余焊锡。对在②中提到焊接时所造成的引脚短路现象进行处理：一般而言，可以拿吸锡带将多余的焊锡吸掉。吸锡带的使用方法很简单，向吸锡带加入适量助焊剂（如松香）然后紧贴焊盘，用干净的烙铁头放在吸锡带上，待吸锡带被加热到可使焊盘上的焊锡熔化后，慢慢地从焊盘的一端向另一端轻压拖拉，焊锡即被吸入吸锡带中。应当注意的是，在吸锡结束后，应将烙铁头与吸上锡的吸锡带同时撤离焊盘，此时如果吸锡带黏在焊盘上，千万不要用力拉吸锡带，而应再向吸锡带上加助焊剂或重新用烙铁头加热后再轻拉吸锡带使其顺利脱离焊盘，同时注意防止烫坏周围元器件。如果没有专用吸锡带，可以采用电线中的细铜丝来自制吸锡带，如图 3-216 所示。自制的方法如下：将电线的外皮剥去之后，露出其里面的细铜丝，此时用电烙铁熔化一些松香在铜丝上就可以了。清除多余焊锡后的效果图如图 3-217 所示。此外，如果对焊接结果不满意，则可以重复使用吸锡带清除焊锡，再次焊接元器件。

图 3-216　自制吸锡带吸去多余焊锡

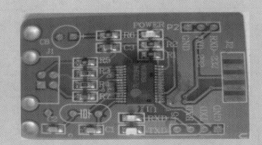

图 3-217　清除多余焊锡后效果图

e. 清洗。使用酒精棉球将印制电路板上有残留松香的地方擦干净。

焊接和清除多余的焊锡之后，芯片基本上就算焊接好了。但是由于使用松香和吸锡带吸锡，板上芯片引脚的周围残留了一些松香，虽然并不影响芯片工作和正常使用，但不美观，而且有可能造成检查时不方便，因此有必要对这些残余物进行清理。常用的清理方法是用洗板水或酒精清洗，清洗工具可以用棉签，也可以用镊子夹着卫生纸进行（见图 3-218 和图 3-219）。清洗擦除时应该注意酒精要适量，其浓度最好较高，以快速溶解松香之类的残留物；擦除的力道要控制好，不能太大，以免擦伤阻焊层及伤到芯片引脚等。可以用电烙铁或者电热风枪对酒精擦洗位置进行适当加热以让残余酒精快速挥发，至此，芯片的焊接就算结束了。

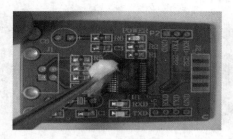

图 3-218　用酒精清除掉焊接时所残留的松香

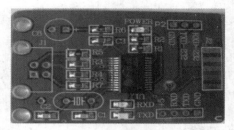

图 3-219　用酒精清洗焊接位置后的效果图

f. 检测。用放大镜对贴装好的印制电路板进行焊接质量和装配质量的检验。检测内容：
- 元器件有无遗漏。
- 元器件有无错贴。
- 有无短路。
- 焊点质量的检验。

下述焊点质量的检验标准来源于国内某手工焊接大赛焊点验收标准。该检验标准参照了 IPC-610E 三级验收标准、国家标准《印制电路板组装》第一部分、国家电子行业军用标准《电子元器件表面安装要求》和航天标准《航天电子电器安装通用要求》等标准。

片式电阻器、电容器焊点质量的检验标准如表 3-53 所示。

表 3-53　片式电阻、电容元器件焊点质量的检验（变量含义如图 3-220 所示）

符号	描述	检验标准	备注
A	最大侧面偏移	城堡焊端的宽度的 1/4 或引脚在焊盘上的宽度的 1/4，取其中较小者	不违反最小电气间隙
B	末端偏移	不允许	
C	最小末端焊点宽度	$0.75W$ 或 $0.75P$，其中较小者	焊点最窄处测量
D	最小侧面焊点长度	满足焊料爬升高度要求	润湿明显
E	最大填充高度	可超出焊盘或爬伸至端帽金属镀层的顶部，但不可接触到元器件体	
F	最小焊点高度	$G+H/4$	
G	焊料厚度	20　m	
J	最小末端重叠	焊盘宽度的 1/4	

翼形引脚焊点质量的检验标准如表 3-54 所示。

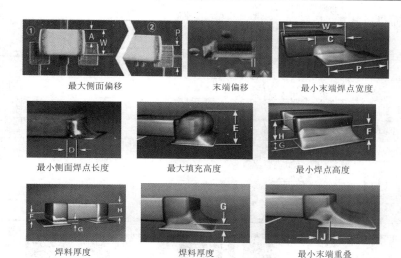

图 3-220 片式电阻、电容元器件焊点的变量含义

表 3-54 翼形引脚焊点质量的检验（变量含义如图 3-221 所示）

符号	描述	检验标准	备注
A	最大侧面偏移	城堡焊端的宽度（W）的 1/4	不违反最小电气间隙
B	末端偏移	可接受	不违反最小电气间隙
C	最小末端焊点宽度	$0.75W$	
D	最小侧面焊点长度	L 或 $3W$，取较大者	
E	最大根部焊点高度	可爬伸至引脚顶端，但不可接触到元器件体	
F	最小跟部焊点高度	$G+T$	
G	焊料厚度	2mm	

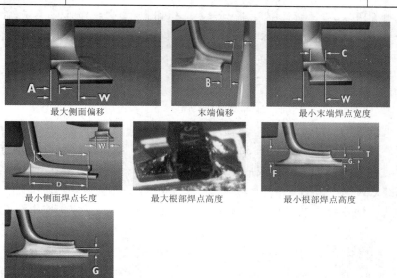

图 3-221 翼形引脚焊点的变量含义

QFN 焊点质量的检验如表 3 – 55 所示。

表 3 – 55　QFN 焊点质量的检验（变量含义如图 3 – 222 所示）

符号	描述	检验标准	备注
A	最大侧面偏移	城堡焊端的宽度（W）的 1/4	不违反最小电气间隙
B	末端偏移	不允许	
C	最小末端焊点宽度	$0.75W$	
D	最小侧面焊点长度	城堡深度	润湿明显
E	最大根部焊点高度	$G+H$	
F	最小跟部焊点高度	$G+H/2$	
G	焊料厚度	润湿明显	

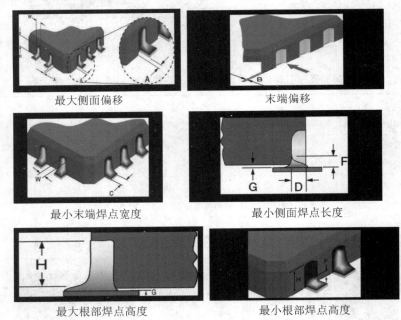

最大侧面偏移　　　　　　　　　末端偏移

最小末端焊点宽度　　　　　　最小侧面焊点长度

最大根部焊点高度　　　　　　最小根部焊点高度

图 3 – 222　QFN 焊点质量检验的变量含义

g. 返修（参看微课教学视频：手工 SMT 装配）。

对检测出现故障的 PCB 进行返工。返修时双列或四列集成电路芯片的拆卸方法如下：

用热风枪拆焊，烙铁温度控制在 350℃，风量控制在 3~4 格，对着引脚垂直、均匀的来回吹热风，同时用镊子的尖端靠在集成电路的一个角上，待所有引脚焊锡熔化时，用镊子尖轻轻将集成电路芯片挑起。

用同样方法，使用针式热风嘴的热风枪拆卸 SO、SOL 小型封装集成电路芯片。

⌂提示：

热风枪的操作时的注意事项：
● 操作时一般印制电路板的地线要接地，电烙铁要接地线，仪器仪表要接地线，操作者要戴防静电腕带。

- 拆焊与焊接时电路板要处理的一面向上放平，另一面与桌面最好有一定的距离，以利于底面的散热，用专用电路板支架更好。
- 热风枪的热气流一般情况下要垂直于印制电路板。如果处理的元器件旁边或另一面有耐热差的元器件，对于焊接在板上的，如振铃器、连接器、SIM 卡座、涤纶电容和备用电池等，可以用薄金属片、胶带或纸条挡住热气流，还可以使热气流适度倾斜，对于键盘膜片、液晶显示器及塑料支架等可以直接取下的要取下。
- 热风枪嘴与电路板的距离一般在 1~2cm。

4.1.4　计划与决策

学生编制手工装配单片机控制汉字显示电路板焊接质量检验工艺卡和作业指导书，并交给老师检查审核。

4.1.5　任务实施

（1）编制手工装配单片机控制汉字显示电路板焊接质量检验工艺卡和作业指导书。

（2）单片机控制汉字显示电路板送加工。

（3）手工装配单片机控制汉字显示电路板。

4.1.6　检查与评估

学生按两人一组先自我检查装配质量并评分；然后再交叉检验装配质量并给予评分，最后交老师审核评分。将焊接质量检验结果填入编制好的元器件焊接质量检验工艺卡；并将自评分数和互评（交叉评分）分数按 A、B、C、D 四个等级填入检验工艺卡。老师综合学生自评、互评和老师评分，将评定成绩计入平时成绩。

4.2 任务 2　自动焊接与自动检测技术——具有定时报警功能数字抢答器电路板自动焊接

随着电子技术的发展，电子产品向着多功能、小型化、高可靠性发展。电路越来越复杂，产品组装密度也越来越高，焊接过程向着机械化、自动化发展。手工焊接技术难以满足焊接高效率的需要，自动焊接技术就应运而生了。自动焊接技术包括浸焊、波峰焊、再流焊（也称为再流焊）。

4.2.1　学习目标

（1）熟悉波峰焊、再流焊工艺的自动插（贴）装、焊接设备和工艺流程，掌握其工作原理。

（2）熟悉 SMT 生产线常用自动检测设备，掌握常用的自动检测方法及其工作原理。

（3）学会鉴别再流焊接表面组装元器件的缺陷。

4.2.2　任务描述与分析

任务 2 的工作任务：

（1）编制再流焊工艺组装具有定时报警功能数字抢答器印制电路板作业指导书。

（2）用再流焊工艺装配具有定时报警功能数字抢答器电路板。

通过本单元的学习，学生应了解自动装配焊接技术；熟悉波峰焊、再流焊工艺的自动插

（贴）装、焊接设备，掌握浸焊、波峰焊、再流焊的工作原理和工艺流程；熟悉 ICT、AOI、AXI 检测设备及其功能和工作原理；学会再流焊机操作，能够采用再流焊方式进行表面贴装元器件焊接。

本单元的学习重点包括浸焊、波峰焊、再流焊的工艺流程和工作原理；ICT、AOI、AXI 的工作原理和检测项目；鉴别再流焊接质量。难点：理解浸焊、波峰焊、再流焊的工作原理；鉴别再流焊接质量。学习时应通过认真观看教学视频，熟悉自动装配焊接设备，加深对工艺流程的了解，掌握波峰焊、再流焊工作原理；通过上网查询 SMT 相关知识介绍，加深对 SMT 技术的了解。

本单元推荐采用做中学的形式，需 4 学时。

4.2.3 资讯

1）SPOC 课堂教学视频

（1）表面安装印制电路板的焊接工艺。

（2）印制电路板与波峰焊。

（3）表面安装印制电路板的检测。

（4）联想计算机主板生产过程——SMT。

2）相关知识

（1）自动焊接技术。

在印制电路板的装配焊接中，常用的机械自动焊接方式有三种形式：浸焊、波峰焊及再流焊。

① 浸焊技术。

浸焊是指将插装好元器件的印制电路板浸入静止的熔融状焊料，一次完成印制电路板上所有焊点的自动焊接过程。浸焊比手工焊接生产效率高，操作简单，适用于批量生产，但浸焊的焊接质量不如手工焊接和波峰焊的焊接质量，补焊率较高。

手工浸焊的操作过程如下：

锡锅加热→涂敷助焊剂→浸焊→冷却→检查焊接质量→修补。

a. 锡锅加热：浸焊前应先将装有焊料的锡锅加热，焊接温度控制在 230℃~280℃ 为宜，温度偏差 ±5℃。温度过高，会造成印制电路板变形，损坏元器件；温度过低，焊料的流动性较差，会影响焊接质量。

b. 涂敷助焊剂：在需要焊接的焊盘上涂敷助焊剂，一般是在松香酒精溶液中浸一下。

c. 浸焊：夹住印制电路板的边缘，浸入锡锅时让印制电路板与锡锅内的锡液成 30°~45° 倾角，然后将印制电路板与锡液保持平行浸入锡锅内，浸入的深度以印制电路板厚度的 50%~70% 为宜，浸焊时间为 3~5s，浸焊完成后仍按原浸入的角度缓慢取出。

d. 冷却：焊接完成的印制电路板上有大量余热未散，如不及时冷却可能会损坏印制电路板上的元器件，所以一旦浸焊完毕应马上对印制电路板进行风冷。

e. 检查焊接质量：焊接后可能出现一些焊接缺陷，常见的缺陷有虚焊、假焊、桥接、拉尖等。

f. 修补：焊接后如果只有少数焊点有缺陷，则可用电烙铁进行手工修补。若有缺陷的焊点较多，则可重新浸焊一次。但印制电路板只能浸焊两次，超过这个次数，印制电路板铜箔的黏结强度就会急剧下降，或使印制电路板翘曲、变形，元器件性能变坏。

除手工浸焊外，还可使用机器设备浸焊，即自动浸焊。自动浸焊与手工浸焊的不同之处在于：浸焊时先将印制电路板装到具有振动头的专用设备上，让印制电路板浸入锡液并停留2~3s后，开启振动器，使之振动2~3s即可。这种焊接效果好，并可振动掉多余的焊料，减少焊接缺陷，但不如手工浸焊操作简便。

自动浸焊的工艺流程：

将待焊印制电路板涂敷助焊剂→通过加热器烘干印制电路板→将印制电路板送入锡槽浸焊2~3s→开启振动器振动2~3s→送入切头机将过长的引脚切掉。

💢提示：

> **浸焊的注意事项**
> ● 浸焊前将未装元器件的插孔用胶带黏贴上，以避免浸焊时焊锡堵塞。
> ● 在浸焊前将不耐高温或半开放式元器件用耐高温胶带封好，以避免损坏。
> ● 对锡槽中的高温焊锡，要适时加入松香焊剂，以避免氧化层的形成，影响焊接质量。
> ● 操作人员必须注意安全，戴好防护设备。

②波峰焊接技术（参看微课视频：印制板与波峰焊）。

波峰焊是印制板与连续循环的波峰状流动焊料接触的焊接过程。波峰焊接工艺是采用波峰焊机（见图3-223），将插装好元器件的印制电路板与融化焊料的波峰接触，一次完成印制电路板上所有焊点的焊接过程。波峰焊的特点是生产效率高，最适于单面印制电路板的大批量焊接；焊接的温度、时间、焊料及助焊剂等的用量，均能得到较完善的控制。但波峰焊容易造成焊点桥接的现象，需要补焊修正。

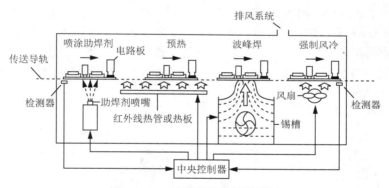

图3-223　波峰焊机内部结构图

波峰焊机的主要结构是一个温度能自动控制的熔锡槽（见图3-224），槽内装有机械式或电磁式离心泵和具有特殊结构的喷嘴。离心泵能根据焊接要求将熔融焊料压向喷嘴，形成一股向上平稳喷涌的焊料波峰并源源不断地从喷嘴中溢出。装有元器件的印制电路板以平面直线匀速运动的方式通过焊料波峰，在焊接面上形成润湿焊点而完成焊接。

波峰焊工艺流程：

焊前准备→涂敷助焊剂→预热→波峰焊→波峰焊

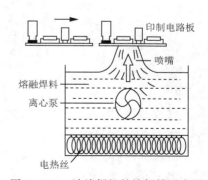

图3-224　波峰焊机的熔锡槽示意图

后的补焊→冷却→清洗。

a. 焊前准备。

焊前准备主要是对印制电路板进行去油污处理，去除氧化膜。

b. 涂敷助焊剂。

当印制电路板组件进入波峰焊机后，在传送机构的带动下，先在盛放液态助焊剂槽的上方通过，设备将在其表面及元器件的引出端均匀涂上一层薄薄的助焊剂。

c. 预热。

印制电路板表面涂敷助焊剂后，紧接着按一定的速度通过预热区加热。预热是给印制电路板加热，使助焊剂活化并减少印制电路板与锡波接触时遭受的热冲击。印制电路板预热后可提高焊接质量，防止虚焊、漏焊。预热时应严格控制预热温度，一般预热温度为 90~130℃（印制电路板表面温度）。

d. 波峰焊。

印制电路板经涂敷助焊剂和预热后，由传送带送入焊料槽，按一定的速度缓慢通过锡峰，印制电路板的板面与焊料波峰接触，焊接时，焊接部位先接触第一个波峰，然后接触第二个波峰，如图 3－225 所示。第一个波峰是由高速喷嘴形成的窄波峰，它流速快，具有较大的垂直压力和较好的渗透性，同时对焊接面具有擦洗作用，提高了焊料的润湿性，克服了因元器件的形状和取向复杂带来的问题。另外，高速波峰向上的喷射力足以使助焊剂气体排出，大大地减少了漏焊、桥接和焊缝不充实的焊接缺陷，提高了焊接的可靠性。第二个波峰是一个平滑的波峰，流动速度慢，有利于形成充实的焊缝，也有利于去除引线上过量的焊料，修正焊接面，消除桥接和虚焊，确保焊接的质量。波峰焊温度由波峰焊温度曲线决定，一般铅焊接温度为 250±5℃，焊接时间为 3~4s。使用的焊料熔点为 183℃，为取得良好的焊接效果，焊接温度应高于焊料熔点 50~65℃。温度过高，会导致焊点表面粗糙，形成过厚的金属间化合物，导致焊点的机械强度下降，元器件及印制电路板过热损伤；温度过低，会导致假焊及桥接缺陷。焊接时间小于 2s，会导致桥接、假焊及较大的焊点拉尖现象，板面的助焊剂残留物增加。

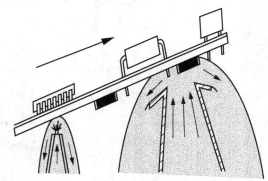

图 3－225　波峰焊示意图

典型双波峰的温度—时间曲线如图 3－226 所示。

e. 波峰焊后的补焊。

在机械焊接后，对焊接面进行修整，通常称为“补焊”。由于机械焊接的焊点不可能达到零缺陷，元器件虽经预成形，但插入后伸出板面的长度不可能全部符合要求，所以补焊是必不可少的。

补焊的工艺规范通常包括如下内容：纠正歪斜元器件；补焊不良焊点；检查漏件；修剪引脚，如图 3－227 所示。

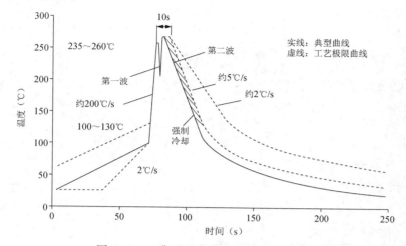

图 3－226 典型双波峰的温度—时间曲线

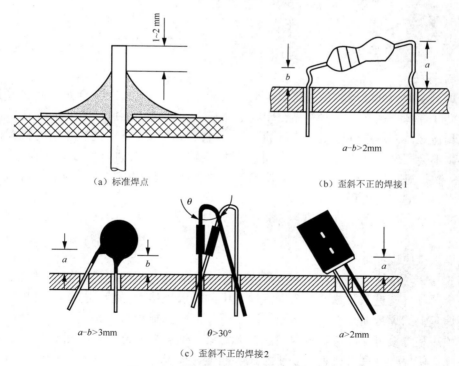

（a）标准焊点　　　　　　　　　　　　（b）歪斜不正的焊接1

（c）歪斜不正的焊接2

图 3－227 标准焊点与歪斜不正的焊接

f. 冷却。

印制电路板焊接后，板面温度很高，焊点处于半凝固状态，轻微的振动都会影响焊接的质量，另外印制电路板长时间承受高温也会损伤元器件。因此，焊接后必须进行冷却处理，一般是采用风扇冷却。

g. 清洗。

波峰焊完成后，要对板面残存的污物进行及时清洗，否则既不美观，又会影响焊件的电性能。清洗材料要求只对助焊剂的残留物有较强的溶解和去污作用，而对焊点不应有腐蚀作用。目前普遍使用超声波清洗。

⚠️提示：

> **波峰焊的注意事项**
>
> ◆ 按时清除锡渣。熔融的焊料长时间与空气接触，会生成锡渣，从而影响焊接质量，使焊点无光泽，所以要定时（一般为4h）清除锡渣；也可在熔融的焊料中加入防氧化剂，这不但可防止焊料氧化，还可使锡渣还原成纯锡。
>
> ◆ 波峰的高度。焊料波峰的高度最好调节到印制电路板厚度的1/2~2/3处，波峰过低会造成漏焊，过高会使焊点堆锡过多，甚至烫坏元器件。
>
> ◆ 焊接速度和焊接角度。传送带传送印制电路板的速度应保证印制电路板上每个焊点在焊料波峰中的浸润的最短时间，以保证焊接质量；同时又不能使焊点浸在焊料波峰里的时间太长，否则会损伤元器件或使印制电路板变形。焊接速度可以调整，一般控制在0.3~1.2m/min为宜。印制电路板与焊料波峰的倾角约为6°。
>
> ◆ 焊接温度。一般指喷嘴出口处焊料波峰温度，通常焊接温度控制在230~260℃，夏天可偏低一些，冬天可偏高一些，并随印制电路板板质的不同可略有差异。
>
> 为保证焊点质量，不允许用机械的方法去刮焊点上的助焊剂残渣或污物。

③ 再流焊技术。

再流焊，也称为回流焊，是先将焊料加工成粉末，并加上液态黏合剂，使之成为有一定流动性的糊状焊膏，用它将元器件黏在印制电路板上，通过加热使焊膏中的焊料熔化而再次流动，达到将元器件焊接到印制电路板的目的。再流焊技术的特点是被焊接的元器件受到的热冲击小，不会因过热造成元器件的损坏；无桥接缺陷，焊点的质量较高，操作方法简单，效率高，一致性好，节省焊料。再流焊技术是一种适合自动化生产的电子产品装配技术。

再流焊技术的工艺流程：

焊前准备→点膏并贴装（印刷）SMT→加热、再流→冷却→测试→修复、整形→清洗、烘干。

再流焊焊接原理如下。

如图3-228所示，焊接时SMA随着传送带匀速地进入再流焊机，焊接对象在炉膛内依次通过三个区域，先进入预热区，挥发掉焊膏中的低沸点溶剂，然后进入再流焊区，预先涂敷在基板焊盘上的焊膏在热空气中熔融，润湿焊接面，完成焊接，最后进入冷却区使焊料冷却凝固。预热和焊接可在同一炉膛内完成，无污染，适合单一品种的大批量生产。不足之处是循环空气会使焊膏外表形成表皮，使内部溶剂不易挥发，再流焊期间会引起焊料飞溅而产生微小锡珠，必须彻底清洗。

再流焊温度曲线的建立如下。

再流焊温度曲线是指SMA通过再流焊机时，SMA上某一点的温度随时间变化的曲线。温度曲线提供了一种直观的方法，来分析某个元器件在整个再流焊过程中的温度变化情况。这对于获得最佳的可焊性，避免由于温度过高而对元器件造成损坏，以及保证焊接质量都非常有用。温度曲线采用炉温测试仪来测试，目前市面上有很多种炉温测试仪供使用者选择。

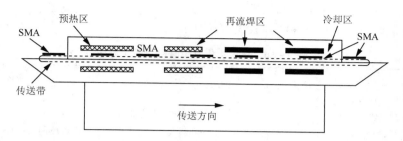

图 3 - 228　再流焊焊接原理示意图

从温度曲线（见图 3 - 229）分析再流焊的原理：当印制电路板进入升温区（干燥区）时，焊锡膏中的溶剂、气体蒸发掉，同时焊锡膏中的助焊剂润湿焊盘、元器件端头和引脚，焊锡膏软化、塌陷、覆盖了焊盘，将焊盘、元器件引脚与氧气隔离；印制电路板进入保温区时，使印制电路板和元器件得到充分的预热，以防印制电路板突然进入焊接区升温过快而损坏印制电路板和元器件；当印制电路板进入焊接区时，温度迅速上升使焊锡膏达到熔化状态，液态焊锡对印制电路板的焊盘、元器件端头和引脚润湿、扩散、漫流或回流混合形成焊锡接点；印制电路板进入冷却区，使焊点凝固，完成整个再流焊。

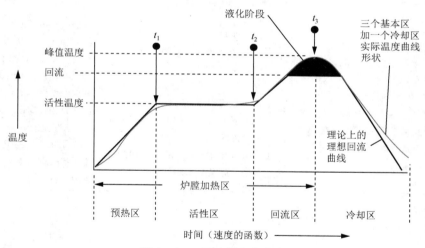

图 3 - 229　再流焊温度曲线

温度曲线是保证焊接质量的关键，实际温度曲线和焊锡膏温度曲线的升温斜率和峰值温度应基本一致。160℃前的升温速度控制在 1~2℃/s，如果升温速度太快，则一方面使元器件及印制电路板受热太快，易损坏元器件，易造成印制电路板变形；另一方面，焊锡膏中的溶剂挥发速度太快，容易溅出金属成分，产生焊锡球。峰值温度一般设定在比焊锡膏熔化温度高 20~40℃（如 Sn63%－Pb37%焊锡膏的熔点为 183℃，峰值温度应设置在 205~230℃），回（再）流时间为 10~60s，峰值温度低或回（再）流时间短，会使焊接不充分，严重时会造成焊锡膏不熔；峰值温度过高或回（再）流时间长，造成金属粉末氧化，影响焊接质量，甚至损坏元器件和印制电路板。

根据再流焊温度曲线及回流原理，目前市场上的再流焊机一般为简易四温区再流焊机，还有大型的六、八甚至十二温区的再流焊机。

再流焊后的清洗可参见项目四任务1。

再流焊中常见缺陷及解决办法如表3-56所示。

表3-56 再流焊中常见缺陷及解决办法

缺陷种类	定义及其特征	形成原因	解决方法
虚焊	焊接后，焊端/引脚与焊盘之间有时出现电隔离现象。 特征：焊料与印制电路板焊盘或元器件引脚/焊端界面没有形成足够厚度的合金层，导电性能差，连接强度低，使用过程中焊点失效，焊料与焊接面开裂	焊盘/元器件表面氧化或被污染或焊接温度过低。事实上，印制电路板制造工艺、焊膏、元器件焊端或表面镀层及氧化情况都会产生虚焊	严格控制元器件、印制电路板的来料质量，确保可焊性良好；改进工艺条件
锡珠	在元器件体周围附有焊球。 特征：分布在元器件体周围非焊点处，尺寸比较大并黏附在元器件体周围，常常藏于矩形片式元器件两端之间的侧面或细间距引脚之间	（1）回流温度曲线设置不当。 （2）助焊剂未能发挥作用。 （3）模板的开孔过大或变形严重。 （4）贴片时放置压力过大。 （5）焊膏中含有水分。 （6）印制电路板清洗不干净。 （7）助焊剂失效	（1）回流温度曲线调整至焊膏适宜的回流曲线烘烤印制电路板板材。 （2）重新制作合适的印制电路板。 （3）选择适宜的焊膏
锡球	板上黏附的直径大于0.13mm或是距离导线0.13mm以内的球状锡颗粒统称为锡球。 特征：锡球尺寸很小（大多数锡球就是焊粉颗粒），数量较多，分布在焊盘周围	（1）板材中含有过多的水分。 （2）阻焊膜未经过良好的处理。阻焊膜的吸附是产生锡球的一个必要条件。 （3）助焊剂使用量太大。 （4）预热温度不够，助焊剂未能有效挥发。 （5）印刷中黏附在板上的锡膏颗粒容易造成锡球现象	（1）合理设计焊盘。 （2）通孔铜层至少25μm以减少板内所含水分的影响。 （3）采用合适的助焊剂涂敷方式，减少助焊剂中混入的气体量。 （4）适当提高预热温度。 （5）对板进行焊前烘烤处理。 （6）采用合适的阻焊膜。相对来说平整的阻焊膜表面更容易产生锡球现象
桥接	相邻引脚或焊端焊锡连通的缺陷。 特征：元器件端头之间、元器件相邻的焊点之间，以及焊点与邻近的导线、过孔等元器件不该连接的部位被焊锡连接在一起（桥接不一定短路，但短路一定是桥接）	（1）温度升速过高。 （2）焊膏过量。 （3）模板孔壁粗糙不平，不利于焊膏脱膜，印制出的焊膏也容易坍塌。 （4）贴装偏移或贴片压力过大，使印制出的焊膏发生坍塌。 （5）焊膏的黏度较低，印制后容易坍塌。 （6）电路板布线设计与焊盘间距不规范，焊盘间距过窄。 （7）锡膏印制错位。 （8）过大的刮刀压力，使印制出的焊膏发生坍塌	（1）设置适当的焊接温度曲线。 （2）选用模板厚度较薄的模板，缩小模板开孔尺寸。 （3）采用激光切割的模板。 （4）减小贴装误差，适当降低贴片头的放置压力。 （5）选用黏度较高的焊膏。 （6）改进印制电路板的设计。 （7）提高锡膏印刷的对准精度。 （8）降低刮刀压力

续表

缺陷种类	定义及其特征	形成原因	解决方法
立碑	两个焊端的表面安装元器件，经过再流焊后其中一个端头离开焊盘表面，整个元器件呈斜立或直立，如石碑状，又称为吊桥、曼哈顿现象。 特征：元器件一端翘起，与焊盘分离	（1）贴装精度不够，组件两端与焊膏的黏度不同。 （2）焊盘尺寸设计不合理。 （3）焊膏涂覆过厚。 （4）预热不充分。 （5）组件排列方向设计上存在缺陷。 （6）组件重量较轻	（1）调整贴片机的贴片精度，避免产生较大的贴片偏差。 （2）严格按照标准规范进行焊盘设计，确保焊盘图形的形状和尺寸完全一致。 （3）选用厚度薄的模板。 （4）正确设置预热期工艺参数，延长预热时间。 （5）确保片式组件两焊端同时进入再流焊区域，使两端焊盘上的焊膏同时熔化
不润湿/润湿不良	点焊锡合金没有很好铺展开来，从而无法得到良好的焊点并直接影响到焊点的可靠性。 特征：露出的表面没有任何可见的焊料层或不规则地形成一些焊锡滴的区域，这些区域之间留下一个薄的焊锡涂覆层	（1）焊盘或引脚表面的镀层被氧化。 （2）镀层厚度不够或是加工不良。 （3）焊接温度不够。 （4）预热温度偏低或是助焊剂活性不够。 （5）镀层与焊锡之间不匹配。 （6）越来越多的采用0201及01005元器件之后，由于印刷的锡膏量少，在原有的温度曲线下锡膏中的助焊剂快速挥发掉从而影响了锡膏的润湿性能。 （7）焊料或助焊剂被污染	（1）按要求储存板材及元器件，不使用已变质的焊接材料。 （2）选用镀层质量达到要求的板材。 （3）合理设置工艺参数，适量提高预热或是焊接温度，保证足够的焊接时间。 （4）氮气保护环境中各种焊锡的润湿行为都能得到明显改善。 （5）焊接0201及01005元器件时调整原有的工艺参数，减缓预热曲线爬升斜率，对锡膏印刷方面做出调整
开路	引脚与焊盘没有形成焊锡连接，存在肉眼可见的明显间隙，多发生在QFP、连接器等多引脚的元器件上。开路又称为翘脚。 特征：引脚或焊球与焊盘焊锡面有间隙	（1）元器件引脚扁平部分的尺寸不符合规定的尺寸。 （2）元器件引脚共面性差，平面度公差超过±0.002英寸，扁平封装器件的引线浮动。 （3）当SMD被夹持时与别的器件发生碰撞而使引脚变形翘曲。 （4）焊膏印刷量不足，贴片机贴装时压力太小，焊膏厚度与其上的尺寸不匹配	（1）选用合格的元器件。 （2）避免操作过程中的损伤。 （3）焊膏印刷均匀
芯吸	熔融焊料润湿元器件引脚时，焊料从焊点爬上引脚，留下少锡或开路的焊点。芯吸又称为绳吸。 特征：元器件引脚出现焊料鼓出现象	（1）元器件的引脚的比热容小，在相同的加热条件下，引脚的升温速率大于印制电路板焊盘的速率。 （2）印制电路板焊盘可焊性差。 （3）过孔设计不合理，影响了焊点热容的损失。 （4）焊盘镀层可焊性太差或过期	（1）使用较慢的加热速率，降低印制电路板焊盘和引脚之间的温差。 （2）选用合适的焊盘镀层。 （3）印制电路板过孔的设计不能影响到焊点的热容损失

缺陷种类	定义及其特征	形成原因	解决方法
裂纹	元器件体有裂纹的缺陷。特征：元器件体表面有裂纹，此缺陷多见于陶瓷体的片式元器件，特别是片式电容	（1）组装之前产生破坏。 （2）焊接过程中板材与元器件之间的热不匹配性造成元器件破裂。 （3）贴片过程处置不当。 （4）焊接温度过高。 （5）元器件没按要求进行储存，吸收过量的水分，在焊接过程中造成元器件破裂。 （6）冷却速率太大造成元器件应力集中	（1）采用合适的工艺曲线。 （2）按要求进行采购、储存。 （3）选用满足要求的焊接贴片及焊接设备。 （4）减小贴装压力；优化工艺参数；减少热应力；在拼板分离时严禁用手按压印制电路板
气孔	气孔是分布在焊点表面或内部的针孔或空洞	（1）未达峰值温度。 （2）回流时间不够。 （3）升温段温度过高	在气孔发生的点测量温度曲线，适当调整直到问题解决
印制电路板扭曲	印制电路板扭曲变形	（1）印制电路板本身原材料选用不当，特别是纸基印制电路板。 （2）印制电路板设计不合理。 （3）双面印制电路板，若一面的铜箔保留过多（如地线），而另一面铜箔保留过少，则会造成两面收缩不均匀而出现变形。 （4）再流焊中温度过高	（1）选用质量较好的印制电路板或增加印制电路板厚度，以取得最佳长宽比。 （2）合理设计印制电路板，双面铜箔面积均衡，在贴片前对印制电路板进行预热；调整夹具或夹持距离，保证印制电路板受热膨胀空间。 （3）焊接工艺温度尽可能调低。 （4）已经出现轻度扭曲时，可以放在定位夹具中，升温复位，以释放应力

（2）通孔插装法的自动焊接工艺。

采用通孔插装法在电路板上插装、焊接有引脚的元器件，大批量生产的企业中通常有两种工艺过程，一种是长脚插焊，另一种是短脚插焊。

长脚插焊是指元器件引脚在整形时并不剪短，把元器件插装到印制电路板上后，可以采用手工焊接，然后手工剪短过长的引脚；或者采用浸焊、波峰焊设备进行焊接，焊接后用"剪腿机"剪短元器件的引脚。其优点是设备的投入小，适合于生产那些安装密度不高的电子产品。

短脚插焊是指在对元器件整形的同时剪短过长的引脚，把元器件插装到印制电路板上后进行弯脚，这样可以避免印制电路板在以后的工序传递中脱落元器件。在整个工艺过程中，从元器件整形、插装到焊接，全部采用自动生产设备。其优点是生产效率高，但设备的投入大。

通孔插装的自动焊接工艺可分为一次焊接和二次焊接两类。

一次焊接的工艺流程：焊前准备→涂敷助焊剂→预热→焊接→冷却→清洗。

直线式波峰焊机适用于"短插/一次焊接"方式，如图3-230所示。这种形式的波峰焊机常用于通孔插装及表面安装的各种类型的印制电路板组件的生产，这种运行方式可与插件线连成一体。

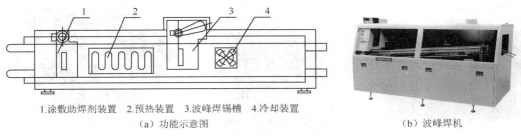

1.涂敷助焊剂装置　2.预热装置　3.波峰焊锡槽　4.冷却装置
（a）功能示意图　　　　　　　　　　　（b）波峰焊机

图3-230　直线式波峰焊机

一次焊接工艺简单，设备成本低，操作和维修容易，适用于批量不大、品种较多的电子产品的生产。

为了提高整机产品的质量，采取二次焊接来提高焊接的可靠性和焊点的合格率。二次焊接包括浸焊和波峰焊两种方式，因此二次焊接的类型有浸焊→浸焊；浸焊→波峰焊；波峰焊→波峰焊；波峰焊→浸焊四种组合方式。

常用的二次焊接的工艺流程：焊前准备→涂敷助焊剂→预热→浸焊→冷却→涂敷助焊剂→预热→波峰焊→冷却→清洗。

环形联动型波峰焊机适用于"长插/二次焊接"方式，如图3-231所示。这种形式的波峰焊机常用于焊接通孔插装方式的消费类产品的单面印制电路板组件。

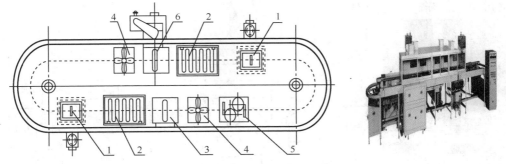

1.涂敷助焊剂装置　2.预热装置　3.浸焊锡槽　4.冷却装置　5.切头机　6.波峰焊锡槽
（a）功能示意图　　　　　　　　　　　　　（b）波峰焊机

图3-231　环形联动型波峰焊机

二次焊接是一次焊接的补充，采用二次焊接可对一次焊接中存在的缺陷进行完善和弥补，焊接可靠性高但焊料的消耗较大，由于经过二次焊接加热，所以对印制电路板的要求也较高。

（3）SMT组件的自动检测介绍。

● ICT检测。

ICT（In-Circuit Test）是能够对印制电路板的短路、开路、电阻、电容等属性进行检测的一种检测过程，一般称为在线检测。通过测量这些属性，可以帮助印制电路板生产者判断印制电路板的电装过程是否有错误。通常会用探针去接触被测的印制电路板，然后用专门的机器去完成。探针接触的方式可以用针床，也可以不用针床。ICT 也可以指进行在线检测的工具——在线检测仪。SMT 组件的自动检测设备如图 3–232 所示。

（a）针床式在线检测仪　　　　（b）自动光学检测（AOI）仪　　　　（c）X射线检测（AXI）仪

图 3–232　SMT 组件的自动检测设备

ICT 的通用功能。

① 能够在短短的数秒钟内，全检出组装电路板上的零件。例如，电阻、电容、电感、电晶体、普通二极管、稳压二极管、光耦器等零件是否在我们设计的规格内运作。

② 能够找出制程不良所在，如线路短路、断路、组件漏件、反向、错件、空焊等不良问题，并回馈帮助制程改善。

ICT 测试原理概述：以一小块印制电路板为例，说明如何用 ICT 进行测试。ICT 测试原理示意图如图 3–173 所示。

在电路的每个网络上设一个针，如图 3–233 所示的 ①，保证印制电路板中每个元器件都可以用两个针（如同万用表的两个表笔）检测到。再根据所设的针号，启动软件的"编辑"功能，编写测试数据文件。

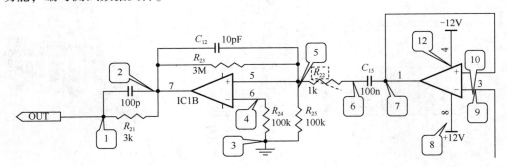

图 3–233　ICT 测试原理示意图

● AOI 检测。

自动光学检测仪（Automated Optical Inspection，AOI）是应用于表面贴装生产流水线上的一种自动光学检查装置，可有效地检测印刷质量、贴装质量及焊点质量。通过使用 AOI 作为减少缺陷的工具，在装配工艺过程中早期查找和消除错误，以实现良好的控制过程。早期发现缺陷可以避免将不良品送到工序的装配阶段，AOI 将减少修理成本，筛选报废不可修理的印制电路板。

随着表面安装技术（SMT）中使用的印制电路板线路图形精细化、SMD 微型化及 SMT 组件高密度组装、快速组装的发展趋势，采用目检或人工光学检测的方式检测已不能适应要求，自动光学检测技术作为质量检测的技术手段已是大势所趋。

AOI 测试原理介绍如下。

塔状的照明系统给被检测的元器件以 360°全方位照明，然后利用高清晰的 CCD 摄像机高速采集被检测元器件的图像并传输到计算机，专用的 AOI 软件根据已经编制的检测程序进行比较、分析；判断被检测元器件是否符合预定的工艺要求。AOI 测试原理示意图如图 1 - 234 所示。

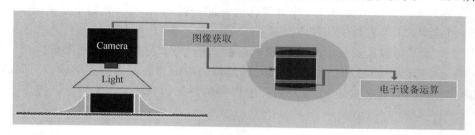

图 3 - 234　AOI 测试原理示意图

简单来说，AOI 检测元器件的过程就是模拟人工目视检查 SMT 元器件，是将人工目视检测自动化、智能化、程序化。

AOI 检测的功能包括印制电路板光板检测、焊后组件检测（一般采用相对独立的 AOI 检测设备，进行非实时性检测）、焊膏印刷检测、元器件检测（一般采用与焊膏印刷机、贴片机配套的 AOI 系统，进行实时检测）。

● AXI 检测（X 射线检测）。

AXI 检测是近几年才兴起的一种新型检测技术，它可以用于焊接过程的质量控制，特别适用于复杂的 SMB 的焊接质量控制和焊后质量评估，是获得高可靠性的 SMB 焊接质量评估和焊接工艺过程控制的重要检测技术。

整个缺陷测试和检查的最终目的是，尽可能在产品出厂之前发现缺陷，把产品的保修成本和废品率降到最低。

AXI 检测原理如下。

当待测印制电路板进入机器内部后，位于印制电路板上方有一 X 射线发射管，X 射线穿过印制电路板后被置于下方的探测器（一般为摄像机）接收，由于焊点中含有可以大量吸收 X 射线的铅，因此与玻璃纤维、铜、硅等其他材料的 X 射线相比，照射在焊点上的 X 射线被大量吸收，而呈黑点产生良好图像，使得对焊点的分析变得相当直观。通过 X 射线拍摄到的印制电路板桥接短路的照片，如图 3 - 235 所示。

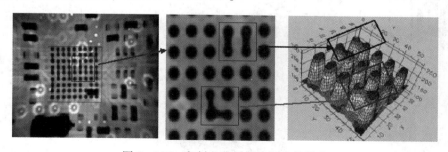

图 3 - 235　印制电路板桥接短路的照片

检测系统主要有以下三种。

X 射线传输（2D）检测系统：适用于检测单面贴装了 BGA 等芯片的印制电路板。

X 射线断面测试或三维（3D）检测系统：可以进行分层断面检测，X 射线光束聚焦到任何一层并将相应图像投射到一个高速旋转的接收面上。3D 检验法可对印制电路板两面的焊点独立成像。

X 射线和 ICT 结合的检测系统：用 ICT 在线检测补偿 X 射线检测的不足之处，适用于高密度、双面贴装 BGA 等芯片的印制电路板。

3D 检测法除了可以检验双面贴装印制电路板，还可以对那些不可见焊点（BGA 等）进行多层图像切片检测，即对 BGA 焊接连接处的顶部、中部和底部进行逐层检验。同时利用此方法还可检测通孔元器件的焊点，检查通孔中焊料是否充实，从而极大地提高焊点连接质量。电路板焊点虚焊如图 3 - 236 所示。

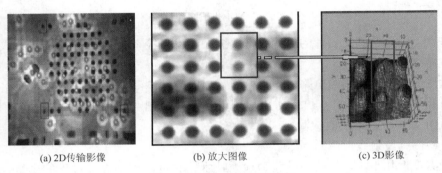

(a) 2D传输影像　　　　　(b) 放大图像　　　　　(c) 3D影像

图 3 - 236　电路板焊点虚焊

（4）SMT 生产系统的基本组成。

由上料装置、全自动印刷机、贴片机、自动检测仪、再流焊炉、无针床在线检测仪、下料装置等组成的 SMT 生产系统，习惯上称为 SMT 生产线，如图 3 - 237 所示。

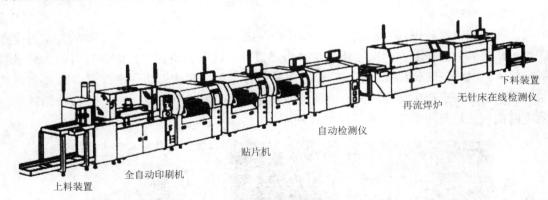

下料装置

无针床在线检测仪

再流焊炉

自动检测仪

贴片机

全自动印刷机

上料装置

图 3 - 237　SMT 生产系统基本组成示意图

SMT 生产线工艺流程如图 3 - 238 所示。

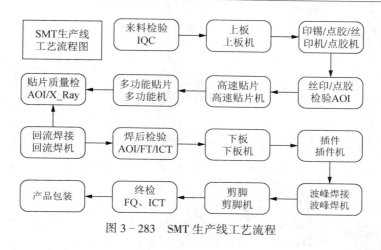

图 3-283　SMT 生产线工艺流程

4.2.4　计划与决策

学生编制再流焊工艺组装具有定时报警功能数字抢答器印制电路板作业指导书，交老师检查审核。

4.2.5　任务实施

（1）编制再流焊工艺组装具有定时报警功能数字抢答器印制电路板作业指导书。

（2）具有定时报警功能数字抢答器的 PCB 送加工。

（3）用再流焊工艺装配具有定时报警功能数字抢答器电路板。

实践训练——装配具有定时报警功能数字抢答器电路板任务实施

1）分析电路组成及其工作原理。

具有定时报警功能数字抢答器电路原理图如图 3-239 所示（参考附录 B），由数字抢答器单元电路、可预置时间定时单元电路、报警单元电路和秒信号发生单元电路四个模块组成。

● 数字抢答器单元电路的工作原理。

数字抢答器单元电路的主要功能是用于 8 人（也可少于 8 人）参加的知识竞赛场合，用数字显示抢答成功者的编号，编号为 0~7。本电路可避免多人同时抢答成功的现象，还具有防抢答的功能。

数字抢答器单元电路主要由 74LS148 编码器（U_9）、（0~7）八位二进制 BCD 码编码开关（J_4）、$8×10kΩ$ 电阻排（S_3）、带有 4 个 RS 触发器的锁存器 74LS279（U_7、U_8）作为存储电路和 74LS48 译码器（U_4~U_6）及显示电路组成。该电路完成两个功能：一是分辨出选手按键的先后，并锁存优先抢答者的编号，同时译码显示电路显示编号；二是禁止其他选手按键。工作过程：开关 S_1 接地，RS 触发器的清零端均为 0，4 个触发器输出置 0，使 74LS148 处于工作状态；当开关 S_1 置于"开始"（S_1 接+5V）时，抢答器处于等待工作状态，当有选手将键按下时（如按下 5），74LS148 的输出经 RS 锁存后，Q1 = 1，74LS48 处于工作状态，Q4Q3Q2Q1 = 0101，经译码显示为"5"。此外，Q1 = 1，使 74LS148 = 1，处于禁止状态，封锁其他按键的输入。当按键松开时，74LS148 由于仍为 Q1 = 1，所以 74LS148 仍处于禁止状态，确保不会出现两次按键都产生输入信号，保证了抢答者的优先性。如果需要再次抢答则可由主持人将开关 S_1 重新置"清除"然后进行下一轮。

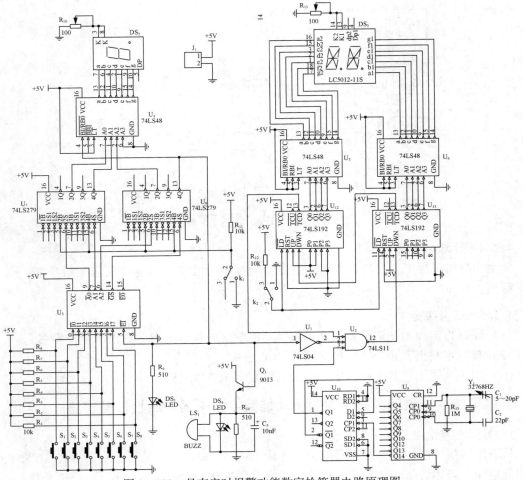

图 3－239　具有定时报警功能数字抢答器电路原理图

● 可预置时间定时单元电路的工作原理。

可预置时间定时单元电路（见附录 B）的主要功能是由主持人根据抢答题的难易程度，设定抢答的时间，通过预置时间电路对计数器进行预置，计数器的时钟脉冲由秒脉冲电路提供。

电路主要由双 D 触发器 CD4013（U_{11}）、十四位二进制串行计数器 CD4060（U_{10}）和三输入正与非门（74LS10）组成的秒脉冲产生电路、十进制同步加减计数器 74LS192（U_{12}、U_{13}）、减法计数电路、74LS48（U_5、U_6）译码电路和两个七段数码管等相关电路组成。两块 74LS192 实现减法计数，通过译码电路 74LS48 显示到数码管上，其时钟信号由时钟产生电路提供。74LS192 的预置数控制端实现预置数，当开关 S_2 接地时，由主持人根据抢答题的难易程度，设定一次抢答的时间，通过预置时间电路对计数器进行预置，如本电路中设置为 10s，计数器的时钟脉冲由秒脉冲电路提供。按键弹起（S_2 接 +5V）后，计数器开始减法计数工作，并将时间显示在共阴极七段数码显示管上，当有人抢答时，停止计数并显示此时的倒计时时间；当没有人抢答，且倒计时时间到时，输出低电平到时序控制电路，控制报警电路报警，同时此后选手抢答无效。

● 报警单元电路的工作原理。

报警单元电路主要由晶体三极管（Q_1）、蜂鸣器（L_1）、LED 指示灯（D_2）、510Ω 电阻（R_4）和 10nF 电容（C_3）组成。当报警电路接高电平信号时，三极管导通，蜂鸣器发出报警声；反之，报警电路接低电平信号，晶体三极管截止，LED 指示灯不亮，蜂鸣器不工作。

● 秒信号发生单元电路的工作原理。

石英晶体、电阻及电容构成振荡频率为 32768Hz 的振荡器，产生的振荡信号经 CD4060 十四级分频，在输出端 Q_{14} 上得到 1/2s 脉冲，经 CD4013 二分频后，在输出端 Q_1 输出 1Hz 的秒基准脉冲信号。

2) 具有定时报警功能数字抢答器元器件清单（见表 3–57）

表 3–57　具有定时报警功能数字抢答器元器件清单

元器件清单		产品名称		产品图号
		数字抢答器		CCC
序号	器件类型	器件参数	数量	备注
1	贴片电阻	10kΩ，0805 或 1206	10	$R_1 \sim R_8$、R_{11}、R_{12}
2	贴片电阻	510Ω，0805 或 1206	2	R_9、R_{14}
3	可调电阻	滑动变阻器，100Ω	2	R_{10}、R_{13}
4	贴片电阻	1MΩ，0805 或 1206	1	R_{15}
5	贴片电容	22pF，0805 或 1206	1	C_2
6	可调电容	5~20pF	1	C_1
7	极性贴片电容	10nF/16V，1026 钽电容或铝电解电容	1	C_3
8	贴片译码器	74LS48，SOP16	3	U_4、U_5、U_6
9	贴片编码器	74LS148，SOP16	1	U_9
10	贴片锁存器	74LS279，SOP16	2	U_7、U_8
11	贴片 4060	CC4060，SOP16	1	U_{10}
12	贴片 4013	CD4013，SOP14	1	U_{11}
13	贴片 74LS04	74LS04，SOP14	1	U_1
14	贴片三极管	NPN，SOT23	1	Q_1
15	贴片三输入与门	74LS11，SOP14	1	U_2
16	贴片可预置十进制加减计数器	74LS192，SOP16	2	U_{12}、U_{13}
17	贴片发光二极管	超亮型 LED	2	DS_1、DS_4
18	数码管	七段共阴极数码管	1	DS_2
19	数码管	两位（18 引脚）七段共阴极数码管	1	DS_3
20	贴片晶振	贴片石英晶振，32768Hz	1	Y_1
21	蜂鸣器	Buzzer	1	LS_1
22	电源插座	+5V 直流电源插件	1	J_1
23	开关	单刀双掷开关	2	K_1、K_2
24	开关	按钮开关	8	$S_1 \sim S_8$
25	印制电路板		1	
26	电源插头（带线）		1	

续表

元器件清单		产品名称		产品图号
		数字抢答器		CCC
27	连接导线		若干	
28	固定螺钉、螺帽、垫片		若干	

旧图总号									
底图总号					拟制				
					审核				
日期	签名								
					标准化			第 页 共 页	
	更改标记	数量	更改单号	签名	日期	批准			

注：表中贴片元器件若购买不到，则可用通孔插装元器件代替。

3）具有定时报警功能数字抢答器电路组装过程

（1）组装调试工艺流程（见图 3 - 240）。

调试工艺卡如表 3 - 58 所示。

表 3 - 58　调试工艺卡

调试工艺卡	产品名称	调试项目
	具有定时报警功能数字抢答器	电路板功能的检测

调试仪器、工具：信号发生器、示波器、万用表。

调试步骤分两步进行：①通电前的检查；②通电检查。

（1）通电前的检查。

● 对照原理图检查元器件的型号（参数）是否有误，引脚是否接正确，引脚之间有无短路现象，电源线、地线是否接触可靠。

● 有极性的元器件（如二极管、晶体管、电解电容器、集成电路等），用万用表的"Ω"挡检查电源的正、负极是否接反。注意：元器件引脚以左下角第 1 个引脚序号为 1，按逆时针递增排列。

● 连接导线有无接错、漏接、断线等现象。

● 电路板各焊接点有无漏焊、桥接、短路等现象。

（2）通电检查。

安装完毕的电路经检查确认无误后，接通电源进行调试。

①通电观察。检查数字抢答器单元电路：接入 +5V 直流电源，按下抢答按钮开关，检查电路是否正常工作。倘若不能正常工作，并且发光二极管 DS$_1$ 不亮，则检查单刀双掷开关、数码管引脚是否接线正确。

②通电调试。

a. 秒脉冲信号发生电路调试：

■ 检验电路是否工作，可测量 CD4060 的 9 脚有无振荡信号输出，调整微调电容可校准振荡频率。

■ 将秒脉冲信号发生电路 CD4013 的 Q$_1$ 输出端接示波器的信号输入端，调节可变电容器，观测信号的频率。

b. 三十秒倒计时电路调试：

断开 74LS11 与 74LS192 之间的连线，将 74LS192 接入函数信号发生器，用 1Hz 信号检测三十秒倒计时电路是否工作正常，倘若不能正常工作，则检测一下电路接线是否正确，调整后再接入秒脉冲信号发生电路查看整个电路工作是否正常。

旧图总号									
底图总号					拟制				
					审核				
日期	签名								
					标准化			第 页 共 页	
	更改标记	数量	更改单号	签名	日期	批准			

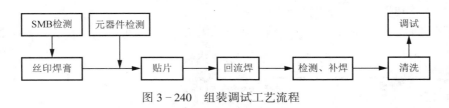

图 3-240 组装调试工艺流程

（2）印刷焊锡膏。

印刷焊锡膏工艺包括 5 个主要工序，分别是对位、填充、整平、释放、检查。具体操作见项目四任务 1。

（3）手工或自动贴装元器件。

手工贴装元器件的操作见项目四任务 1。

（4）表面贴装元器件的自动焊接（再流焊）。

① 再流焊温度曲线。

理想的曲线由四个部分或区间组成，前面三个区间加热，最后一个区间冷却。区间越多，越能使温度曲线的轮廓准确和接近设定，再流焊温度曲线如前文所示。

预热区：用来将印制电路板的温度从周围环境温度提升到所需要的活性温度。其温度以不超过每秒 2~5℃ 速度连续上升，预热区时间为 60~90s，温度升得太快会引起某些缺陷，如陶瓷电容的细微裂纹，而温度上升太慢，锡膏会感温过度，没有足够的时间使印制电路板达到活性温度。炉的预热区一般占整个加热通道长度的 25%~33%。

活性区：有时又称为干燥或浸湿区，这个区一般占加热通道的 33%~50%，第一个功能是将印制电路板在相当稳定的温度下感温，使不同质量的元器件具有相同温度，减少它们的温差。第二个功能是允许助焊剂活性化，挥发性的物质从锡膏中挥发。一般普遍的活性温度为 120~150℃，如果活性区的温度设定太高，那么助焊剂没有足够的时间活性化。因此理想的曲线要求相当平稳的温度，这样使得印制电路板的温度在活性区开始和结束时是相等的。

回流区：其作用是将印制电路板装配的温度从活性温度提高到所推荐的峰值温度。典型的峰值温度为 205~230℃，这个区的温度设定太高会引起印制电路板的过分卷曲、脱层或烧损，并损害元器件的完整性。

冷却区：曲线应该与回流区曲线成镜像关系。越是靠近这种镜像关系，焊点达到固态的结构越紧密，得到焊接点的质量越高，结合完整性越好。

② 再流焊的工艺流程。

a. 开炉：接通再流焊总电源。

b. 设置温度参数。

再流焊机前面板结构如图 3-241 所示。

面板的中部装有一个 256×128 点阵液晶显示屏，用于显示焊接的温度曲线和参数设置菜单。面板的右侧设有九个按键，其中六个为参数设置键，三个是焊接操作键。

具体按键功能说明如下。

● 焊接操作键：

[● 进入] 按此键可控制送料盘进入焊接工位。

[● 退出] 按此键可控制送料盘退出焊接工位，如果正在焊接过程中按此键，则可直接终

止焊接，送料盘也会立即退出。

焊接 在送料盘回位后，按此键进入自动焊接过程，即预热、升温、再流焊、降温和退出。

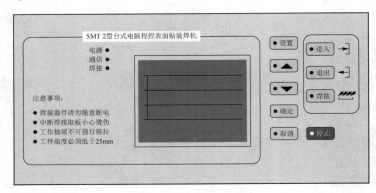

图 3‑241　再流焊机前面板结构

● 参数设置键：

停止 按此键终止当前操作，包括焊接托盘出入、焊接、设置等。

设置 按此键进入菜单设置，再次按此键则退出，正在焊接过程中按此键可终止焊接。

▲ 在设置参数时用于选择菜单或改变参数（顺序增大）。

▼ 在设置参数时用于选择菜单或改变参数（顺序减小）。

确定 进入所选的菜单项目或参数确认。

取消 退出到上一级菜单或取消参数的修改。

c. 常规参数焊接。这是最常用的再流焊过程，也是焊接机内部控制器默认的参数方式。一般在焊接前应认真检查焊接参数是否合适，即预热时间、预热温度、焊接时间、焊接温度等是否设置正确，然后按"退出"键打开送料盘。

将待焊电路板放置在焊接送料盘中，按"焊接"键开始再流焊，如图 3‑242 所示。正在焊接过程中，如果需要终止则可按"退出"键停止工作并自动退出焊接送料盘。按"停止"键停止焊接但不打开焊接送料盘，如图 3‑243 所示。

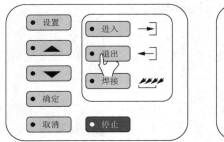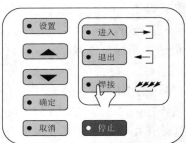

图 3‑242　常规参数焊接

整个焊接过程结束后待电路板温度降至 70℃ 以下时，送料盘会自动打开。

d. 自定义模拟温度曲线焊接。自定义模拟温度曲线焊接方法是指采用按预定的时间间隔逐点控制温度的焊接方法，即在待焊接的电路板上放置一个温度传感器，根据电路板的实际温度来调整对应点的控制温度，从而在电路板上获得一个理想的焊接温度曲线。注意：这里的控制温度曲线与所需的焊接温度曲线不一定相同，但存在一个对应关系。本机可预存4条自定义的控制温度曲线供用户根据特殊的工艺要求进行焊接。具体操作步骤如下。

步骤一：按"退出"键打开焊接托盘，如图3-244所示。

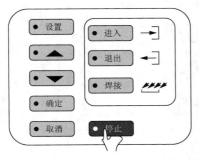
图3-243　终止焊接

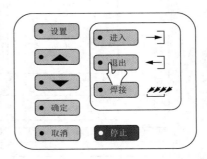
图3-244　步骤一

步骤二：将待焊接电路板放置在焊接托盘中心，按"设置"键，再按"向下"键，光标指向"曲线焊接"选项，如图3-245所示。

步骤三：按"确定"键即刻进入温度控制曲线选择，按"向上"键或"向下"键选择需要的控制温度曲线，如图3-246所示。

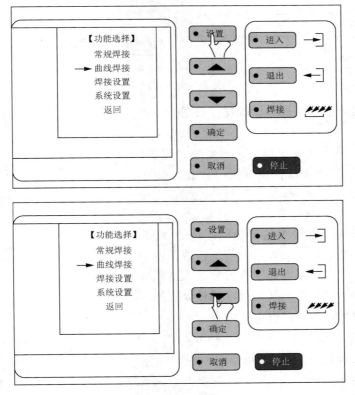
图3-245　步骤二

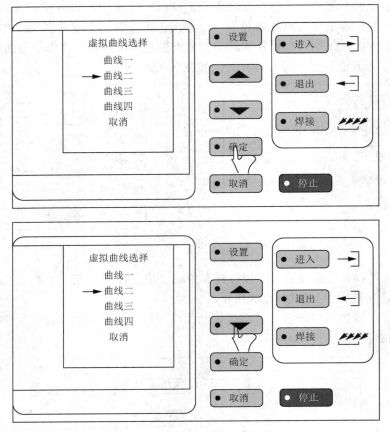

图 3 - 246　步骤三

步骤四：再按"确定"键开始焊接，如图 3 - 247 所示。

焊接过程中如果需要停止焊接，则可按"退出"键中止焊接并打开焊接托盘，也可按"停止"键停止焊接但不打开焊接托盘，焊接结束时待电路板温度降至 75℃ 焊接托盘会自动打开。

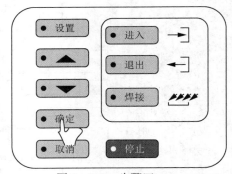

图 3 - 247　步骤四

- 常规焊接设置。常规焊接设置包括预热时间、预热温度、焊接时间、焊接温度的设置，由于电路板和元器件的不同而稍有差异。为达到最佳焊接效果，可以根据某一批电路板设定最佳的参数并保存起来供以后重复使用。

按"设置"键，再按"向下"键，使光标指向"焊接设置"项，按"确定"键进入焊接设置。依次为"预热时间""预热温度""焊接时间""焊接温度"设置，将所有参数设置好并按"参数保存→返回"按钮。"设置保存"可将当前设置的参数保存在单片机中，本机共可保存 16 组常规焊接设置参数，即使关机也不丢失，每次开机后自动读取第一组设置参数。在进入"设置保存"状态后按"向上"键或"向下"键选择参数号，再按"确认"键将当前设置参数保存在此位置并返回上一级菜单，或按"取消"键返回上一级菜单，按"返回"键也可返回上一级菜单。

　　e. 印制电路板的调试与检验内容。

● 检验焊接是否充分。

● 检验焊点表面是否光滑，有无孔洞缺陷。

● 检验焊料是否适中，焊点形状是否呈半圆形。

● 检验有无桥接、立碑、错位、虚焊、元器件移位等不良焊接现象。

　　f. 清洗。

4.2.6　检查与评估

学生按每 6 ~ 8 人一组，先自我检查装配质量并评分，然后各小组相互检查并给予评分，老师综合学生自评、互评和老师评分，评定成绩计入平时成绩。

项目拓展　编写智能小车组装的作业指导书

项 目 小 结

　　（1）表面安装元器件（简称为 SMT），是将电子元器件直接安装在印制电路板的表面，它的主要特征是元器件无引线或有短引线，元器件主体与焊点均处在印制电路板的同一侧面。它具有体积小、重量轻、装配密度高、产品的可靠性高、适合自动化生产、降低了生产成本的特点。

　　（2）SMT 的安装方式及其工艺流程主要取决于表面安装组件（SMA）的类型、使用的元器件种类和安装设备条件，大体上可分为单面混装、双面混装和全表面安装 3 种类型。

　　（3）手工装配贴片混装电路板的工艺流程：元器件检测→丝网漏印焊膏→手工贴装 SMT→手工焊接 SMT→焊接通孔插装元器件→清洗→检测→返修。

　　（4）在印制电路板的装配焊接中，常用的机械自动焊接方式有三种形式：浸焊、波峰焊及再流焊。

　　（5）浸焊是指将插装好元器件的印制电路板浸入有熔融状焊料的锡锅内，一次完成印制电路板上所有焊点的自动焊接过程。浸焊比手工焊接生产效率高，操作简单，适用于批量生产，但浸焊的焊接质量不如手工焊接和波峰焊，补焊率较高。

　　（6）波峰焊是指采用波峰焊机将插装好元器件的印制电路板与融化焊料的波峰接触，一次完成印制电路板上所有焊点的焊接过程。波峰焊的特点是生产效率高，最适于单面印制电路板的大批量焊接；焊接的温度、时间、焊料及助焊剂等的用量均能得到较完善的控制，但波峰焊容易造成焊点桥接的现象，需要补焊修正。

　　（7）再流焊（也称为再流焊），是先将焊料加工成粉末，并加上液态黏合剂，使之成为有一定流动性的糊状焊膏，用它将元器件黏在印制电路板上，通过加热使焊膏中的焊料熔化而再次流动，达到将元器件焊到印制电路板的目的。再流焊技术的特点是被焊接的元器件受到的热冲击小，不会因过热造成元器件的损坏；无桥接缺陷，焊点的质量较高，操作方法简单，效率高，一致性好，节省焊料。它是一种适合自动化生产的电子产品装配技术。

　　（8）在线检测（ICT）是能够对印制电路板的短路、开路、电阻、电容等属性进行检测的一种检测过程。通过测量这些属性，可以帮助印制电路板生产者判断印制电路板的电装过程是否有错误。

（9）自动光学检测仪（AOI）是应用于表面贴装生产流水线上的一种自动光学检查装置，可有效地检测印刷质量、贴装质量及焊点质量。

（10）AXI检测（X射线检测）是近几年才兴起的一种新型检测技术。它可以用于焊接过程的质量控制，特别适用于复杂的SMB的焊接质量控制和焊后质量评估。AXI检测是获得高可靠性的SMB焊接质量评估和焊接工艺过程控制的重要检测技术。

课后练习

（1）什么是表面安装元器件？在什么场合下使用？

（2）表面安装元器件包括_____和表面安装器件（SMD）。与传统的插装元器件相比，它具有什么特点？

（3）试比较SMT与通孔基板式印制电路板安装的差别。SMT有何优越性？

（4）简述表面贴装工艺再流焊的工艺流程。

（5）试述SMT印制板波峰焊的工艺流程。

（6）什么是波峰焊？它与浸焊和再流焊相比有何不同？

（7）什么是长脚焊接？它与短脚焊接有何不同？

（8）什么是温度曲线？它有何作用？

（9）在什么情况下采用一次焊接？什么情况下采用二次焊接？

（10）什么是立碑？它是怎么形成的？你能举几个常见的再流焊缺陷的例子吗？

模块四 电子产品的组装

项目五 小型电子产品的装配——组装电脑音箱

电子产品是利用电子元器件或半导体器件制成的产品，主要包括手表、智能手机、电话、电视机、影碟机（VCD、SVCD、DVD）、摄像机、收音机、组合音箱、计算机等。电子产品是由许多电子元器件、电路板、零部件、机壳装配而成的。一个电子产品质量是否合格，其功能和各项技术指标能否达到设计规定的要求，与电子产品整机装配的工艺是否达到要求是有直接关系的。整机装配时必须遵循电子产品整机装配的工艺原则，符合整机装配的基本要求和工艺流程。了解和掌握组装电子产品的基本技能要求和工艺流程，是具备电子产品组装从业资格的基础条件。

【学习目标】

（1）了解电子产品整机连接方式，能用专业工具进行压接、绕接、穿刺、螺纹连接操作。

（2）熟悉电子产品整机总装的一般工艺流程，掌握电子产品总装和调试的操作技能。

（3）能对电子产品进行整机检验，并对产品进行包装，编写产品使用说明书。

重点：熟悉电子产品整机总装和调试的一般工艺流程，掌握电子产品整机总装、调试和检验技能。

难点：电子产品整机调试、查找与排除故障。

本项目的工作任务是组装电脑（或网购音箱套件）音箱，电脑音箱电路原理图如4－1所示，要求如下。

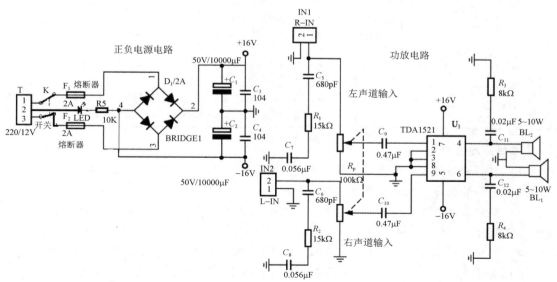

图4－1 电脑音箱电路原理图

（1）外送制作音箱电路的印制电路板（网购音箱套件自带印制电路板）。

（2）完成计算机音箱的组装、检验和包装。

（3）编写产品使用说明书。

【教学导航】

学习目标	知识目标	熟悉电子产品整机连接方式，掌握压接、绕接、穿刺、螺纹连接的工艺要求和操作方法；熟悉电子产品整机总装的一般工艺流程，了解整机调试和查故、排故的一般方法；了解电子产品整机检验的方法和内容；了解包装的种类、原则、要求、标志；了解常用包装材料的作用和工艺要求
	技能目标	能用专业工具进行压接、绕接、穿刺、螺纹连接操作；能编写产品总装的工艺流程和产品使用说明书；能对电子系统进行组装、调试和日常维护及维修；能合理选用检测方法与检测工具，按标准完成产品质量检验；能对电子产品检验方案进行设计与试验
	方法和过程目标	培养学生对新知识、新技能的学习能力和创新创业能力；培养学生继续学习及自我管理能力，培养学生团队协作意识；培养学生耐心、细致、认真的做事习惯；培养环保意识、成本意识、评价和自我评价能力
	情感、态度和价值观目标	激发学习兴趣
教与学	推荐教学方法	项目教学法、任务驱动教学法、引导文教学法；行动导向教学法、合作学习教学法、演示教学法
	推荐学习方法	目标学习法、问题学习法、合作学习法、自主学习法、循序渐近学习法
	推荐学习模式和教学方式	基于SPOC+翻转课堂混合式教学模式、自主学习、做中学
	学习资源	教材、微课、教学视频、PPT
	学习环境、材料和教学手段	线上学习环境：SPOC课堂 线下学习场地：多媒体教室；焊接实训室。 仪器、设备或工具：见项目实施器材 装配材料：见项目实施器材。 学习材料：教学视频、PPT、任务分析表、学习过程记录表
	推荐学时	8学时
学习效果评价	上交材料	学习过程记录表、项目总结报告
	项目考核方法	过程考核。课前线上学习占20%；课中学习70%；课后学习占5%；职业素质考核（考勤、团队合作、工作环境卫生、整洁及结束时现场恢复原）占5%

【项目实施器材】

（1）电脑音箱组装所需元器件每组一套，元器件清单如本项目任务2表4-1所示。

（2）电脑音箱印制电路板每组一块。

（3）焊接工具每人一套：防静电手环、20W内热式电烙铁（带烙铁架、清锡棉）、镊子、起子、尖嘴钳、斜口钳、吸锡器各一个。

（4）焊接材料：活性焊锡丝（Sn63%/Pb37%、0.5~0.8mm）、松香块、酒精。

（5）电源线（每组1根）、带插头音频线（每组2根）、连接导线、跳线若干。

（6）配套紧固件（每组1套）。

（7）指针式万用表每人 1 块。

（8）信号发生器、示波器每组 1 台。

【项目实施步骤】

1. 装配准备

（1）设计制作计算机音箱印制电路板，准备装配调试工艺文件。

（2）准备装配用电子材料及装配工具。

（3）装配元器件分类筛选，检测电气性能。

（4）熟悉工艺文件，检查印制电路板。

2. 电路组装

单元电路板装配→产品总装→产品调试→产品检验→产品包装。

3. 装配质量检查

学生按每 6~8 人一组，先自我检查装配质量并评分，然后各小组再相互检查并给予评分。

项目五的学习过程分解为 3 个任务，每个任务是 1 个学习单元，推荐学时 8 学时。

5.1 任务 1 整机连接方式

电子产品的整机在结构上通常由组装好的印制电路板、接插件、底板和机箱外壳等构成。电子产品装配可分为元器件级、插件级和系统级组装。元器件级是指通用电路元器件、分立元器件、集成电路等的装配，是装配级别中的最低级别；插件级是指组装和互连装有元器件的印制电路板或插件板等；系统级组装是将插件级组装件通过连接器、电线电缆等组装成具有一定功能的完整的电子产品整机。除了焊接，电子整机装配过程中还有压接、绕接、穿刺、螺纹连接等连接方式。

5.1.1 学习目标

熟悉电子产品整机连接方式，能用专业工具进行压接、绕接、穿刺、螺纹连接操作。

5.1.2 任务描述与分析

（1）编制压接、绕接、穿刺、螺纹连接作业指导书。

（2）用专用工具进行压接、绕接、穿刺、螺纹连接操作。

通过本任务了解整机连接方式和基本要求，掌握专用连接工具的使用方法和压接、绕接、穿刺、螺纹的工艺要求，学会压接、绕接、穿刺、螺纹连接操作。

本任务的学习重点是掌握专用连接工具的使用方法，学会压接、绕接、穿刺、螺纹连接操作；难点是进行穿刺连接操作。学习时要观看 SPOC 课堂教学视频，按照如图 4-8 所示穿刺连接示意图操作步骤进行操作，学会用专业工具进行压接、绕接、穿刺、螺纹连接操作。

本单元推荐"做中学"方式教学，需要 2 学时。

5.1.3 资讯

1）SPOC 课堂教学视频

整机连接方式。

2）相关知识

整机装配的连接方式按能否拆卸分为可拆卸连接和不可拆卸连接。可拆卸连接即拆散时不会损坏任何零部件或材料，如螺接、销接、夹紧和卡扣连接等；不可拆卸连接即拆散时会损坏零部件或材料，如铆接、胶接等。

整机连接的基本要求：牢固可靠，有足够的机械强度；不损伤元器件、零部件或材料；不碰伤面板、机壳表面的涂敷层；不破坏元器件和整机的绝缘性；安装件的方向、位置、极性正确；产品各项性能指标稳定。

（1）接触焊。

接触焊是一种不用焊料和助焊剂即可获得可靠连接的焊接技术。电子产品中，常用的接触焊种类有压接、绕接、穿刺、螺纹连接。

① 压接。

压接（见图4-2）是使用专用工具在常温下对导线和接线端子施加足够的压力，使两个金属导体（导线和接线端子）产生塑性变形，从而形成可靠电气连接的方法。压接适用于导线的连接。压接操作步骤示意图如图4-3所示。

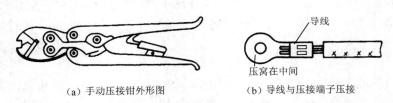

（a）手动压接钳外形图　　　　　（b）导线与压接端子压接

图4-2　压接示意图

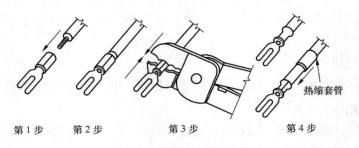

第1步　　　第2步　　　　第3步　　　　第4步

图4-3　压接操作步骤示意图

压接的特点：工艺简单，操作方便，不受场合、人员的限制；连接点的接触面积大，使用寿命长；耐高温和低温，适合各种场合，且维修方便；成本低，无污染，无公害；缺点是压接点的接触电阻大，因而压接处的电气损耗大。

压接工具的种类如下。

● 手动压接工具，其特点是压力小，压接的程度因人而异。

● 气动压接工具，其特点是压力较大，压接的程度可以通过气压来控制。

● 电动压接工具，其特点是压接面积大，最大可达325mm²。

● 自动压接工具。

压接工艺要求如图4-4所示。

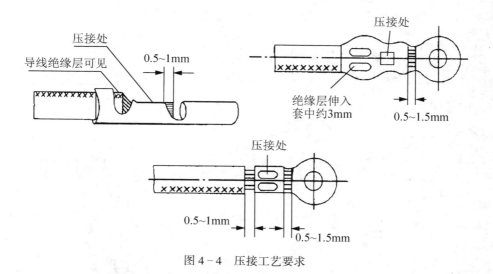

图 4-4　压接工艺要求

🔔**提示：**

压接的质量要求

● 压接端子材料应具有较大的塑性，在低温下塑性较大的金属均适合压接，压接端子的机械强度必须大于导线的机械强度。

● 压接接头压痕必须清晰可见，并且位于端子的轴心线上（或与轴心线完全对称），导线伸入端头的尺寸应符合要求。

● 压接接头的最小拉力值应符合规定值。

② 绕接。

绕接［见图 4-5（b）］指用绕接器将一定长度的单股芯线快速地绕到带棱角的接线柱上，形成牢固的电气连接。绕接通常用于接线柱和导线的连接。绕接过程示意图如图 4-6所示。

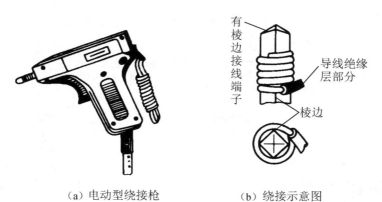

（a）电动型绕接枪　　　　（b）绕接示意图

图 4-5　电动型绕接枪及绕接示意图

绕接的特点：接触电阻小，抗振能力比锡焊强，工作寿命长（达 40 年）；可靠性高，不存在虚焊及腐蚀的问题；不会产生热损伤；操作简单，对操作者的技能要求低。对接线柱有特殊要求，且走线方向受到限制；多股线不能绕接，单股线又容易折断。

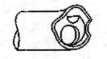 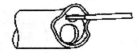 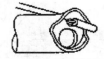

(a) 工具头(绕头和套头)　　　(b) 插入导线　　　(c) 导线弯转和固定

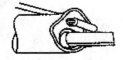  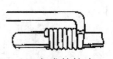

(d) 套入接线柱　　　　(e) 绕线　　　　(f) 完成的接点

图4-6　绕接过程示意图

🔔提示：

　　① 绕头在静止的绕套内旋转，把导线绕在接线柱上，绕头内有一个孔，用来套入接线柱。绕头上有一条入线槽，如图4-7所示，目的是把绕在接线柱上的那一部分导线插入绕头内，而导线的另一部分保持不动。导线从槽口经过一个光滑的半径被拉伸而产生控制的张力。

　　② 绕接点的质量要求如下。

- 最少绕接圈数：4~8 圈（不同线径，不同材料有不同规定）；
- 绕接间隙：相邻两圈间隙不得大于导线直径的一半，所有间隙的总和不得大于导线的直径（第一圈和最后一圈除外）；
- 绕接点数量：一个接线柱上以不超过三个绕接点为宜；
- 绕接头外观：不得有明显的损伤和撕裂；
- 强度要求：绕接点应能承受规定检测手段。

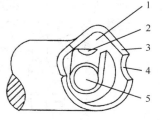

图中说明：
1—绕头(可旋转)
2—入线槽
3—线套(固定的)
4—固定导线的槽口
5—插入接线柱的孔

图4-7　绕接工具头

　　③ 穿刺。

　　穿刺工艺适合以聚氯乙烯为绝缘层的扁平线缆和接插件之间的连接，如图4-8所示。

　　穿刺连接的特点：节省材料，不会产生热损伤，操作简单，质量可靠，工作效率高（为锡焊的3~5倍）。

　　④ 螺纹连接。

　　螺纹连接是指用螺栓、螺钉、螺母等紧固件，把电子设备中的各种零部件或元器件连接起来的工艺技术。螺纹连接的工具包括不同型号、不同大小的螺丝刀、扳手及钳子等。

（1）把线夹螺母调节至合适位置

（2）把支线完全插入电缆帽套中

（3）插入主线，如果主线电缆有两层绝缘层，则把插入线的第一层绝缘皮剥去一定长度

（4）先用手旋紧螺母，把线夹固定在合适位置

（5）用尺寸相应的套筒扳手旋紧螺母

（6）继续用力旋紧螺母直接断裂脱落，安装完成

图 4-8　穿刺连接示意图

　　螺纹连接的特点：连接可靠，装拆、调节方便，但在振动或冲击严重的情况下，螺纹容易松动，在安装薄板或易损件时容易产生形变或压裂。

　　a. 常用紧固件的类型：用于锁紧和固定部件的零件称为紧固件。在电子设备中，常用的紧固件有螺钉、螺母、螺栓、垫圈，如图 4-9 所示。

（a）一字槽圆柱螺钉

（e）锥端紧固螺钉

（b）十字槽平圆头螺钉

（f）六角螺母

（c）一字槽沉头螺钉

（g）弹簧垫圈

（d）十字槽平圆头自攻螺钉

图 4-9　部分常用紧固件外形图

　　b. 螺纹连接方式。

- 螺栓连接
- 螺钉连接
- 双头螺栓连接
- 紧固螺钉连接

　　c. 螺钉的紧固或拆卸顺序：如图 4-10 所示，当零部件的紧固或拆卸需要两个以上的螺

钉连接时，其紧固顺序（或拆卸顺序）应遵循交叉对称、分步拧紧或拆卸的原则。

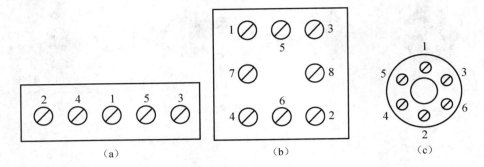

图4-10　螺钉的紧固或拆卸顺序

d. 螺纹连接工艺要求。

● 安装前对安装件进行检查，应无损伤、变形，尤其是面板，外壳表面应无明显的划伤、破损、污渍等不良现象。经检查合格后方可开始安装。

● 安装螺钉必须拧紧。

● 沉头螺钉紧固后，其头部应与被紧固件的表面保持平整。允许适当偏低，但不得超过0.2mm。

● 用两个螺钉安装被紧固件时，不应先将一个拧紧后再拧另外一个，而应将两个螺钉半紧固，然后摆正位置，再均匀紧固。

● 用四个或四个以上的螺钉安装时，可按对角线的顺序半紧固，然后均匀紧固，总之安装同一紧固件上的成组螺钉应掌握交叉、对称、逐步的方法。

● 安装时，旋具头必须紧紧顶住螺钉槽口，旋具与安装平面保持垂直，拧紧螺钉时，不允许螺钉槽口出现毛刺、变形，不应破坏螺母或螺帽的棱角及表面电镀层，禁止使用尖头钳、平口钳。

🔔**提示：**

如何衡量拧紧程度呢？

拧紧安装螺钉如图4-11所示，对于机制螺钉来讲，一般以压平防松垫圈为准，而自攻螺钉以头部紧贴安装件为准，最好使用限力螺刀（扭矩可调），安装前可根据经验数据将扭矩调整好，这样既可防止因扭矩过小而造成紧固不到位，又可防止因扭矩过大而造成滑牙现象，从而保证螺钉连接的质量。

螺装时的起子握法如图4-12所示。

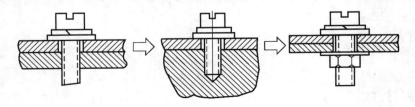

图4-11　拧紧安装螺钉

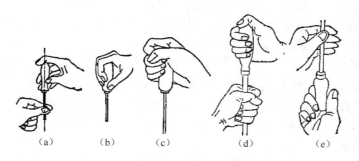

（a）螺钉直径小；（b）螺钉直径 3~4mm；（c）螺钉直径大；
（d）螺钉直径太大；（e）紧固上部螺钉

图 4-12　螺装时的起子握法

e. 防止紧固件松动的措施。

● 加双螺母

● 加弹簧垫片

● 蘸漆

● 点漆

● 加开口销钉

螺钉连接的目测法检验如图 4-13 所示。

f. 紧固件的选用符合设计、工艺规定。

● 紧固力矩符合要求。

● 螺钉、螺母、垫圈均已压平，与零件表面无缝隙。

● 装配后零件表面无凹陷、压痕、锈迹及镀层擦伤、
脱落等现象。

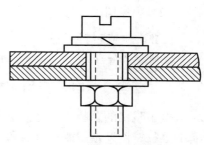

图 4-13　螺钉连接的目测法检验

● 螺钉露出螺母、螺孔长度符合工艺要求（2~3 扣）。

● 紧固漆的涂法和用量符合要求，紧固漆的涂敷方法如图 4-14 所示。

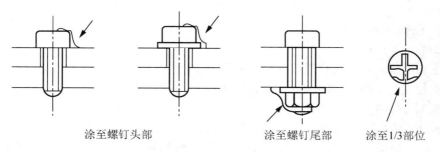

涂至螺钉头部　　　涂至螺钉尾部　　涂至1/3部位

图 4-14　紧固漆的涂敷方法

⑤ 胶接。

胶接是用胶黏剂将零部件黏在一起的连接方法，属于不可拆卸连接方式。胶接的优点是工艺简单，不需要专用的工艺设备，生产效率高，成本低。在电子产品的整机装配中，广泛用于小型元器件的固定和不便于铆接、螺纹连接的零件的装配，以及防止螺纹松动和有气密性要求的场合。

胶接质量的好坏主要取决于胶黏剂的性能。常用的胶黏剂性能特点和用途如下。

（1）聚丙烯酸酯胶（501胶、502胶）：特点是渗透性好，黏结快，可黏结除某些合成橡胶外的材料。但有接头韧性差、不耐热等缺点。

（2）聚氯乙烯胶：用四氢呋喃作为溶剂和聚氯乙烯材料配置而成的有毒、易燃的胶黏剂。用于塑料与金属、塑料与木材、塑料与塑料的胶接。特点是固化快，不需要加压、加热。

（3）222厌氧性密封胶：它是以甲基丙烯酯为主的胶黏剂，低强度胶，用于需要拆卸零部件的锁紧和密封。特点是渗透性好，定位固连速度快，有一定的胶接力和密封性，拆除后不影响胶接件原有的性能。

（4）环氧树脂胶（911胶、913胶）：以环氧树脂为主，加入填充剂配置而成的胶黏剂。特点是黏界范围广，具有耐热、耐碱、耐潮、耐冲击等优良性能。

5.1.4　计划与决策

学生编制压接、绕接、穿刺、螺纹连接作业指导书，并交给老师检查审核。

5.1.5　任务实施

（1）编制压接、绕接、穿刺、螺纹连接作业指导书。

（2）用专用工具进行压接、绕接、穿刺、螺纹连接操作。

5.1.6　检查与评估

老师根据学生压接、绕接、穿刺、螺纹连接操作完成质量进行评分，并计入平时成绩。

5.2 任务2　电子产品整机总装与调试

电子整机的总装，就是将组成整机的各部分装配件经检验合格后连接制成完整的电子设备的过程；调试是用测量仪表和一定的操作方法对单元电路板和整机的各个可调元器件或零部件进行调整与测试，使产品达到技术文件所规定的技术性能指标。

5.2.1　学习目标

熟悉电子产品整机总装的一般工艺流程，掌握电子产品组装、调试和查找故障、排除故障的方法。

5.2.2　任务描述与分析

任务2的工作任务如下：

（1）编制电脑音箱总装和调试的工艺流程图。

（2）编制装配电脑音箱的仪器、仪表明细表。

（3）编制装配电脑音箱质量检验卡。

通过本单元的学习，了解整机总装的工艺原则、基本要求和一般工艺流程，学会编写小型电子产品总装的工艺流程；了解调试的一般工艺流程和操作步骤；掌握调试和查找故障、排除故障的方法和技能。

本单元的学习重点是电子产品整机总装的工艺流程，调试和查找故障、排除故障的方法和技能；难点是调试和查找故障、排除故障的方法和技能。学习时应观看 SPOC 课堂教学视频，加深对电子产品整机组装的工艺流程的理解；采取做中学的方式，学会电子产品整机总装、调试和查找与排除故障的技能。

本单元推荐采用做中学的教学形式，需2学时。

5.2.3 资讯

1）SPOC 课堂教学视频

（1）电子产品生产的总装。

（2）小型电子产品的总装与调试。

2）相关知识

（1）电子产品的总装。

① 整机总装的工艺原则和基本要求。

a. 工艺原则。

电子整机总装的一般顺序是先轻后重、先铆后装、先里后外，上道工序不得影响下道工序。

整机装配总的质量与各组成部分的装配件的装配质量是相关联的。因此，在总装之前对所有装配件、紧固件等必须按技术要求进行配套和检查。经检查合格的装配件应进行清洁处理，保证表面无灰尘、油污、金属屑等。

b. 基本要求如下。

● 未经检验合格的装配件（零件、部件、整件）不得安装。已检验合格的装配件必须保持清洁。

● 要认真阅读安装工艺文件和设计文件，严格遵守工艺规程。总装完成后的整机应符合图纸和工艺文件的要求。

● 严格遵守总装的一般顺序，防止前后顺序颠倒，注意前后工序的衔接。

● 总装过程中不要损伤元器件，避免碰坏机箱及元器件上的涂覆层，以免损害绝缘性能。

● 应熟练掌握操作技能，保证质量，严格执行三检（自检、互检、专职检验）制度。

② 电子产品整机总装的一般工艺流程。

电子产品总装的一般工艺流程如图 4-15 所示。

电子产品装配的工艺流程因设备的种类、规模不同，其构成也有所不同，但基本工序大致可分为装配准备、整机装联、整机调试、整机检验、包装、入库或出厂等几个阶段。

a. 装配准备。

在总装之前，应对装配过程中所有装配件（包括单元电路板）和紧固件等从配套数量和质量两个方面进行检查和准备，并准备好整机装配与调试中的各种工艺文件、技术文件，以及装配所需的仪器设备。

b. 整机装联。

整机装联将单元功能电路板及其他零部件通过各种连接工艺安装在规定的位置上。在整机装联过程中，注意各工序的检查，分段把好装配质量关，提高整机生产的一次合格率。

c. 整机调试。

整机调试包括调整和测试两部分工作，各类电子整机在装配完成后，都要进行电路性能指标的初步调试，调试合格后再用面板、机壳等部件进行合拢总装。

d. 整机检验。

整机检验应按照产品的技术文件要求进行，检验整机的各种电气性能、机械性能和外观等。通常有专职人员对总装的各种零部件的检验、生产车间的工人进行工序间的互检和由专职检验员按比例对电子产品进行抽样综合检验。全部产品检验合格后，电子整机产品才能进行包装和入库。

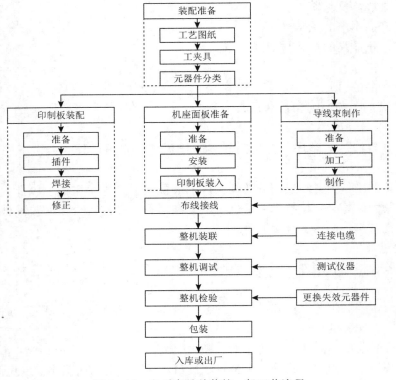

图4-15 电子产品总装的一般工艺流程

e. 包装。

包装是电子整机产品总装过程中，对产品起保护、美化及促进销售的环节。电子总装产品的包装通常着重于方便运输和储存两个方面。

f. 入库或出厂。

合格的电子整机产品经过包装，就可以入库储存或直接运输出厂到订购部门，完成整个总装过程。

案例1 电话生产装配工艺流程如下。

准备→主机机壳组件→手柄机壳组件→机芯组件→导线连接→调试→合机→质量检验→包装→入成品库或出厂。

案例2 彩色电视机流水线一般生产工艺流程图如图4-16所示。

③ 总装的连接方式。

总装的连接方式可归纳为两类：一类是可拆卸的连接，即拆散时不会损坏任何零件，它包括螺钉连接、柱销连接、夹紧连接等；另一类是不可拆卸连接，即拆散时会损坏零件或材料，它包括锡焊连接、胶黏、铆钉连接等。

④ 总装的质量检查。

产品的质量检查是保证产品质量的重要手段。电子整机总装完成后，按配套的工艺和技术文件的要求进行质量检查。检查工作应始终坚持自检、互检、专职检验的"三检"原则，其程序是先自检，再互检，最后由专职检验人员检验。通常，整机质量的检查有以下几个方面。

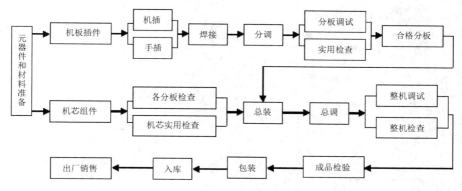

图 4-16　彩色电视机流水线一般生产工艺流程图

a. 外观检查：装配好的整机表面无损伤，涂层无划痕、脱落，金属结构件无开焊、开裂，元器件安装牢固，导线无损伤，元器件和端子套管的代号符合产品设计文件的规定。整机的活动部分活动自如，机内无多余物（如焊料渣、零件、金属屑等）。

b. 装联的正确性检查：装联正确性检查又称为电路检查，其目的是检查电气连接是否符合电路原理图和接线图的要求，导电性能是否良好。通常用万用表的 R×100Ω 挡对各检查点进行检查。批量生产时，可根据预先编制的电路检查程序表，对照电路图进行检查。

c. 安全性检查。

d. 根据具体产品的具体情况，还可以选择其他项目的检查，如抗干扰检查、温度测试检查、湿度测试检查、振动测试检查等。

（2）电子产品的调试工艺。

① 调试的作用。

一是实现电子产品功能、保证质量的重要工序；二是发现产品设计、工艺缺陷和不足的重要环节；三是为不断提高电子产品的性能和品质积累可靠的技术性能参数。

② 调试工艺流程。

小型电子产品或单元电路板调试的一般工艺流程图如图 4-17 所示。

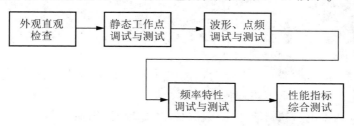

图 4-17　小型电子产品或单元电路板调试的一般工艺流程图

a. 外观直观检查：小型电子产品或单元电路板通电调试之前，应先检查印制电路板上有无明显元器件插错、漏焊、拉丝焊和引脚相碰短路等情况。检查无误后，方可通电。

b. 静态工作点调试与测试：静态指没有外加输入信号（或输入信号为零）时，电路的直流工作状态。

● 静态测试：测试电路在静态工作时的直流电压和电流。

● 静态调试：调整电路在静态工作时的直流电压和电流。

直流电流的测试：直流电流测量法如图 4-18、图 4-19 所示，用直流电流表或万用表通过直接或间接方法测量直流电流。

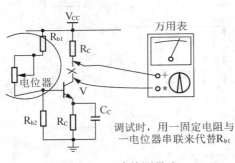

图 4-18 直接测量法

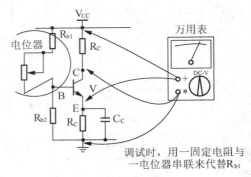

图 4-19 间接测量法

直流电压的测试：将电压表或万用表直接并联在待测电压电路的两端点上测试。

⏰**提示**：

直流电流测试的注意事项

- 必须断开电路再将仪表串入电路，并必须注意电流表的极性及量程。
- 根据被测电路的特点和测试精度要求，选择测试仪表的内阻和精度。
- 利用间接电流测试法测试时，会使测量产生一定的误差。

直流电压测试的注意事项

- 直流电压测试时，应注意电压表的极性与量程。
- 根据被测电路的特点和测试精度，选择测试仪表的内阻和精度。
- 使用万用表测量电压时，不得误用其他挡，以免损坏仪表或造成测试错误。
- 在工程中，"某点电压"均指该点对电路公共参考点（地端）的电位。

电路的调整方法

- 调整前，先熟悉电路中各元器件的作用，以及各元器件对电路参数的影响情况。
- 对测试结果进行分析。
- 当发现测试结果有偏差时，要找出最有效又最方便调整的元器件进行纠正偏差。

c. 波形、点频调试与测试。

- 动态的测试：用示波器对电路相关点的电压或电流信号的波形进行直观测试，以判断电路工作是否正常，是否符合技术指标要求。
- 动态调整：调整电路的交流通路元器件，使电路相关点的交流信号的波形、幅度、频率等参数达到设计要求。
- 波形的测试：电流波形的观测图片如图 4-20 所示，用示波器测试观测信号的波形（电压波形或电流波形）。

⏰**提示**：

波形测试的注意事项

测试时最好使用衰减探头，并将探头的地端和被测电路的地端连接好。

　　测量前，应预先校准示波器 Y1 通道灵敏度（衰减）开关的微调器和 X 轴扫描时间（时基）开关的微调器，否则测量不准确。

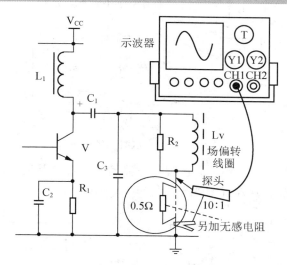

图 4 - 20　电流波形的观测图片

● 波形的调整：调整前，先熟悉电路的工作原理和电路结构，熟悉电路中各元器件的作用及其对波形参数的影响情况。当观测到波形有偏差时，要找出纠正偏差最有效又最方便调整的元器件。电路的静态工作点对电路的波形也有一定的影响，故有时还需要微调静态工作点。

d. 频率特性调试与测试：频率特性常指幅频特性，是指信号的幅度随频率的变化关系。

● 频率特性的测试：频率特性的测试实际上就是频率特性曲线的测试，常用的方法有点频法、扫频法、方波响应测试。

　　点频法是用一般的信号源向被测电路提供所需的输入电压信号，用电子电压表监测被测电路的输入电压和输出电压。这种方法多用于低频电路的频响测试，使用的测试仪表有正弦信号发生器、交流毫伏表或示波器。点频法测试如图 4 - 21 所示。

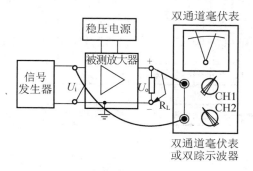

（a）点频法测试连接图

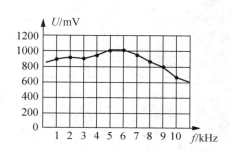

（b）点频法测试的频率特性曲线图

图 4 - 21　点频法测试

　　扫频法测试接线图如图 4 - 22 所示，是使用专用的频率特性测试仪（又称为扫频仪），直接测量并显示出被测电路的频率特性曲线的方法。

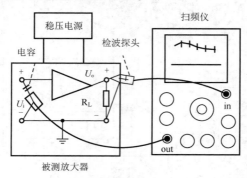

图 4 – 22　扫频法测试接线图

方波响应测试（见图 4 – 23）是通过观察方波信号通过电路后的波形来观测被测电路的频率响应。该方法可以更直观地观测被测电路的频率响应。

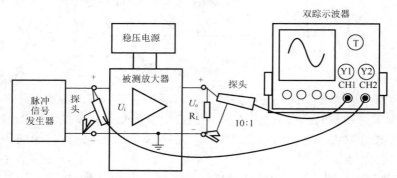

图 4 – 23　方波响应测试接线图

● 频率特性的调整：指调整电路参数，使电路的频率特性曲线符合设计要求的过程。

调整的思路和方法：基本上与波形的调整相似。只是在调整时，要兼顾高、中、低频段；应先粗调，然后反复细调。

e. 性能指标综合测试：单元电路板经静态工作点、波形、点频及频率特性等项目调试后，还应进行性能指标的综合测试。

整机调试的工艺流程根据整机的不同性质可分为整机产品调试和样机调试。

样机调试一般工艺流程如图 4 – 24 所示，整机产品调试工艺流程示意图如图 4 – 25 所示。

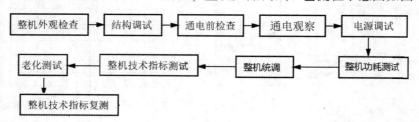

图 4 – 24　样机调试一般工艺流程

整机外观检查。

检查项目因产品的种类、要求不同而不同，具体要求可按工艺指导卡进行。例如，收音机一般检查天线、紧固螺钉、电池弹簧、电源开关、调谐指示、按键、旋钮、四周外观、机内有无异物等。

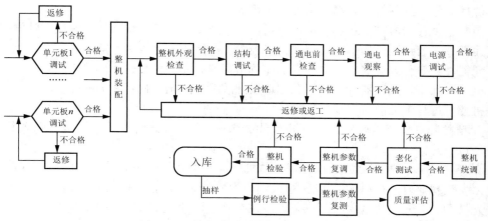

图 4 - 25　整机产品调试工艺流程示意图

● 结构调试。

结构调试的目的是检查整机装配的牢固性和可靠性，以及机械传动部分的调节灵活和到位情况等。

● 整机功耗测试。

整机功耗测试是电子产品的一项重要技术指标。测试时常用变压器对待测整机按额定电源电压供电，测出正常工作时的电流和电压，两者的乘积即整机功耗。如果测试值偏离设计要求，则说明机内存在故障隐患，应对整机进行全面检查。

● 整机统调。

调试好的单元电路装配成整机后，其性能参数会受到不同程度的影响。因此，装配好整机后应对其单元电路板再进行必要的调试，从而保证各单元电路板的功能符合整机性能指标的要求。

● 整机技术指标测试。

对已调试好的整机应进行技术指标测试，以判断它是否达到设计要求的技术水平。不同类型的整机有不同的技术指标，其测试方法也不尽相同。必要时应记录测试数据，分析测试结果，写出调试报告。

● 老化测试。

老化测试是模拟整机的实际工作条件使整机连续长时间试验，并使部分产品存在的故障隐患暴露出来，避免带有隐患的产品流入市场。

● 整机技术指标复测。

整机通电老化测试后，由于部分元器件参数可能发生变化，整机某些技术性能指标发生偏差，通常还需要进行整机技术指标复测，使出厂的整机具有最佳的技术状态。

③ 调试过程中故障的查找与排除。

调试过程中的故障特点：故障以焊接和装配故障为主；一般都是机内故障，基本上不会出现机外及使用不当造成的人为故障，更不会有元器件老化故障。对于新产品样机，可能存在特有的设计缺陷或元器件参数不合理的故障。故障的出现有一定的规律性，找出故障出现的规律，便能有效、快捷地查找和排除故障。

故障的原因主要有以下几种。

- 焊接故障，如漏焊、虚焊、错焊、桥接等。
- 装配故障，如机械安装位置不当、错位、卡死等；电气连线错误、断线、遗漏等。
- 元器件安装错误，如集成块装反，二极管、晶体管的电极装错等。
- 元器件失效，如集成电路损坏、晶体管击穿或元器件参数达不到要求等。
- 电路设计不当或元器件参数不合理造成的故障，这是样机特有的故障。

整机调试过程中的故障查找与排除。

a. 了解故障现象：被调部件、整机出现故障后，首先要进行初检，了解故障现象，故障发生的经过，并做好记录。

b. 故障分析：根据产品的工作原理、整机结构及维修经验正确分析故障，查找故障的部位和原因。查找要有一个科学的逻辑程序，按照程序逐次检查。一般程序是先外后内，先粗后细，先易后难，先常见现象后罕见现象。在查找过程中尤其要重视供电电路的检查和静态工作点的测试，因为正常的电压是电路工作的基础。

c. 处理故障：对于线头脱落、虚焊等简单故障可直接处理。而对有些需要拆卸部件才能修复的故障，必须做好处理前的准备工作，如必要的标记或记录，需要的工具和仪器等。避免拆卸后不能恢复或恢复出错，造成新的故障。在故障处理过程中，对于需要更换的元器件，应使用原规格、原型号的元器件或者性能指标优于原损坏的同类型元器件。

d. 部件、整机的复测：修复后的部件、整机应进行重新调试，如修复后影响到前一道工序测试指标，则应将修复件从前一道工序起按调试工艺流程重新调试，使其各项技术指标均符合规定要求。

e. 修理资料的整理归档：部件、整机修理结束后，应将故障原因、修理措施等做好修理记录，并对修理的记录资料及时进行整理归档，以不断积累经验，提高业务水平。同时，可为所用元器件的质量分析、装配工艺的改进提供依据。

🔔**提示：**

调试应注意以下安全措施：

- 测试场地内所有的电源线、插头、插座、熔断器、电源开关等都不允许有裸露的带电导体，所用材料的工作电压和电流均不能超过额定值。
- 当调试设备需要使用调压变压器时，应注意其接法。因调压器的输入端与输出端不隔离，所以接入电网时必须使公共端接零线，以确保后面所接电路不带电。若在调压器前面再接入 1:1 隔离变压器，则输入线无论如何连接，均可确保安全。

测试仪器的安全措施：

- 仪器及附件的金属外壳都应接地，尤其是高压电源及带有 MOS 电路的仪器更要良好接地。
- 测试仪器外壳易接触的部分不应带电，非带电不可时，应加绝缘覆盖层防护。仪器外部超过安全电压的接线柱及其他端口不应裸露，以防使用者接触。
- 仪器电源线应采用三芯插头，地线必须与机壳相连。

5.2.4 计划与决策

6~8 名学生组成一个学习小组，编制组装电脑音箱流程图、仪器仪表明细表、装配电脑音箱质量检验卡交老师检查审核。

5.2.5　任务实施

（1）编制组装电脑音箱流程图。

（2）编制组装电脑音箱仪器、仪表明细表。

（3）编制电脑音箱装配质量检验卡。

5.2.6　检查与评估

每个小组派代表，以 PPT 形式演讲汇报编写的工艺文件。由老师进行点评，并组织学生对每个小组汇报演讲情况评定 A、B、C 三个等级，计入学生的平时成绩。

5.3　任务 3　电脑音箱的组装

电脑音箱主要是指围绕电脑等多媒体设备而使用的音箱，也可以用于连接手机等其他播放设备使用。

5.3.1　学习目标

能组装并调试小型电子产品，并学会在调试过程中查找与排除故障。

5.3.2　任务描述与分析

任务 3 的工作任务：组装电脑音箱。

电脑音箱的基本性能指标要求：输出功率为 20W（THD＝0.5%）；电阻值为 8Ω，电压增益为 30dB。

通过本单元的学习，加深对小型电子产品总装和调试工艺流程的理解，学会组装和调试小型电子产品；掌握对小型电子产品的调试与查找故障和排除故障的方法和技能。

本单元的学习重点是组装和调试小型电子产品；难点是调试和查找故障和排除故障。仔细阅读项目五后面的知识拓展学习内容"故障查找与排除的方法和技巧"，并按照组装音箱作业指导书和调试工艺卡的作业步骤操作，采用做中学的方式，掌握组装并调试小型电子产品试和查找与排除故障的技能。

本单元推荐采用做中学的教学模式，需 2 学时。

5.3.3　资讯

TDA1521 是飞利浦公司设计的音频功放集成电路，采用九脚单列直插式塑料封装，由 TDA1521 组成的功放电路元器件少、制作简单、使用方便，其电器特性参数如下：

（1）电源电压：±7.5～±20V，推荐值：±15V。

（2）输出功率：2×12W（THD＝0.5%），BTL 形式时 30W。

（3）电压增益：30dB。

（4）通道隔离度：70dB。

（5）输出噪声电压：70μV（R_g＝2kΩ）。

TDA1521 具有输出功率大、两声道增益差小、有过热过载短路保护、开/关机静噪功能、音质好的特点。当电源电压为±16V 时，输出功率为 12W（每声道），此时失真度仅为 0.5%。双电源供电时，省去两个音频输出电容高低音音质更佳。单电源供电时，电源滤波电容应尽量靠近集成电路的电源端，以免电路内部自激。

用 TDA1521 集成电路芯片制作音箱必须注意以下事项：

（1）电源内阻要小于 4Ω，以确保负载短路保护功能可靠动作。

（2）必须加装散热板，散热板外形尺寸不小于 200mm×100mm×2mm。在 TDA1521 集成电路芯片与散热器间加云母片绝缘，并加适量导热硅脂，再将散热器接地。调试时 TDA1521 集成电路芯片装上散热片才能通电试音，否则容易损坏集成块。

（3）切不可将输出端与输入端相连，否则会烧毁集成块。

（4）电位器的阻值为 100kΩ，其外壳需要接地。

（5）从滤波电容到集成电路的⑤、⑦引脚间电源连线尽量短而粗，可在印板铜箔上覆盖一层锡。

音箱的组成、工作原理及其主要元器件、装配材料的选择如下。

普通的多媒体音箱由电源供电模块、前级运算放大电路、后级功率放大输出电路、分频单元、高低音扬声器单元和箱体组成。

电源供电模块负责给音箱内的各种电路供电，其通过变压器将 220V 的市电转换成功率放大电路所需的电压，在通过整流二极管和滤波电解电容器对其进行整流和滤波之后，供给音箱里的各级电路。变压器的选择决定了能为功放电路提供的电源功率的大小，对于输出功率较大的音箱来说，通常会使用环形变压器。本项目采用带有中心抽头的普通双电源变压器，并设计了相应的电容滤波电路。

功放电路的第一部分称为前级运算放大电路，它的主要作用是通过运算放大器的运算，对原始音频信号进行电压放大。与此同时，对音频信号进行高、低音音调处理，并且负责控制系统的音量。由于计算机声卡上一般都整合了运放电路，所以本项目的多媒体音箱没有设计这部分电路。

功率放大输出电路简称功放，在这里特指功放电路的第二部分——功率放大部分，这部分电路也称为"后级放大"，它的作用是放大音频信号的功率，达到能够推动扬声器的水平。本项目的多媒体音箱设计的功放电路就是这部分电路，采用 TDA1521 集成功率放大芯片。

分频单元的主体角色是分频器，其用途是将高低音信号分开，以分别使用不同的扬声器输出，如果不进行分频，高、低音信号会混在一起同时由高音单元和低音单元发出来，声音就会变得混乱不堪。限于成本，多媒体音箱上通常使用无源分频器，它是一个连接在功放和扬声器单元之间的元器件。一端接在功放电路输出端，另一端分别接高音扬声器和低音扬声器。计算机多媒体音箱通常采用二分频单元，即只有低音扬声器单元和高音扬声器单元，而没有采用单独的中频单元。中频单元的频率范围由低音扬声器和高音扬声器单元来展现。

对于低音扬声器单元来说，通常采用锥盆式扬声器。2 英寸到 3.5 英寸口径的锥盆式扬声器主要用在全频带扬声器上，对于多媒体音箱使用的锥盆式扬声器的振膜来说，主要有纸盆、羊毛盆、防弹布盆、金属盆、陶瓷盆、PP 盆（聚丙烯复合盆）等。纸盆和 PP 盆的适应性最好，在几乎所有类型的锥盆式扬声器上都可以使用，音色比较适中，无论是追求力度还是追求柔美都可以满足。

音箱的箱体结构通常分为封闭式音箱、倒相式音箱、迷宫式音箱三种。

封闭式音箱是密闭不透气的，扬声器振动时振膜受到箱内空气的阻尼作用，所以低频失真小，但效率也低；倒相式音箱在箱体上开有倒相孔，内外相通。由于倒相孔的作用，扬声器前后的声相位叠加，所以效率较封闭式高，低频下限也稍低；迷宫式音箱在箱体内做成较长的低音通道增加了低频效果。

　　箱体的材料可采用胶合板、刨花板、纤维板、原木板和塑料。其中，胶合板、刨花板通常用于低价音箱，而原木板通常在进口的名牌高档音箱上才能见到，在多媒体音箱的制作上，使用最多的是塑料和中密度纤维板，简称为中纤板。

5.3.4　计划与决策

6~8 名学生组成一个学习小组，制定组装电脑音箱的学习活动计划，交老师检查审核。

5.3.5　任务实施

元器件清单如表 4 - 1 所示。

表 4 - 1　元器件清单

元器件清单		产品名称		产品图号
		多媒体音箱		DDD
序号	器件类型	器件规格	数 量	备　注
1	正负电源变压器	220/12V	1	
2	熔断器	2A	2	
3	整流桥	2A	1	
4	铝电解电容器	50V/10000 μF	2	
5	非极性电容 （CBB 或瓷片电容）	104	2	
6		0. 056μF	2	
7		0. 47μF	2	
8		680pF	2	
9		0. 02μF	2	
10	色环电阻	15kΩ	2	
11		8Ω	2	
12		10Ω	1	
13	双联电位器	100kΩ	1	
14	功放	TDA1521	1	
15	喇叭	10~12W/4~8Ω	2	
16	散热片	76mm×43mm×22mm	1	
17	云母垫片		1	
18	导热硅脂		1	
19	带插座电源线		1	
20	带插头音频线	1. 5m	1	
21	装配螺丝		若干	
22	导线		若干	
23	开关		1	
24	电源指示灯		1	

旧图总号								
底图总号						拟制		
						审核		
日期	签名							
						标准化		第　页　共　页
	更改标记	数量	更改单号	签名	日期	批准		

描图：　　　　　　　　　　　　　描校：

装配作业指导书，如表4-2所示。

表4-2 装配作业指导书

作业指导书			作业名称	产品图号	
			计算机音箱	DDD	
EMC/安全件/接地/防静电警示	作业物料			使用仪器/工具	
	品名	规格	数量	型号	名称	数量
	参看元器件清单			参看仪器仪表明细表	
	作业内容及步骤			图　解	

1. 装配准备

（1）准备工艺文件。

（2）准备印制电路板。自制电脑音箱 PCB 或（送加工）。

（3）零部件的配套准备。

（4）线材准备。

① 准备电源线。

② 准备音频线。

③ 准备连接导线。

④ 准备跳线。

（5）准备组装工具、材料、检测仪器和仪表。

（6）准备防静电腕带。

（7）制作机箱。

2. 单元线路板的装配

（1）装配电源电路线路板。

（2）装配功放电路线路板。

3. 单元线路板的调试

（1）调试电源电路线路板。

（2）调试功放电路线路板。

4. 整机总装

（1）音频线与功放电路线路板的连接。

（2）电源电路线路板与功放电路线路板连接。

（3）电源电路线路板与机箱的连接。

（4）功放电路线路板与机箱的连接。

（5）喇叭与机箱的连接。

5. 整机调试

（1）通电前检查。

① 外观检查。

② 结构调试。

（2）通电后测试。

① 安全性能检查。

② 电源测试。

③ 电气性能指标测试。

④ 功能测试。

⑤ 老化测试。

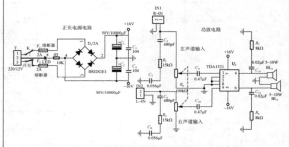

图1　计算机音箱电路原理图

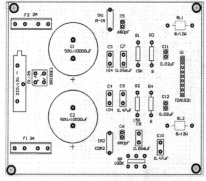

图2　电脑音箱电路字符图

	注意事项	
装配准备	（1）检查装配工作台表面和周围的清洁、卫生。 （2）配戴防静电腕带。 （3）检查电路原理图、材料清单、仪器仪表明细表是否齐全。 （4）检查 PCB 板面清洁情况、焊盘是否起翘或剥落；对照原理图检查 PCB 电路连线是否正确；自制（或外送加工）PCB，准备电脑音箱装配图。 （5）元器件分类与筛选。对照元器件清单核对元器件型号、规格，并对将元器件归类、检测质量（包括电位器在其调节范围内是否活动灵活、松紧适当；开关元器件是否接触良好），剔除那些已经失效的元器件；清点、检查配套紧固件数量和规格。 （6）电源线、音频线、连接导线、跳线的数量和规格的清点与检查。 （7）对照仪器仪表明细表检查装配工具、材料、检测仪器和仪表是否齐全，能否正常使用。	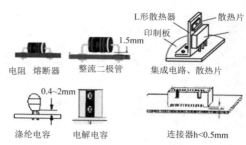 图 3　元器件插装高度示意图 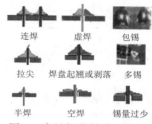 图 4　常见焊接缺陷示意图
作业要点	（1）元器件插装位置要与右侧图示一致。 （2）元器件插装高度如右侧图所示。 （3）按照图 3 所示安装散热片，散热片外形尺寸不小于 200mm×100mm×2mm。在 TDA1521 集成电路芯片与散热片间加云母片绝缘，并加适量导热硅脂，再将散热片接地。 （4）电位器的外壳需要接地。 （5）插装焊接顺序：电阻→电容→二极管（或整流桥）→电位器→接插件→熔断器→大电解电容→装好散热器的集成电路。 （6）焊点外观光滑、呈锥形。 （7）两块单元电路板连接时要保持一定的安全间距，切不可将输出端与输入端相连。 （8）按照调试工艺卡操作步骤进行调试。 （9）紧固件安装方法参看图 6。 （10）焊接时要戴防静电腕带。 （11）切忌在风扇下焊接。	 图 5　紧固件安装示意图 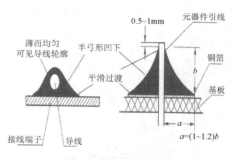 图 6　合格焊点形状
作业标准	（1）重量小于 28g 和标称功率小于 1W 的元器件，其整个元器件体与板子平行并紧贴板面。 （2）元器件的插装焊接顺序应遵循先小后大、先轻后重、先低后高、先里后外、先一般元器件后特殊元器件的基本原则。 （3）焊点上的焊料要适量；表面应光亮且均匀；不应有毛刺、空隙；表面必须清洁。 （4）总装应遵循先轻后重、先小后大、先铆后装、先装后焊、先里后外、先低后高、易碎后装，上道工序不影响下道工序的安装原则。 （5）电脑音箱的电气性能指标：输出功率为 20W（THD ＝ 0.5%）；$R = 8\Omega$，电压增益 $A_U = 30\text{dB}$。	 图 7　电脑音箱外形图

续表

旧图总号									
底图总号							拟制		
							审核		
日期	签名								
							标准化		第 页 共 页
		更改标记	数量	更改单号	签名	日期	批准		

描图：　　　　　　　　　　描校：

调试单卡如表4-3所示。

表4-3　调试单卡

调试工艺卡	产品名称	调试项目
	电脑音箱	整机调试
调试仪器、设备	万用表	

一、总装前单元线路板的调试

1. 通电前检查

（1）目测检查。分别检查电脑音箱的电源电路PCB和功放电路PCB上的元器件有无漏插、错插，元器件和电源、喇叭的极性方向有没有弄反，焊点是否呈锥形，表面是否光滑，焊盘有无脱落，有没有漏焊，铜箔在PCB中有无断开现象，焊点和引脚（或焊盘与焊点）之间有没有裂纹，是否有连焊、虚焊、拉尖、包焊、多锡、锡量过少、空焊等焊接缺陷，变压器与电源电路、喇叭与功放电路的接线是否正确。

（2）手触检查。用手指触摸元器件时，有无松动、焊接不牢的现象；用镊子夹住元器件引线轻轻拉动（或用手轻拉连接导线）时，有无松动现象；焊点在摇动时，上面的焊锡是否有脱落现象。

2. 通电调试

在目测检查和手触检查无误后可进行通电调试。

（1）通电观察。将音箱电源电路接入220V交流电源，观察电源指示灯是否亮；是否有电路冒烟、异常气味及元器件发烫等现象。如果发现异常现象，立即切断电源，检查电路。排除故障后，方可重新接通电源进行测试。

（2）通电测试。用万用表检测音箱电源电路输出端的电压是否为+16V和-16V。

二、总装后整机调试

1. 通电前检查

（1）外观检查。检查音频线与功放电路PCB、电源电路PCB与功放电路PCB的连接是否正确；用手轻拉动连接导线，有无松动现象。

（2）结构调试。检查电源电路PCB与机箱的连接、功放电路PCB与机箱的连接、喇叭与机箱的连接是否牢固可靠；电源开关使用、电位器调节是否灵活；电位器外壳和集成功放芯片的散热片是否接地。

2. 通电调试

通电前检查无误后可进行通电调试。

（1）安全性能检查。将音箱电源电路接入220V交流电源，观察是否有电路冒烟、异常气味；手触功放集成芯片是否发烫。如果发现异常现象，立即切断电源，检查电路。排除故障后，方可重新接通电源进行测试。

（2）电源测试。用万用表检测TDA1521功放集成芯片5引脚和7引脚的对地电压是否为±16V。

（3）电气性能指标测试。用万用表检测TDA1521功放集成芯片4引脚和6引脚的输出功率分别为10W。

将音量电位器调至阻值最大，此时贴近喇叭细听，应该几乎听不出噪声。

（4）功能测试。将功放电路输入端音频线插入电脑或（或手机）耳机插孔，检查是否能不失真、无杂音地播放音频信号；旋转电位器，观察音量是否改变。

（5）老化测试。上述指标测试正常后，关掉电源，将两个喇叭换成两个8Ω电阻，再接通电源，将音量电位器调到阻值最大，进行长时间"拷机"，观察变压器、TDA1521集成芯片的温度是否在正常范围，以确认各模块散热是否良好；持续老化测试数小时后如无异常，将两个8Ω电阻换成两个喇叭，重复上面老化测试，观察各部分功能是否正常

续表

旧图总号										
底图总号						拟制				
						审核				
日期	签名									
						标准化			第　页　共　页	
	更改标记	数量	更改单号	签名	日期	批准				

描图：　　　　　　　　　　描校：

5.3.6　检查与评估

各小组先自查、再互查电脑音箱装配质量，将检查结果按 A、B、C、D 四个等级填入电脑音箱装配质量检验卡。老师检查各小组装配质量，给与评分，并综合各小组自查、互查成绩评定每个小组任务完成成绩，计入平时成绩。

5.4 任务4　电子产品的检验与包装

整机检验是产品经过总装、调试合格之后，检查产品是否达到预定功能要求和技术指标。包装是为方便运输、储存和装卸而对部件或成品进行的一种打包。

5.4.1　学习目标

能对整机进行检测；能制作整机的外包装；学会编写产品使用说明书。

5.4.2　任务描述与分析

（1）对装配的计算机音箱进行质量检验，编写质量检验工艺卡。

（2）为装配的计算机音箱制作外包装，编制计算机音箱产品使用说明书。

通过本任务，了解电子产品整机检验的方法和内容；了解包装的种类、原则、要求、标志；了解常用包装材料的作用和工艺要求。能对整机进行检测；能制作整机的外包装；学会编写产品使用说明书。

本任务的学习重点：对整机进行检验；能制作整机的外包装；能编写产品使用说明书。难点：电子产品整机调试和查找与排除故障。学习时要观看 SPOC 课堂教学视频，加深对电子产品整机检验和包装的理解；通过对装配的计算机音箱进行质量检测，制作外包装，编制产品使用说明书的实践活动，掌握整机检测、选择包装材料和掌握包装方法、编写产品使用说明书的技能和方法。

本任务推荐"做中学"方式教学，需要 2 学时。

5.4.3　资讯

1）SPOC 课堂教学视频

（1）电子产品的整机生产。

（2）电脑主板生产过程。

2）相关知识

（1）电子产品的检测。

① 电子产品检验项目。

a. 外观检验。一般用目视法对产品的外观、包装、附件等进行检验。

● 外观：要求外观无损伤、无污染，标注清晰，机械装配符合技术要求。

● 包装：要求包装完好无损伤、无污染，各标注清晰。

● 附件：产品所需所有附件、连接件等齐全、完好且符合要求。

b. 电气性能检验。按照产品技术指标和国家或行业有关标准，选择符合标准要求的仪器、设备，采用符合标准要求的测试方法对整机的各项电气性能参数进行测试，并将测试的结果与规定的参数比较，检验组装的产品是否符合组装图的规定，从而确定被检整机是否合格。

c. 功能检验。功能检验是对产品设计所要求的各项功能和整机的使用价值进行检验。

d. 电磁兼容性检验（干扰特性检验）。

e. 电磁兼容性（EMC，即 Electro-magnetic Compatibility）是指设备或系统在其电磁环境中符合要求运行并不对其环境中的任何设备产生无法忍受的电磁干扰的能力。EMC 包括两个方面的要求：一方面是指设备在正常运行过程中对所在的环境产生的电磁干扰不能超过一定的限值；另一方面是指器具所在环境中存在的电磁干扰具有一定程度的抗扰度，即电磁敏感性指电磁干扰特性的检验。

电磁兼容性检验指的是电磁干扰特性的检验。

f. 例行检验。包括环境检验和寿命检验。

g. 环境检验：评价、分析环境对产品性能影响的检验，它通常是在模拟产品可能遇到的各种自然条件下进行的。环境检验是一种检验产品适应环境能力的方法。其内容包括机械检验（振动检验、冲击检验、离心加速度检验）、气候检验（高温检验、低温检验、温度循环检验、潮湿检验、低气压检验）、运输检验、特殊检验。

h. 寿命检验：根据产品不同的检验目的，分为鉴定检验和质量一致性检验。质量一致性检验分为逐批检验和周期检验两种。逐批检验按有关标准规定，其检验的项目和主要内容包括开箱检验、安全检验、工艺装配检验等。逐批检验的程序如图 4-26 所示。周期检验的程序如图 4-27 所示。

i. 设计外形检验。产品所有尺寸（包括弓曲和扭曲）应符合组装图的要求。

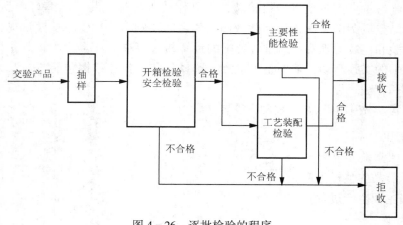

图 4-26　逐批检验的程序

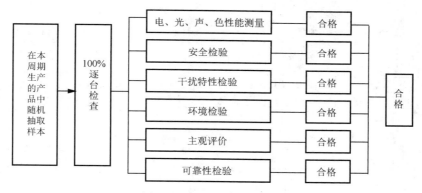

图 4 - 27　周期检验的程序

② 检验的工作内容。

a. 熟悉和掌握标准。采用 IEC 标准（国际电工委员会制定）、ISO 9000 质量认证标准和国家标准等。

b. 测定。采用测试、试验、化验、分析和感知等多种方法实现产品的测定。

c. 比较。将测定结果与质量标准进行对照，明确结果与标准的一致程度。

d. 判断。根据比较的结果，判断产品达到质量要求者为合格，反之为不合格。

e. 处理。对被判为不合格的产品，视其性质、状态和严重程度，区分为返修品、次品或废品等。

f. 记录。记录测定的结果，填写相应的质量文件，以反馈质量信息，评价产品，推动质量改进。

③ 整机检验的方法。

电子产品的检验方法分全数检验和抽样检验两种。

a. 全数检验。它是对产品进行百分之百的检验。一般只对可靠性要求特别高的产品试制品及在生产条件、生产工艺改变后生产的部分产品进行全数检验。

b. 抽样检验。从待检产品中抽取若干件产品进行检验，即抽样检验（简称为抽检）。抽样检验是目前生产中广泛采用的一种检验方法。

④ 产品检验。

产品检验包括以下三个方面。

a. 元器件、零部件、外协件及材料入库前的检验。入库前的检验是保证产品质量可靠性的重要前提。入库前的检验一般采用抽检的检验方式。

b. 生产过程中的逐级检验。检验合格的原材料、元器件、外协件在部件装配过程中，可能因操作人员的技能水平、质量意识及装配工艺、设备、工装等因素，使组装后的部件不完全符合质量要求。因此，对生产过程中的各道工序都应进行检验，并采用操作人员自检、生产班组互检和专职人员检验相结合的方式。生产过程中的检验一般采用全检的检验方式。

c. 整机检验。整机检验是针对整机产品进行的一种检验工作，检查产品经过总装、总调之后是否达到预定功能要求和技术指标。整机检验一般入库采取全检的方式，出库多采取抽检的方式。电视机整机检验的工艺流程图如图 4 - 28 所示。

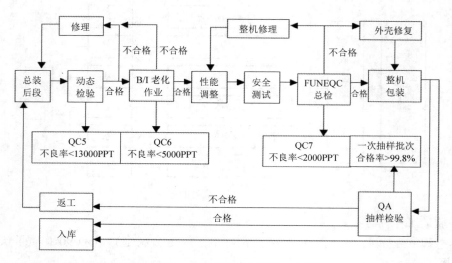

注：QC 是质量控制的缩写形式；QA 是质量保证的缩写形式。

图 4－28　电视机整机检验的工艺流程图

电视机整机检验的具体步骤如下。

a. 内部检验；

b. 外观检查；

c. 安全防护检查；

d. 电视机性能检验：

● 不接收电视信号检查。

● 接收电视信号检查。

e. 击机检验；

f. 对照计划单逐项检查所对应的各项功能是否正常。电视机功能检验工艺卡如表 4－4 所示，电视机高压绝缘电阻检验卡如表 4－5 所示。

表 4－4　电视机功能检验工艺卡

UOC	工艺文件	检验工艺卡	

一、仪器及工具

（1）射频电视信号（100dB）　　　1 路

（2）带衰减工厂手机　　　1 只

（3）消磁器　　　1 只

二、操作步骤

（1）接入射频信号线，对机器进行消磁。

（2）检查遥控各功能（包括静音、定时等），应动作正常。

（3）检查电源指示灯发光状态是否正常。

（4）检查电视机按键板各个按键功能是否正常，符号设计要求。

（5）检查应用"255"（指此种机芯有 255 频道）节目号，蓝屏功能处于开状态。

（6）遥控关机色斑的检查。

（7）进入 M7 SHIPMODE（直接恢复到出厂时所要求设定的状态，如下所述）。

（8）出厂设定：中文/蓝屏开，图像效果选择"标准"，声音菜单选择"立体声"，平衡 32，降噪关，音量 20，电视机处于 READY 状态。开机自动搜台，锁（锁密码 0000）打开。

续表

UOC	工艺文件	检验工艺卡	

三、拔下信号线，合格机流入下道工序，并在工艺流程卡对应项目上打"√"。若不合格，则在工艺流程卡对应项目上填写故障现象。

更改标记	数量	更改单位	签名	日期		签名	日期	第 页
					拟制			
					审核			第 页
					批准			
					标准化			

表 4 - 5 　电视机高压绝缘电阻检验卡

UOC	工艺文件	检验工艺卡	

一、仪器仪表

（1）耐压测试仪

（2）绝缘电阻测试仪

（3）橡胶绝缘垫子

（4）交流电源短路测试仪

二、仪器设置

1. 高压部分

漏电流：10mA。

试验电压：耐压仪根据不同要求，将交流 50Hz 电源设置为 5~3.5kV，时间为 3s。

2. 绝缘部分

试验直流电压为 500V　　　　绝缘电阻为 4MΩ

三、操作方法

（1）将电视机电源插头插入交流电源短路测试仪中，打开电视机电源开关，在天线输入端及其他外露金属部件施加电压。设置电压：AC 3.5kV；试验时间：3s；漏电流：100mA。要求在测试时间内，漏电流不超过规定值。

（2）在天线输入端及其他外露金属部件测试绝缘电阻。设置直流电压：500V，要求绝缘电阻大于或等于 4MΩ。

四、拔下信号线，测试的合格机送到下道工序，并在工艺流程卡对应项目上打"√"。若不合格，则在工艺流程卡对应项目上填写故障现象。

更改标记	数量	更改单位	签名	日期		签名	日期	第 页
					拟制			
					审核			第 页
					批准			
					标准化			

（2）包装工艺。

① 产品包装原则。

● 产品包装应符合经济原则，以最低的成本为目的。产品是包装的中心，产品的发展和包装的发展是同步的。

● 包装必须标准化。标准化包装可以节约包装费用和运输费用，还可以简化包装容器的生产和包装材料的管理。

● 产品包装必须根据市场动态和客户的爱好，在变化的环境中不断改进和提高。

② 包装要求。

在进行包装前，合格的产品应按照有关规定进行外表面处理（消除污垢、油脂、指纹、汗渍等）。在包装过程中保证机壳、荧光屏、旋钮、装饰件等部分不被损伤或污染。

对包装的要求：产品包装应能承受合理的堆压和撞击；合理设计包装体积；产品包装的防护要防尘、防湿、防氧化、可缓冲。

包装的标志内容：
- 产品名称及型号、规格和数量。
- 商品名称及注册商标图案。
- 产品主体颜色。
- 出厂编号、生产日期（年、月、日）
- 箱体外形尺寸、净重、毛重。
- 内装产品的数量（台）。
- 商标、生产厂名。
- 储运标志，按照国家标准的有关标志符号图案的规定，正确选用。
- 条形码，它是销售包装加印的符合条形码。

包装流程如图 4-29 所示，包装示意图如图 4-30 所示，包装材料如图 4-31 所示。

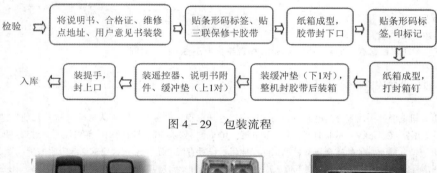

图 4-29　包装流程

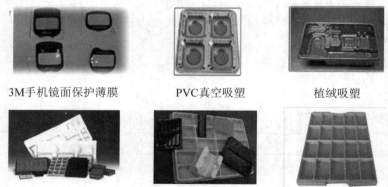

3M手机镜面保护薄膜　　　PVC真空吸塑　　　植绒吸塑

中包装实物图（聚乙烯发泡、EPE珍珠棉、PVC吸塑）

图 4-30　包装示意图

③ 装箱及注意事项。
- 装箱时，应清除包装箱内异物和尘土。
- 装入箱内的产品不得倒置。

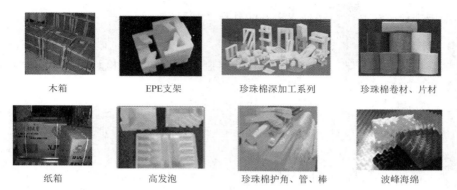

图 4-31　包装材料

● 装入箱内的产品、附件和衬垫，以及使用说明书、装箱明细表、装箱单等内装物必须齐全。

● 装入箱内的产品、附件和衬垫，不得在箱内任意移动。

④ 封口和捆扎。

当采用纸包装箱时，用"U"形钉或胶带将包装箱下封口封合。当确认产品、衬垫、附件和使用说明书等全部装入箱内并在相应位置固定后，用"U"形钉或胶带将包装箱的上封口封合。必要时，对包装箱选择适用规格的打包带进行捆扎。

⑤ 条形码。

条形码为国际通用产品符号。为了适应计算机管理，在一些产品销售包装上加印供电子扫描用的条形码。这种条形码由各国统一编码，它可使商店的管理人员随时了解商品的销售动态，简化管理手续，节约管理费用。

国际市场自 20 世纪 70 年代开始采用两种条形码对商品统一标识，UPC 码（美国通用产品编码）和 EAN 码（国际物品编码）。EAN 码有标准版（EAN-13 码）和缩短版（EAN-8 码）两个版本，如：

EAN-13 码结构如下：前缀码（3 位）+企业代码（又称为厂商识别码）（4 位或 5 位）+产品代码（或商品项目代码）（5 位或 4 位）+校检码（1 位）。

a. 字前缀是国家或地区的独有代码，由 EAN 总部指定分配，如美国为 000-019，030-039，060-139；日本为 450-459，490-499；中国为 690-695 等。

b. 企业代码由本国或地区的条形码机构分配，我国的企业代码由中国物品编码中心统一分配。

c. 产品代码由生产企业自行分配。

d. 校验码是检验条形码使用过程中的扫描正误而设置的特殊编码，其数字部分解释与 EAN-13 码相同。

⑥ 防伪标志

许多产品的包装一旦打开就再也不能恢复原来的形状，起到了防伪的作用。另外，还有很多产品采用现代高科技手段防伪，激光防伪标志就是其中之一。

5.4.4　计划与决策

6～8 名学生组成一个学习小组，各个小组将制订的电脑音箱检验与包装的学习活动计划、编写的计算机音箱质量检验工艺卡交给老师检查审核。

5.4.5　任务实施

（1）编写质量检验工艺卡。

（2）对装配的计算机音箱进行质量检验。

（3）为装配的计算机音箱制作外包装。

（4）编制计算机音箱产品使用说明书。

5.4.6　检查与评估

在老师引导下举行音箱作品销售会，各小组推销自己的作品，老师（10 朵小红花）和全体学生（每人 1 朵小红花）用手中的小红花为各小组作品投票，根据得票数评 A、B、C、D 四个等级，作为各小组同学得分，计入平时成绩。

项目拓展　制作智能小车外包装，并编写使用说明书

知识拓展：故障查找与排除的方法和技巧

（1）直观检测法。

直观检测法就是通过人的眼、手、耳、鼻等来发现电子产品的故障所在。

① 观察法，就是通过人的视觉观察整机电路、单元电路板或元器件有无异常。观察法一般针对以下故障现象：保险管、熔断电阻是否烧断；元器件是否有不正常，如电阻器是否有烧坏变色现象、电解电容器是否有漏液和爆裂现象、晶体管是否有焦、裂现象等；印制电路板的铜箔有无翘起，焊盘是否开裂而断路，元器件引线是否松动，焊点是否虚焊和假焊。

机内线路板上是否有金属类导电物导致元器件的引线间短路；机内的各种连接导线、排线有无脱落、断线和过流烧毁的痕迹等；机内的传动零件是否有移位、断裂、磨损严重的现象，如齿轮的齿牙是否断裂、损坏，皮带是否太松，皮带轮的沟槽是否磨损等。

元器件的散热器安装有无松动，大型元器件的安装座是否牢固；插头与插座接触是否良好，开关簧片有无变形；查看电池是否漏液、电池夹的弹簧有无生锈或接触不良现象。

② 触摸法，就是用手触摸电子元器件是否有发烫、松动等现象。

⚠提示：

> 采用触摸法时要注意安全，用手触摸电子元器件前，先对整机电路进行漏电检查，只有在确定整机外壳不带电的情况下才能采用此种方法。

用手触摸非功率器件时，一般都没有温升或有很低的温升。例如，在触摸时发现温度较高，有烫手的感觉，说明此电路工作不正常，应对集成电路的外围元器件及其本身进行检测。

对于大功率晶体管、功放集成电路和电源集成电路等功率元器件，特别是带散热片的元器件，用手去触摸时有一定的温度，但手放在上面应以不烫手为正常。如果感到特别烫手且

无法停留，则说明负载太重或元器件本身出现故障。如果感觉凉，则说明该元器件是坏的或根本就没有工作，应采用其他方法进一步检测，以确定其好坏。

电源变压器在工作一定时间后，应有一定的温升，当用手触摸时仍是凉的，毫无温升或温升不明显，应考虑其负载是否有不正常的耗能或存在故障。如果变压器出现内部断路故障，则也是没有温升的。

用手触摸电阻器、电容器时，其表面温度应能使手有感觉，但不会感到不适。如果感觉发热且温度较高时，则表明此元器件可能有参数变化或是选用不当。

③ 听音法，就是用耳朵去听电子产品的箱体内是否有异常的声音出现。听音法一般内容：如果有"噼啪、噼啪"的声音，则表明箱体内有打火现象，应配合目视观察进一步去查找故障的具体位置。

听到收音机、录音机等音响设备发出的声音有失真现象时，要去检测其功放电路及发音设备（喇叭）是否有故障。

对装有传动装置的电子产品，应用听觉去发现其传动装置是否有碰撞、冲击或摩擦声出现。如果有，则应及时进行检查。听到收音机、录音机等音响设备发出的声音有失真现象时，要去检测其功放电路及发音设备（喇叭）是否有故障。

④ 气味法，就是用鼻子去闻电子产品在通电工作时，是否有不正常的气味散发出来，以此来判断故障的部位和性质。

不正常的气味通常为焦糊味，一旦有此味，要及时切断电源进行检查，避免故障扩大。产生焦糊味的元器件常有变压器线圈、电阻器、功率元器件或导线之间短路等。

（2）电阻检测法。

电阻检测法就是利用万用表的电阻挡（欧姆挡），通过测量所怀疑的元器件的阻值，或元器件的引脚与共用地端之间的电阻值，将测出的电阻值与正常值进行比较，从中发现故障所在的检测方法。

电阻检测法对开路性故障与短路性故障的检测判断都有很好的效果与准确性，可以检测大多数电子元器件的性能好坏、粗略地判断晶体管 β 值、大致判断电源负载的大小、印制电路板有无开路和短路等，是一种常用的检测方法。

电阻检测法需要经验的积累，有经验的电子技师会有意识地收集很多资料，如修好一台电视机后，他就对里面的重要元器件进行电路电阻检测（元器件不从电路板上拆下），将正常时的值记下来，以后再遇到同样的电路有故障，就可以测量它们的电阻值，然后与记录的值进行比较，从而判断电路的故障所在。

在进行这样的测量时，一般要对同一个点进行两次测量，一次是黑表笔接地，红表笔接相应的点，测出一个值，然后交换表笔再测一个值。在以后的测量中，两个值比一个值更有价值。

但必须注意，在使用电阻检测法进行在线测量时，被测电路必须在断电的情况下进行，否则会造成测量不准或损坏元器件，甚至可引起短路，出现打火现象，严重时可能损坏万用表。

通过在线电路检测和分析，常常可以将故障怀疑点定位在某个元器件或某几个元器件上，这时需要进行开路电路检测，即将元器件从电路板上取下再进行检测，以确认在线电路电阻检测时的怀疑点。

（3）电压检测法。

电压检测法是指用万用表的电压挡测量电路电压、元器件的工作电压，并与正常值进行比较，以判断故障所在的检测方法。

为了进一步判断，常用的方法是断开电源与负载，用一个与正常负载相同的假负载接在电源的输出端上，再测量电源的输出电压，若此时正常了，则说明问题出在后面的电路中；若此时不正常，则故障应在电源本身。

● 各级直流电压检测：

通过测量晶体管各级直流电压，可判断电路所提供的偏置电压是否正常，晶体管本身是否工作正常。

通过对集成电路各引脚直流电压的测量，可以判断集成电路本身及其外围电路是否工作正常。

● 电池的直流电压检测：

电池在快被耗尽时，其电压会下降，这是通过测量电压来判断电池是否可用的依据。但这种检测方法是不准确的，因为一节快释放完毕的电池，它的空载电压往往也很高，不能使用的原因是它的内阻过大，因此查看电池电压时，应尽量采用有负载时的检测，以保证测量的准确性和真实性。

● 关键点直流电压检测：

通过测量电路关键点的直流电压，可大致判断故障所在的范围。此种测量方法是检测与维修中经常采用的一种方法。关键点电压是指对判断故障具有决定作用的那些点的直流电压。不同的电子电路其关键点电压是不同的，判断关键点所在需要有扎实的电子线路知识。

（4）交流电压检测法。

交流电压检测法一般是对输入到电子产品中的市电电压的测量，以及对经过变压器或开关电源输出的交流电压的测量。通过对交流电压的测量，可以确定整机电源的故障所在。

（5）交流信号检测法。

交流信号检测法也称为隔直取交检测法，它适用于有交流信号或有脉冲电压的电路。

● 交流信号检测法是通过万用表的 dB 挡进行检测的，与检测电压的方法基本相同。但对于万用表中没有设置 dB 挡的，可将万用表拨到交流电压挡，并在红表笔上串入一只 $0.2 \sim 0.22 \mu F$ 的电容便可进行测量。在进行"dB"电压检测时，因电路中存在直流电压，所以万用表的黑表笔应接地。

（6）直流电流检测法。

直流电流检测法是指用万用表的电流挡去检测电子电路的整机电流、单元电路的电流、某一回路的电流、晶体管的集电极电流及集成电路的工作电流等，并与其正常值进行比较，从中发现故障所在的检测方法。电流检测法比较适用于由于电流过大而出现烧坏保险管、烧坏晶体管、晶体管发热、电阻器过热及变压器过热等故障的检测。

检测电流时需要将万用表串联到电路中，故给检测带来一定的不便。但有的印制电路板为方便检测与维修，在设计时已预留有测试口，只要临时焊开便可测试电流的大小，测量完毕再焊好就行了。对于印制电路板上没有预留测试口的，在进行测量时则必须选择合适的部位，用小刀将其印制导线划出缺口再进行测试。

电流的检测还可以采用间接测量，即先通过测量电压的大小，再应用欧姆定律进行换算，便可得到电流值。

为了间接获得晶体管的发射极电流，可用万用表测得电阻 R_e 上的压降，再通过欧姆定律进行换算便可估算出发射极电流的大小，如图 4 - 32 所示。

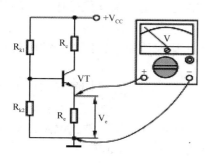

图 4 - 32 电流的检测

（7）示波器检测法。

用示波器测量出电路中关键点波形的形状、幅度、宽度及相位，与维修资料给出的标准波形进行比较，从中发现故障所在，这种方法就称为示波器检测法。

应用示波器检测法的同时与信号源配合使用，就可以进行跟踪测量，即按照信号的流程逐级跟踪测量信号。当前面测试点的信号正常，而后面测试点的信号不正常时，即可判断故障就发生在前后两个测试点之间。

应用示波器对故障点进行检测是比较理想的检测方法，它具有准确、迅速等优点。在条件允许的情况下，使用示波器检测往往可以比仅使用万用表检测更容易判断出故障点所在。

（8）替代法。

替代法就是用好的元器件去替代所怀疑的元器件的检测方法。如果故障被排除，则表明所怀疑的元器件就为故障件。

替代法比较适用于元器件性能变差，或一些软故障的情况（如某元器件要在一定的电流或电压情况下才表现出故障现象，而使用万用表测量时，由于电流或电压不够，无法测出其问题所在）。使用替代法时往往要将被替换的元器件从印制电路板上拆下来，这样可能损坏印制电路板或元器件，因此要慎用。如果出现以下情况，则可以在不拆卸或减少拆卸元器件的情况下进行判断。

① 如果怀疑电路中某一只电容开路、失效及参数下降，此时则可不必将所怀疑的元器件从印制电路板取下，只要拿一只与原电容的电容值相同或相近的好电容并联在被怀疑电容上，如果故障消除，就能确定原电容失效。但对于短路故障的电容，此种做法无效。

如果怀疑固定电阻器、电感器出现开路或失效故障，则可同样采取上述方法进行测量，以确定所怀疑的元器件是否为故障件。

② 如果怀疑晶体管是击穿短路故障，为减少不便，则可将 3 个引脚中的两个引脚脱焊，将好晶体管的两个引脚插入印制电路板焊好，另一个引脚与未脱焊的引脚相并即可。

（9）信号注入法。

信号注入法是将一定频率和幅度的信号逐级输入被检测的电路中，或注入可能存在故障的有关电路，然后通过电路终端的发音设备或显示设备（扬声器、显像管），以及示波器、电压表等反应的情况做出逻辑判断的检测方法。在检测中哪一级没有通过信号，故障就在该级单元电路中。

信号发生器的信号注入常用的有音频信号发生器、高频信号发生器、图像信号发生器等。

根据信号注入方法的不同，可分为顺向注入法和逆向注入法。顺向注入法就是将信号从电路的输入端输入，然后用检测仪表（示波器等）逐级进行检测。逆向注入法则相反，是将信号从后级逐级往前输入，而检测仪表接在终端不动。

（10）干扰注入法。

干扰注入法是指在业余的情况下，往往没有信号源一类专门的仪器，这时可以将干扰信号当成一种信号源去检测故障机的方法。

感应杂波信号注入法是一种简单易行的方法，是将人体感应产生的杂波信号作为检测的信号源，它不需要任何仪器仪表。

利用这一方法可以简易地判断出电路的故障部位。该方法比较适用于检测无声故障的收音机或无图像故障的电视机的通道部分。

具体方法：手拿小螺丝刀，而且手指要紧贴小螺丝刀的金属部分，然后用螺丝刀的刀口部分由电路的输出端逐渐向前去碰触电路中除接地或旁路接地的各点，当用刀口触碰电路中各点时，就相当于在该点输入一个干扰信号。如果该点以后的电路工作正常，电路的终端（如喇叭、显像管等）就应有"喀喀"声或有杂波反应，越往前级，声音越响。

如果触碰的各输入点均无反应，就可能是终端的电路故障。如果只有某一级无反应，则应着重检查该级电路。

应用干扰法检测电路的末级时，可能会因为末级电路增益不够，同时因人体感应信号太弱，导致反应不明显，这是正常的。

（11）短路法。

短路法与信号注入法正好相反，是把电路中的交流信号对地短路，或是对某一部分电路短路，从而发现故障所在的检测方法。

短路法有两种，一种是交流短路法，另一种是直流短路法，常用的是交流短路法。

交流短路法是用一只相对某一频率的短路电容去短路电路中的某一部分或某一元器件，从中查找故障的方法。此方法适用于检查有噪声、交流声、杂音及有阻断故障的电路。

直流短路法是用一根短路线（一根金属导线）直接短路某一段电路，从中查找故障的方法。此方法多用于检查振荡电路、自动控制电路是否工作正常。

应用短路法时，当短路到某一单元电路的输入端时，其噪声没有变化，继续短路该单元电路的输出端时，其故障消失了，说明故障就在这一单元电路。

采用交流短路法时，要根据被短路电路的工作频率的不同，选择与其频率相适应的电容接入电路（如收音机检波电路可选用 $0.1\mu F$，低放电路可选用 $100\mu F$）。其短路的方法是将电容的一端接地，另一端去触碰检测点。

（12）开路法。

开路法是将电路中被怀疑的电路和元器件开路处理，让其与整机电路脱离，然后观察故障是否还存在，从而确定故障部位所在的检查方法。开路法主要用于整机电流过大等短路性故障的排除。

采用开路法应先将电流表串入总电路（如串接到保险管处），然后把被怀疑有短路故障的电路从总电路中分离出来，这时观察电流表读数是否降下来了。如果电流表没有变化或变化很小，就要继续分离被怀疑有故障的电路，直到分离某一部分电路后，电流降到正常值时，表明故障就在被分离出来的电路中。

项 目 小 结

（1）接触焊是一种不用焊料和助焊剂即可获得可靠连接的焊接技术。电子产品中，常用的接触焊种类有压接、绕接、穿刺、螺纹连接。

（2）电子产品装配分为装配准备、部件装配和整件装配三个阶段。

（3）电子产品整机总装的一般工艺流程：装配装备——整机装联——整机调试——整机检验——包装——入库或出厂。

（4）电子整机总装的一般顺序：先轻后重、先铆后装、先里后外，上道工序不得影响下道工序。

（5）一般调试的程序分为通电前的检查和通电调试两大阶段。

（6）小型电子整机指功能单一、结构简单的整机，如收音机、单放机、随身听等，它们的调试工作量较小。单元电路板（又称为分板、分机、电子组合等）的调试是整机总装和总调的前期工作，其调试质量会直接影响到电子产品的质量和生产效率，它是整机生产过程中的一个重要环节。小型电子整机和单元电路板的调试方法、步骤等大致相同。小型电子产品或单元电路板调试的一般工艺流程：外观直观检查——静态工作点调试与测试——波形、点频调试与测试——频率特性调试与测试——性能指标综合测试。

（7）电子产品调试的一般工艺流程：整机外观检查——结构调试——整机功耗测试——整机统调——整机技术指标的测试——老化测试——整机技术指标复测。

（8）整机检验是产品经过总装、调试合格之后，检查产品是否达到预定功能要求和技术指标的检验。

（9）有些对可靠性要求很高的电子产品要进行特殊检验——例行检验。

（10）包装是产品出厂的最后一道工序。产品的包装具有保护产品、方便储运及促进销售的功能。

课后练习

（1）什么是接触焊？简述接触焊的原理。

（2）压接、绕接各属于何种焊接方式？各是如何进行连接的？

（3）什么是电子产品的总装？总装的基本要求有什么？

（4）总装的质量检查应坚持哪"三检"原则？应从哪几个方面检查总装的质量？

（5）调试的目的是什么？

（6）通电调试包括哪几个方面？按什么顺序进行调试？

（7）简述整机调试的一般流程。

（8）什么是静态调试？什么是动态调试？各包括哪些调试项目？静态调试与动态调试的作用是什么？它们之间的关系如何？

（9）简述整机调试过程中的故障特点及主要故障现象。

（10）简述整机调试过程中的故障处理步骤。

（11）为什么要进行产品检验？产品检验的"三检"原则是什么？

（12）什么是全检和抽检？举例说明什么情况下需要全检？什么情况下可以采用抽检？

模块五 电子产品生产现场管理与质量管理

项目六 电子产品生产现场管理

现场管理是指用科学的管理制度、标准和方法对生产现场各生产要素，包括人（工人和管理人员）、机（设备、工具、工位器具）、料（原材料）、法（加工、检测方法）、环（环境）、信（信息）等进行合理有效的计划、组织、协调、控制和检测，使其处于良好的结合状态，达到优质、高效、低耗、均衡、安全、文明生产的目的。

【学习目标】

（1）明确现场管理的目标、保证体系、工作内容和方法。

（2）明确全面质量管理的内涵，了解 ISO 9000 质量管理体系。

（3）能识别著名的国际、国内认证标志。

【项目分析】

学习重点：全面质量管理和 ISO9000 质量管理体系。

学习难点：ISO9000 质量管理体系和质量标准。

本项目的工作任务是上网查询企业全面质量管理管理案例，写出提高企业管理水平和市场竞争力应采取哪些行之有效的管理方法的分析报告。

【教学导航】

学习目标	知识目标	了解电子产品生产的组织结构，熟悉现场管理的基本知识和管理方法；明确现场管理的概念、目标，熟悉现场管理的方法；明确全面质量管理（TQM）的含义，了解电子产品的 ISO9000 质量管理和质量标准等知识
	技能目标	掌握现场质量管理的方法和措施，具备生产管理、过程管理与质量控制等能力，能识别著名的国际、国内认证标志
	方法和过程目标	树立全面质量管理观念和意识。培养对新知识、新技能的学习能力和创新创业能力及自我管理能力；培养与人沟通、团队合作及协调能力；培养语言表达能力和工程类文件的写作能力
	情感、态度和价值观目标	激发学习兴趣
教与学	推荐授课方法	项目教学法、任务驱动教学法、引导文教学法；案例教学法、合作学习教学法
	推荐学习方法	目标学习法、问题学习法、归纳学习法、思考学习法、合作学习法、自主学习法
	推荐教学方式	翻转课堂教学模式、自主学习、做中学
	学习资源	教材、微课、教学视频、PPT

教 与 学	学习环境、材料和 教学手段	线上学习环境：SPOC 课堂 线下学习场地：多媒体教室、企业顶岗实习。 学习材料：教材、教学视频、PPT、任务分析表、学习过程记录表
	推荐学时	2 学时
学习 效果 评价	上交材料	学习过程记录表、项目总结报告
	项目考核方法	过程考核：课前线上学习占 20%；课中学习 50%；课后学习占 10%；职业素质考核 （考勤、团队合作、工作环境卫生、整洁及结束时现场恢复情况）占 20%

6.1 任务 1 电子产品生产现场管理

6.1.1 任务要求

了解电子产品的特点、生产组织标准、组织结构；明确现场管理的定义、内容、目标任务、要求和基本原则；熟悉现场管理的三大工具和实现途径。

6.1.2 相关知识

1）电子产品的特点、组织形式、组织标准和组织结构

电子产品的生产是指产品从研制、开发到推出的全过程。该过程包括三个主要阶段：设计、试制和批量生产。

（1）电子产品的特点。

体积小、重量轻；使用广泛，可用于不同的领域、场合和环境；可靠性高；使用寿命长；一些电子产品设备的精度高，控制系统复杂；电子产品的技术综合性强；产品更新快，性能不断完善。

（2）电子产品的组织形式。

● 配备完整的技术文件、各种定额资料和工艺装备，为正确生产提供依据和保证。

● 制定批量生产的工艺方案。

● 进行工艺质量评审。

● 按照生产现场工艺管理的要求，积极采用现代化的、科学的管理办法，组织并指导产品的批量生产。

● 生产总结。

（3）生产组织标准。

生产组织标准是进行生产组织形式的科学手段，它可以分为以下几类。

① 生产的"期量"标准。"量"的标准指为了保证生产过程的比例性、连续性和经济性，而为各生产环节规定的生产批量和储备量标准。"期"的标准指为了保证生产过程的连续性、及时性和经济性，而对各类零件在生产时间上合理安排的规定。

② 生产能力标准。

③ 资源消耗标准。

④ 组织方法标准。

组织方法标准是指对生产过程进行计划、组织、控制的通用方法、程序和规程。这类标准是推广先进组织方法，提高生产组织的科学水平和经济效果，保证组织工作的统一协调的

重要手段。

（4）电子产品生产的组织结构。

图 5-1 所示为电子制造企业的典型组织结构图。

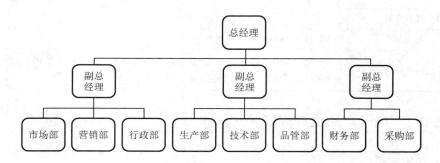

图 5-1　电子制造企业的典型组织结构图

2）电子产品生产的现场管理

（1）电子产品现场管理。

现场管理的目标是保证和提高质量，其任务包括以下四个方面：

● 质量缺陷的预防。

● 质量维持。

● 质量改进。

● 质量评定。

（2）现场质量保证体系。

上道工序向下道工序担保自己所提供的在制品或半成品及服务的质量，满足下道工序在质量上的要求，以确保产品的最终整体质量。

现场质量保证体系把各环节、各工序的质量管理职能纳入统一的质量管理系统，形成一个有机整体；把生产现场的工作质量和产品质量联系起来；把现场的质量管理活动同设计质量、市场信息反馈沟通起来，结成一体；从而使现场质量管理工作制度化、经常化，有效地保证企业产品的最终质量。

（3）现场质量管理工作的具体内容。

① 生产或服务现场的管理人员、技术人员和生产工人（服务人员）都有要执行现场质量管理的任务。

② 管理人员、技术人员在现场质量管理中的工作是为工人稳定、经济地生产出满足规定要求的产品提供必要的物质、技术和管理等条件。

工人在现场质量管理工作中的具体工作内容如下：

● 掌握产品质量波动规律。

● 做好文明生产和"5S"活动。

● 认真执行本岗位的质量职责。

● 为建立健全质量信息系统提供必要的质量动态信息和质量反馈信息。

⌂提示：

产品质量波动按照原因不同，可以分为两类。

- 正常波动：由一些偶然因素、随机因素引起的质量差异。这些波动是大量的、经常存在的，也是不可能完全避免的。
- 异常波动：由一些系统性因素引起的质量差异。这些波动带有方向性，质量波动大，使工序处于不稳定或失控状态。这是质量管理中不允许的波动。

（4）保证现场质量的方法。

保证现场质量的方法包括标准化；目视管理；管理看板；现场质量检验；不合格品管理。

标准化就是将企业里各种各样的规范（如规程、规定、规则、标准、要领等）形成文字化的东西，统称为标准（或称为标准书）。制定标准，而后依标准付诸行动则称为标准化。标准化的作用主要是把企业内的成员所积累的技术、经验，通过文件的方式来加以保存，不会因为人员的流动而流失，做到个人知道多少，组织就知道多少。

目视管理是利用形象直观而又色彩适宜的各种视觉感知信息来组织现场生产活动的，达到提高劳动生产率的一种管理手段，也是一种利用视觉来进行管理的科学方法。目视管理可以防止"人的失误"造成的质量问题；使设备异常"显现化"；能正确地实施点检（主要是计量仪器按点检表逐项实施定期点检）。

管理看板是管理可视化的一种表现形式，即将数据、情报等的状况一目了然地表现出来，主要是对于管理项目（特别是情报）进行的透明化管理活动。它通过各种形式（如标语、现况板、图表、电子屏等）把文件上、工作人员的头脑中或现场等隐藏的情报揭示出来，以便任何人都可以及时掌握管理现状和必要的情报，从而能够快速制定并实施应对措施。因此，管理看板是发现问题、解决问题非常有效且直观的手段，是优秀的现场管理必不可少的工具之一。

现场质量检验方式和方法如表5-1所示。

表5-1 现场质量检验方式和方法

分类标志	检验方式、方法	特 征
工作过程的次序	预先检验	加工前对原材料、半成品的检验
	中间检验	产品加工过程中的检验
	最后检验	车间完成全部加工或装配后的检验
检验地点	固定检验	在固定地点进行检验
	流动检验	在加工或装配的工作地现场进行
检验质量	普遍检验	对检验对象的全体进行逐件检验
	抽样检验	对检验对象按规定比例抽检
检验的预防性	首件检验	对第一件或头几件产品进行检验
	统计检验	运用统计原理与统计图表进行的检验
检验的执行者	专职检验	项目多、内容杂、需要用专用设备
	生产工人自检、互检	内容简单、由生产工人在工作地进行

⌂**解释：**

> 三检制是操作者"自检"、操作者之间"互检"和专职检验员"专检"相结合的检验制度。
>
> 自检就是操作者的"自我把关"。自检又进一步发展成"三自"检验制，即操作者"自检、自分、自标记"的检验制度。
>
> 凡不符合产品图纸、技术条件、工艺规程、订货合同和有关技术标准等要求的零部件，称为不合格品，包括废品、次品、返修品三种类型。
>
> 标准化、目视管理、管理看板被称为现场管理的三大工具。

现场管理案例介绍

案例1 海尔企业推行的6S现场管理（见项目二任务2）。

案例2 海尔企业推行中国特色的目标管理模式——人单合一管理模式，将各个订单所承载的责任以分订单的形式下发给相关员工，由员工对各自的订单负责。管理部门通过评价各个订单的完成情况对员工进行绩效考评。

"人单合一"发展模式是由海尔企业的CEO张瑞敏先生提出的，意在解决信息化时代由于国际市场规模不断增大引发的竞争所带来的日益严重的库存问题、生产成本问题和应收账款问题，并将"人单合一"模式作为海尔企业在全球市场上取得竞争优势的根本保证。

案例3 海尔企业实行精益生产，在正确的时间以正确的方式按正确的路线，把正确的物料送到正确的地点，每次都刚好及时（见图5-2）；按照生产单元把生产需要的物料整套、逐套配送到每个工位（见图5-3），物料随线体流动到工位上。降低工位暂存数量，减少员工转身浪费的时间，降低劳动强度，提高作业效率。

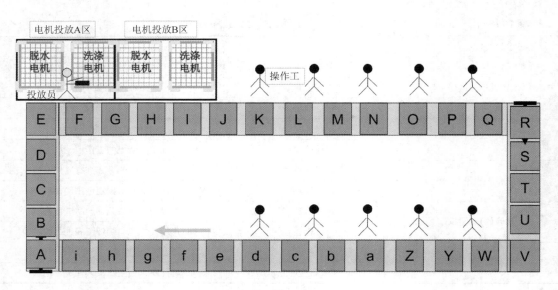

图5-2 物料投放示意图（1）

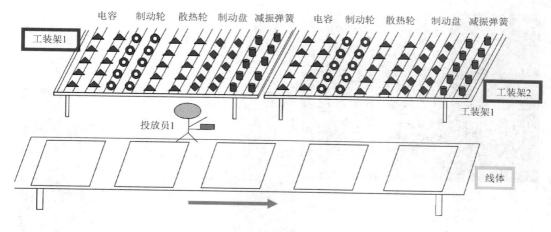

图 5 - 3 物料投放示意图 (2)

图 5 - 2 说明:

(1) 电机投放区域分为投放 A 区和 B 区, 两个投放区摆放 4 个托盘的电机, 顺序从左到右分别是脱水电机、洗涤电机、脱水电机、洗涤电机。

(2) 物流配送员按半小时配送一次的频率, 把 4 个托盘的电机按时配送到指定的区域并且摆放整齐。

(3) 物料投放员先投放 A 区的电机, 投放完后, 移到投放 B 区继续投放; 同时, 物流配送员继续把电机配送到投放 A 区, 使电机不停地循环投放。

图 5 - 3 说明:

(1) 图 5 - 3 中投放区设置 "工装架 1" 和 "工装架 2", 分别摆放两个型号的物料。

(2) 当投放员全部投放完 "工装架 1" 的物料时 (换型号), 立即移到 "工装架 2" 进行下一型号物料的投放, 达到换线 (或换型号) 不浪费的效果。

(3) 物料投放员投放的顺序为电容、制动轮、散热轮、制动盘、减振弹簧。

精益生产 (Lean Production, LP) 是美国麻省理工学院根据其在 "国际汽车项目" 研究中, 基于对日本丰田生产方式的研究和总结, 于 1990 年提出的制造模式。其核心是追求消灭包括库存在内的一切浪费, 通过消除所有环节上的浪费来缩短产品从投入生产到运抵客户所需时间, 主要通过 "适时制" (JIT) 和 "自动化" 加以实现。"适时制" 要求在恰当的时间生产并运输恰当数量的产品。

"人单合一" 模式反映了精益生产的零库存、低成本和快速反应的特征, 不仅可以消除原材料库存, 也可以消除成品库存, 而且有助于降低废品成本。

实现精益的基础是 6S 管理。

案例 4 站式作业, 如图 5 - 4 所示。

案例 5 电子看板。电子看板如图 5 - 5 所示, 其作用是为了追求单人工作量的最大化, 要活用电子看板来提高那些没办法列入标准作业的异常处理作业的效率。

针对生产过程中可能出现的问题, 信号灯、电子看板都能针对问题给出显示, 并且能在第一时间使相关人员及时得到信息, 并针对问题及时进行解决。

改善前，操作工人坐下进行作业，活动能力受限制，出现怠工现象，影响生产节拍，并且对人体的血液循环有阻碍

改善后，操作工人可以站起来进行作业，活动能力可达100%，身体的操作协调能力提高，生产节拍加快

图5-4 站式作业

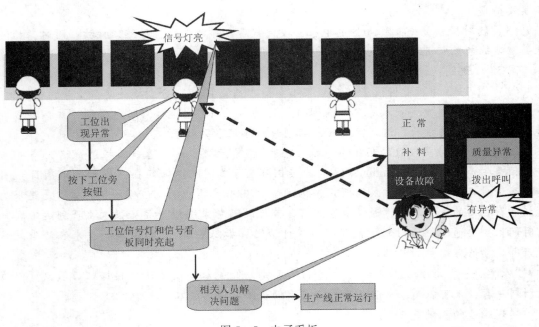

图5-5 电子看板

6.2 任务2 全面质量管理（TQM）与 ISO 9000 质量管理和质量标准

6.2.1 任务要求

了解全面质量管理（TQM）的概念、目标和特点；理解电子产品的 ISO 9000 质量管理和

质量标准等知识；理解产品质量特性及其质量保证依据。

6.2.2　相关知识

1）电子产品质量

△**提示：**

> 想一想：
> ① A 手机能用 6 年，B 手机能用 3 年，两种手机质量孰优孰劣？如果是冰箱呢？
> ② 一分价钱一分货，是不是高质量就意味价格高、成本高？
> 质量由用户判断，对用户而言，质量意味着满足需求的程度。用户的需求有哪些？
> ● 性能，对产品使用目的所提出的各项要求。
> ● 寿命，指产品能够使用的期限。
> ● 可靠性，经久耐用的程度。
> ● 安全性，对人身健康环境危害影响程度。
> ● 经济性，制造成本与运行成本。

电子产品质量由以下三个方面体现。

（1）功能。

功能包括性能指标（指电子产品实际具备的物理性能和化学性能，以及相应的电气参数）、操作功能（指产品在操作时的方便程度和使用安全程度）、结构功能（指产品整体结构的轻巧性，维修互换的方便性）、外观性能（指整机的外观造型、色泽及外包装等）、经济特性（指产品的工作效率、制作成本、使用费用、原料消耗等特性）。

（2）可靠性。

可靠性包括固有可靠性（指由产品设计方案、选用材料及元器件、产品制作工艺过程所决定的可靠性因素，固有可靠性在使用之前就已经决定了）、使用可靠性（指使用、操作、保养、维护等因素对其寿命的影响，使用可靠性会因使用时间的增加而逐渐下降）、环境适应性（指产品对各种温度、湿度、酸碱度、振动、灰尘等环境因素的适应能力）。

（3）有效度。

有效度指电子产品实际工作时间与产品使用寿命（工作和不工作的时间之和）的比值。反映了电子产品有效的工作效率。

影响产品质量波动的因素主要有五个方面：操作者、机器、原材料、工序方法与工艺管理、环境条件。

① 操作者。为了保证工序质量，操作者要有强烈的质量意识、高度的责任心和自我约束能力，不断提高技术熟练程度，严格按照操作规程进行生产。

② 机器。机器设备是保证制造质量的重要物质条件，必须加强设备管理，搞好设备的维护、保养、检修。机器能力是指机器本身所具有的加工能力。机器能力指数的计算可以由工序能力指数得出。若工序能力指数≥1，则可以判定机器能力充足。

③ 原材料。原材料的规格、型号、化学成分和物理性能，对产品制造质量起着主导作用。控制原材料因素，应加强原材料及外协件的进厂检验和厂内自制零部件的工序和成品检验，同时合理地选择原材料及外协件的供应厂家。

④ 工序方法与工艺管理。工序方法对制造质量的影响主要体现在加工方法、工艺参数和工艺装备是否正确、合理。工艺管理是制造质量的重要保证，它是指在生产现场是否严肃认真地贯彻执行已制定的工艺方法，计量器具本身的精度和能否正确使用等方面。

⑤ 环境条件。环境条件主要是指生产现场的温度、湿度、噪声干扰、振动、照明、室内净化和污染程度等。为了提高制造质量，应做好生产现场的整顿、整理、清扫工作，搞好文明生产，创造良好的生产环境。

2）质量认证体系

（1）产品质量认证。

产品质量认证是依据产品标准和相应的技术要求，经认证机构确认并通过颁发认证证书和认证标志来证明某一产品符合相应的标准和相应的技术要求的活动。认证的对象是产品或服务。产品的概念是广义的，除一般产品概念外，还包括工艺加工技术，如某项电镀技术、某项热处理技术等。服务是指服务性行业，如旅游、邮电等。认证的依据是被认证对象的质量标准，达到标准为合格，所以质量认证也称为合格认证。

（2）质量管理体系认证。

质量管理体系认证也称为质量管理体系注册，是指由公正的第三方体系认证机构，依据正式发布的质量管理体系标准，对组织的质量管理体系实施评定，并颁发体系认证证书和发布注册名录，向公众证明组织的质量管理体系符合质量管理体系标准，有能力按规定的质量要求提供产品，可以相信组织在产品质量方面能够说到做到。

（3）3C 认证。

3C 认证是"中国强制认证"（China Compulsory Certification）的简称。强制性产品认证是国际上通行的做法，主要是对涉及人类健康和安全、动植物生命安全和健康，以及环境保护与公共安全的产品实施强制性认证，确定统一适用的国家标准、技术规则和实施程序，制定和发布统一的标志，规定统一的收费标准。

为了减少电磁干扰所造成的危害，提高产品的电磁兼容性能，保护人身健康、设备安全和电磁环境，保护用户和消费者的利益，中国国家质量技术监督局组织制定了有关电磁兼容的国家标准，并随后开始对电子电器及其他相关产品的电磁兼容性能进行质量管理。对国内生产销售的产品主要通过以下方式管理：①国家或地方、行业质量管理部门组织的产品质量市场监督抽查；②工业产品生产许可证制度；③电磁兼容认证等方式进行管理。对进口产品，则通过进口商品安全质量许可证制度和电磁兼容强制检验来进行管理。自 2000 年开始对六类进口商品（个人计算机、显示器、打印机、开关电源、电视机和音响设备）实施电磁兼容强制检验。电磁兼容国家标准的实施，为提高产品和系统的电磁兼容性能起到了极大的促进作用。

二十一世纪初，我国在进口产品质量安全许可和强制性产品认证工作上存在内外不一致的问题日益突出。为此，国家相关主管部门做出了对进口产品质量安全许可制度和国产品强制性认证制度实行"四个统一"的批示，即：统一标准、技术法规和合格评定程序；统一目录；统一标志；统一收费。由国家质量监督检验检疫总局和国家认证认可监督管理委员会共同制定了《强制性产品认证管理规定》，并于 2002 年 5 月 1 日起施行，过渡期为一年。认证标志的名称为"中国强制认证"（China Compulsory Certificatio，CCC），该标志可简称为 3C 标志，该认证也简称为 CCC 认证或 3C 认证。强制性产品认证取代此前的中国电工产品认证委员会（CCEE）实施的电工产品安全认证（简称长城认证或 CCEE 认证）、中国进出口质量认证中心（CQC）实施的进口商品安全质量许可制度、中国电磁兼容认证中心实施的电磁兼容认证（简称 CEMC 认证）。

3C 认证首次在国内将电磁兼容的管理纳于强制认证的范畴（此前只是对六类进口商品实施电磁兼容强制检验）。凡是列入 3C 目录的产品，按相应的强制性认证实施规则，若包含电磁兼容检测项目，则对其电磁兼容强制检验作为 3C 认证一部分内容来管理。对列入 3C 目录的产品，通过 3C 认证的方式进行管理；对未列入 3C 目录的产品，则通过自愿认证的方式进行管理。另外，无论产品是否列入 3C 目录，只要在国内生产或销售，都需要接受国家或地方的行业或质量管理部门组织的产品质量市场监督抽查和行业监督抽查。对抽查产品的电磁兼容检测按国家相应的强制实施标准进行。3C 认证标志如图 5-6 所示。

安全认证标志（S）　　电磁兼容（EMC）　　安全与电磁兼容（S&EMC）　　消防（F）

图 5-6　3C 认证标志

3）电子产品的质量管理及 ISO 9000 标准系列

（1）ISO 9000 标准系列的组成。

全球贸易竞争的加剧，使用户对产品质量提出了越来越严格的要求。许多国家都根据本国经济发展的需要，制定了各种质量保证制度。但由于各国的经济制度不一，所采用的质量术语和概念也不相同，各种质量保证制度很难被互相认可或采用，影响了国际贸易的发展。

国际标准化组织（ISO）为了满足国际经济贸易交往中质量保证体系的客观需要，在对各国质量保证制度总结的基础上，经过近十年的努力，于 1988 年发布了 ISO 9000 质量管理和质量保证标准系列。

- ISO 9000—1987《质量管理和质量保证标准——选择和使用指南》
- ISO 9001—1987《质量体系——设计、开发、生产、安装和服务的质量保证模式》
- ISO 9002—1987《质量体系——生产和安装的质量保证模式》
- ISO 9003—1987《质量体系——最终检验和试验的质量保证模式》
- ISO 9004—1987《质量管理和质量体系要素——指南》

其中，ISO 9000 为该标准的选择和使用提供原则指导；它阐述了应用本标准系列时必须共同采用的术语、质量工作目的、质量体系类别、质量体系环境、运用本标准系列的程序和步骤等。ISO 9001、ISO 9002 和 ISO 9003 是一组三项质量保证模式；它是在合同环境下，供需双方通用的外部质量保证要求文件。ISO 9004 是指导企业内部建立质量体系的文件，它阐述了质量体系的原则、结构和要素。

由于这套标准系列具有科学性、系统性、实践性和指导性的特点，所以一经问世，就受到许多国家和地区的关注。到 1993 年年底，已经有 50 多个国家和地区采用了这套标准系列。我国于 1988 年 12 月颁布等同采用 ISO 9000 标准系列的 GB/T1 9000 质量管理和质量保证标准系列。

（2）GB/T1 9000 质量标准的组成及意义。

我国经济已全面置身于国际市场大环境中，质量管理同国际惯例接轨已成为发展经济的重要内容。为此，国家技术监督局于 1992 年 10 月发布文件，决定等同采用 ISO 9000 质量标准，颁布了 GB/T1 9000 质量管理和质量保证标准系列。该标准系列由 5 项标准组成。

- GB/T1 9000《质量管理和质量保证标准——选择和使用指南》，与 ISO 9000 对应。
- GB/T1 9001《质量体系——设计、开发、生产、安装和服务的质量保证模式》，与 ISO 9001 对应。
- GB/T1 9002《质量体系——生产和安装的质量保证模式》，与 ISO 9002 对应。
- GB/T1 9003《质量体系——最终检验和试验的质量保证模式》，与 ISO 9003 对应。
- GB/T1 9004《质量管理和质量体系要素——指南》，与 ISO 9004 对应。

这 5 项标准适用于产品开发、制造和使用单位，对各行业都有指导作用。所以，大力推行 GB/T1 9000 标准系列，积极开展认证工作，提高企业管理水平，增强产品竞争能力，打破技术贸易壁垒，跻身于国际市场，将是我国企业最主要的中心工作。

4）全面质量管理（TQM）

全面质量管理是指企业单位开展以质量为中心，全员参与为基础的一种管理途径。

① 全面质量管理的目标：通过使顾客满意，本单位成员和社会受益，而达到长期成功。

② 全面质量管理的特点：全员参加的管理；全范围的管理；全过程的管理；质量管理方法多样化。

海尔集团（以下简称海尔）推行全面质量管理案例介绍

海尔推行全面质量管理经历了 5 个阶段。

第一阶段：狭义质量管理概念的建立。

1985 年，海尔生产的 76 台"瑞雪"牌冰箱经检验不合格，企业要求责任者当众砸毁这些不合格冰箱。砸醒了职工的质量意识，更加坚定了海尔以质量为本的发展道路。

"砸冰箱事件"是海尔进入狭义质量管理阶段的里程碑，砸冰箱砸出的就是必须符合检验的标准。从 1984 年开始，一直到 1989 年，海尔的产品均达到了质量检验的标准，1988 年在全国冰箱评比中，海尔冰箱以最高分获得中国冰箱史上的第一枚金牌。

第二阶段：以质量为中心——从狭义到广义的质量管理阶段。在这一阶段，海尔开发生产出了大冷冻力冰箱、小神童洗衣机等。

1989 年以后，国内市场对于家用电器已是供过于求，一些企业因为不重视发展质量而被淘汰了，而海尔在保证质量的基础上不断关注用户的需求，以创造出满足用户个性化需求的产品为创新点，将质量管理由狭义的满足标准上升到了广义的满足用户需求阶段。例如，在国内，一开始海尔的冰箱进入上海时，把北京最好销售的冰箱投到上海，结果销售非常不理想，为此海尔就组织力量到上海进行市场调查，对不同阶层的一千多户家庭进行了调研。调研的结果表明，大多数上海家庭住房比较紧张（1993 年），他们不愿要占地面积太大的冰箱，而需要正面面积小，纵向可以长一些的冰箱，另外要求冰箱外观漂亮，不愿要比较呆板的产品，根据目标市场消费者的要求，海尔生产设计人员进行综合分析，设计生产出了小王子冰箱，这种冰箱比较瘦长，内部比较可靠。这种产品投放上海市场马上受到欢迎。

第三阶段：以体系为中心——从产品质量到体系质量的过程。通过 ISO 9001 质量体系认证，成为世界级的合格供货商。

随着海尔的不断发展，海尔的质量管理核心由产品的零缺陷管理发展到整个体系上的质量管理过程。在海尔发展初期，为使产品质量从体系上得到保障，海尔建立了全面质量管理体系，引进了 ISO 管理标准。1992 年 4 月，海尔在国内家电企业中首家通过 ISO 9001 质量体系认证，成为世界级的合格供货商；1997 年，海尔通过 ISO 14001 环境管理体系认证，成为国内家电企业中首家通过该认证的企业。海尔认为，只有持续推出亲情化的、能够满足用户潜在需求的服务新举措，才能提升海尔服务形象，最终感动用户，实现与用户零距离。在这种理念指导下，海尔星级服务的每次升级和创新都走在了同行业的前列。

第四阶段：以市场与用户为中心——从体系质量到市场链质量的管理阶段。

质量是企业的生命。海尔在"海尔创世界名牌，第一是质量，第二是质量，第三还是质量"的理念指导下，从一开始就抓全员的质量意识，并注重提高员工的技能水平，靠员工强烈的质量意识和高超的技能水平来保证产品的质量。优秀的产品是优秀的人做出来的。如果把企业比喻成一条大河，每一个员工都应是这条大河的源头，员工的积极性应该向喷泉一样喷涌而出，成为企业发展的源头。所以把每个员工的积极性调动起来，员工有活力，必然会生产出高质量的产品。海尔产品的高质量，正是靠每个员工的努力来实现的。从 2001 年起在源头论的基础上，海尔开始了全员 SBU 建设。

SBU 即 "Strategical Business Unit"，原意是战略事业单位，在海尔引申为不仅每个事业部而且每个员工都是一个 SBU，那么企业总的战略就可以落实到每个员工，而每个员工的战略创新又会保证企业战略的实现。也就是说，在海尔，充分给员工提供个性化创新空间，将每一个终端都营造成 SBU，以便获取核心竞争力，保证企业发展战略顺利进行。

第五阶段：产品质量标准——零缺陷。

海尔指出速度、差错率、用户满意率之间的矛盾意味着我们必须一次做对。海尔生产的电子产品质量标准是零缺陷，如图 5-7 所示。海尔一次做对的质量保证流程如图 5-8 所示。

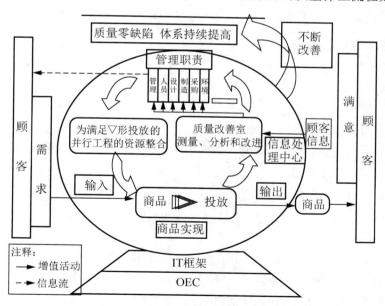

图 5-7　海尔的质量零缺陷循环图

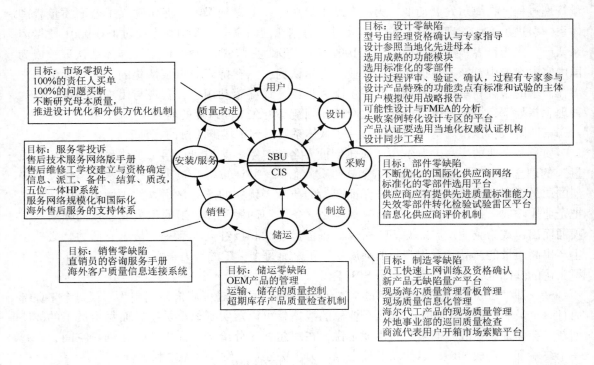

图 5-8　海尔一次做对的质量保证流程

6.2.3　计划与决策

6~8 名学生组成一个学习小组，制订本任务学习计划，交给老师检查审核。

6.2.4　项目实施

（1）6~8 名学生组成一个学习小组，上网查询企业全面质量管理案例，写出提高企业管理水平和市场竞争力应采取哪些行之有效的管理方法的分析报告。

（2）各学习小组汇报演讲提高企业管理水平和市场竞争力有效的管理方法分析报告。

6.2.5　检查与评估

老师对每个小组汇报演讲进行点评，并组织学生对每个小组汇报演讲和模拟演练情况进行评定（分 A、B、C 三个等级），计入学生的平时成绩。

6.2.6　知识拓展

世界上著名的认证标志有美国的 UL 认证、欧盟 CE 认证、英国的 BSI 认证、德国的 VDE 认证等。

（1）UL 认证：UL（Under writer laboratories Inc.，保险商实验所、安全试验所）是美国从事安全试验和鉴定最权威的、独立的、非营利的、为公共安全做实验的民间专业机构。始建于 1894 年，总部设在芝加哥 Northbrook 镇，是世界知名度较高的认证机构。UL 认证在美国属于非强制性认证，主要是产品安全性能方面的检测和认证，其认证范围不包含产品的 EMC（电磁兼容）特性。

（2）欧盟 CE 认证：1985 年欧盟理事会批准了《技术协调与标准化新方法》，1989 年批准了《全球合格评定法》对相关产品投放市场之前规定了加贴 CE 标志的基本要求，表明产品符合欧盟相关指令的基本要求，是一种合格标志。欧盟 CE 认证是只限于产品不危及人类、动物和货品的安全方面的基本安全要求，而不是一般质量要求。CE 标志必须贴在显要位置，最低高度不得少于 5mm。

（3）英国的 BSI 认证：英国标准学会（British Standards Institution）是世界上第一个国家标准化机构，是英国政府承认并支持的非营利性民间团体。其主要任务是制定和贯彻统一的英国标准；开展产品质量合格认证和安全认证；对企业进行质量体系认证；积极参与国际标准化活动，争取 BSI 更多更大的影响国际标准，使英国在国际贸易中处于有利地位；对中小企业提供技术咨询；接受外国认证委托、按国外标准进行认证并颁发外国的认证证书和标志。

（4）德国的 VDE 认证：VDE 即德国电气工程师协会，大约由 30000 名组织和个人会员组成，直接参与德国国家标准制定。VDE 的实验室依据申请，按照德国 VDE 标准或欧洲 EN 标准对电工产品进行检验和认证，是欧洲最有经验的在世界上享有很高声誉的认证机构之一。

项 目 小 结

（1）现场管理是指用科学的管理制度、标准和方法对生产现场各生产要素，包括人（工人和管理人员）、机（设备、工具、工位器具）、料（原材料）、法（加工、检测方法）、环（环境）、信（信息）等进行合理有效的计划、组织、协调、控制和检测，使其处于良好的结合状态，达到优质、高效、低耗、均衡、安全、文明生产的目的。

（2）保证现场质量的方法有标准化、目视管理、管理看板、现场质量检验、不合格品管理。其中标准化、目视管理、管理看板是现场管理的三大工具。

（3）ISO 9000 质量管理和质量保证标准由 ISO 9000、ISO 9001、ISO 9002、ISO 9003、ISO 9004 五项标准组成。GB/T1 9000 质量管理和保证标准系列是我国的质量管理国家标准，等同于 ISO 9000 质量和质量保证标准系列。实施 GB/T1 9000 标准有利于提高企业管理水平，有利于质量管理与国际规范接轨，有利于提高产品的竞争能力，有利于保护用户的合法权利。

课后练习

（1）电子产品有何特点？
（2）什么是现场管理？试分析海尔现场管理的特点。
（3）什么是全面质量管理？试分析海尔能成为国内电子产品生产的领军企业的成功之道。
（4）什么是 ISO 9000？它由哪几部分构成？各部分有何作用？建立和实施 ISO 9000 质量管理体系有何意义？
（5）什么是 GB/T1 9000？它与 ISO 9000 有何关系？

附录 A 收音机工艺文件格式范例

附表 A-1 工艺文件目录

××××公司 工艺文件		电话	产品名称		调幅收音机	
		＊＊＊＊	产品型号		HX108-2 型	
工艺文件目录			产品图号		版本	
序号	文件代号	零件、部件、整件图号		页数		备注
1	G1	工艺文件封面		1		
2	G2	工艺文件目录		1		
3	G3	工艺路线表		1		
4	G4	工艺流程图		1		
5	G5	导线加工工艺		1		
6	G6	组件加工工艺				
7						
8						
9						

旧图总号							
底图总号					拟制		
					审核		
日期	签名						
					标准化		第 页 共 页
更改标记	数量	更改单号	签名	日期	批准		

描图：   描校：

附表 A-2 工艺路线表

××××公司 工艺文件		电话	产品名称	调幅收音机		
		＊＊＊＊	产品型号	HX108-2 型		
工艺路线表			产品图号	版本		
序号	图号	名称	装入关系	部件用量	工件用量	工艺路线及内容
1		导线加工	正极片导线			
			负极片导线			
2		元器件加工	基板插件焊接			
3		电位器组件	基板装配			
4		基板组件				

续表

旧图总号									
底图总号							拟制		
							审核		
日期	签名								
							标准化		
	更改标记	数量	更改单号	签名	日期		批准	第　页　共　页	

描图：　　　　　　　　　描校：

附表 A-3　元器件工艺表

××××公司 工艺文件	电话	产品名称	调幅收音机	
	＊＊＊＊	产品型号	HX108-2 型	
元器件工艺表		产品图号		版本

简图

序号	图名	名称、型号、规格	L/mm						数量	设备	工时定额	备注
			A 端	B 端		正端	负端					
0	1	2	3	4	5	6	7	8	9	10	11	12
1	R1	RT-1/8W-100kΩ	10	10					1			
2	R2	RT-1/8W-2kΩ	10	10					1			

旧图总号									
底图总号							拟制		
							审核		
日期	签名								
							标准化		
	更改标记	数量	更改单号	签名	日期		批准	第　页　共　页	

描图：　　　　　　　　　描校：

附表 A-4　导线加工工艺表

××××公司 工艺文件	电话	产品名称	调幅收音机	
	＊＊＊＊	产品型号	HX108-2 型	
导线加工工艺表		产品图号		版本
		第×页	共×页	第×页	第×页

续表

序号	编号	名称规格	颜色	数量	全长	A端	B端	A剥头	B剥头	A端	B端	设备	工时定额	备注
					L/mm					去向与焊接处				
1	1-1	塑料线 AVR1×12	红	1	50			5	5	PCB	正极垫片			
2	1-2	塑料线 AVR1×12	黑	1	50			5	5	PCB	负极弹簧			
3	1-3	塑料线 AVR1×12	白	1	50			5	5	PCB	喇叭（+）			
4	1-4	塑料线 AVR1×12	白	1	50			5	5	PCB	喇叭（-）			

旧图总号

底图总号　　　　　　　　拟制

审核

日期　签名

标准化

更改标记　数量　更改单号　签名　日期　批准　　　第　页　共　页

描图：　　　　　　描校：

附表 A-5　配套明细表

××××公司 工艺文件	电话 ****	产品名称	调幅收音机
配套明细表		产品型号	HX108-2 型
		产品图号	版本
		第×页　　共×页	第×页　　第×页

序号	编号	名称规格	数量	备注	序号	编号	名称规格	数量	备注
		元器件清单					结构件清单		
1	R1	RT-1/8W-100kΩ	1	电阻	1		前框	1	
2	R2	RT-1/8W-2kΩ	1	电阻	2		后盖	1	
3	R3	RT-1/8W-100kΩ	1		3		M2.5×5	2	双联螺钉
4	R4	RT-1/8W-20kΩ	1	瓷介	4		M1.7×4	1	电位器螺钉
5			1	电解	5		周率板		
6	C6-C10	CC-63V-0.022μF	5		6		电位盘	1	
7	C4	CD-16V-4.7μF	4		7		磁棒支架	1	
8					8		印制电路板	1	
9	B1	磁棒天线线圈	4		9		正极片	1	
10	B2	振荡线圈	4	红	10		负极弹簧	1	
11					11		拎带	1	
12	VT1-VT4	9018	4		12		正极导线	1	
13					13		负极导线	1	
14	VD1-VD4	1N4148	4		14		喇叭导线	2	
15					15		调谐盘	1	

旧图总号

底图总号　　　　　　　　拟制

审核

日期　签名

标准化

更改标记　数量　更改单号　签名　日期　批准　　　第　页　共　页

描图：　　　　　　描校：

附表 A-6 装配工艺过程卡

××××公司 工艺文件	电话 ****	产品名称 产品型号	调幅收音机 HX108-2型		
装配工艺过程卡	装配件名称 负极簧组件	产品图号 第×页	版本 共×页	第×页	第×页

装入件及辅助材料			车间	工序号	工种	工序（步）内容及要求	工装设备	工艺工时定额
序号	代号、名称和规格	数量						
1	负极弹簧					(1) 导线焊在弹簧尾端 5mm 左右 (2) 焊接部分应与弹簧尾端平行	电烙铁	
2	导线（黑）							
3	松香及焊锡丝					(1) 导线焊牢固 (2) 焊点光亮无毛刺		

图示

旧图总号								
底图总号						拟制		
						审核		
日期	签名							
		更改标记	数量	更改单号	签名	日期	标准化 批准	第 页 共 页

附表 A-7 工艺说明及简图

××××公司 工艺文件	电话 ****	产品名称 产品型号	调幅收音机 HX108-2型		
工艺说明及简图		产品图号 第×页	版本 共×页	第×页	第×页

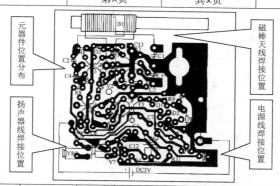

旧图总号								
底图总号						拟制		
						审核		
日期	签名							
		更改标记	数量	更改单号	签名	日期	标准化 批准	第 页 共 页

附录 B 具有定时报警功能数字抢答器 电路原理图

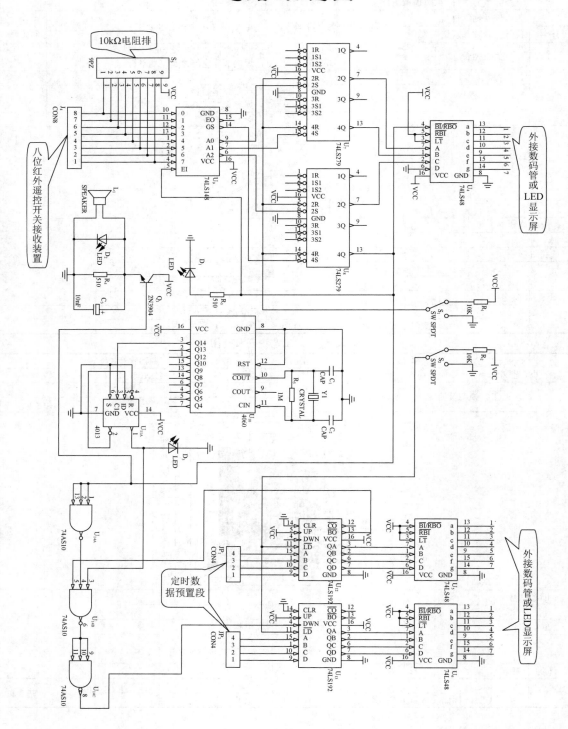

附录 C 智能小车电路原理图

本智能小车电路原理图和元器件清单取自 2015 年湖北省高职院校大学生《电子产品设计与制作》大赛。

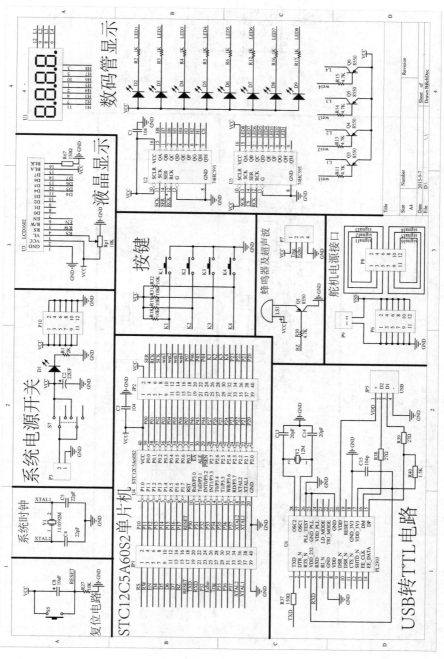

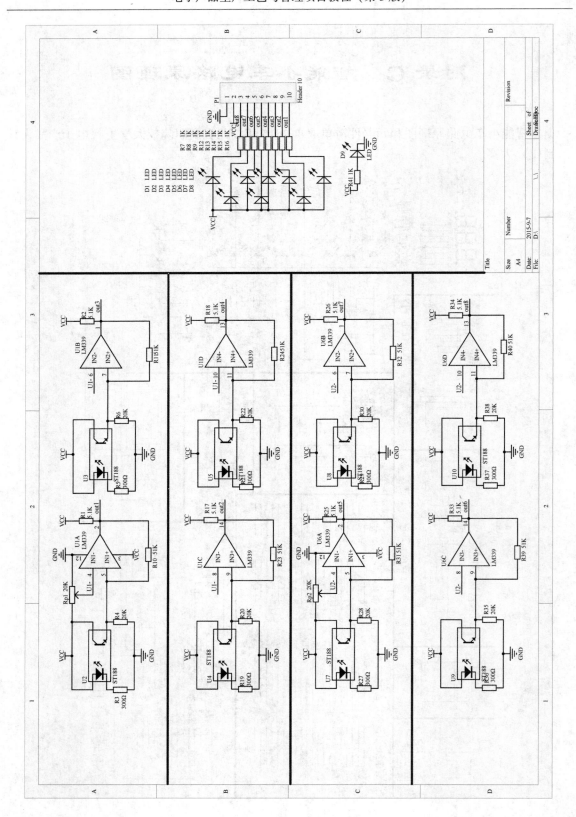

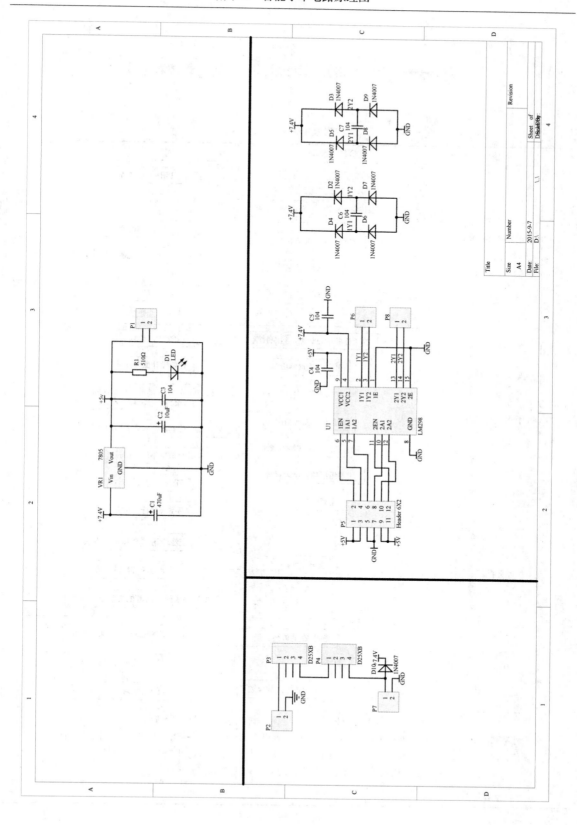

附录 D 教学过程设计样例

附表 D-1 样例

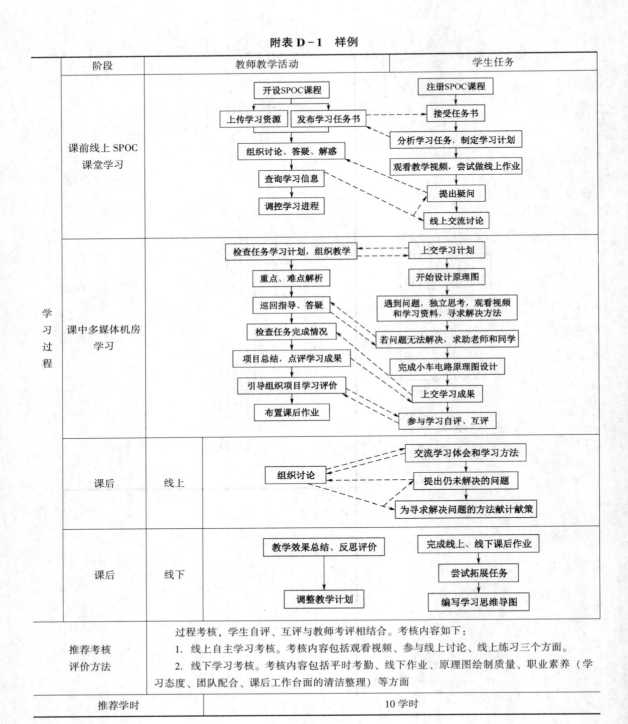

阶段		教师教学活动	学生任务
学习过程	课前线上 SPOC 课堂学习	开设SPOC课程 上传学习资源 发布学习任务书 组织讨论、答疑、解惑 查询学习信息 调控学习进程	注册SPOC课程 接受任务书 分析学习任务，制定学习计划 观看教学视频，尝试做线上作业 提出疑问 线上交流讨论
	课中多媒体机房学习	检查任务学习计划，组织教学 重点、难点解析 巡回指导、答疑 检查任务完成情况 项目总结，点评学习成果 引导组织项目学习评价 布置课后作业	上交学习计划 开始设计原理图 遇到问题，独立思考，观看视频和学习资料，寻求解决方法 若问题无法解决，求助老师和同学 完成小车电路原理图设计 上交学习成果 参与学习自评、互评
	课后 线上	组织讨论	交流学习体会和学习方法 提出仍未解决的问题 为寻求解决问题的方法献计献策
	课后 线下	教学效果总结、反思评价 调整教学计划	完成线上、线下课后作业 尝试拓展任务 编写学习思维导图
推荐考核评价方法		过程考核，学生自评、互评与教师考评相结合。考核内容如下： 1. 线上自主学习考核。考核内容包括观看视频、参与线上讨论、线上练习三个方面。 2. 线下学习考核。考核内容包括平时考勤、线下作业、原理图绘制质量、职业素养（学习态度、团队配合、课后工作台面的清洁整理）等方面	
推荐学时		10 学时	

附录 E 学习任务书样例

附表 E-1 项目 1 常用电子元器件的识别与检测任务书

工作项目 名称	智能小车元器件的识别与检测		
学习任务 名称	常用电子元器件的识别与检测		
学习任务	1. 电阻器、电位器的识别与检测 2. 电容器的识别与检测 3. 电感器与变压器的识别与检测 4. 半导体器件的识别与检测 5. 集成电路的识别与检测 6. 电声器件、常用开关、插接件、显示器件的识别与检测 7. 识别表面安装元器件		
姓名		学号	组长
小组成员			完成时间
知识目标	了解常用电子元器件的性能、型号规格、组成分类及识别方法，能正确评价元器件的质量		
技能目标	能正确识别常用电子元器件；能用万用表检测元器件，并能正确评价元器件的质量；能根据不同用途选用元器件		
素质目标	在选用元器件时要兼顾质量和成本，培养质量、成本意识		
学习重点	元器件的识别与检测		
学习难点	评价元器件的质量		
学习方法	观看教学视频、与同学交流、做中学		
场地、设备、 材料、工具	线上学习环境：手机课堂。 线下学习场地：多媒体教室。 工具：手机、电脑。 材料：元器件、教学视频、PPT、任务分析表、学习过程记录表		
学习资源	微课、教学视频		
引导问题	什么电阻器？电阻器的单位和换算关系是怎样的？ 电阻器可分为哪几种类型？其主要技术参数有哪些？ 电阻器符号及型号命名方法是怎样的？直标、数标、色标法有何不同？如何识读电阻器的标称值？ 如何识别和选用电阻器？如何检测电阻器的质量？ 什么是电位器？它有哪些类型？如何识读电位器的标称值？如何检测电位器的质量？ 什么是电容器？电容器的单位和换算关系是怎样的？ 电容器可分为哪几种类型？其主要技术参数有哪些？ 电容器符号及型号命名方法是怎样的？如何识读电容器的标称值？ 如何识别和选用电容器？如何检测电容器的质量？极性电容在使用和检测时有哪些注意事项？ 什么是电感器？电感器的单位和换算关系是怎样的？ 电感器可分为哪几种类型？其主要技术参数有哪些？		

引导问题	如何识读电感器的标称值？如何检测电感器的质量？ 什么是变压器？变压器可分为哪几种类型？其主要技术参数有哪些？ 如何检测变压器的质量？在选择和使用变压器时，应当注意哪些事项？ 什么是半导体？它是如何命名的？场效应管在测量、保管和使用时应注意哪些事项？ 什么是二极管？它可分为哪几种类型？它有哪些主要参数？ 如何识别和检测二极管？评价其质量？ 什么是三极管？它可分为哪几种类型？如何识别和检测三极管？评价其质量？ 什么是单结晶管？如何识别和检测单结晶管？ 什么是晶闸管？如何识别和检测晶闸管？ 如何判断二极管、发光二极管、光敏二极管、整流桥、三极管、单结晶管、晶闸管的管脚极性？ 什么是场效应管？如何检测场效应管？场效应管在检测和使用时应当注意哪些事项？ 什么是集成电路？它有哪些类型？集成电路是怎样命名的？ 如何识别集成电路的管脚？ 如何检测集成电路？集成电路在使用时应当注意哪些事项？ 常用的电声器件、常用开关、插接件、显示器件有哪些？如何识别这些器件并检测它们的质量？ 什么是表面安装元器件？它有什么特点？它是如何分类的？ 表面安装电阻器常用的型号规格有哪些？如何识别表面安装电阻器？ 表面安装电容器常用的型号规格有哪些？如何识别表面安装电容器？如何识别极性表面安装电容器的极性？ 如何识别表面安装电感器、二极管、发光二极管、光电二极管、三极管？ 表面安装集成电路的封装形式有哪些类型？如何识别表面安装集成电路的类型？ 表面安装元件的包装形式有哪几种类型？
上交材料	学习过程记录表

附录 F　学习过程记录表样例

学习过程记录表

学习任务名称					
学习活动名称					

姓名		学号		完成时间	

学习过程	学习阶段	学习和工作内容	学生自查			教师检查
			完成	部分完成	未完成	
学习活动1	课前线上学习	观看教学视频				
		制定学习计划				
	课中学习					
	课后学习	参与线上讨论				
		课后作业				
		编写学习思维导图				

学生检查	考勤	团队合作	工作环境卫生、整洁情况及结束时现场恢复情况

参 考 文 献

1. 廖芳 电子产品生产工艺与管理（第 2 版）北京：电子工业出版社 2007.2
2. 王成安 电子产品工艺实例教程 北京：人民邮电出版社 2009.3
3. 王卫平 陈粟宋 电子产品制造工艺 北京：高等教育出版社 2005.9
4. 韩广兴 韩雪涛 电子产品装配技术与技能实训教程 北京：电子工业出版社 2007.5
5. 樊会灵 电子产品工艺（第 2 版）北京：机械工业出版社 2010
6. 孙惠康 电子工艺实训教程 北京：机械工业出版社 2005
7. 赵广林 常用电子元器件识别/检测/选用一读通 北京：电子工业出版社 2007
8. 薛文 华慧明 电子元器件检测与使用速成 福建：福建科技出版社 2005
9. 王瑞春 基于工作过程数字电子技术教程 西安：西安电子科技大学出版社 2011
10. 黄美红，龚姝婷 电子产品手工焊接要领的教学研究成才之路 2016 年 11 月·第 33 期 73
11. 模拟电子技术—任务三 直流调光电路的安装调试 昆明冶金高等专科学校精品课程网站